国家出版基金项目
NATIONAL PUBLICATION FOUNDATION

中国航天技术进展丛书
吴燕生　总主编

航天器控制系统自主诊断重构技术

——系统可诊断性与可重构性的评价和设计

王大轶　刘成瑞　刘文静　李文博　著

中国宇航出版社
CAPH
·北京·

图书在版编目（CIP）数据

航天器控制系统自主诊断重构技术：系统可诊断性与可重构性的评价和设计 / 王大轶等著. -- 北京：中国宇航出版社，2019.11

ISBN 978-7-5159-1723-8

Ⅰ.①航… Ⅱ.①王… Ⅲ.①航天器—飞行控制系统—故障诊断—研究 Ⅳ.①V448.2

中国版本图书馆 CIP 数据核字(2019)第 265309 号

责任编辑　侯丽平　　**封面设计**　宇星文化

出版发行	中国宇航出版社		
社　址	北京市阜成路 8 号　**邮　编**　100830 (010)60286808　(010)68768548	**版　次**	2019 年 11 月第 1 版 2019 年 11 月第 1 次印刷
网　址	www.caphbook.com	**规　格**	787×1092
经　销	新华书店	**开　本**	1/16
发行部	(010)60286888　(010)68371900 (010)60286887　(010)60286804(传真)	**印　张**	17.5
		字　数	426 千字
零售店	读者服务部　(010)68371105	**书　号**	ISBN 978-7-5159-1723-8
承　印	天津画中画印刷有限公司	**定　价**	98.00 元

本书如有印装质量问题，可与发行部联系调换

总　序

中国航天事业创建60年来，走出了一条具有中国特色的发展之路，实现了空间技术、空间应用和空间科学三大领域的快速发展，取得了“两弹一星”、载人航天、月球探测、北斗导航、高分辨率对地观测等辉煌成就。航天科技工业作为我国科技创新的代表，是我国综合实力特别是高科技发展实力的集中体现，在我国经济建设和社会发展中发挥着重要作用。

作为我国航天科技工业发展的主导力量，中国航天科技集团公司不仅在航天工程研制方面取得了辉煌成就，也在航天技术研究方面取得了巨大进展，对推进我国由航天大国向航天强国迈进起到了积极作用。在中国航天事业创建60周年之际，为了全面展示航天技术研究成果，系统梳理航天技术发展脉络，迎接新形势下在理论、技术和工程方面的严峻挑战，中国航天科技集团公司组织技术专家，编写了《中国航天技术进展丛书》。

这套丛书是完整概括中国航天技术进展、具有自主知识产权的精品书系，全面覆盖中国航天科技工业体系所涉及的主体专业，包括总体技术、推进技术、导航制导与控制技术、计算机技术、电子与通信技术、遥感技术、材料与制造技术、环境工程、测试技术、空气动力学、航天医学以及其他航天技术。丛书具有以下作用：总结航天技术成果，形成具有系统性、创新性、前瞻性的航天技术文献体系；优化航天技术架构，强化航天学科融合，促进航天学术交流；引领航天技术发展，为航天型号工程提供技术支撑。

雄关漫道真如铁，而今迈步从头越。“十三五”期间，中国航天事业迎来了更多的发展机遇。这套切合航天工程需求、覆盖关键技术领域的丛书，是中国航天人对航天技术发展脉络的总结提炼，对学科前沿发展趋势的探索思考，体现了中国航天人不忘初心、不断前行的执着追求。期望广大航天科技人员积极参与丛书编写、切实推进丛书应用，使之在中国航天事业发展中发挥应有的作用。

雷凡培

2016年12月

序

目前航天器在轨数量剧增，对地面依赖性强，普遍缺乏应对突发故障的自主诊断重构能力，导致多次发生航天器因诊断重构能力不足而在轨失效的案例。其中，航天器控制系统结构复杂、故障高发，是自主诊断重构的研究重点。我曾经担任过多个航天型号的总设计师，特别关注控制系统的自主诊断重构问题，希望通过理论方法的突破创新，有效提升系统的自主诊断重构能力。

早在 2003 年左右，王大轶及其团队就在航天器自主诊断重构技术领域具备了较强的研究基础。他们认识到，由于航天器资源严重受限且难以在轨维修，为实现高水平的自主诊断重构，必须从航天器的自身能力特性出发，关注系统前期设计，充分利用有限资源。但传统设计理念仅关注故障发生后的诊断重构算法，没有深入研究系统是否具有诊断重构能力，更没有通过系统设计去实现有限资源下自主诊断重构能力的最大化，导致航天器自主诊断重构能力不足，实际出现故障时往往还得依靠地面处理。

王大轶及其团队不负众望，在国家自然科学基金、973 项目等支持下，直击问题本质，紧抓问题关键，历经十几年攻坚克难，独辟蹊径地提出创建了可诊断性与可重构性理论方法，改变了传统的航天器故障诊断重构设计理念，将以往仅仅关注后端的诊断重构算法，转变为在系统设计之初就进行可诊断性与可重构性研究，实现了可诊断性与可重构性的一体化设计、正常模式与故障模式的一体化设计，从根本上提升了系统的自主诊断重构能力。

本书系统深入地介绍了航天器控制系统自主诊断重构技术，阐述了系统可诊断性与可重构性的评价和设计过程，内容涉及可诊断性与可重构性理论，可诊断性与可重构性的表征判定量化方法、评价技术与设计方法以及试验验证技术等，反映了本领域的研究前沿和发展趋势，是一本不可多得的学术技术专著。相信本书的出版必将为实现航天器的安全可靠自主运行提供坚实的理论基础与技术支撑，对推动航天器自主诊断重构技术的发展意义重大。

2019 年 11 月

前　言

航天器是一类典型的无人系统，但是它们却离不开人在地面的运控支持，必须确保航天器安全可靠应该是目前这种状况的主要原因。不过，对于一些特殊任务，或者一些特殊任务阶段，比如深空探测的着陆/附着阶段，还是明确提出了自主运行的需求。确保航天器安全可靠自主运行已成为建设航天强国的根本需要。

航天器自主运行的关键是航天器的控制系统要实现自主诊断重构，主要原因是控制系统功能结构复杂、故障事件高发、承担任务关键、故障后果严重。自主诊断重构技术能够实现故障的及时诊断和有效处理，是提升航天器安全可靠自主运行能力的有效途径。杨嘉墀院士在 1995 年就已经指出：自主诊断重构是发展空间智能自主控制的关键技术之一。孙家栋院士和李济生院士也曾多次提出：未来航天器要朝着自主化方向发展，要有能力自己测量轨道、定位并调整控制偏离的轨道，要自己监控状态、自主诊断处理航天器出现的某些故障。提升控制系统的自主诊断重构能力已成为确保航天器安全可靠自主运行的关键。

航天器故障处理的研究现状主要有两个方面：一是预防故障，也就是研究可靠性技术，但是高可靠不一定保证肯定不发生故障；二是应对故障，主要是研究故障发生后的诊断重构算法，但这些算法受制于系统设计结果，再加上航天器的资源严重受限且不能在轨维护，往往实施效果有限，航天器发生故障后仍然需要依靠地面处理。若要从根本上提升航天器的自主诊断重构能力，必须抓住问题本质，将研究重点前移至设计阶段。然而，由于缺乏理论指导，设计师仅凭经验加冗余、添备份，往往导致系统的欠设计或过设计。鉴于此，急需研究构建可诊断性与可重构性理论方法，用于表征、判定和量化系统的诊断重构能力，并以此为指导，研究可诊断性与可重构性的评价和设计方法，从而回答“系统是否具有诊断重构能力”“具备多大的诊断重构能力”以及“如何优化设计才能在有限资源约束下实现诊断重构能力的最大化”等问题。综上所述，深入开展可诊断性与可重构性研究，是从根本上提升航天器控制系统自主诊断重构能力的重要手段。

早在 20 世纪 90 年代，Ron J. Patton 教授等人就提出了可诊断性与可重构性的初步概念，但后续发展非常缓慢。随着航天器对安全可靠自主运行需求的逐步提升，可诊断性与可重构性研究越来越受到重视。目前，国内外学者已分别基于多信号流图和能控性等开展了可诊断性与可重构性研究，但这些方法没有深度挖掘系统的解析冗余，其评价结果难以准确反映系统的真实特性，造成设计结果不能充分发挥系统的内在潜力，导致应用效果不佳。为了根据航天器控制系统的特点，有针对性地构建可诊断性与可重构性理论，提升评价设计方法的适用性，迫切需要解决诊断重构能力的可表征、可判定及可量化难题，提出能够综合考虑系统不确定性和复杂约束的精准评价与协同设计方法，实现航天器控制系统自主诊断重构能力的根本提升。

自 2003 年以来，在 973 计划和国家自然科学基金等项目的支持下，作者及其团队构建了较为完备的可诊断性与可重构性理论方法，提出了航天器控制系统可诊断性与可重构性的评价技术和设计方法，建立了基于软/硬件故障注入的航天器自主诊断重构地面仿真验证系统，为提升航天器的自主诊断重构能力、实现安全可靠自主运行，提供了坚实的理论基础与技术支撑。

本书正是对上述课题研究成果及实际工程应用的总结和提炼，主要特色如下：

本书具有理论方法原创意义。基于构建的可诊断性与可重构性理论，提出了一种航天器控制系统可诊断性评价技术与设计方法，突破了系统配置与诊断方法的一体化设计技术，实现了欠观测条件下系统诊断能力的大幅提升；提出了一种航天器控制系统可重构性评价技术与设计方法，突破了执行器配置与重构策略的多目标协同优化技术，实现了星上有限资源约束下系统重构能力的大幅提升。

本书具有工程技术实用意义。基于提出的系统可诊断性与可重构性评价技术与设计方法，实现了诊断过程与重构过程的一体化设计，以及正常模式与故障模式的一体化设计，相关成果已成功应用于我国导航、遥感、深空探测等多个型号任务，对航天器控制系统在轨发生的多次故障，均实现了自主精准诊断与有效重构，为我国二代导航二期、探月二期工程的顺利完成和安全可靠自主运行，做出了贡献。

本书具有推广发展前瞻意义。本书所阐述的系统可诊断性与可重构性评价技术与设计方法，属于故障诊断与容错控制技术范畴，能够与诊断算法的设计以及重构策略的制定建立起直接的关联关系，并以一种不同寻常的创新性切入点和研究角度，对系统可诊断性与可重构性理论研究的全面性和方法技术的实用性进行有效的补充完善；可为我国即将开展的北斗三号全球组网、月球探测后续工程以及深空探测等重大型号任务的安全可靠自主运行提供重要的理论技术支撑，具有重大的军事、社会效益及推广应用价值。

全书内容分为六个部分：第一部分是第 1 章绪论，介绍了可诊断性与可重构性的定义、内涵及研究进展等；第二部分由第 2、3 章组成，介绍了系统建模与故障分析方法、可诊断性与可重构性理论的核心，以及系统诊断和重构能力的表征、判定和量化方法；第三部分由第 4、5 章组成，介绍了基于相关性模型、解析冗余关系、距离相似度、方向相似度和考虑非线性因素影响的可诊断性评价方法，以及基于相关性模型、DM 分解技术、优化理论和考虑干扰因素影响的可诊断性设计方法；第四部分由第6、7章组成，介绍了考虑多种资源约束的可重构性评价方法，以及面向时间与空间双重维度的可重构性设计方法；第五部分由第8章组成，介绍了自主诊断重构地面验证系统和可诊断性评价工具软件、可重构性评价工具软件，以及仿真应用情况；第六部分是第9章总结和展望。

在相关课题研究和成果形成过程中，得到了李济生院士、王南华研究员、吴宏鑫院士、刘良栋研究员、李铁寿研究员、李果研究员、Steven X. Ding 教授、杨孟飞院士、周志成院士、周海银教授、周军教授、姜斌教授、周东华教授、胡昌华教授、钟麦英教授、王聪教授、彭侠夫教授、曹喜滨院士、段广仁院士、邢琰研究员、刘新彦研究员、宗红研究员、何英姿研究员、李响高工、王永富研究员等的关心支持和具体指导。

在本书的成稿过程中，得到了中国空间技术研究院航天器自主运行技术研究团队的大力支持，其中符方舟、屠园园、徐赫屿、刘细军、段文杰等参与了本书部分内容的编写和图文整理工作，滕宝毅、唐强、张军、郭建新等承担了部分仿真试验和数据整理工作。作者在此表示最衷心的感谢。

承蒙戚发轫院士、范本尧院士、叶培建院士、王礼恒院士、杜善义院士、包为民院士、王巍院士、吴伟仁院士、房建成院士和马兴瑞老师对课题研究及本书出版的深切关注和关怀指导，“两弹一星功勋奖章”和“共和国勋章”获得者孙家栋院士亲为本书作序并提出宝贵意见，作者万分感动，深受鼓舞，唯有殚精竭虑，再立新功。

本书的研究工作得到了国家杰出青年科学基金（61525301）、国防科技卓越青年科学基金、国家自然科学基金（61004073、61203093、61573060、61640304），以及国家自然科学基金委信息科学部、北京空间飞行器总体设计部、北京控制工程研究所的大力支持，作者在此一并致谢。

航天器自主诊断重构技术的覆盖面非常广，技术发展非常迅速，加上作者水平有限，难以全面、完整地就系统可诊断性与可重构性的评价和设计研究前沿一一深入探讨。书中错误及不当之处，恳请读者批评指正。

作　者

2019年冬于北京航天城

目　录

第1章　绪　论

1.1　引言

国务院发布的《2016中国的航天》白皮书，在总结我国近年来航天事业取得巨大成就的基础上，指出了未来将要实施深空探测、北斗导航等一批新的重大科技项目和重大工程，这对航天器的安全可靠自主运行能力提出了极高要求。一方面，现有在轨航天器的数量越来越多、寿命越来越长、造价越来越贵。目前，我国在轨运行的航天器已达300余颗；低轨航天器的寿命正在由3~5年向5~8年发展，高轨航天器的寿命由10~15年向15～20年发展；高价值航天器的造价已经达到了数亿元甚至数十亿元。要保证如此众多的航天器能够充分发挥其效能，安全可靠已成为必备要素。另一方面，未来空间任务都对提升航天器的自主运行能力提出了迫切需求，例如，深空探测由于距离远、时延大，需要探测器能够在不需要地面支持的情况下自主完成着陆、附着等强实时性任务；通信、导航和遥感卫星需要提供连续稳定的服务，即使发生故障也能够快速自主诊断和恢复。由此可见，确保航天器安全可靠自主运行已成为未来航天事业发展的根本需要。

控制系统实现自主诊断重构是确保航天器安全可靠自主运行的关键。这是因为，航天器的控制系统承担着姿态控制、轨道控制等关键任务，一旦发生故障后果十分严重。例如，姿态失控将造成业务中断，帆板不能对日，电源不能正常供给，推进剂非正常耗尽；轨道控制失灵将导致航天器不能定点和维持正常运行，造成业务中断甚至整星失效。而且，控制系统功能结构复杂、光机电部件种类繁多，在轨故障事件频发。据统计：1988年至2014年，在我国28颗遥感卫星发生的故障中，控制系统的故障占总故障的37.2%[1]。设计人员往往从预防故障和应对故障两个方面来降低故障影响。在预防故障方面，主要是利用可靠性技术降低故障发生概率，使航天器在轨尽可能少发生故障。但由于系统的研制成本与可靠性之间成指数关系，当可靠性达到一定程度以后，若想进一步提升则需要花费十分昂贵的代价，这就导致了航天器的可靠性虽然高，但也无法确保一定不发生故障。在应对故障方面，主要是利用诊断重构算法在故障发生后实现及时检测、定位和有效处理。现阶段，航天器控制系统尚不具备较强的自主诊断重构能力，故障发生后往往还是依靠地面处理。这种过分依赖地面的应对方式，受时空限制，效率偏低、效果有限，尤其当故障发生在测控区以外时，常常会由于不能及时处理而造成严重后果。例如，执行亚太地区气象和环境观测任务的日本地球静止轨道卫星“向日葵”（图1-1），在2006年4月16日，控制计算机发生故障，由于星上没对该故障做到及时诊断，导致整星未能快速反应处理，在故障发生4个小时之后才通过地面重新恢复控制；由于地面介入时机较晚，航天器的载荷温度已经显著升高，在恢复控制的 16 个小时之后才能正常工作，即该气象卫星有整整 20 个小时不能正常工作，造成了重大经济损失[2]。大量的在轨案例表明，迫切需要提升航天器控制系统的自主诊断重构能力。

图 1－1 日本地球静止轨道卫星“向日葵”

可诊断性与可重构性理论方法是从根本上提升航天器控制系统自主诊断重构能力的重要手段。与其他系统相比，航天器的自主诊断重构有其特殊性：1）航天器无法像汽车、飞机一样进行定期的保养与维护，一旦发生故障难以进行在轨维修，即航天器的诊断重构能力确定于设计之初；2）受运载能力和星上硬件的制约，航天器的重量、体积、算力、内存等严重受限，不可随意添加冗余备份，难以运行复杂的诊断重构算法，即航天器的诊断重构能力受限于资源约束。传统的航天器故障诊断与重构设计理念仅关注位于后端的诊断重构算法，但这些算法受制于系统设计结果与星上计算能力，在轨实施效果有限，这是目前航天器自主诊断重构能力不强、过分依赖地面处理的本质原因。为了提升自主诊断重构能力，必须从航天器控制系统的自身特性出发，将工作重点前移至系统设计阶段，使星上的有限资源得到全面开发和最大利用。但是，由于缺乏理论指导，设计人员无法确知航天器是否具有诊断重构能力、具备多大的诊断重构能力，以及如何优化设计才能在有限资源约束下实现诊断重构能力的最大化，目前只能凭借工程经验，在已有的功能、性能设计完成之后，通过打补丁的方式加冗余、添备份，但这种方式往往导致系统的欠设计或过设计。鉴于此，迫切需要构建可诊断性与可重构性理论方法，用于实现航天器控制系统自主诊断重构能力的可表征、可判定和可量化，并以此为基础提出可诊断性与可重构性评价技术与设计方法，从而为设计人员开展系统方案设计提供理论指导。

本书的主体思路是，通过建立较为完备的航天器控制系统可诊断性与可重构性理论方法，提出了评价与设计准则，将可诊断性与可重构性作为一种设计要素融入航天器控制系统的整个研制过程，实现了诊断过程与重构过程的一体化设计、正常模式与故障模式的一体化设计。该理论方法牢牢抓住了航天器控制系统自主诊断重构问题的本源，清晰地量化了系统的诊断重构能力，进而通过优化设计更加合理地配置系统资源和制定诊断重构策略，大幅提升了控制系统的自主诊断重构能力，为确保航天器安全可靠自主运行提供了技术支撑。

1.2　可诊断性内涵与研究进展

1.2.1　内涵

早在20世纪90年代，Ron J. Patton教授等人就提出了可诊断性与可重构性的初步概念[3]，但后续研究较为零散、不成体系，至今尚未形成统一的定义，目前使用较多的是IEEE 1522标准给出的定义[4]：系统故障能够被确定、有效识别的程度。其中，“确定”要求系统每次发生故障时都能准确地对故障进行检测与分离，强调的是系统完成诊断任务的能力；“有效”要求系统对故障进行分离时能够实现资源的优化，强调的是系统完成诊断任务的资源利用效率。根据不同的故障诊断目的，可诊断性又可细分为可检测性、可分离性和可辨识性等子类。

值得注意的是，可诊断性不等于故障诊断。由文献［5］可知，故障诊断是故障检测、分离与辨识的统称；而可诊断性是用于描述系统诊断能力的内在属性，可以衡量故障识别的准确程度和计算效率。

针对不同的研究需要，可诊断性考虑的因素也不尽相同。例如，文献［6，7］将可诊断性视为与故障大小和种类无关的内部属性，而文献［8］则考虑了噪声以及故障大小等因素带来的影响。鉴于此，为了更深入地对可诊断性的内涵进行分析，本书将可诊断性分为固有可诊断性与实际可诊断性，下面给出了相应的定义。

固有可诊断性是由系统固有结构所决定的故障检测、分离与辨识的能力。由于在固有可诊断性研究中仅考虑了系统结构对故障诊断的影响，而不涉及具体的诊断算法等实际因素，所以固有可诊断性反映的是系统的内在属性。

实际可诊断性是由系统固有结构与实际因素共同决定的故障检测、分离与辨识的能力。其中，实际因素主要包括：诊断算法、限制因素和诊断代价等。由于在系统运行过程中，各种实际因素不可避免，并直接决定了故障诊断的难易程度，所以实际可诊断性可以为诊断算法的设计提供必要信息。

为了进一步深入理解可诊断性的内涵，明确其与可测试性之间的内在联系和本质区别，下面就这两者之间的异同点进行对比分析。

可测试性是有效地确定系统运行状态（可工作、不可工作、性能下降）、分离内部故障的设计特性[4,9]。目前可诊断性与可测试性之间界线较为模糊[10]，针对不同领域或不同对象，两者之间的关联也不尽相同，如等价关系[11-14]、并列关系[15,16]及互补关系[17]等。虽然可测试性与可诊断性均属于系统的设计特性，但毋庸置疑的是，可测试性与可诊断性并非等价的关系。从研究方法来看，可测试性主要采用多信号流图等方法对系统进行分析，而可诊断性除了采用多信号流图方法，还广泛采用基于数据、统计特征相似度等方法。从应用范围来看，可测试性大多集中于对系统硬件配置进行优化，而可诊断性不仅可以用于系统硬件配置的优化，还可以为软件算法的设计提供科学指导，具体对比结果见表 1-1。文献［18］从可测试性与可诊断性的概念出发，给出了可测试性与可诊断性的基本关系：可诊断性相对于可测试性具有更加广泛的内涵，开展可诊断性研究，可以从系统硬件配置与软件算法设计两个方面提供更多的信息，从而更全面地提高系统的诊断能力。

表 1-1 可测试性与可诊断性之间的对比结果

	可测试性	可诊断性
本质	设计特性	
研究目标	识别故障	
研究方法	主要采用多信号流图方法	多信号流图方法，基于数据、统计特征相似度度量方法
度量指标	故障检测率、故障分离率、故障虚警率	可诊断率、准确率、快速性
应用范围	优化系统硬件配置	优化系统硬件配置，指导软件算法设计

1.2.2 应用范围

在实际航天任务中，可诊断性主要应用于航天器控制系统的设计阶段，从系统硬件配置与软件算法设计两个方面开展具体应用。

在系统硬件配置方面，可诊断性将系统诊断能力的评价结果与已有设计指标相结合，在保证航天器控制系统满足所需功能、性能的前提下，通过多目标优化的方式对系统构型、测点等配置情况进行优化，在提高系统故障诊断能力的同时提高配置效率。

在软件算法设计方面，可诊断性同时考虑航天器控制系统结构以及实际因素的影响，以诊断能力评价结果为依据，通过优化残差、调整阈值等方式，提高诊断算法与系统结构及实际运行环境的契合程度，从而科学地、有针对性地提高故障诊断性能。

1.2.3 研究进展

关于航天器控制系统可诊断性的研究，具体可以分为可诊断性评价与可诊断性设计两部分，这两部分互相迭代，共同提升系统的诊断能力。现有可诊断性的研究进展如图 1-2 所示，主要集中于理论方法研究，其中基于多信号流图的定性方法在工程中得到了一定的应用。下面就现有可诊断性评价与设计方法的研究现状进行具体阐述。

1.2.3.1 可诊断性评价方法的研究进展

可诊断性评价通常可以分为定性评价和定量评价两个部分。前者定性地分析故障能否被检测/分离/辨识，后者则量化地给出故障被检测/分离/辨识的难易程度[19]。显而易见，相对于定性评价结果，定量评价结果可以为设计者提供更多的可用信息[20-22]。

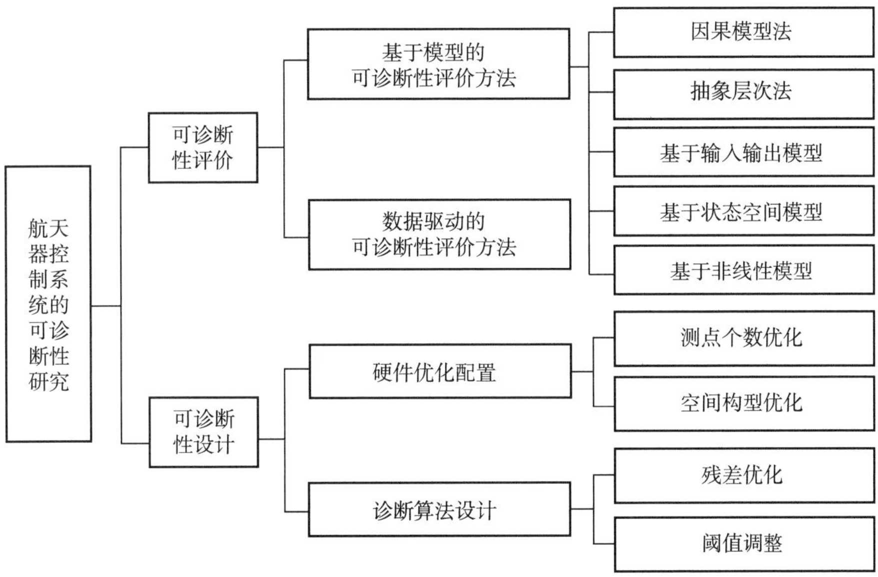

图 1-2 航天器控制系统可诊断性的研究进展

对于能够建立数学模型的系统，可以通过分析系统结构，得到故障与测量信息之间的关系，并利用这两者之间的映射关系来研究系统的可诊断性；对于难以建立数学模型的系统，则可以利用已有的测量信息来评价系统的可诊断性。下面分别从基于模型和数据驱动两方面介绍可诊断性评价方法的研究现状。

（1）基于模型的可诊断性评价方法

①基于定性模型的可诊断性评价方法

基于定性模型的可诊断性评价方法，一般又可以细分为因果模型法和抽象层次法两种。

（a）因果模型法

因果模型法是在可测试性技术基础上发展起来的，其基本原理是：采用多信号流图、Petri 网等技术建立系统的定性模型，并基于故障影响分析，在定性模型中对故障和测点进行标识，得到故障与测点的关联矩阵，从而实现故障可检测性和可分离性的评价。文献［23］利用故障与可测点之间的关联矩阵，给出了可检测性与可分离性的定义及相关评价条件。与文献［23］的研究思路相近，文献［24］以航天器为对象，将符号有向图与故障时态信息相结合，利用多值评价方法对几种典型故障模式的不同特征和时间序列进行分析，进而实现了航天器可诊断性的定性评价。文献［25］以切换系统为研究对象，给出了不同模式下系统可诊断性与可分离性的定性评价结果。为了对有界 Petri 网的可诊断性进行分析，文献［26］提出了基本可达性诊断器，并基于此给出了该系统具有可诊断性的充要条件。文献［27］针对离散事件系统，给出了强可诊断性与弱可诊断性的定义。

目前，基于多信号流图已形成 TEAMS、Express 等可诊断性分析商用软件，在工程中得到了较多应用。例如，美国国家航空航天局（NASA）的 Ames 研究中心，完成了航天飞机的线路建模与分析，建立了系统故障诊断多信号流图，提出了基于软件测试的系统集成诊断方法，搭建了无人驾驶航天器机载 FDIR（故障检测、隔离和恢复）系统。

（b）抽象层次法

现有利用抽象层次法来评价系统可诊断性的成果较少。文献［28］考虑了信息丢失对于抽象描述系统可诊断性的影响，进而通过抽象层次法降低了该系统实现故障诊断所需花费的代价，即提升了系统的可诊断性。文献［29］提出了一种新颖的可诊断性评价方法，消除了传统诊断算法对故障模型的约束，使得设计人员可以通过评价结果直接对诊断算法的性能进行评估。

②基于定量模型的可诊断性评价方法

根据控制系统的不同特性，定量模型主要分成：输入输出模型、状态空间模型和非线性模型等。

（a）输入输出模型

输入输出模型是利用输入、输出变量来描述系统的特性，通常包括传递函数模型和微分代数方程模型等。

传递函数模型是研究经典控制理论的主要工具之一，用于描述线性系统的动态特性，其基本思路是通过分析故障对可测信息的影响关系，来评价系统的可诊断性。线性系统传递函数的一般形式为[30]

$$\boldsymbol{y}^{(i)}(\lambda)=\boldsymbol{G}_{yu}^{(i)}(\lambda)\boldsymbol{u}^{(i)}(\lambda)+\boldsymbol{G}_{yd}^{(i)}(\lambda)\boldsymbol{d}^{(i)}(\lambda)+\boldsymbol{G}_{yw}^{(i)}(\lambda)\boldsymbol{w}^{(i)}(\lambda)+\boldsymbol{G}_{yf}^{(i)}(\lambda)\boldsymbol{f}^{(i)}(\lambda) \tag{1-1}$$

其中，$\boldsymbol{y}^{(i)}(\lambda)$，$\boldsymbol{u}^{(i)}(\lambda)$，$\boldsymbol{d}^{(i)}(\lambda)$，$\boldsymbol{w}^{(i)}(\lambda)$ 和 $\boldsymbol{f}^{(i)}(\lambda)$ 分别表示输出向量、输入向量、未知扰动向量、噪声向量以及故障向量的拉氏变换（连续时间）或 Z 变换（离散时间）；考虑乘性故障以及模型不确定性均会使系统参数发生改变，这里用系统参数上标 (i) 表示参数发生变化后对应的第 i 个系统的参数。特别地，$i=0$ 表示未发生乘性故障且不考虑模型不确定性时系统的传递函数。根据不同的实际研究对象，该模型可以转换为不同的形式。

文献［31］通过对式（1－1）模型中故障矩阵 $\boldsymbol{G}_{yf}(\lambda)$ 的列元素进行分析，给出了只考虑加性故障的可诊断性评价方法。对于存在干扰的情况，即 $\boldsymbol{d}(\lambda)\neq\boldsymbol{0}$，文献［32］在频域内给出了线性时不变系统的可检测性评价准则：至少有一个故障对输出的影响大于扰动对输出的影响，则认为该系统是可检测的，该方法的评价结果不受诊断算法的影响。不同于文献［32］，Varga 通过秩判据给出了可诊断性的评价准则，并根据不同的系统特征，进一步提出了强可检测/可分离的概念[30]。文献［33］给出了基于二值诊断矩阵的可分离性评价准则，并将该评价方法用于诊断算法的残差设计中，取得了令人满意的效果。文献［34］通过理论推导对可检测性、强可检测性进行分析，给出了基于传递函数的可检测性定性评价准则，并通过对比分析不同判据给出了相应的适用范围。

微分代数方程模型可描述为

$$\boldsymbol{H}(p)\boldsymbol{x}+\boldsymbol{L}(p)\boldsymbol{z}+\boldsymbol{F}(p)\boldsymbol{f}=\boldsymbol{V}(p)\boldsymbol{v} \tag{1-2}$$

式中 $\boldsymbol{H}(p)$，$\boldsymbol{L}(p)$，$\boldsymbol{F}(p)$，$\boldsymbol{V}(p)$ ——关于微分算子 p 的多项式矩阵；

$\boldsymbol{x}$ ——包含系统内部状态和未知输入的所有未知信息向量；

$\boldsymbol{z}$ ——包含控制信号与观测信号的所有已知信息向量；

$\boldsymbol{f}$ ——故障信号向量，该向量中每个元素对应一个具体故障模式，若故障模式 i 未发生，则 $f_i=0$，其中 f_i 为向量 $\boldsymbol{f}$ 的第 i 个元素；

$\boldsymbol{v}$ ——系统噪声。

针对不同形式的微分代数方程，学者们提出了相应的可诊断性评价方法。在不考虑噪声的情况下（$\boldsymbol{v}=\boldsymbol{0}$），文献［35］通过分析发生故障时已知信号向量与无故障时所有已知信号向量集合之间的从属关系，给出了系统可检测性的评价方法：若故障引起的可观测量变化能由未知信号表示，则认为该故障是不可检测的。与文献［35］相似，文献［36］在考虑噪声影响的情况下（$\boldsymbol{v}\neq\boldsymbol{0}$），利用一致性检验方法实现了系统可诊断性的定性评价，扩大了现有评价方法的适用范围。

（b）状态空间模型

不同于输入输出模型，状态空间模型主要利用内部的状态变量来描述系统特性。离散时变系统的状态空间模型可以写成

$$\begin{cases}\boldsymbol{x}(k+1)=\bar{\boldsymbol{A}}(k)\boldsymbol{x}(k)+\bar{\boldsymbol{B}}_u(k)\boldsymbol{u}(k)+\bar{\boldsymbol{B}}_d(k)\boldsymbol{d}(k)+\bar{\boldsymbol{B}}_f(k)\boldsymbol{f}(k)+\bar{\boldsymbol{B}}_w(k)\boldsymbol{w}(k)\\ \boldsymbol{y}(k)=\bar{\boldsymbol{C}}(k)\boldsymbol{x}(k)+\bar{\boldsymbol{D}}_u(k)\boldsymbol{u}(k)+\bar{\boldsymbol{D}}_d(k)\boldsymbol{d}(k)+\bar{\boldsymbol{D}}_f(k)\boldsymbol{f}(k)+\bar{\boldsymbol{D}}_v(k)\boldsymbol{v}(k)\end{cases} \tag{1-3}$$

其中

$$\bar{\boldsymbol{A}}=\boldsymbol{A}+\Delta\boldsymbol{A}$$

式中 $\boldsymbol{x}$，$\boldsymbol{y}$，$\boldsymbol{u}$，$\boldsymbol{d}$ ——系统的状态变量、测量输出、控制输入和未知扰动；

$\boldsymbol{f}$ ——故障向量，当系统未发生故障时 $\boldsymbol{f}=\boldsymbol{0}$；

$\boldsymbol{w}$，$\boldsymbol{v}$ ——过程噪声和测量噪声；

$\bar{\boldsymbol{A}}$ ——实际系统的参数矩阵；

$\boldsymbol{A}$ ——标称系统的参数矩阵；

$\Delta\boldsymbol{A}$ ——模型的不确定性；

$\bar{\boldsymbol{B}}_u$，$\bar{\boldsymbol{B}}_d$，$\bar{\boldsymbol{B}}_f$，$\bar{\boldsymbol{B}}_w$，$\bar{\boldsymbol{C}}$，$\bar{\boldsymbol{D}}_u$，$\bar{\boldsymbol{D}}_d$，$\bar{\boldsymbol{D}}_f$，$\bar{\boldsymbol{D}}_v$ ——与 $\bar{\boldsymbol{A}}$ 含义相似。

目前，可诊断性评价的研究成果多集中于用状态空间描述系统模型的情况。文献［37］在不考虑不确定性、未知输入以及噪声的前提下（$\boldsymbol{d}=\boldsymbol{0}$，$\boldsymbol{w}=\boldsymbol{v}=\boldsymbol{0}$，$\Delta\boldsymbol{A}$，…，$\Delta\boldsymbol{D}_v=\boldsymbol{0}$），利用全维观测器对多重故障的检测与分离问题进行分析，并给出了故障可分离性的条件。在考虑噪声的情况下，Ding 和 Shi 在文献［38］中对多阶段制造过程的可诊断性进行分析，给出了可诊断性的量化指标；由于考虑的仅是可诊断故障占总故障的比重，该指标无法对故障诊断能力进行量化评价。文献［8］通过将系统的状态空间模型重构为滑动窗口模型，使可诊断性量化评价问题转换成多元分布相似度对比问题，并利用 Kullback - Leibler 散度量化不同故障所对应多元分布的相似度，给出了量化的可诊断性评价指标和具体可行的算法流程。除此之外，通过分析所提量化指标和残差生成器故障噪声比

(Fault to Noise Ratio，FNR）之间的关系，给出了具有最大故障噪声比的残差生成器设计方法。

(c) 非线性模型

由于非线性系统的复杂程度较高，在实际工程中设计师往往倾向于在工作点处对其进行线性化处理，但并不是所有经线性化处理后的非线性系统都能满足实际的故障诊断需求[39]。

目前由于缺乏通用的非线性系统分析工具，现有非线性系统可诊断性评价方法的研究较为分散。文献［40］基于残差生成器，利用故障的敏感度一致性，分析了非线性系统的可检测性，并给出了相应的定性评价准则。为了解决非线性不确定系统传感器偏差故障的检测与分离问题，Zhang 等提出了包含一个故障检测估计器和一组分离估计器的诊断算法[41]，并基于该算法给出了可检测性与可分离性的评价方法。在此基础上，文献［42］进一步增大了可检测性与可分离性评价方法的适用范围。针对高维离散时间非线性系统，Ferrari 提出了基于自适应近似算法的可检测性与可分离性评价准则[43]。

与上述依赖于诊断算法的可诊断性评价方法不同，文献［44］给出了一类仿射非线性系统的可检测性与可分离性评价准则。文献［45］针对一类带有未知输入的仿射非线性系统，利用故障与未知输入对输出的不变性，给出了较为完备的可诊断性评价准则。在上述定性评价的基础上，文献［46］利用 Kullback - Leibler 散度，给出了非线性系统可检测性与可分离性的定量评价方法，为优化非线性系统的硬件配置、诊断算法奠定了理论基础。

(2) 数据驱动的可诊断性评价方法

数据驱动的可诊断性评价方法可以仅利用在线、离线数据，而无需系统的精准模型，就能够对复杂系统的可检测性与可分离性进行分析[47]。正是由于该优势，数据驱动的可诊断性评价方法研究逐渐引起了学者们的关注。

文献［48］研究了多重故障的可检测性与可分离性评价问题，基于故障方向与故障幅值给出了可诊断性评价的充要条件，提出了基于平方预测误差（Squared Prediction Error，SPE）的可辨识性评价指标。在此基础上，文献［49］进一步结合 SPE 和 T^2 指标对多重故障的可检测性条件进行分析，并利用新的组合指标对系统的可分离性与可辨识性进行评价。文献［50］给出了可诊断性的定义，并根据算法权值提出了可诊断性评价的具体策略。不同于上述文献，文献［51］利用模糊集相似度，给出了可分离性的量化评价指标，即两个不同故障模式之间的模糊集差别越大，则两者间的可分离性越强。针对传感器发生的早期微小故障，文献［52］基于滑动窗口重构贡献的诊断算法，通过严格的理论证明，提出了可检测性与可分离性的量化评价指标，并分析了窗口长度对系统可诊断性的影响——随着窗口长度的增加，系统的可诊断性将不断提升，可以识别出以往难以发现的传感器早期微小故障，但同时也会增加诊断的计算量和时长。因此，可以利用系统可诊断性与窗口长度之间的量化关系，权衡诊断算法的准确性和计算量。

(3) 各种评价方法的对比分析

通过上述调研情况，可以看出不同评价方法都有各自的适用范围。下面重点对定性模型、定量模型与数据驱动三种不同的可诊断性评价方法进行对比分析：基于定性模型的可诊断性评价方法，更加适用于运行机理复杂、难以精准建模的系统；基于定量模型的可诊断性评价方法，适用于物理意义明确、已知信息充足的系统；数据驱动的可诊断性评价方法，主要适用于含有大量已知数据的系统。上述三种评价方法的优越性及局限性，具体见表1-2。

表1-2 可诊断性评价方法的对比分析

评价方法	优点	缺点
定性模型	宏观描述系统	对专业知识及经验要求较高
定量模型	物理意义明确	难以获得精确模型
数据驱动	不需要建立系统模型	运算量大，难以评价未知故障

1.2.3.2 可诊断性设计方法的研究进展

可诊断性设计主要包括系统的硬件配置优化与诊断算法设计两个方面。

(1) 硬件配置优化

由于系统的可诊断性极大地依赖于可用的测量信息，目前可诊断性设计的研究重点集中于传感器的最优配置问题[53]。在进行传感器优化配置时，除了要考虑常规的诊断性能之外，还要分析传感器体积、安装和测量数据获取的难易程度等实际因素的影响[54]。

如何利用尽可能少的传感器获取尽可能多的故障信息，是现阶段亟待解决的关键问题，也是当前研究的热点。文献[55]提出了一种有效的传感器布置方法，利用系统部件的冗余关系，通过可诊断性评价结果来指导传感器的优化配置工作，并已成功应用于燃气涡轮机的设计过程，有效提升了燃气涡轮机的运行安全性。与文献[55]相似，文献[56]利用解析冗余关系分析了可诊断性与增加传感器之间的关联关系，通过优化设计得到了满足诊断性能需求的传感器最小配置集合，并将其应用于某型号的工业智能执行机构，有效提高了故障诊断效率。文献[57]指出，传感器配置的代价通常包括实际经济成本和能量消耗，从而将传感器优化配置问题转换成诊断所需能量最小的传感器集合求解问题。其中，实际经济成本主要包括传感器价格、安装难度等；能量消耗则主要包括诊断所需的能量。文献[58]以线性微分代数系统为对象，提出了一种基于解析表达式的传感器优化配置方法，该方法计算得到的传感器集合是在考虑实际约束条件下最接近优化目标(可诊断性最大)的配置方案。文献[59]以量化的可检测性与可分离性的评价指标为约束条件，以配置的传感器个数为优化目标函数，将传感器配置问题转换为0—1优化问题，利用贪婪算法对问题进行求解，得到了满足系统可诊断性要求且传感器配置数量最少的设计方案。

(2) 诊断算法设计

目前，利用系统可诊断性指导诊断算法设计的研究，已开始得到研究人员的重视。针对发动机点火失败的状态识别问题，文献［60］提出了一种基于模型的故障检测算法，能够在不同运行条件下实现故障气缸的检测与识别。该算法利用 Kullback - Leibler 散度来量化系统的可诊断性并选取合适的速度区间，有效提高了系统的故障诊断能力。为了满足半导体芯片制造过程对自主故障诊断的实际需求，文献［61］将快速性、可分离性和鲁棒性等量化指标纳入系统设计过程中，通过综合对比分析实现了诊断算法的优化设计。文献［62］将蒸汽压缩制冷系统描述成一类含有不确定性的线性系统，通过理论推导给出了一种量化系统可诊断性的设计方法。该文献的主要贡献在于：1）给出了系统可诊断性与观测量维数之间的影响关系，即只增加一个传感器或测试点都有可能使得原先不可诊断的故障变得可以诊断，反之则会导致系统的可诊断性下降；2）基于可诊断性的在线分析结果设计了适用的诊断算法，即当系统可诊断性较小时，优选精度较高的诊断算法来保证诊断结果的准确性；而当系统可诊断性较大时，则应选择精度较低的诊断算法来提高诊断效率、减轻计算负担。文献［63］针对分布式系统提出了一种用于检测与分离传感器故障的诊断算法，利用可诊断性量化指标来指导诊断算法在每一个节点处可测信息的选择，在增强诊断算法故障检测能力的同时，有效降低了算法的复杂度。Ding 在文献［64，65］中给出了 K - gap 的定义，利用该定义可以明确相关故障检测与分离算法的实际性能。文献［66］利用 Kullback - Leibler 散度作为可诊断性评价指标，对诊断算法得到的残差进行了量化分析，通过优选残差的加权系数能够得到性能最佳的诊断算法。文献［67］提出了一种分布式诊断框架，实现了传感器故障和过程故障的同时诊断。该算法利用得到的全局可诊断性评价结果，可以优选残差以确保系统的可诊断性最大。

1.3 可重构性内涵与研究进展

1.3.1 内涵

控制系统的可重构性概念由 Frei[68]、Wu[69]、Staroswiecki[70] 等专家学者提出，但总的来讲目前的定义并不统一。近年来，这些概念逐步应用于电力系统[71-73]，并开始引入航天器控制系统[74]。对于航天器控制系统而言，可重构性是指在资源配置和运行条件一定的情况下，在保证安全的时间内，航天器控制系统通过自主改变系统构型或控制算法等方式，恢复全部或部分既定功能的特性。

为了进一步深入理解可重构性的概念内涵，明确其与可维修性之间的内在联系和本质区别，下面就这两者之间的异同点进行对比分析。

可维修性是产品在规定的条件下和规定的时间内，按规定的程序和方法进行维修时，保持或恢复其规定状态的能力。对于可维修性定义中的各项规定和能力，在美国可维修性军用手册中给出了具体的说明：可维修性是由规定技术水平的人员，用规定的程序和资源，在各规定的维修级别下，利用相对快捷和经济的时间和资源消耗来保持或恢复产品规定状态。从定义可以看出，可维修性和可重构性一样，两者都与系统的自身设计特性和可用资源有关，它们的最大区别在于：可重构性侧重于描述系统在一定的约束条件下，在难以进行人为干预时，进行自主故障处理的能力，是对系统自主容错能力的一种刻画；可维修性则与维修人员有关，侧重于描述人为干预下对系统进行维修的方便性、快速性与经济性，是对人与系统之间交互关系难易程度的一种刻画，具体见表 1-3。

表 1-3　可维修性与可重构性之间的对比结果

	可维修性	可重构性
本质	设计特性	
研究目标	处理故障	
研究方法	基于人工维修、基于机器维修	硬件冗余、算法设计
度量指标	平均修复时间、维修工时率、可达性	可重构率、恢复率、重构能耗
应用范围	故障部件的替换	故障部件的切换，软件算法的更新

1.3.2　应用范围

对于航天器控制系统，可重构性主要应用于地面设计和在轨运行两大阶段。

在地面设计阶段，可重构性主要用于评价系统的功能冗余水平并指导系统设计。在航天器研制过程中，以可重构性为依据，通过优化系统构型及重构预案，科学分配冗余度，从而以尽可能少的资源配置获得尽可能大的功能冗余，即优化配置、构型以提高系统的自主故障处理能力。

在在轨运行阶段，可重构性主要用于评估故障系统的性能状态，指导重构策略的实时优化。在航天器运行过程中，以可重构性为指导，通过对重构算法、空间构型及重构时间等方面进行综合优化，充分利用系统的既有冗余，从而以尽量少的资源消耗使系统有效恢复，即优化重构策略以提高系统的自主故障处理能力。

1.3.3　研究进展

可重构性研究主要包括可重构性评价与可重构性设计两部分，具体研究内容如图 1-3 所示。下面就这两部分的研究现状进行详细介绍。

1.3.3.1　可重构性评价方法的研究进展

航天器控制系统的可重构性不仅取决于系统的固有配置，还与性能约束和功能要求等多种因素密切相关。因此，可重构性评价又可以具体分为基于系统固有特性、基于系统性能约束以及基于系统功能要求三种方法。

（1）基于系统固有特性的可重构性评价方法

本节重点从线性系统、非线性系统两部分介绍相关评价方法的研究现状，并给出相关理论方法在航天领域中的应用情况。

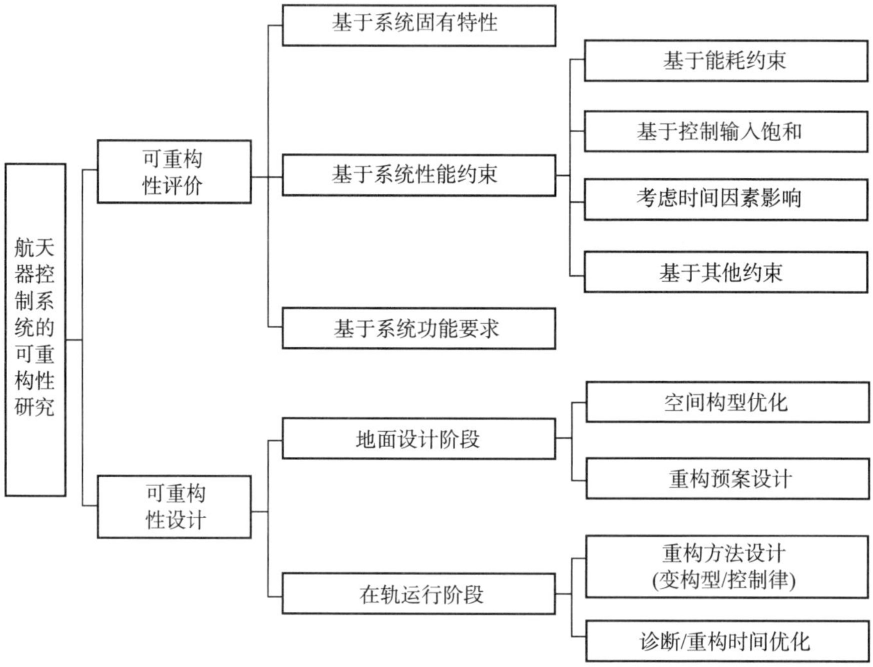

图 1-3　航天器控制系统可重构性的研究进展

①线性系统

文献 [75] 基于能控性，以结构解析模型研究了多旋翼无人机的可重构性判定问题。文献 [76] 基于稳定性，利用互质分解技术描述了系统保持稳定可以承受的最大能力边界。然而，上述研究都只能对系统是否具备重构能力给出一个二值判断，在实际应用中设计人员往往需要进一步了解系统重构能力的大小，即需要给出系统可重构性的量化评价结果。针对这一问题，很多学者从剩余控制能力出发，考虑执行机构的故障对系统可重构性进行度量。他们认为：并非所有故障都可以通过重构策略进行补偿，如果发生故障后，系统依然能控，但能控的程度并不高，则该故障不宜甚至不能通过重构控制进行补偿[77]。由此可见，在不考虑实际约束与重构目标的前提下，故障系统的剩余控制能力可以反映其可重构程度，进而指导系统构型或重构策略的优化设计。下面针对几种具有代表性的可重构性评价方法，进行归纳总结。

(a) 基于 Gramian 矩阵的可重构性评价方法

因为具有计算简单、物理意义明确等优势，基于 Gramian 矩阵的可重构性评价方法目前应用最为广泛[78-81]。能控性 Gramian 矩阵 $\boldsymbol{W}_c$ 常被用于判定系统的控制能力，然而该判定过程仅对 $\boldsymbol{W}_c$ 的奇异性进行分析，并未深入挖掘其物理含义。对此，文献 [82，83] 阐述了 $\boldsymbol{W}_c$ 的实际物理意义：矩阵对应的椭球方程，反映了系统达到一定能控/能观目标所需消耗能量的分布情况。由此可见，Gramian 矩阵可以从能量角度反映系统的控制/观测能力。鉴于此，文献 [80] 基于 Gramian 矩阵，提出了三种能控度评价指标。

为了综合能控与能观两方面信息，对执行机构和敏感器故障进行统一考虑，部分学者将能控性和能观性 Gramian 矩阵进行有效组合，对系统的可重构性开展了深入研究：1981年，B. C. Moore 提出了系统二阶模态的概念[82]；1999 年，Frei 等人首次采用 Gramian 矩阵的行列式来描述线性定常系统的可重构性[84]；2000 年，N. Eva Wu 和周克敏等以最小二阶模态 $\delta_{\min}$ 作为系统冗余水平的度量指标，对不包含虚轴极点的线性定常系统进行了可重构性量化评价[69]，并针对能量受限问题，规定了 $\delta_{\min}$ 的下限，以保证系统在容许的能量范围内具有可重构性；一些学者将这种评价方法应用于实际工程中，解决了电力系统的容错配置问题[71-73]；文献［85］对该评价方法在频域中的具体计算问题展开了进一步研究。

基于 Gramian 矩阵进行可重构性评价的关键是：计算系统的 Gramian 矩阵，该项工作一般在系统运行前离线进行。当系统投入运行之后，一旦发生故障需根据输入输出数据在线评估系统的性能状态，计算系统的可重构性，以此来指导系统的容错设计。鉴于此，文献［86，87］提出了一种基于数据驱动的特征系统实现算法（ERA），通过在线观测输入输出数据，间接计算系统的能控性 Gramian 矩阵，从而对系统的可重构性做到了在线实时评价。

（b）基于模态能控度的可重构性评价方法

1989 年，Hadman 与 Nayfeh 基于 PBH 特征向量判据，提出了模态能控度的概念[88]。其中，能控性“PBH 特征向量判据”指出：时间连续的线性定常系统具备完全能控性的充要条件为：系统矩阵 $\boldsymbol{A}$ 不存在与控制矩阵 $\boldsymbol{B}$ 所有列正交的非零左特征向量[89]。如果 $\boldsymbol{A}$ 关于第 i 个模态的非零左特征向量 $\boldsymbol{\upsilon}_i$ 与 $\boldsymbol{B}$ 的所有列不都垂直，则称系统的第 i 个模态能控。假设矩阵 $\boldsymbol{A}$ 的特征值两两相异，那其所有特征向量的方向 $\boldsymbol{\eta}_i=\boldsymbol{\upsilon}_i/\|\boldsymbol{\upsilon}_i\|$ 都可以被确定，则该系统第 i 个模态的能控度可以表示为：$\mu_i=\|\boldsymbol{\eta}_i^{\mathrm{T}}\boldsymbol{B}_i\|_2$，整个系统的能控度定义为：$\rho_m=\min\{\mu_1, \mu_2, \cdots, \mu_n\}$ 。

（c）基于状态范数能控度的可重构性评价方法

以上两种基于能控度的可重构性评价方法，均没有考虑控制输入或时间受限等约束条件。针对这一问题，文献［90］利用输入受限系统在时间 T 内可恢复的最大初始状态集，提出了一种基于状态范数能控度的新型评价指标。该指标不仅适用于输入及时间受限的系统，而且可推广到包含其他约束的系统中。文献［91］在此基础之上，进一步考虑了推进剂约束和能量约束。

该评价方法虽然适用于多种受限系统，但在实际应用中，很难得到精确的恢复域，即难以给出状态范数能控度的精准值。文献［92］给出了一种状态范数能控度的估计方法，然而该方法只能估计其上界值；文献［93］针对控制输入受任意约束的线性定常系统，给出了状态范数能控度的精确表达式，然而整个计算过程十分复杂，需要进行两次寻优。

针对航天器不可维修、资源受限的特性，一些学者尝试将可重构性评价方法引入航天领域。文献［94］基于能控性与能观性，利用深度优化搜索方法，研究了执行机构与传感器双重故障下航天器控制系统的可重构性评价问题。文献［95］以卫星姿态控制系统的线性化模型为对象，根据执行机构与传感器的配置情况，从系统层面分析了能控/能观性与可重构性之间的关系，并对该系统的可重构性进行了评价。文献［76］以卫星姿态控制系统为对象，指出了基于标准能控性 Gramian 矩阵的可重构性评价方法存在的局限性，并引入了无须求解 Lyapunov 方程的经验能控性 Gramian 矩阵概念，同时利用精细积分方法解决了经验能控性 Gramian 矩阵存在计算量偏大的问题。由于航天器控制系统是一个多目标、强约束的复杂动态系统，系统的重构目标并不唯一，在某些情况下，故障系统只需要稳定或镇定就能够继续完成既定的任务，无须完全能控，此时应研究系统的剩余稳定性或镇定性，而非能控性。

②非线性系统

文献［96］以飞控系统为对象，给出了该非线性系统具备可重构性的条件，并认为如果非线性形式的飞控方程可以用某种实时参数的形式来表示，则可以通过各数据点上的线性模型对其进行可重构性估计。文献［97］从能控性的角度分析了线性混合系统的可重构性，基于代数方法进行了可重构性评价，并利用空间与时间冗余等容错系统特征分别定义了线性定常系统的固有可重构性和基于性能的可重构性。文献［98－100］给出了一类切换系统的能控性 Gramian 矩阵的定义，并以此量化指标为指导，对该系统的可重构性进行了定量评价；在此基础上，文献［101－103］又基于循环小增益方法，研究了一类物理耦合互联非线性系统的可重构性以及重构控制设计方法，从系统层面深入分析了物理耦合对系统可重构性与重构控制策略的影响。文献［104，105］从系统稳定性的角度，研究了分段仿射系统的可重构性评价问题，基于线性矩阵不等式推导出了系统可重构性的充分条件。文献［106］基于李代数（李导数和李括号）研究了非线性系统的可重构性评价问题，提出了控制冗余的概念（包括能控性、能观性、能镇定性、能检测性冗余），并分析了其与可重构性之间的关系，从而定量评价了该系统的可重构性。H. R. Shaker 针对参数变化的双线性系统，给出了能控/能观性 Gramian 矩阵的定义，设计了双线性系统的可重构性评价指标，并以电动液压驱动系统为例验证了该评价方法的有效性[107,108]；在此基础上，他又研究了线性随机系统能观/能控性 Gramian 矩阵的计算方法，为线性随机系统的可重构性评价研究工作奠定了基础[109]；此外，为减少计算量，他还针对双线性系统，提出了一种基于交叉 Gramian 矩阵的可重构性评价方法[110]，同时将其推广到离散系统并给出相应的迭代求解算法[111]。

（2）基于系统性能约束的可重构性评价方法

为了准确描述控制系统的可重构性，不仅要考虑系统本身的固有特性，还需要考虑其受到的实际性能约束。尤其针对航天器这类能源消耗、控制能力、重构时间严格受限的系统，要描述其实际重构能力，除了考察其剩余能控性外，还需要考虑其安全时间、运行条件以及资源配置等实际约束条件。本节根据系统所受到的各种约束条件，对可重构性评价方法的研究现状进行分类总结。

①基于能量约束的可重构性评价方法

对于航天器控制系统而言，能量约束是影响可重构性的一项关键因素。上述最为常见的基于 Gramian 矩阵的可重构性评价方法，仅以常数阈值的形式粗略地考虑了系统的能量约束问题，并未全面分析能量约束对系统可重构性的影响。针对执行机构故障的控制系统，文献［70］研究了能量约束下的可重构性评价问题，指出了该系统可重构性的两层含义：1）系统故障后仍然能控；2）在控制能量受限的情况下，系统仍能达到既定的控制目标。基于此，针对四种不同形式的能量约束条件，分别给出了相应的系统可重构性评价准则。文献［112］研究了能量有限情况下切换非线性系统的可重构性评价问题。

②基于控制输入饱和的可重构性评价方法

对于航天器控制系统而言，输入饱和也是最为常见的约束条件之一。文献［113］指出，控制输入受约束的线性定常系统具有能控性的充要条件，可以描述为：1）能控性矩阵满秩；2）不存在 $\boldsymbol{A}$ 的实左特征向量 $\boldsymbol{v}$ 使得 $\boldsymbol{v}^{\mathrm{T}}\boldsymbol{B}\boldsymbol{u} \leqslant 0$ 对所有 $\boldsymbol{u} \in \boldsymbol{U}$ 成立。然而，由于很难对约束集 $\boldsymbol{U}$ 中的每一个控制输入 $\boldsymbol{u}$ 进行逐一检验，在实际应用中条件2）不容易被验证。针对该问题，文献［114］以控制量与约束集边界的最小距离为指标，提出了一种便于操作的方法来检验上述条件2）。文献［77］则在文献［114］的基础之上，重点研究了输入受限系统能控度的定量描述方法。

③考虑时间因素影响的可重构性评价方法

目前关于可重构性评价方法的研究成果，大部分侧重于讨论系统的空间特性（例如，执行机构构型、资源配置以及故障程度对可重构性的影响），而忽略了任务窗口、诊断时长以及重构时机等时间特性的影响，导致该领域的研究成果较少。文献［115］针对执行机构失效的线性定常系统，分析了可恢复故障集的大小和不可恢复故障发生前的平均时间，以此来评价系统的可重构性。文献［116］指出，从故障发生到实施重构措施的时间跨度会影响系统的重构性能，文献［117］通过仿真进一步说明了时间是影响主动重构控制性能的关键因素之一。然而，上述文献只是定性地分析了时间对系统重构性能的影响，并未开展相应的定量论证。文献［118］针对执行机构发生故障的线性定常系统，定量推导了重构时机对系统重构性能的影响，并给出了系统可恢复需要满足的时间条件。文献［119，120］基于数值仿真说明了故障诊断时间会直接影响系统的重构性能。综上所述，诊断时间及重构时机均会对系统的重构性能产生重要影响，但现有研究具有一定的片面性，仅考虑了其中一个因素或者缺乏必要的定量论证。

④基于其他约束的可重构性评价方法

文献［121，122］在考虑能耗约束的基础之上，分析了部件可靠性对系统可重构性的影响：当部件的可靠性降低时，若要承担过重的控制任务，可能会加速部件故障的扩散，从而导致系统失去实际意义上的可重构性。文献［123，124］综合考虑了控制精度与控制能耗的影响，基于线性二次型指标定量评价了故障系统的可重构性。

（3）基于系统功能要求的可重构性评价方法

上述研究未考虑具体控制目标与功能要求，重构的最小单元只能到部件层面，针对这些不足，部分学者从功能要求的角度出发，对系统的可重构性开展了具体研究工作。

航天器控制系统的重构目标并不唯一，其选取受多种因素的影响。文献［125］给出了三个不同程度的重构目标，但只是给出了各个目标的基本定义，并未给出相应的数学描述及评价准则。文献［126］基于2－D矩阵多项式方程，给出了系统局部能控和因果可重构性的充要条件，将系统的因果可重构性等价于一个准确观测器的存在性。在此基础上，文献［127］进一步给出了一般2－D线性系统奇异模型的局部能控、可达以及可重构的充要条件。文献［128］面向控制系统，定义了五个不同的重构目标，即稳定目标、定点恢复弱目标、轨迹恢复强目标、状态恢复直接目标与故障隐蔽目标，并根据控制要求的强弱，依次给出了线性闭环系统稳定重构、弱重构、强重构和直接重构的充要条件。

对于航天器这种大型的复杂系统，由于其结构庞大、零部件众多，当某个单元发生故障时，难以直接分析出整个系统的功能完成程度。因此，一些学者通过功能分解来逐层分析该类系统的可重构性。文献［129］针对用于空中军事作业的混合闭环指令控制系统，利用概率转换图以及功能分解的方法，衡量了系统最薄弱单元对首次故障进行修复的冗余管理能力，并通过修正系统结构来提高其可重构性、改善薄弱环节。文献［130］通过定义系统的服务、版本、操作模式等概念，构建了一种基于功能逻辑树的可重构性模型：当发生故障时，系统可根据目标“服务”可行“版本”的有无来判定其可重构性；若将可行“版本”依据优先关系进行排列，则可以实现系统配置的自动实时管理。该方法在重构控制律的设计过程中同样也起到了积极作用[131,132]。文献［133］通过功能分析，建立了一种灵活模型：当发生故障以后，系统可以通过自主更新模型来实现可重构性的在线评估。文献［134，135］针对智能自动车的执行机构、传感器以及设备故障，提出了一种基于键合图模型的复杂系统可重构性判定方法，利用键合图工具的行为、结构及因果特性给出了系统结构可重构的条件。文献［136］提出了系统结构晶格的概念。这是一种数学框架，强调了结构设计的重要性，为系统的可重构性评价与设计问题提供了一种新的概念和工具。文献［137］提出了一种基于超图的可重构性评价方法，将每一个系统方程表示成一个超边，通过分析故障条件下相应超边之间的路径有无来判定系统是否具备可重构性。

文献［138］研究了部件与功能模块发生单重故障时，航天器控制系统的可重构性评价问题，分析了部件及功能模块的属性矩阵与系统可重构性之间的映射关系，并利用深度搜索算法实现了系统可重构性的计算。文献［139］基于深度搜索算法，针对功能模块的一重和二重故障，设计并计算了卫星姿态控制系统的可重构性度量指标。文献［140］提出了一种基于功能树理论的可重构性评价方法：首先，利用最小割集来分析给定故障模式下系统是否具有可重构性；然后，通过故障模式影响分析[141,142]定义了故障可重构度、系统可重构率、故障容忍度以及最小单元重要度等评价指标；最后，基于最小路集指出了系统的薄弱环节，为航天器控制系统的可重构性设计提供了理论参考。

（4）各种评价方法的对比分析

上述基于系统固有特性、基于系统性能约束以及基于系统功能要求的三大类可重构性评价方法，都各有优势和不足，具体的对比分析结果详见表1－4。

表1-4 可重构性评价方法的对比分析

评价方法	优点	缺点
基于系统固有特性的方法	基于一般控制理论，通用性强，物理意义明确	未考虑航天器的实际资源约束
基于系统性能约束的方法	考虑各项性能约束，更贴近航天器工程实际背景	各项约束综合方法尚无统一标准
基于系统功能要求的方法	可用于难以精确建模的航天器等大型复杂系统	运算量大、模型复杂、依靠经验

1.3.3.2 可重构性设计方法的研究进展

目前，尚未形成一套成熟的可重构性设计方案，一般性的研究思路是将可重构性设计问题转化为优化问题进行求解，其中的难点在于构建符合实际物理意义的目标函数以及约束条件。一个完整的优化模型需要包含三个要素，目标函数、约束条件及决策变量。对于航天器控制系统而言，目标函数为系统的可重构性评价指标或可重构性与其他性能指标的组合；约束条件为各项硬约束与软约束的数学表达；决策变量则取决于具体的优化对象。例如，若要对部件的空间构型进行优化，优化变量可选取为部件的个数、位置以及安装角度等；若要对经济要素进行优化，则优化变量可选取为成本、重量等；若要对控制算法或重构方案进行优化，则优化变量可选取为控制参数与重构时间等。

下面分别从地面设计阶段与在轨运行阶段两方面出发，介绍可重构性设计的研究内容与现状。

（1）地面设计阶段

在地面设计阶段，可重构性设计的主要任务为系统的构型优化与重构预案设计，从而以尽量少的资源配置获得尽可能大的功能冗余，其中的关键问题是如何配置系统，使其可重构性的能力边界达到最大。

①系统构型优化

目前，关于系统可重构性设计的研究成果主要集中在系统构型优化方面。根据优化指标的选取方式不同，又具体分为基于单指标优化的可重构性设计方法与基于多指标优化的可重构性设计方法。

（a）基于单指标优化的可重构性设计方法

文献［143］研究了系统质量、可重构性以及性能之间的关联关系，分析了在保证可重构性及性能的前提下，系统可以附加的质量大小。文献［144］基于文献［104］提出的可重构性评价指标，利用构型晶格评估了故障条件下每种可能构型的可重构性，解决了分段仿射系统的执行机构、传感器安装等构型设计问题。文献［71，72］基于可重构性评价指标，对电力系统相位测量单元的容错配置问题进行了研究，将该系统的可重构性设计问题描述成以下两个优化问题：1）当系统可重构性指标满足给定的阈值条件时，最小化部件个数；2）给定部件个数，最大化系统的可重构性指标。然而，该文献只对部件数量进行了优化，并未考虑具体的安装位置与角度。文献［111］研究了线性随机系统的构型设计问题，通过将执行机构（传感器）的数目及位置寻优问题转化成优化理论中的整数规划形式，实现了系统构型的优化设计。

(b) 基于多指标优化的可重构性设计方法

对系统进行多指标优化设计的前提是制定多指标综合评价函数，并以此作为整个优化过程中的目标函数，主要包括评价目标的确定、评价体系的建立、评价指标的无量纲化、评价指标权重的确定以及综合评价分析等[145]。其中，评价指标权重的确定是针对多属性对象进行多指标综合评价的重要过程。目前，关于评价指标权重的确定方法主要分为主观法和客观法两大类：主观法由决策分析者根据经验或意向对各个属性直接赋值，体现了决策者的意向，但具有较大的主观随意性；客观法单纯利用评价指标的客观信息来确定权重，具有较强的数学理论依据，但未考虑决策者的主观意向[146]。将这两种赋值方法进行权衡组合是可重构性设计研究的未来趋势之一。

针对部分工程应用场合中存在的控制系统可重构性统计数据不足等问题，文献［147，148］采用模糊综合评价法对指标进行初次分配，解决控制系统的因素指标不确定和人为认知模糊等问题；在此基础上，基于启发式算法[149]对可重构性指标进行再分配，解决约束条件内系统资源的最优配置问题。

②重构预案设计

为保证航天器入轨后具备较高的故障处理能力，在地面设计阶段，除了对其进行构型优化，还需设计重构预案。该部分可以参考重构控制领域的相关内容，考虑到该领域的研究成果已十分丰富，不再赘述。

(2) 在轨运行阶段

在轨运行阶段，针对已经发生的故障，可重构性设计的主要任务是根据当前系统状态，进行重构方案的在线选取与优化，具体包括：重构策略的设计、诊断时长与重构时机的优化，从而以尽可能少的资源和尽可能简单的方式，最大化恢复系统的既有功能。其中的关键问题是采用什么样的控制器、选取什么样的重构参数、在何时进行控制重构，使系统能够具备最强的故障处理能力。

①重构方法设计

目前，在轨运行阶段可重构性设计方法的研究主要集中于重构策略的设计，即重构控制方法的设计，相关成果可以参考文献［150］，不再赘述。需要强调的是，虽然目前对重构控制方法的研究已经比较成熟，但尚未与可重构性研究紧密结合，没有形成一个能够指导重构策略设计以及评估设计方法优劣的指标。

②诊断/重构时间优化

时间会严重影响故障系统的重构性能。因此当发生故障以后，若要进一步提高系统性能，除了要对重构策略进行选取与优化以外，还需要进一步优化其诊断时长与重构时机。

目前，关于这一方面的研究仍处于萌芽阶段。文献［117］引入了“最优重构等待时间 t_m”的概念，指出当重构时机等于 t_m 时，系统性能将达到最优。文献［151］针对一类典型的主动容错控制系统，讨论了重构时刻的选择问题，根据微分对策理论和切换系统的最优控制理论提出了两阶段优化方法，该方法能够在线给出最优重构时刻，从而提高系统故障后的恢复性能，但计算量较大、适用范围有限。虽然文献［119］说明了诊断时长会对系统的可重构性产生重要影响，但关于诊断时长优化的研究鲜有报道。

1.4 本书的主要内容

由可诊断性与可重构性技术的发展现状可知，国内外学者虽已基于多信号流图和能控性等方法开展了部分研究工作，但现有方法考虑因素单一、适用性差，尚未形成系统的理论体系，不能深度挖掘系统内部的解析冗余，难以准确评价系统的真实特性，无法充分发挥系统的内在潜力，导致实际应用效果不佳。为了准确回答“系统是否具有诊断重构能力”“具备多大的诊断重构能力”以及“如何优化设计才能在有限资源约束下实现诊断重构能力的最大化”等问题，迫切需要根据航天器控制系统的特点，有针对性地构建可诊断性与可重构性理论体系，实现航天器控制系统自主诊断重构能力的根本提升。

为了研究航天器控制系统可诊断性与可重构性的评价和设计方法，需要重点开展如下四方面工作。

(1) 系统可诊断性与可重构性的表征、判定和量化

考虑故障模式、资源配置、输入/输出包络等影响因素，深入剖析航天器控制系统可诊断性与可重构性的科学内涵，得到统一框架下的数学描述，实现系统诊断重构能力的完整表征；针对不同的诊断要求和重构目标，考虑能源消耗、重构时间等限制因素，实现系统可诊断性与可重构性的准确判定；从“全”“准”“快”三个方面实现诊断覆盖性、诊断准确性及诊断实时性的完备量化描述，从“全”“强”“省”三个方面实现重构覆盖性、系统恢复性及资源约束性的完备量化描述，构建完备的可诊断性与可重构性度量指标体系。

(2) 系统诊断能力的精准度量与一体化设计

综合考虑闭环系统中故障传播的影响，以及系统内部不确定性和外部干扰的耦合影响，实现可诊断性的精准度量；结合系统功能性能，针对不确定性、重量、功耗等约束条件，将正常模式的系统配置（包括测点和构型等）与故障模式的诊断算法（包括残差集和阈值等）进行一体化设计，确保系统的诊断能力最高、成本最低。

(3) 重构能力的精细评价与协同设计

针对不同等级的重构目标，考虑能量、时间、输入等约束条件，实现系统可重构性的精细度量；从空间维度，考虑功能目标和资源约束等因素，深度设计系统配置与安装构型，并从时间维度，优化诊断时长及重构时机，实现诊断过程与重构过程的协同设计。

(4) 自主诊断重构技术的地面仿真验证

由于在地面难以模拟真实的在轨故障，导致现有试验系统不能对可诊断性与可重构性的评价设计方法、自主诊断重构技术等进行真实完整的验证，急需研制关键部件的故障模拟设备，建立基于软/硬件故障注入的航天器控制系统地面仿真验证系统，从而在地面实现实际飞行环境下相关理论方法、关键技术的多手段、全方位综合仿真。

本书在完成航天器控制系统建模与故障分析的基础之上，系统深入地研究了可诊断性与可重构性理论方法、可诊断性评价和设计方法、可重构性评价和设计方法、自主诊断重

构地面仿真验证技术，基本回答了上述四方面工作涉及的一些理论、方法和技术问题。全书共分为9章。第1章为绪论，给出了可诊断性与可重构性的定义、应用范围和研究进展；第2章介绍了航天器控制系统的组成与主要故障模式；第3章介绍了航天器控制系统的可诊断性与可重构性理论方法；第4章分别介绍了基于相关性模型、解析冗余关系、距离相似度和方向相似度以及考虑非线性因素影响的可诊断性评价方法；第5章介绍了可诊断性指标分配方法和基于相关性模型、DM分解技术和优化理论以及考虑干扰因素影响的可诊断性设计方法；第6章分别介绍了可重构性评价指标和考虑各种资源约束的可重构性评价方法；第7章介绍了可重构性指标分配方法和面向时间与空间双重维度的可重构性设计方法；第8章介绍了自主诊断重构地面仿真验证系统的组成，并结合某型号航天器控制系统完成了相关技术指标的仿真验证；第9章对可诊断性与可重构性研究进行了展望。

本书所阐述的系统可诊断性与可重构性评价技术与设计方法，以一种不同寻常的创新性切入点和研究角度，对系统可诊断性与可重构性理论研究的全面性和方法技术的实用性进行补充完善，实现了诊断过程与重构过程的一体化设计，以及正常模式与故障模式的一体化设计，相关成果已成功应用于我国导航、遥感、深空探测等多个型号任务中，对航天器控制系统在轨发生的多次故障，均实现了自主精准诊断与有效重构，为我国二代导航二期、探月二期工程的顺利完成和遥感平台的安全可靠自主运行做出了贡献。

参考文献

[1] 张华，沈嵘康，宗益燕，等．遥感卫星在轨故障统计与分析［J］．航天器环境工程，2015，32（3）：324－329.

[2] 陈求发．世界航天器大全［M］．北京：中国宇航出版社，2012.

[3] JIE CHEN，RON J PATTON. Robust Model－Based Fault Diagnosis for Dynamic Systems. Kluwer Academic Publishers，Boston，U. S. A.，1999.

[4] IEEE Std 1522－2004，IEEE Trial－Use Standard for Testability and Diagnosability Characteristics and Metrics［S］. Piscataway，NJ：IEEE Standards Press，2004.

[5] WANG D，YU M，CHANG B L，et al. Model－based Health Monitoring of Hybrid Systems［M］. Springer Publishing Company，Incorporated，2013.

[6] DING S X. Model－based Fault Diagnosis Techniques：Design Schemes，Algorithms，and Tools［M］. Springer Berlin Heidelberg，2008.

[7] CHI G，WANG D，ZHU S. An Integrated Approach for Sensor Placement in Linear Dynamic Systems［J］. Journal of the Franklin Institute，2015，352（3）：1056－1079.

[8] ERIKSSON D，FRISK E，KRYSANDER M. A Method for Quantitative Fault Diagnosability Analysis of Stochastic Linear Descriptor Models［J］. Automatica，2013，49（6）：1591－1600.

[9] GJB 3385—98 测试与诊断术语［S］.

[10] KAUFMAN M，SHEPPARD J. P1522：a Formal Standard for Testability and Diagnosability Measures［J］. 1999：411－418.

[11] PROVAN G. System Diagnosability Analysis Using Model－based Diagnosis Tools［C］// Component and Systems Diagnostics，Prognosis，and Health Management. International Society for Optics and Photonics，2001：93－101.

[12] PATTIPATI K R，RAGHAVAN V，SHAKERI M，et al. TEAMS：Testability Engineering and Maintenance System［C］// American Control Conference. IEEE，2002：1989－1995 vol. 2.

[13] WEY C L. Design of testability for analogue fault diagnosis［J］. International Journal of Circuit Theory & Applications，2010，15（2）：123－142.

[14] SIMPSON W R，SHEPPARD J W. System Test and Diagnosis［M］. Kluwer Academic Publishers，1994.

[15] LI K S M，CHANG Y W，LEE C L，et al. Multilevel full－chip routing with testability and yield enhancement［J］. IEEE Transactions on Computer－Aided Design of Integrated Circuits and Systems，2007，26（9）：1625－1636.

[16] UNGAR L Y. Economic Evaluation of Testability and Diagnosability for Commercial off the Shelf Equipment［C］// Autotestcon，Orlando，USA：IEEE，2010. 1－5.

[17] LE TRAON Y，OUABDESSELAM F，ROBACH C，et al. From diagnosis to diagnosability：axiomatization，measurement and application［J］. Journal of Systems and Software，2003，65

(1): 31-50.

[18] SHEPPARD J W, KAUFMAN M. Formal Specification of Testability Metrics in IEEE P1522 [C] // AUTOTESTCON Proceedings, 2001. IEEE Systems Readiness Technology Conference. IEEE, 2008: 71-82.

[19] ERIKSSON D, FRISK E, KRYSANDER M. Quantitative Fault Diagnosability Performance of Linear Dynamic Descriptor Models [C] // International Workshop on Principles of Diagnosis. 2018.

[20] HAO J, KINNAERT M. Sensor Fault Detection and Isolation Over Wireless Sensor Network Based on Hardware Redundancy [J]. Journal of Physics: Conference Series, 2017, 783 (1): 012006.

[21] CHEN J, SUN H, WANG S, et al. Quantitative Index and Abnormal Alarm Strategy Using Sensor-Dependent Vibration Data for Blade Crack Identification in Centrifugal Booster Fans [J]. Sensors, 2016, 16 (5): 632.

[22] SHARIFI R, LANGARI R. Sensor Fault Diagnosis with a Probabilistic Decision Process [J]. Mechanical Systems and Signal Processing, 2013, 34 (1): 146-155.

[23] KOŚCIELNY J M, BARTYŚ M, RZEPIEJEWSKI P, et al. Actuator Fault Distinguish Ability Study for the DAMADICS Benchmark Problem [J]. Control Engineering Practice, 2006, 14 (6): 645-652.

[24] LIU J, HUA Y, LI Q, et al. Fault Diagnosability Qualitative Analysis of Spacecraft Based on Temporal Fault Signature Matrix [C] // Guidance, Navigation and Control Conference. IEEE, 2017: 1496-1500.

[25] MEKKI T, TRIKI S, KAMOUN A. A Qualitative Approach to Single Fault Isolation in Switching Systems [C] // International Conference on Sciences and Techniques of Automatic Control and Computer Engineering. IEEE, 2014: 220-224.

[26] CABASINO M P, GIUA A, SEATZU C. Diagnosability of Discrete-event Systems Using Labeled Petri Nets [J]. IEEE Transactions on Automation Science and Engineering, 2014, 11 (1): 144-153.

[27] HAAR S, BENVENISTE A, FABRE E, et al. Partial Order Diagnosability of Discrete Event Systems Using Petri Net Unfoldings [C] // Decision and Control, 2003. Proceedings. IEEE Conference on. IEEE, 2003: 3748-3753 vol. 4.

[28] GENESERETH M R. The Use of Design Descriptions in Automated Diagnosis [J]. Artificial Intelligence, 1984, 24 (1-3): 411-436.

[29] PUCEL X, MAYER W, STUMPTNER M. Diagnosability Analysis Without Fault Models [C] // 20th International Workshop on Principles of Diagnosis. Stockholm, Sweden: 2009. 67-74.

[30] VARGA A. Solving Fault Diagnosis Problems [M]. New York: Springer, 2017.

[31] PATTON R J, CHEN J. Observer-based Fault Detection and Isolation: Robustness and applications [J]. Control Engineering Practice, 1997, 5 (5): 671-682.

[32] GOBBO D D, NAPOLITANO M R. Issues in Fault Detectability for Dynamic Systems [C] // American Control Conference, 2000. Proceedings of the. IEEE, 2000: 3203-3207 vol. 5.

[33] KOŚCIELNY J M, SYFERT M, ROSTEK K, et al. Fault Isolability with Different Forms of the Faults-symptoms Relation [J]. International Journal of Applied Mathematics and Computer

Science，2016，26（4）：815－826.

[34] NYBERG M. Criterions for Detectability and Strong Detectability of Faults in Linear Systems [J]. International Journal of Control，2002，75（7）：490－501.

[35] NYBERG M，FRISK E. Residual Generation for Fault Diagnosis of Systems Described by Linear Differential－algebraic Equations [J] . IEEE Transactions on Automatic Control，2006，51（12）：1995－2000.

[36] KRYSANDER M，HEINTZ F，ROLL J，et al. FlexDx：A Reconfigurable Diagnosis Framework [J]. Engineering Applications of Artificial Intelligence，2010，23（8）：1303－1313.

[37] LIU B，SI J. Fault Isolation Filter Design for Linear Time－invariant Systems [J] . IEEE Transactions on Automatic Control，1997，42（5）：704－707.

[38] DING Y，SHI J，CEGLAREK D. Diagnosability Analysis of MultiStation Manufacturing Processes [J] . Journal of Dynamic Systems Measurement & Control，2002，124（1）：475－484.

[39] 黄琳，耿志勇，王金枝，等．控制与本质非线性问题 [J] ．自动化学报，2007，33（10）：1009－1013.

[40] FRISK E，ÅSLUND J. Lowering Orders of Derivatives in Non－linear Residual Generation Using Realization Theory [J] . Automatica，2005，41（10）：1799－1807.

[41] ZHANG X，PARISINI T，POLYCARPOU M M. Sensor Bias Fault Isolation in a Class of Nonlinear Systems [J] . IEEE Transactions on Automatic Control，2005，50（3）：370－376.

[42] ZHANG X. Sensor Bias Fault Detection and Isolation in a Class of Nonlinear Uncertain Systems Using Adaptive Estimation [J] . IEEE Transactions on Automatic Control，2011，56（5）：1220－1226.

[43] FERRARI R M G，PARISINI T，POLYCARPOU M M. Distributed Fault Detection and Isolation of Large－scale Discrete－time Nonlinear Systems：an Adaptive Approximation Approach [J]. IEEE Transactions on Automatic Control，2012，57（2）：275－290.

[44] PENG X，LIN L，ZHONG X，et al. Methods for Fault Diagnosability Analysis of a Class of Affine Nonlinear Systems [J] . Mathematical Problems in Engineering，2015，2015：1－6.

[45] XING Z，XIA Y. Evaluation and Design of Actuator Fault Diagnosability for Nonlinear Affine Uncertain Systems with Unknown Indeterminate Inputs [J] . International Journal of Adaptive Control and Signal Processing，2017，31（1）：122－137.

[46] 蒋栋年，李炜，王君．非线性系统故障可诊断性量化评价及诊断方法 [J] ．华中科技大学学报（自然科学版），2016，44（12）：102－108.

[47] 李晗，萧德云．基于数据驱动的故障诊断方法综述 [J] ．控制与决策，2011，26（1）：1－9.

[48] DUNIA R，QIN S J. Subspace Approach to Multidimensional Fault Identification and Reconstruction [J] . AIChE Journal，1998，44（8）：1813－1831.

[49] YUE H H，QIN S J. Reconstruction－based Fault Identification Using a Combined Index [J]. Industrial & Engineering Chemistry Research，2001，40（20）：4403－4414.

[50] CHARBONNIER S，BOUCHAIR N，GAYET P. Fault Template Extraction to Assist Operators During Industrial Alarm Floods [J] . Engineering Applications of Artificial Intelligence，2016，50：32－44.

[51] HUA Y，LI Q，REN Z，et al. A Data Driven Method for Quantitative Fault Diagnosability

Evaluation [C] // Chinese Control and Decision Conference. 2016: 1890 - 1894.

[52] JI H, HE X, SHANG J, et al. Incipient Sensor Fault Diagnosis Using Moving Window Reconstruction - based Contribution [J] . Industrial & Engineering Chemistry Research, 2016, 55 (10): 2746 - 2759.

[53] BASSEVILLE M, BENVENISTE A, MOUSTAKIDES G V, et al. Optimal Sensor Location for Detecting Changes in Dynamical Behavior. IEEE Transactions on Automatic control, 1987, 32 (12): 1067 - 1075.

[54] DAIGLE M, ROYCHOUDHURY I, BREGON A. Diagnosability - based Sensor Placement Through Structural Model Decomposition. In: the Second European Conference of the Prognostics and Health Management Society. Nantes, France: 2014. 33 - 46.

[55] TRAV, MASSUY, LOUISE S, et al. Model - based Diagnosability and Sensor Placement Application to a Frame 6 Gas Turbine Subsystem. Seventeenth International Joint Conference on Artificial Intelligence. San Francisco, CA, USA: Morgan Kaufmann Publishers Inc. , 2001. 551 - 556.

[56] TRAVÉ - MASSUYES, LOUISE, TERESA ESCOBET, et al. Diagnosability Analysis Based on Component - supported Analytical Redundancy Relations. IEEE Transactions on Systems, Man, and Cybernetics - Part A: Systems and Humans, 2006, 36 (6): 1146 - 1160.

[57] DEBOUK R, LAFORTUNE S, TENEKETZIS D. On an Optimization Problem in Sensor Selection. Discrete Event Dynamic Systems, 2002, 12 (4): 417 - 445.

[58] FRISK E, KRYSANDER M, ÅSLUND J. Sensor Placement for Fault Isolation in Linear Differential - algebraic Systems. Automatica, 2009, 45 (2): 364 - 371.

[59] ERIKSSON D, KRYSANDER M, FRISK E. Using Quantitative Diagnosability Analysis for Optimal Sensor Placement. IFAC Proceedings Volumes, 2012, 45 (20): 940 - 945.

[60] JUNG D, ERIKSSON L, FRISK E, et al. Development of Misfire Detection Algorithm Using Quantitative FDI Performance Analysis. Control Engineering Practice, 2015, 34: 49 - 60.

[61] NGUYEN D T, DUONG Q B, ZAMAI E, et al. Fault Diagnosis for the Complex Manufacturing System. Proceedings of the Institution of Mechanical Engineers, Part O: Journal of Risk and Reliability, 2016, 230 (2): 178 - 194.

[62] CUI Y, SHI J, WANG Z. System - level Operational Diagnosability Analysis in Quasi Real - time Fault Diagnosis: The probabilistic approach. Journal of Process Control, 2014, 24 (9): 1444 - 1453.

[63] KINNAERT M, HAO J. Distributed Sensor Fault Detection and Isolation Over Network. IFAC Proceedings Volumes, 2014, 47 (3): 11458 - 11463.

[64] DING S X. Application of Factorization and Gap Metric Techniques to Fault Detection and Isolation Part I: A factorization technique based FDI framework. IFAC - PapersOnLine, 2015, 48 (21): 113 - 118.

[65] DING S X. Application of Factorization and Gap Metric Techniques to Fault Detection and Isolation Part II: Gap metric technique aided FDI performance analysis. IFAC - PapersOnLine, 2015, 48 (21): 119 - 124.

[66] ERIKSSON D, SUNDSTROM C. Sequential Residual Generator Selection for Fault Detection. In:

Proceedings of the Control Conference, Strasbourg, France: IEEE, 2014. 932 - 937.
[67] BREGON A, DAIGLE M, ROYCHOUDHURY I. An Integrated Framework for Distributed Diagnosis of Process and Sensor Faults. In: Proceedings of the Aerospace Conference. Big Sky, MT, USA: IEEE, 2015. 1 - 11.
[68] FREI C W, KRAUS F J, BLANK M. Recoverability Viewed as a System Property [C]. In Proc. Of the European Control Conference ECC' 99, Karlsruhe, Germany, 1999.
[69] WU N E, ZHOU K M, SALOMON G. Control Reconfigurability of Linear Time - invariant Systems [J]. Automatica, 2000, 36: 1767 - 1771.
[70] STAROSWIECKI M. On Recongurability with Respect to Actuator Failures. In: Proceedings of the 15th Triennial World Congress. Barcelona, Spanish: IFAC, 2002. 775 - 780.
[71] HUANG J, WU N E. Fault - tolerant Placement of Phasor Measurement Units Based on Control Reconfigurability [J]. Control Engineering Practice, 2013, 21 (1): 1 - 11.
[72] HUANG J, WU N E. Fault - tolerant Sensor Placement Based on Control Reconfigurability [J]. World Congress, 2011, 44 (1): 14814 - 14819.
[73] QIN Q, WU N E. Control Reconfigurability - based Placement Srategy for FACTS Devices [C]. Proceedings of American Control Conference. Washington, USA: IEEE, 2013. 5056 - 5061.
[74] MENG Q, YANG H, JIANG B. Attitude Control Reconfigurability Analysis of 4 - CMGs Pyramid Configuration Spacecraft [C] //2019 12th Asian Control Conference (ASCC). IEEE, 2019: 1478 - 1482.
[75] VEY D, LUNZE J. Structural Reconfigurability Analysis of Multirotor UAVs after Actuator Failures [C]. Proceedings of IEEE Conference on Decision and Control. Osaka, Japan: IEEE, 2015. 5097 - 5104.
[76] XU H, WANG D, LI W. A Reconfigurability Evaluation Method for Satellite Control System [C]. Proceedings of the 2015 Chinese Intelligent Systems Conference. Yangzhou, China: Springer Berlin Heidelberg, 2016.
[77] 杜光勋，全权．输入受限系统的能控度及其在飞行控制中的应用 [J]．系统科学与数学，2014，34 (12): 1578 - 1594.
[78] KALMAN R E, HO Y C, NARENDRA K S. Controllability of Linear Dynamical Systems [J]. Contribution to Differential Equations, 1962, 37 (3): 189 - 213.
[79] JOHNSON C D. Optimization of a Certain Quality of Complete Controllability and Observability for Linear Dynamical Systems [J]. ASME Transactions, Journal of Basic Engineering, 1969, 91: 228 - 238.
[80] MULLER P C, WEBER H I. Analysis and Optimization of Certain Qualities Of Controllability and Observability for Linear Dynamical Systems [J]. Automatica, 1972, 8 (3): 237 - 246.
[81] 张明涛，安锦文．控制面故障下的飞机运动建模与重构控制能力分析及设计 [J]．信息与控制，2010，39 (5): 588 - 595.
[82] MOORE B C. Principal Component Analysis in Linear Systems: Controllability, Observability, and Model Reduction [J]. IEEE Transaction on Automatic Control, 1981, 26: 17 - 32.
[83] ZHOU K, SALOMON G, WU N E. Balanced Realization and Model Reduction for Unstable Systems [J]. International Journal of Robust and Nonlinear Control. 1999, 9: 183 - 198.

[84] FREI C W, KRAUS F J, BLANK M. Recoverability Viewed as a System Property [C] . In Proc. Of the European Control Conference ECC' 99, Karlsruhe, Germany, 1999.

[85] SHAKER H R. Frequency - interval Control Reconfigurability for Automated Processes [J] . Nat Hazards, 2014, 72 (2): 1021 - 1027.

[86] GONZALEZ B, THEILLIOL D, SAUTER D. On - line Reconfigurability Evaluation for Actuator Faults Using Input/Output Data [J] . Ifac Proceedings Volumes, 2009, 42 (8): 674 - 679.

[87] GONZALEZ B, CHECA N, CANTE B. Using a Realization Technique for System Reconfigurability Evaluation: Simulation Application on a DC Motor [C] . Proceedings of Electronics, Robotics and Automotive Mechanics Conference. IEEE, 2011. 277 - 282.

[88] HADMAN A M A, NAYFEH A H. Measures of Modal Controllability and Observability for First - and Second - order Linear Systems [J] . Journal of Guidance, Control, and Dynamics. 1989, 12 (3): 421 - 428.

[89] 郑大钟．线性控制理论 [M]．北京：清华大学出版社，2002.

[90] VISWANATHAN C N, LONGMAN R W, LIKINS P W. A Definition of the Degree of Controllability —A Criterion for Actuator Placement [C] . Proceedings of the second VPI&SU/AIAA Symosium oil Dynamics and Control of Large Flexible Spacecraft. AIAA, 1979. 369 - 381.

[91] LINDBERG J R E, LONGMAN R W. Optimization of Actuator Placement Via Degree of Controllability Criteria Including Spillover Considerations [C] . Proceedings of AIA A/A AS Astrodynamics Conference. San Diego, California : AIAA, 1982. 82 - 1435.

[92] VISWANATHAN C N, LONGMAN R W. The Determination of the Degree of Controllability for Dynamic Systems with Repeated Eigenvalues [C] . Proceedings of the NCKU. AAS Symposium on Engineering Science and Mechanics, Tainan, Taiwan, Dec. 1981.

[93] SCHMITENDORF W E. An Exact Expression for Computing the Degree of Controllability [J]. Journal of Guidance, Control, and Dynamics, 1984, 7 (4): 502 - 504.

[94] THURSTON S, KALSEKAR A, LITALIEN G J. Reconfiguration Analysis for Satellite Attitude Control System with Double Faults [C] . Proceedings of IEEE International Conference on Control and Automation. Hangzhou, China: IEEE, 2013. 83 - 88.

[95] 樊雯，程月华，姜斌，等．卫星姿态控制系统的可重构性分析 [J]．宇航学报，2014，35 (2)：185 - 191.

[96] 张平，陈宗基．非线性飞控系统的控制可重构性 [J]．飞机设计，2001，03：206 - 211.

[97] YANG Z. Reconfigurability Analysis for a Class of Linear Hybrid Systems [C] . Proceedings of the 6th IFAC Safe - Process. China: IFAC, 2006. 1033 - 1038.

[98] STAROSWIECKI M. On Fault Recoverability of a Class of Switched Systems [C] . Proceedings of Control Conference. IEEE, 2010: 4052 - 4056.

[99] YANG H, JIANG B, STAROSWIECKI M. Fault Recoverability Analysis of Switched Systems [J]. International Journal of Systems Science, 2012, 43 (3): 535 - 542.

[100] REN W, YANG H, JIANG B. Fault Recoverability Analysis of Switched Nonlinear Systems [J]. International Journal of Systems Science, 2016: 1 - 14.

[101] JIANG Z P, WANG Y. A Generalization of the Nonlinear Small - gain Theorem for Large - scale Complex Systems [C] . Proceedings of the 7th world congress on intelligent control and

automation. Chongqing, China: IEEE, 2008. 1188 - 1193.

[102] LIU T, HILL D J, JIANG Z P. Lyapunov Formulation of ISS Cyclic - small - gian in Continuous - time Dynamical Networks [J] . Automatica, 2011, 47 (9), 2088 - 2093.

[103] YANG H, JIANG B, STAROSWIECKI M, et al. Fault Recoverability and Fault Tolerant Control for a Class of Interconnected Nonlinear Systems [J] . Automatica, 2015, 54 (C), 49 - 55.

[104] TABATABAEIPOUR S M, GHOLAMI M, BAK T. Reconfigurability of Piecewise Affine Systems Against Actuator Faults [C] . Proceedings of IFAC World Congress. Milano, Italy: IFAC 2011. 4672 - 4677.

[105] RICHTER J H, HEEMELS W P, VAN D W N. Reconfigurable Control of Piecewise Affine Systems with Actuator and Sensor Faults: Stability and Tracking [J] . Automatica, 2011, 47 (4): 678 - 691.

[106] YANG Z, HUA S, QIU H. Control Reconfigurability of Nonlinear System Based on Control Redundancy [C] . Proceedings of IEEE International Conference on Industrial Informatics. Beijing, China: IEEE, 2012. 815 - 820.

[107] SHAKER H R. Control Reconfigurability of Bilinear Systems [J] . Journal of Mechanical and Technology. 2013, 27 (4): 1117 - 1123.

[108] SHAKER H R, TAHAVORI M. Control Reconfigurability of Bilinear Hydraulic Drive Systems. Proceedings of International Conference on Fluid Power and Mechatronics. Beijing, China: IEEE, 2011: 477 - 480.

[109] SHAKER H R, SHAKER F. Control Configuration Selection for Linear Stochastic Systems [J]. Journal of Process Control, 2014, 24: 146 - 151.

[110] SHAKER H R. Mechatronics and Robotics Engineering for Advanced and Intelligent Manufacturing: Fault recoverability analysis via cross - Gramian [J] . Berlin: Springer International Publishing, 2017.

[111] SHAKER H R. Generalized Cross - gramian for Linear Systems [C] . Proceedings of Industrial Electronics and Applications. Singapore: IEEE, 2012. 749 - 751.

[112] YANG H, JIANG B, GONG H. Fault Recoverability of Switched Systems with Application to Longitudinal Flight Process. In: Proceedings of the 2010 AIAA Guidance, Navigation, and Control Conference. Toronto, Canada: AIAA, 2010.

[113] BRAMMER R F. Controllability in Linear Autonomous Systems with Positive Controllers [J]. SIAM Journal on Control, 1972, 10 (2): 339 - 353.

[114] DU G X, QUAN Q, YANG B, et al. Controllability Analysis for Multi - rotor Helicopter Rotor Degradation and Failure [J] . Journal of Guidance, Control, and Dynamics, 2015, 38 (5): 978 - 984.

[115] HOBLOS G, STAROSWIECKI M, AÏTOUCHE A. Fault Tolerance with Respect to Actuator Failures in Linear System [C] . Proceedings of Fault Detection, Supervision and Safety for Technical Processes of the 4th IFAC Symposium. Budapest, Hungary: IFAC, 2000.

[116] STAROSWIECKI M, CAZAURANG F. Fault Recovery by Nominal Trajectory Tracking [C]. roceedings of American Control Conference. Washington, USA: IEEE, 2008. 1070 - 1075.

[117] ZHANG Y M, JIANG J. Issues on Integration of Fault Diagnosis and Reconfigurable Control in

Active Fault - tolerant Control Systems. IFAC Proceedings Volumes，2006，39 (13)：1437 - 1448.

[118] HAMDAOUI R，ABDELKRIM M N. Conditions on Diagnosis and Accommodation Delays for Actuator Fault Recoverability. In：Proceedings of the 8th International Multi - Conference on Systems，Signals，and Devices (SSD) . Sousse，Tunisia：IEEE，2011，1 - 6.

[119] HAMDAOUI R，ABDELKRIM M N. Timely Actuator Fault Diagnosis and Accommodation [C]. Proceedings of International Multi - conference on System，Signals & Devices. Hammamet，Tunisia：IEEE，2013. 1 - 8.

[120] 胡志坤，孙岩，姜斌，等．一种基于最优未知输入观测器的故障诊断方法 [J] ．自动化学报，2013，39 (8)：1225 - 1230.

[121] KHELASSI A，THEILLIOL D，WEBER P. On Reconfigurability for Actuator Faults Under Reliability Constraints [J] . IFAC Proceedings Volumes，2009，42 (23)：106 - 111.

[122] KHELASSI A，THEILLIOL D，WEBER P. Reconfigurability Analysis for Reliable Fault - tolerant Control Design [J] . International Journal of Applied Mathematics & Computer Science，2011，21 (3)：431 - 439.

[123] BLANKE M，KINNAERT M，LUNZE J. Diagnosis and Fault - Tolerant Control [J] . Berlin：Springer，2016. 343 - 387.

[124] REN W，YANG H，JIANG B. Fault Recoverability Analysis of Nonlinear Systems：A Piecewise Affine System Approach [C] . Proceedings of Chinese Control and Decision Conference. Qingdao，China：CCDC，2015. 1682 - 1687.

[125] GEHIN A L，STAROSWIECKI M. Reconfiguration Analysis Using Generic Component Models [J]. IEEE Transactions on Systems，Man，and Cybernetics，Part A：Systems and Humans，2008，38 (3)：575 - 583.

[126] SEBEK M，BISIACCO M，FORNASINI E. Controllability and Reconstructibility Conditions for 2 - D Systems [J] . IEEE Transactions on Automatic Control，1988，33 (5)：496 - 499.

[127] KACZOREK T. Local controllability，reachability，and reconstructability of the general singular model of 2D systems [J] . IEEE Transactions on Automatic Control，1992，37 (10)：1527 - 1530.

[128] 关守平，杨飞生．面向重构目标的控制系统可重构性 [J] ．信息与控制，2010，39 (4)：391 - 396.

[129] WU N E，BUSCH T. Operational Reconfigurability in Command and Control [C] . Proceedings of the 2004 American Control Conference. Boston，USA：IEEE ，2004.

[130] GEHIN A L，STAROSWIECKI M. A Formal Approach to Reconfigurability Analysis Application to the THREE TANK BENCHMARK [C] . Proceedings of Control Conference. IEEE，1999. 4041 - 4046.

[131] IZADI - ZAMANABADI R，STAROSWIECKI M. A Structural Analysis Method Formulation for FAULT - tolerant Control System Design [C] . Proceedings of IEEE Conference on Design and Control. Sydney，Australia：IEEE，2000.

[132] STAROSWIECKI M. Observability and Design of Fault Tolerant Estimation Using Structural Analysis [J] . Lecture Notes in Control and Information Sciences，2007，353 (1)：257 - 278.

[133] GEHIN A L，HU H，BAYART M. A Self - updating Model for Analysing System Reconfigurability [J] . Engineering Applications of Artificial Intelligence，2012，25 (1)：20 - 30.

[134] LOUREIRO R，MERZOUKI R，BOUAMAMA B O. Bond Graph Model Based on Structural Diagnosability and Recoverability Analysis：Application to Intelligent Autonomous Vehicles [J]. Vehicular Technology IEEE Transactions on，2012，61 (3)：986－997.

[135] LOUREIRO R. Structural Reconfiguration Conditions Based on Bond Graph Approach：Application to an Intelligent Autonomous Vehicle [C]. Proceedings of Fault Detection，Supervision and Safety of Technical Processes. Mexico City，Mexico：IFAC，2012. 970－975.

[136] STAROSWIECKI M. On Reconfiguration－based Fault Tolerance [C]. Proceedings of 18th Mediterranean Conference on Control & Automation. Marrakech，Morocco：IEEE，2010. 23－25.

[137] ABDESSELAM I，HAFFAF H. Hypergraph Reconfigurability Analysis [J]. IeriProcedia，2014，6 (6)：22－32.

[138] QI H，CHENG Y，JIANG B，et al. Reconfigurability Analysis for Redundant Momentums Control Systems with Single Fault. In：Proceedings of Control and Decision Conference [C]. Firenze，Italy：IEEE，2013. 4898－4903.

[139] 祁海铭，程月华，姜斌．功能模块故障下的卫星姿态控制系统硬件可重构性 [J]．航天控制，2014，32 (4)：62－68.

[140] WANG D，LIU C. Reconfigurability Analysis Method for Spacecraft Autonomous Control [J]. Mathematical Problems in Engineering，2014，2014：Article No. 724235.

[141] SCHNEIDER H. Failure Mode and Effect Analysis：FMEA from Theory to Execution [J]. Technometrics，1996，38 (1)：80－80.

[142] XU K，TANG L C，XIE M. Fuzzy Assessment of FMEA for Engine Systems [J]. Reliability Engineering & System Safety，2002，75 (1)：17－29.

[143] FERGUSON S，LEWIS K. Investigating the Interaction Between Reconfigurability and System Mass Using Multidisciplinary Design Optimization [C]. Proceedings of 49th AIAA/ASME/ASCE/AHS/ASC Structures，Structural Dynamics，and Materials Conference. Schaumburg，USA：AIAA，2008.

[144] TABATABAEIPOUR S M，GHOLAMI M，BAK T. Configuration Selection for Reconfigurable Control of Piecewise Affine Systems [J]. International Journal of Control，2015，88 (6)：1310－1323.

[145] 苏为华．多指标综合评价理论与方法问题研究 [D]．厦门：厦门大学，2000.

[146] 徐泽水，达庆利．多属性决策的组合赋权方法研究 [J]．中国管理科学，2002，10 (2)：84－87.

[147] 项昌毅，杨浩，程月华，等．卫星姿态控制系统的可重构性指标分配 [J]．航天控制，2014，32 (2)：46－52.

[148] XIANG C，YANG H，CHENG Y. Reconfiguration Allocation of Satellite Attitude Control Systems. In：Proceedings of Control and Decision Conference [C]. Firenze，Italy：IEEE，2013. 4101－4105.

[149] 项昌毅，杨浩，程月华，等．基于启发式算法的可重构性指标分配 [J]．空间控制技术与应用，2013，39 (5)：7－12.

[150] ZHANG Y，JIANG J. Bibliographical Review on Reconfigurable Fault－tolerant Control Systems [J]. Annual Reviews in Control，2008，32 (2)：229－252.

[151] 王敏．动态系统执行器故障的主动容错控制研究 [D]．北京：清华大学，2007.

第 2 章　航天器控制系统建模及故障分析

2.1　引言

航天器姿态的数学描述是航天器控制系统建模的基础，姿态参数的变化可由姿态运动方程给出，因此航天器姿态运动学方程和动力学方程是设计航天器控制系统的前提。

本章首先介绍了航天器姿态的数学描述以及姿态的动力学方程和运动学方程，然后介绍了航天器控制系统的组成，建立了敏感器和执行机构的数学模型，并设计了控制器。最后，根据工程经验以及参考资料，对地面测试和在轨运行阶段中航天器控制系统出现的典型故障模式进行了分类和建模。本章为后续章节开展系统可诊断性与可重构性的评价和设计方法研究提供了必要的数学模型。

2.2　航天器控制系统的模型建立

2.2.1　常用坐标系定义

航天器相对于空间某个参考目标或者某个参考坐标系的方向称之为姿态。为描述姿态，需要建立一个参考坐标系和航天器本体坐标系；航天器本体坐标系相对于参考坐标系的方位确定了航天器的姿态。因此，航天器姿态又通常理解为航天器本体坐标系和参考坐标系的变换关系，它们之间的转换矩阵称为姿态矩阵。

如图 2-1 所示，航天器轨道坐标系 $OX_gY_gZ_g$（参考坐标系），O 点位于航天器质心，X_g 轴指向航天器的轨道运动方向，Z_g 指向地心方向，Y_g 轴与轨道平面组成完整的右手三轴坐标系；航天器本体坐标系 $O_bX_bY_bZ_b$（O_b 点与O 点重合）的三轴都固定在航天器本体上。若三轴都是航天器的惯量主轴，则称该坐标系为主轴坐标系。航天器本体坐标系 $O_bX_bY_bZ_b$ 到参考坐标系——航天器的轨道坐标系 $OX_gY_gZ_g$ 的坐标变换称为航天器的姿态。

2.2.2　航天器姿态的数学描述

用于描述航天器姿态的参数称为姿态参数。姿态参数具有多种表现形式，主要包括[1-4]：方向余弦矩、欧拉角、罗德里格参数、修正的罗德里格参数以及四元数。下面主要介绍与本章相关的欧拉角与四元数。

2.2.2.1　航天器姿态的欧拉角描述

根据欧拉定理，刚体绕固定点的角位移可看作是绕该点有限次转动的合成。在欧拉转

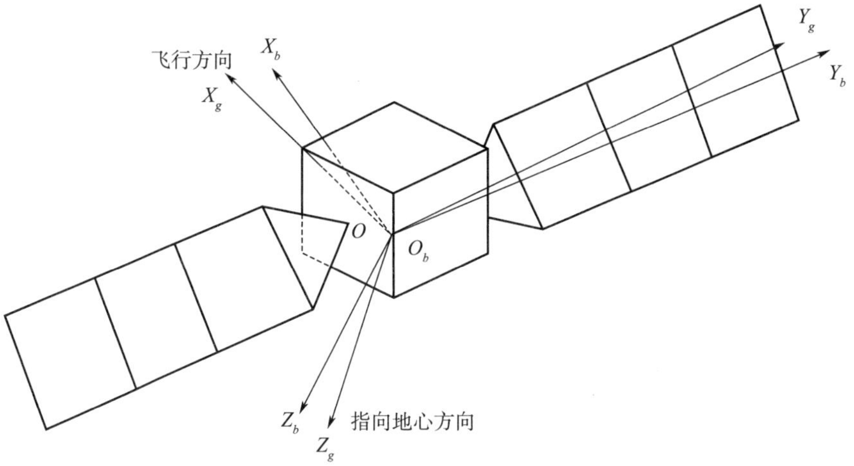

图 2-1　航天器的轨道坐标系与本体坐标系

动中，将参考坐标系转动三次得到航天器本体坐标系。在三次转动中，每次的旋转轴是被转动坐标系的某一坐标轴，转动角即为欧拉角，总共有 12 种欧拉旋转顺序。用欧拉角确定的姿态矩阵是三次坐标转换矩阵的乘积。

若以航天器的轨道坐标系 $OX_gY_gZ_g$ 为参考坐标系，欧拉角 φ，θ 和 ψ 分别为滚动角、俯仰角和偏航角，记为

$$\boldsymbol{\alpha}=[\varphi \quad \theta \quad \psi]^{\mathrm{T}} \tag{2-1}$$

在此，以 3—1—2 转序为例进行说明，其数学表达式为

$$\begin{aligned}\boldsymbol{A}_{312}(\psi,\varphi,\theta)&=\boldsymbol{A}_y(\theta)\boldsymbol{A}_x(\varphi)\boldsymbol{A}_z(\psi)\\&=\begin{bmatrix}\cos\psi\cos\theta-\sin\psi\sin\varphi\sin\theta & \sin\psi\cos\theta+\cos\psi\sin\varphi\sin\theta & -\cos\varphi\sin\theta\\-\sin\psi\cos\varphi & \cos\psi\cos\varphi & \sin\varphi\\\cos\psi\sin\theta+\sin\psi\sin\varphi\cos\theta & \sin\psi\sin\theta-\cos\psi\sin\varphi\cos\theta & \cos\varphi\cos\theta\end{bmatrix}\end{aligned} \tag{2-2}$$

2.2.2.2　航天器姿态的四元数描述

四元数是具有四个元素的超复数，可以用它描述一个坐标系或一个矢量相对于某一坐标系的旋转，定义为

$$\boldsymbol{q}=[\boldsymbol{q}_{13}^{\mathrm{T}} \quad q_4]^{\mathrm{T}} \tag{2-3}$$

式中　$\boldsymbol{q}_{13}$——四元数的矢量部分，也可记为 $\boldsymbol{q}_v$；

q_4——四元数的标量部分，可记为 q_s，且满足下式

$$\begin{aligned}\boldsymbol{q}_v&=[q_1 \quad q_2 \quad q_3]^{\mathrm{T}}=\boldsymbol{e}\sin(\phi/2)\\q_s&=q_4=\cos(\phi/2)\end{aligned} \tag{2-4}$$

式中　$\boldsymbol{e}$——旋转轴方向单位矢量；

ϕ——旋转角。且满足以下正交约束方程

$$q_1^2+q_2^2+q_3^2+q_4^2=1 \tag{2-5}$$

令两个四元数 $\boldsymbol{q}$ 和 $\boldsymbol{p}$ 相乘，则其乘积写成 $\boldsymbol{q}\otimes\boldsymbol{p}=[\boldsymbol{q}]\boldsymbol{p}$，$[\boldsymbol{q}]$ 定义为

$$[\boldsymbol{q}]=\begin{bmatrix} q_4\boldsymbol{I}_{3\times3}+[\boldsymbol{q}_{13}\times] & \boldsymbol{q}_{13} \\ -\boldsymbol{q}_{13}^{\mathrm{T}} & q_4 \end{bmatrix} \tag{2-6}$$

式中 $\boldsymbol{I}_{n\times n}$ —— $n\times n$ 维单位矩阵；

$[\boldsymbol{q}_{13}\times]$ —— $\boldsymbol{q}_{13}$ 的反对称矩阵，其具体形式为

$$[\boldsymbol{q}_{13}\times]=\begin{bmatrix} 0 & -q_3 & q_2 \\ q_3 & 0 & -q_1 \\ -q_2 & q_1 & 0 \end{bmatrix} \tag{2-7}$$

记由 3—1—2 欧拉角转动对应的四元数参数分别为 $\boldsymbol{q}'$，$\boldsymbol{q}''$ 和 $\boldsymbol{q}'''$，得到合成四元数 $\boldsymbol{q}=\boldsymbol{q}'\otimes\boldsymbol{q}''\otimes\boldsymbol{q}'''$，表示三次坐标转换矩阵的乘积，记为

$$\begin{aligned}\boldsymbol{A}(\boldsymbol{q})&=\boldsymbol{A}(\boldsymbol{q}'\otimes\boldsymbol{q}''\otimes\boldsymbol{q}''')\\&=\boldsymbol{A}_y(\boldsymbol{q}''')\boldsymbol{A}_x(\boldsymbol{q}'')\boldsymbol{A}_z(\boldsymbol{q}')\end{aligned} \tag{2-8}$$

由此，由四元数给出的航天器姿态矩阵为

$$\boldsymbol{A}(\boldsymbol{q})=-\boldsymbol{\Xi}^{\mathrm{T}}(\boldsymbol{q})\boldsymbol{\Psi}(\boldsymbol{q}) \tag{2-9}$$

其中

$$\boldsymbol{\Xi}(\boldsymbol{q})=\begin{bmatrix} q_4\boldsymbol{I}_{3\times3}+[\boldsymbol{q}_{13}\times] \\ -\boldsymbol{q}_{13}^{\mathrm{T}} \end{bmatrix}$$

$$\boldsymbol{\Psi}(\boldsymbol{q})=\begin{bmatrix} -q_4\boldsymbol{I}_{3\times3}+[\boldsymbol{q}_{13}\times] \\ \boldsymbol{q}_{13}^{\mathrm{T}} \end{bmatrix}$$

考虑到欧拉角 φ，θ 和 ψ 的取值范围为 $(-\pi/2,\ \pi/2)$，则航天器姿态四元数 $\boldsymbol{q}$ 与 φ，θ 和 ψ 之间的换算公式为

$$\begin{aligned}\varphi&=\arcsin(2q_2q_3+2q_1q_4)\\ \theta&=-\arctan\left(\frac{2q_1q_3-2q_2q_4}{-q_1^2-q_2^2+q_3^2+q_4^2}\right)\\ \psi&=-\arctan\left(\frac{2q_1q_2-2q_3q_4}{-q_1^2+q_2^2-q_3^2+q_4^2}\right)\end{aligned} \tag{2-10}$$

2.2.3 航天器姿态的动力学与运动学方程

航天器姿态相对于参考坐标系的转动角速度 $\boldsymbol{\omega}$ 在航天器本体坐标系中可以表示为

$$\boldsymbol{\omega}=[\omega_x\quad \omega_y\quad \omega_z]^{\mathrm{T}} \tag{2-11}$$

对于 3—1—2 的旋转顺序，得到航天器姿态欧拉角的运动学方程为

$$\begin{bmatrix}\dot{\varphi}\\ \dot{\theta}\\ \dot{\psi}\end{bmatrix}=\frac{1}{\cos\varphi}\begin{bmatrix}(\omega_x\cos\theta+\omega_y\sin\theta)\cos\varphi\\ \omega_y\cos\varphi+(\omega_x\sin\theta-\omega_z\cos\theta)\\ \omega_z\cos\theta-\omega_x\sin\theta\end{bmatrix} \tag{2-12}$$

上述方程为非线性方程，且有奇异点 $\varphi=90°$。

为解决该问题，得到由四元数表征的航天器姿态的运动学方程

$$\dot{\boldsymbol{q}}=\frac{1}{2}\boldsymbol{\Omega}(\boldsymbol{\omega})\boldsymbol{q}=\frac{1}{2}\boldsymbol{q}\otimes\tilde{\boldsymbol{\omega}} \tag{2-13}$$

其中

$$\boldsymbol{\Omega}(\boldsymbol{\omega})=\begin{bmatrix}-[\boldsymbol{\omega}\times] & \boldsymbol{\omega}\\ -\boldsymbol{\omega}^{\mathrm{T}} & \boldsymbol{0}\end{bmatrix}$$

$$\tilde{\boldsymbol{\omega}}=\begin{bmatrix}\boldsymbol{\omega}\\ \boldsymbol{0}\end{bmatrix}$$

航天器的运动由跟随轨道的牵连运动和相对轨道的运动两部分组成。其中，牵连运动可以表示为

$$\boldsymbol{\omega}_0=[0\quad -\omega_0\quad 0]^{\mathrm{T}} \tag{2-14}$$

航天器相对于轨道的运动记为 $\boldsymbol{\omega}_r$，则在本体坐标系中航天器相对于惯性空间的转动角速度 $\boldsymbol{\omega}$ 的数学表达式为

$$\boldsymbol{\omega}=\boldsymbol{A}_0^b\boldsymbol{\omega}_0+\boldsymbol{\omega}_r \tag{2-15}$$

式中　$\boldsymbol{A}_0^b$——轨道坐标系到航天器本体坐标系的坐标转换矩阵。

定义航天器的转动角动量 $\boldsymbol{H}$ 为

$$\boldsymbol{H}=\boldsymbol{I}_b\boldsymbol{\omega} \tag{2-16}$$

式中　$\boldsymbol{I}_b$——航天器的转动惯量矩阵。

具体形式为

$$\boldsymbol{I}_b=\begin{bmatrix}I_1 & -I_{12} & -I_{13}\\ -I_{21} & I_2 & -I_{23}\\ -I_{31} & -I_{32} & I_3\end{bmatrix} \tag{2-17}$$

式中，矩阵的对角线元素为航天器绕本体坐标的转动惯量，其他元素为惯量积。

记外部干扰力矩为

$$\boldsymbol{T}_d=[T_{d1}\quad T_{d2}\quad T_{d3}]^{\mathrm{T}} \tag{2-18}$$

则航天器姿态的动力学方程可以描述成

$$\dot{\boldsymbol{H}}+\boldsymbol{\omega}\times\boldsymbol{H}=\boldsymbol{T}_d+\boldsymbol{u} \tag{2-19}$$

其中

$$\boldsymbol{u}=[u_1\quad u_2\quad u_3]^{\mathrm{T}}$$

式中　$\boldsymbol{u}$——航天器所受的控制力矩。

忽略航天器转动惯量矩阵 $\boldsymbol{I}_b$ 中的惯量积，将式（2－19）进行展开，得到

$$\begin{cases}I_1\ddot{\varphi}-\omega_0(I_1-I_2+I_3)\dot{\psi}+4\omega_0^2(I_2-I_3)\varphi=u_1+T_{d1}\\ I_2\ddot{\theta}+3\omega_0^2(I_1-I_3)\theta=u_2+T_{d2}\\ I_3\ddot{\psi}+\omega_0(I_1-I_2+I_3)\dot{\varphi}+\omega_0^2(I_2-I_1)\psi=u_3+T_{d3}\end{cases} \tag{2-20}$$

将上式写成矩阵形式

$$\boldsymbol{A}_2\ddot{\boldsymbol{\alpha}}+\boldsymbol{A}_1\dot{\boldsymbol{\alpha}}+\boldsymbol{A}_0\boldsymbol{\alpha}=\boldsymbol{G}_d\boldsymbol{T}_d+\boldsymbol{G}_u\boldsymbol{u} \tag{2-21}$$

其中

$$\boldsymbol{A}_1 = \omega_0 \begin{bmatrix} 0 & 0 & -I_1+I_2-I_3 \\ 0 & 0 & 0 \\ I_1-I_2+I_3 & 0 & 0 \end{bmatrix}$$

$$\boldsymbol{A}_0 = \omega_0^2 \begin{bmatrix} 4(I_2-I_3) & 0 & 0 \\ 0 & 3(I_1-I_3) & 0 \\ 0 & 0 & I_2-I_1 \end{bmatrix}$$

$$\boldsymbol{A}_2 = \boldsymbol{I}_b$$

$$\boldsymbol{G}_d = \boldsymbol{G}_u = \boldsymbol{I}_{3\times 3}$$

2.2.4 航天器控制系统的组成

航天器控制系统由姿态测量子系统、控制器和执行机构三个主要部分组成，如图 2-2 所示。其中，姿态敏感器主要包括：红外地球敏感器、太阳敏感器、星敏感器和陀螺等；姿态测量子系统主要用于估计航天器姿态以及陀螺漂移、红外地球敏感器漂移等参数；控制器包括：姿态确定和控制算法等；执行机构包括：动量轮、推力器、磁力矩器和控制力矩陀螺等。

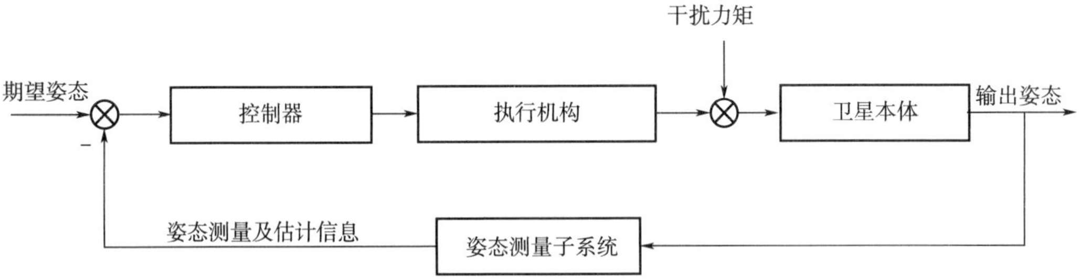

图 2-2　航天器控制系统的组成原理图

2.2.4.1　红外地球敏感器数学模型

圆锥扫描式红外地球敏感器是最常用的一种地球敏感器，其基本原理是：利用扫描机构带动热敏丝以圆锥形式扫描空间，通过处理扫入和扫出地球的脉冲信息，确定地心矢量方位。由于地球是对称的圆球形，红外地球敏感器无法测量航天器的偏航角。

两个红外地球敏感器分别平行安装在航天器本体坐标系中的俯仰轴和滚动轴，可得

$$\begin{aligned} P &= -\arctan\frac{E_{bx}}{E_{bz}} \\ R &= \arctan\frac{E_{by}}{E_{bz}} \end{aligned} \tag{2-22}$$

式中　P，R——在红外地球敏感器坐标系中的俯仰角和滚动角。

$\boldsymbol{E}_b = [E_{bx} \quad E_{by} \quad E_{bz}]^{\mathrm{T}}$ 为航天器至地心单位矢量在航天器本体坐标系中的数学表示，根据航天器的本体坐标系和轨道坐标系的转换矩阵，可以解得

$$
\begin{aligned}
\varphi &= \arctan \frac{E_{by}}{\sqrt{E_{bx}^2 + E_{bz}^2}} \\
\theta &= -\arctan \frac{E_{bx}}{E_{bz}}
\end{aligned}
\tag{2-23}
$$

当俯仰角为小角度时，可知

$$
\varphi \approx R
$$

$$
\theta = P
$$

在航天器对地定向模式下，红外地球敏感器的测量方程为

$$
\begin{bmatrix} \varphi_m \\ \theta_m \end{bmatrix} = \begin{bmatrix} \varphi \\ \theta \end{bmatrix} + \begin{bmatrix} \varphi_{bias} \\ \theta_{bias} \end{bmatrix} + \boldsymbol{v}_e \tag{2-24}
$$

式中　φ_m，θ_m ——红外地球敏感器输出的测量值；

φ，θ ——航天器的真实姿态角；

φ_{bias}，θ_{bias} ——红外地球敏感器的测量偏差；

$\boldsymbol{v}_e$ ——测量高斯白噪声，服从正态分布，$\boldsymbol{v}_e \sim N(\boldsymbol{0}, \boldsymbol{\sigma}_e^2)$。

2.2.4.2　太阳敏感器数学模型

太阳敏感器感受太阳辐射并借此获得航天器相对于太阳的方位。太阳敏感器结构简单、视场范围广、工作可靠、功耗低、质量小，分辨率从几度到几角秒。因此，太阳敏感器在航天器控制系统中得到了广泛应用。

类比于红外地球敏感器的安装，太阳敏感器的测量轴往往也是平行安装于航天器本体的测量轴上，同时测量滚动轴和偏航轴，使敏感器的瞄准轴沿航天器本体俯仰轴的负方向。由此，可得到如下测量方程

$$
\begin{bmatrix} D_{\varphi m} \\ D_{\psi m} \end{bmatrix} = \begin{bmatrix} D_{\varphi} \\ D_{\psi} \end{bmatrix} + \boldsymbol{v}_s = \begin{bmatrix} \dfrac{S_{bz}}{S_{by}} \\ -\dfrac{S_{bx}}{S_{by}} \end{bmatrix} + \boldsymbol{v}_s \tag{2-25}
$$

式中　S_{bx}，S_{by}，S_{bz} ——太阳矢量在太阳敏感器坐标系中的分量。

2.2.4.3　星敏感器数学模型

星敏感器具有很高的测量精度，能够达到角秒级，并且可以跟踪多颗恒星又不受磁场影响。目前使用的星敏感器，主要采用星图识别方式进行姿态测量。

星光矢量在敏感器坐标系中的理论方向为

$$
\boldsymbol{C}^s = \frac{1}{\sqrt{p_x^2 + p_y^2 + f}} \begin{bmatrix} -p_x \\ -p_y \\ f \end{bmatrix} \tag{2-26}
$$

式中　f ——光学透镜焦距值；

(p_x, p_y) ——星像的中心坐标。

由此，得到星光矢量在航天器本体坐标系中的观测量为

$$\boldsymbol{C}^b = \boldsymbol{M}\boldsymbol{C}^s \tag{2-27}$$

式中　$\boldsymbol{M}$ ——星敏感器的安装矩阵。

考虑到星敏感器可以输出欧拉角，因此得到星敏感器的测量方程为

$$\begin{bmatrix} \varphi_m \\ \theta_m \\ \psi_m \end{bmatrix} = \begin{bmatrix} \varphi \\ \theta \\ \psi \end{bmatrix} + \boldsymbol{v}_i \tag{2-28}$$

式中　φ_m，θ_m，ψ_m ——星敏感器输出的测量姿态角；

φ，θ，ψ ——航天器的真实姿态角；

$\boldsymbol{v}_i$ ——测量噪声，设为白噪声。

2.2.4.4　陀螺数学模型

陀螺是用于测量航天器角位移和角速度的惯性敏感元件，由转子、内框架、外框架和支架组成。

令三个陀螺的输入轴分别沿航天器本体的三轴安装，得到陀螺的测量模型为

$$\boldsymbol{g}(t) = \boldsymbol{\omega}(t) + \boldsymbol{b}(t) + \boldsymbol{d}(t) + \boldsymbol{n}(t) \tag{2-29}$$

式中　$\boldsymbol{g}(t)$ ——陀螺的测量输出量；

$\boldsymbol{b}(t)$ ——陀螺的常值漂移项；

$\boldsymbol{d}(t)$ ——陀螺的指数相关漂移项；

$\boldsymbol{n}(t)$ ——正态分布的白噪声。

陀螺的常值和指数相关漂移项可以表示成

$$\begin{cases} \dot{b}_i(t) = n_{bi}(t) \\ \dot{d}_i(t) = (1/\tau_i)d_i(t) + n_{di}(t) \end{cases} \quad i = x, y, z \tag{2-30}$$

式中　τ_i ——时间常数；

n_{bi}，n_{di} ——虚拟白噪声。

2.2.4.5　动量轮的数学模型

动量轮由电机驱动的飞轮、相关轴承和电子线路组成，依靠飞轮和航天器之间的角动量交换来实现航天器的姿态控制，其工作模式有两种：力矩模式和转速模式。在力矩模式中，根据输入指令 T_w 直接调节飞轮的电流，产生作用于飞轮的电磁力矩；在转速模式中，输入飞轮装置的是动量指令，即 T_w 的积分，飞轮上的测速部件将输出的力矩积分后与输入量组成闭环的飞轮转速回路。

若忽略飞轮轴承的摩擦，则力矩模式的传递函数为

$$G_w(s) = K_m \tag{2-31}$$

式中　K_m ——力矩模式中飞轮的力矩系数。

转速模式的传递函数为

$$G_w(s) = \frac{K_w s}{s + K_w} \tag{2-32}$$

式中　K_w ——转速模式中飞轮电机的时间常数。

2.2.4.6　控制器

为了更加真实地分析航天器控制系统中故障的影响程度，也为了更加清晰地说明后续章节所提可诊断性与可重构性评价设计方法的有效性，本节基于传统 PD 控制算法设计了控制器。

设航天器当前姿态四元数为 $\boldsymbol{q}$ ，期望四元数为 $\boldsymbol{q}_d$ ，误差四元数为 $\boldsymbol{q}_e$ ，则有

$$\boldsymbol{q}=\boldsymbol{q}_d \otimes \boldsymbol{q}_e \Rightarrow \boldsymbol{q}_e=\boldsymbol{q}_d^{-1} \otimes \boldsymbol{q} \tag{2-33}$$

设航天器当前角速度为 $\boldsymbol{\omega}$ ，期望角速度为 $\boldsymbol{\omega}_d$ ，则误差角速度 $\boldsymbol{\omega}_e$ 为

$$\boldsymbol{\omega}_e=\boldsymbol{\omega}-\boldsymbol{\omega}_d \tag{2-34}$$

根据航天器姿态的运动学和动力学方程，建立了误差四元数和误差角速度的航天器控制系统模型，具体如下所示

$$\begin{cases}\boldsymbol{I}_b\dot{\boldsymbol{\omega}}_e+\boldsymbol{I}_b\dot{\boldsymbol{\omega}}_d+[\boldsymbol{\omega}_e\times]\boldsymbol{H}+[\boldsymbol{\omega}_d\times]\boldsymbol{H}=-\boldsymbol{u}+\boldsymbol{T}_d \\ \dot{\boldsymbol{q}}_e=\dfrac{1}{2}\boldsymbol{q}_e\otimes\boldsymbol{\omega}_e\end{cases} \tag{2-35}$$

式中　$\boldsymbol{I}_b$ ——航天器的转动惯量；

$\boldsymbol{H}$ ——航天器的角动量；

$\boldsymbol{u}$ ——动量轮的控制力矩；

$\boldsymbol{T}_d$ ——外部干扰力矩。

PD 控制律可按式（2-36）进行设计

$$\boldsymbol{u}=-\boldsymbol{I}_b\dot{\boldsymbol{\omega}}-[\boldsymbol{\omega}_e\times]\boldsymbol{H}-[\boldsymbol{\omega}_d\times]\boldsymbol{H}+\boldsymbol{D}\boldsymbol{\omega}_e+\boldsymbol{K}\boldsymbol{q}_e \tag{2-36}$$

式中　$\boldsymbol{D}$，$\boldsymbol{K}$ ——常值正定的增益矩阵。

2.3　航天器控制系统故障模式分析

2.3.1　典型故障模式

航天器控制系统的功能结构复杂、光机电部件种类繁多，在轨故障事件频发。究其原因：1）由外部原因（空间环境）导致的故障。例如，当日光或月光进入地球敏感器和星敏感器视场时，会对航天器姿态测量子系统造成干扰；空间环境温度较低，容易引发材料形变以及润滑装置失效，进而会使得执行机构产生电机停转、卡死等故障；空间存在大量高能粒子，会使控制器容易发生单粒子翻转的故障。2）由内部原因（部件老化、磨损、疲劳等）导致的故障。例如，红外地球敏感器和星敏感器等光学部件的老化，会使得航天器姿态测量子系统产生性能下降、噪声增大等故障；为实现航天器姿态的快速机动与快速稳定，控制力矩陀螺、动量轮等执行机构需不断地做机械运动，容易产生由于轴承磨损、润滑性能降低而导致的摩擦力矩增大、卡死等故障。

表 2-1 列出了航天器控制系统主要敏感器和执行机构的典型故障模式[5-7]。

表 2-1 航天器控制系统的典型故障模式

序号	部件	故障源		故障模式
1	星敏感器	功能模块级	二次电源	+5 V 星敏信息处理线路电源故障
2			ISB 线路	输入的帧同步信号故障
3				输入 VS、HS、CLK、像点数据均不正常
4			RISC 线路	+5 V 星敏信息处理线路电源信号故障
5		部件级		星敏 X 轴输出存在偏差
6				星敏 Z 轴输出存在偏差
7				星敏输出存在低频噪声
8	太阳敏感器	部件级		输出存在偏差
9		功能模块级	探头组件模块	粗码码道失效
10				细码码道失效
11				监视码码道失效
12				全开码码道失效
13			细码处理模拟电路	细码模拟开关恒高、恒低或断路
14			数字电路模块	格雷码转换电路异常
15	红外地球敏感器	部件级		叠加滚动输出偏差
16				叠加俯仰输出偏差
17				滚动轴输出为常值
18				输出精度降低
19		功能模块级	复合视场地球探头	探测器电平输出噪声变大
20				红外探测器噪声变大
21	陀螺	部件级		叠加常值偏差
22				输出饱和
23				输出精度降低
24		功能模块级	二次电源	电源模块输出电压过低
25			切换板	通道继电器无法接通
26			温控电路	遥测测温电阻短路
27			频率源模块	频率源电路晶振无频率输出
28				频率源电路晶振频率输出漂移
29			马达及三相电路	马达及三相电路故障
30				马达输出轴承故障
31			力反馈模块	力反馈控制电路元器件故障，输出常高
32				力反馈控制电路元器件故障，输出常低
33				角速度遥测信号丢失

续表

序号	部件	故障源		故障模式
34	动量轮	部件级		空转故障
35				停转故障
36				摩擦力矩增大
37				转速持续下降
38		功能模块级	前级电源变换模块	前置级继电器故障
39				前置级过流保护电路故障
40			力矩限幅与方向变换逻辑模块	力矩限幅功能失效
41				力矩方向变换逻辑极性控制功能故障
42			电流控制器模块	电流采样故障
43				电流控制器输出异常
44			换向开关与换向逻辑模块	转速方向遥测电路发生故障
45				转速脉冲遥测信号发生故障
46				输入的方向控制信号故障
47	控制力矩陀螺	部件级		框架角速度存在常值偏差
48				框架角速度存在随机噪声
49				不响应框架角速度指令

2.3.2　故障模式分类与建模

对于表 2-1 给出的航天器控制系统典型故障模式，下面从发生部位、表示方法等角度对其进行分类，并给出故障模式的数学模型。

无故障时的系统状态空间模型可以写成如下形式

$$S_{norm}:\begin{cases}\boldsymbol{x}(k+1)=\boldsymbol{A}\boldsymbol{x}(k)+\boldsymbol{B}\boldsymbol{u}(k)\\ \boldsymbol{y}(k)=\boldsymbol{C}\boldsymbol{x}(k)+\boldsymbol{D}\boldsymbol{u}(k)\end{cases} \tag{2-37}$$

2.3.2.1　按照故障发生部位进行分类

根据故障发生部位不同，可将式（2-37）所示航天器控制系统的故障分为：执行机构故障、敏感器故障、控制器故障、受控对象故障和计算机硬件故障（A/D、D/A 等计算机接口故障）。

（1）执行机构故障

执行机构故障具体表现为：执行机构输入命令和实际输出之间存在差别。执行机构故障表示部分或全部控制作用的损失。令 $u_{iout}(t)$ 表示第 i 个执行机构的实际输出；$u_{iin}(t)$ 表示第 i 个执行机构输出的正常信号；$u_{i\min}$ 和 $u_{i\max}$ 分别表示第 i 个执行机构输出的最小值和最大值。

执行机构故障的数学模型如下所示：

卡死：$u_{iout}(t)=a_i$，$u_{i\min}\leqslant a_i\leqslant u_{i\max}$；若 $a_i=u_{i\min}$ 或 $a_i=u_{i\max}$，则执行机构开路

失效。

恒增益变化：$u_{iout}(t)=k_i u_{iin}(t)$，当 $k_i=0$ 时相当于卡死在 $u_{i\min}$ 处。

恒偏差失效：$u_{iout}(t)=u_{iin}(t)+\Delta u$，$\Delta u$ 为常数。

（2）敏感器故障

敏感器故障具体表现为：对象变量测量值与其实际值之间存在差别。令 $y_{iout}(t)$ 表示第 i 个敏感器的实际输出；$y_{iin}(t)$ 表示第 i 个敏感器输出的正常信号；t_f 表示故障的发生时刻；Δt_f 表示故障持续的时间，$t_f<t<t_f+\Delta t_f$ 。

敏感器故障的数学模型如下所示：

卡死：$y_{iout}(t)=a_i$，a_i 为常数。

恒增益变化：$y_{iout}(t)=k_i y_{iin}(t)$，$k_i$ 为增益变化的比例系数。

恒偏差失效：$y_{iout}(t)=y_{iin}(t)+\Delta y$，$\Delta y$ 为常数。

测量精度降低：$y_{iout}(t)=y_{iin}(t)+\mu w(t)$，$w(t)$ 为测量噪声、μ 为精度降低系数。

2.3.2.2 按照故障表示方法进行分类

根据故障的不同表示方法，可将故障分为：乘性故障和加性故障。

（1）乘性故障

乘性故障是指系统某些参数的变化能够引起系统输出的变化，同时这些变化也受已知输入的影响，多用于描述敏感器和执行机构的故障。

执行机构的乘性故障可以看作是：执行机构的输出作用 $\boldsymbol{u}_f(k)$ 偏离标称控制 $\boldsymbol{u}(k)$ 作用的阶跃故障，其数学表达式为

$$\boldsymbol{u}_f(k)=\boldsymbol{u}(k)+(\boldsymbol{I}-\boldsymbol{\Sigma}_a)[\bar{\boldsymbol{u}}-\boldsymbol{u}(k)] \tag{2-38}$$

式中，$\bar{\boldsymbol{u}}\in \mathrm{R}^m$，表示未知控制矢量；$\boldsymbol{\Sigma}_a=\mathrm{diag}\{\sigma_1^a,\ \sigma_2^a,\ \cdots,\ \sigma_m^a\}$，$\sigma_i^a\in[0,\ 1]$。

当 $\sigma_i^a=0$ 时，表示第 i 个执行机构完全故障，此时第 i 个执行机构的控制输出为 $\boldsymbol{u}_f(k)=\bar{\boldsymbol{u}}$；当 $\sigma_i^a=1$ 时，表示第 i 个执行机构正常无故障，此时第 i 个执行机构的控制输出为 $\boldsymbol{u}_f(k)=\boldsymbol{u}(k)$。

当执行机构发生故障时，用 $\boldsymbol{u}_f(k)$ 代替式（2-37）所示无故障系统 S_{norm} 中的 $\boldsymbol{u}(k)$，得到

$$S_{fault\_act}:\begin{cases}\boldsymbol{x}(k+1)=\boldsymbol{A}\boldsymbol{x}(k)+\boldsymbol{B}\boldsymbol{\Sigma}_a\boldsymbol{u}(k)+\boldsymbol{B}(\boldsymbol{I}-\boldsymbol{\Sigma}_a)\bar{\boldsymbol{u}}\\ \boldsymbol{y}(k)=\boldsymbol{C}\boldsymbol{x}(k)+\boldsymbol{D}\boldsymbol{\Sigma}_a\boldsymbol{u}(k)+\boldsymbol{D}(\boldsymbol{I}-\boldsymbol{\Sigma}_a)\bar{\boldsymbol{u}}\end{cases} \tag{2-39}$$

执行机构的乘性故障不直接改变被控对象的动力学特性，但能够极大地改变闭环控制系统的动力学特性，并改变系统的可控性。

敏感器的乘性故障与执行机构的乘性故障类似，敏感器的乘性故障一般可以看作是：敏感器对某个变量的输出测量值 $\boldsymbol{y}_f(k)$ 偏离变量的标称测量值 $\boldsymbol{y}(k)$ 的阶跃故障，其数学表达式为

$$\boldsymbol{y}_f(k)=\boldsymbol{y}(k)+(\boldsymbol{I}-\boldsymbol{\Sigma}_s)[\bar{\boldsymbol{y}}-\boldsymbol{y}(k)] \tag{2-40}$$

式中，$\bar{\boldsymbol{y}}\in \mathrm{R}^p$，表示一个偏置矢量；$\boldsymbol{\Sigma}_s=\mathrm{diag}\{\sigma_1^s,\ \sigma_2^s,\ \cdots,\ \sigma_p^s\}$，$\sigma_i^s\in[0,\ 1]$。

当 $\sigma_i^s=0$ 时，表示第 i 个敏感器完全故障，此时第 i 个敏感器的输出为 $\boldsymbol{y}_f(k)=\bar{\boldsymbol{y}}$；当

$\sigma_i^s = 1$ 时，表示第 i 个敏感器正常无故障，此时第 i 个敏感器的输出为 $\boldsymbol{y}_f(k) = \boldsymbol{y}(k)$ 。

当敏感器发生故障时，用 $\boldsymbol{y}_f(k)$ 代替式（2－37）所示无故障系统 S_{norm} 中的 $\boldsymbol{y}(k)$，得到

$$S_{fault\_sen}:\begin{cases}\boldsymbol{x}(k+1)=\boldsymbol{Ax}(k)+\boldsymbol{Bu}(k)\\ \boldsymbol{y}(k)=\boldsymbol{\Sigma}_s\boldsymbol{Cx}(k)+\boldsymbol{\Sigma}_s\boldsymbol{Du}(k)+(\boldsymbol{I}-\boldsymbol{\Sigma}_s)\bar{\boldsymbol{y}}\end{cases} \tag{2-41}$$

此时，执行机构和敏感器的乘性故障可以同时表示为

$$S_{fault\_mult}:\begin{cases}\boldsymbol{x}(k+1)=\boldsymbol{Ax}(k)+\boldsymbol{B\Sigma}_a\boldsymbol{u}(k)+\boldsymbol{B}(\boldsymbol{I}-\boldsymbol{\Sigma}_a)\bar{\boldsymbol{u}}\\ \boldsymbol{y}(k)=\boldsymbol{\Sigma}_s\boldsymbol{Cx}(k)+\boldsymbol{\Sigma}_s\boldsymbol{D\Sigma}_a\boldsymbol{u}(k)+\boldsymbol{\Sigma}_s\boldsymbol{D}(\boldsymbol{I}-\boldsymbol{\Sigma}_a)\bar{\boldsymbol{u}}+(\boldsymbol{I}-\boldsymbol{\Sigma}_s)\bar{\boldsymbol{y}}\end{cases} \tag{2-42}$$

以上所述乘性故障的表示形式只能表示执行机构和敏感器的故障，不能表示被控对象的故障，并且这种形式一般适用于状态空间模型。

（2）加性故障

加性故障是指作用在系统上的未知输入，系统正常运行时为零。它的出现会导致系统输出发生独立于已知输入的改变。理论上讲，加性故障可以视为执行机构、敏感器以及被控对象的故障。加性故障的表示形式比乘性故障更通用，加性故障下的航天器控制系统状态空间模型可以写成

$$S_{fault\_add}:\begin{cases}\boldsymbol{x}(k+1)=\boldsymbol{Ax}(k)+\boldsymbol{Bu}(k)+\boldsymbol{Ff}(k)\\ \boldsymbol{y}(k)=\boldsymbol{Cx}(k)+\boldsymbol{Du}(k)+\boldsymbol{Ef}(k)\end{cases} \tag{2-43}$$

式中，$\boldsymbol{f}(k)\in \mathrm{R}^{n_f}$ ，表示故障信号。

2.3.2.3　其他分类方式

（1）按照故障的时变特性进行分类

1）阶跃型故障：元件参数突然出现很大偏差，事前不可监测和预测；

2）缓慢漂移型故障：又称缓变故障、软故障或潜在故障，是指元器件参数值随时间的推移和环境的变化而缓慢变化的故障；

3）脉冲型故障：又称间隙故障，指老化、容差不足或接触不良引起的时隐时现的故障。

（2）按照故障间的相互关系进行分类

1）单故障：故障仅涉及单个部件故障或性能降低；

2）多故障：故障涉及多个部件故障或性能降低；

3）独立故障：由部件本身因素引起，与其他部件故障与否无关；

4）关联故障：由某一部件本身因素引起的故障，通过传递而引发的其他部件故障。

（3）按照故障状态发展的速度进行分类

1）快速故障：系统由于结构的剧烈破坏而发生的故障可以在数十毫秒或更短的时间内产生灾难性的后果，这类故障称为快速故障。

2）慢速故障：由于系统部件的损坏而引起系统性能的降低通常经过一个时间历程而发展为快速故障或使系统处于一个稳定故障状态，这类故障称为慢速故障。

快速故障往往是由慢速故障的发展变化而形成的，对于慢速故障实现诊断与处理也就

实现了对于快速故障的早期诊断与预报。

2.4 小结

本章以对地定向三轴稳定航天器为研究对象，首先介绍了航天器姿态的动力学与运动学方程；然后，建立了敏感器和执行机构的数学模型，并设计了控制器；最后，归纳总结出按不同分类方式描述的航天器控制系统故障类型与对应的数学模型，并给出了航天器控制系统在测试和运行过程中发生的典型故障模式。

本章建立的航天器控制系统以及相应故障模式的数学模型为后续进行系统可诊断性与可重构性的评价与设计方法研究提供了必要的数学基础。

参 考 文 献

[1] B WIE. Space Vehicle Dynamics and Control [M]. Virginia：AIAA，2008.

[2] M J SIDI. Spacecraft Dynamics and Control：a Practical Engineering Approach [M]. Vol. 7. Cambridge：Cambridge University Press，2000.

[3] 章仁为. 卫星轨道姿态动力学与控制 [M]. 北京：北京航空航天大学出版社，1998.

[4] 刘暾，赵钧. 空间飞行器动力学 [M]. 哈尔滨：哈尔滨工业大学出版社，2003.

[5] 刘文静. 航天器姿态控制系统故障可诊断性评价方法研究 [D]. 北京：北京控制工程研究所，2011.

[6] 李文博. 卫星控制系统故障可诊断性评价方法研究 [D]. 北京：北京控制工程研究所，2014.

[7] 符方舟. 多因素影响的航天器控制系统可诊断性评价 [D]. 北京：北京控制工程研究所，2019.

第 3 章　可诊断性与可重构性理论方法

3.1　引言

对航天器控制系统开展可诊断性与可重构性的评价和设计，必须要有理论方法支撑。由第 1 章介绍的研究现状可知，现有的可诊断性与可重构性理论方法一般基于多信号流图、能控性等零散的关注点开展局部研究，无法适用于约束复杂、功能多样的航天器控制系统。为了开展可诊断性与可重构性的评价和设计研究，有必要首先建立起较为完备的可诊断性与可重构性理论方法，从而实现系统诊断重构能力的可表征、可判定和可量化。为此，本章结合航天器控制系统的特点，分别从表征、判定和量化三个层次对可诊断性与可重构性理论方法进行详细阐述。

3.2　可诊断性理论

3.2.1　可诊断性表征

可诊断性表征是指通过数学语言对已知的故障模式、影响因素（包括资源配置、运行条件和诊断要求）以及对象模型等进行抽象描述，得到统一框架下的数学表达。本节重点阐述航天器控制系统可诊断性的影响因素，具体的故障模式及对象模型在第 2 章中已给出详细说明，不再赘述。

3.2.1.1　资源配置

资源配置主要包括配置构型、资源约束、诊断算法等方面，下面逐项进行阐述[1]。

（1）配置构型

测点与部件的数量及构型直接影响系统所测信息对故障的诊断能力。不合理的测点配置和部件构型设计可能会导致某些必要信息的疏漏测量、不必要信息的无效测量，或是重复信息的过度测量，从而导致星上有限资源的严重浪费。而好的配置构型可以提高测量资源的分配效率，使得系统更加有效地测量故障信息，进而提升可诊断性。

（2）资源约束

航天器的星载资源严重受制于当前有限的运载能力。在硬件方面，系统可搭载的部件体积与数量十分有限，这极大地限制了系统获取故障信息的能力；在软件方面，星载计算机的存储空间和计算能力也十分有限，这又极大限制了系统分析故障信息的能力。因此，资源约束对航天器控制系统的可诊断性具有重大影响。

（3）诊断算法

此外，航天器控制系统所搭载的故障诊断算法也是系统可诊断性的主要影响因素之一，直接决定了最终的故障诊断结果。根据实际任务需求选择契合于系统特性的故障诊断算法可以有效地提升航天器控制系统的可诊断性。

3.2.1.2　运行条件

在运行条件方面，影响航天器控制系统可诊断性的因素包括：复杂的太空环境、系统不确定性以及信息测量延时与丢包等。

（1）复杂的太空环境

航天器所处的太空环境复杂，通常可分为中性环境、等离子环境、辐射环境和微粒环境等。这些极端的环境不仅会提高航天器的故障概率、影响系统的正常运行，还会增大故障的诊断难度。例如，太阳风暴导致计算机发生复位等。

（2）系统不确定性

系统不确定性极大地影响诊断算法的实施效果。由于航天器控制系统的规模庞大、零部件众多，且在生产与安装过程中不可避免地会存在微小误差，因此难以对其进行精确建模。同时，由于长期运行，系统负荷和材料特性等都会随着时间变化，使得实际模型逐渐偏离标称模型，导致诊断结果出现偏差或诊断算法失效。

（3）信息测量延时与丢包

除了上述因素外，在实际飞行过程中，航天器控制系统还会受到多种其他因素的影响，如测量时延、信息丢失等。因此，应当在可诊断性评价阶段尽可能地充分考虑不同的运行条件，从而保证后续可诊断性评价的准确性和设计的有效性。

3.2.1.3　诊断要求

诊断要求通常可以划分为故障检测、故障分离和故障辨识三个部分。其中，故障检测主要用于分析系统是否发生故障，故障分离主要用于确定故障部位，故障辨识则用于确定故障的大小及故障发生的时间。针对不同的诊断要求，往往需要设计不同的诊断算法。通常而言，相对于故障辨识，故障检测与故障分离具有更重要的意义，现有的可诊断性研究也主要集中在可检测性和可分离性的评价与设计。

根据诊断深度要求的不同，可诊断性可以分为功能模块级、部件级和系统级三类。不同的可诊断性对应的诊断要求见表 3-1。

表 3-1　不同的可诊断性对应的诊断要求

可诊断性分类	诊断要求
功能模块级可诊断性	确定发生故障的功能模块
部件级可诊断性	确定发生故障的部件
系统级可诊断性	确定系统是否发生故障

3.2.2　可诊断性判定

可诊断性判定是指根据检测、分离等不同的故障诊断需求，通过严格的数学证明推导出相应的充要条件，从而判断系统诊断能力的有无。

3.2.2.1 基于传递函数的可诊断性判定

考虑如下的线性时不变系统

$$\begin{cases}\dot{\boldsymbol{x}}(t)=\boldsymbol{Ax}(t)+\boldsymbol{Bu}(t)+\boldsymbol{E}_a\boldsymbol{f}_a(t)\\ \boldsymbol{y}(t)=\boldsymbol{Cx}(t)+\boldsymbol{E}_s\boldsymbol{f}_s(t)\end{cases} \tag{3-1}$$

其中

$$\boldsymbol{x}(t)\in \mathrm{R}^{n_x}$$

$$\boldsymbol{u}(t)\in \mathrm{R}^{n_u}$$

$$\boldsymbol{f}_a(t)=\begin{bmatrix}f_{a,1} & f_{a,2} & \cdots & f_{a,n_a}\end{bmatrix}^{\mathrm{T}}$$

$$\boldsymbol{f}_s(t)=\begin{bmatrix}f_{s,1} & f_{s,2} & \cdots & f_{s,n_s}\end{bmatrix}^{\mathrm{T}}$$

$$\boldsymbol{y}(t)\in \mathrm{R}^{m_y}$$

式中 $\boldsymbol{x}(t)$——状态量；

$\boldsymbol{u}(t)$——输入量；

$\boldsymbol{f}_a(t)$——执行机构故障；

$\boldsymbol{f}_s(t)$——敏感器故障；

$\boldsymbol{y}(t)$——输出量；

$\boldsymbol{A}$，$\boldsymbol{B}$，$\boldsymbol{C}$，$\boldsymbol{E}_a$，$\boldsymbol{E}_s$——相应的系数矩阵。

基于式（3-1）所示的线性时不变系统，分别针对 $\boldsymbol{A}$ 的不同形式，通过提出的定理3-1至3-4给出可检测性和可分离性的判定条件。

定理3-1 对于式（3-1）所示的线性时不变系统，当 $\boldsymbol{A}$ 为普通矩阵时，执行机构故障 $\boldsymbol{f}_{a,i}$ 具有可检测性的判定条件为

(3-1-1) $\boldsymbol{C}(s\boldsymbol{I}-\boldsymbol{A})^{-1}E_{a,:,i}$ 为非零列；

(3-1-2) $\boldsymbol{C}\mathrm{e}^{\boldsymbol{A}t}E_{a,:,i}$ 为非零列；

(3-1-3) $\sum\limits_{j=1}^{n}\dfrac{p_j(s)}{\alpha(s)}\boldsymbol{CA}^{j-1}E_{a,:,i}\neq 0$。

执行机构故障集合 $\boldsymbol{F}_a=\{f_{a,1},f_{a,2},\cdots,f_{a,n_a}\}$ 具有可分离性的判定条件为

(3-1-4) $\mathrm{rank}(\boldsymbol{C}(s\boldsymbol{I}-\boldsymbol{A})^{-1}\boldsymbol{E}_a)=n_a$；

(3-1-5) $\mathrm{rank}(\boldsymbol{C}\mathrm{e}^{\boldsymbol{A}t}\boldsymbol{E}_a)=n_a$；

(3-1-6) $\mathrm{rank}(\begin{bmatrix}(\boldsymbol{CE}_a)^{\mathrm{T}} & (\boldsymbol{CAE}_a)^{\mathrm{T}} & \cdots & (\boldsymbol{CA}^{n-1}\boldsymbol{E}_a)^{\mathrm{T}}\end{bmatrix}^{\mathrm{T}})=n_a$；

(3-1-7) $\mathrm{rank}\left(\begin{bmatrix}\boldsymbol{A}-s\boldsymbol{I} & \boldsymbol{E}_a\\ \boldsymbol{C} & \boldsymbol{0}\end{bmatrix}\right)=n_x+n_a$。

其中，$E_{a,:,i}$ 表示矩阵 $\boldsymbol{E}_a$ 的第 i 列；$E_{s,:,i}$ 表示矩阵 $\boldsymbol{E}_s$ 的第 i 列；$\alpha(s)=\det(s\boldsymbol{I}-\boldsymbol{A})$。

$$p_1(s)=s^{n-1}+a_{n-1}s^{n-2}+\cdots+a_1$$

$$p_2(s)=s^{n-2}+a_{n-1}s^{n-3}+\cdots+a_2$$

$$\vdots$$

$$p_n(s)=1$$

a_0，a_2，…，a_n 根据 $\alpha(s)=\det(s\boldsymbol{I}-\boldsymbol{A})=s^n+a_{n-1}s^{n-1}+\cdots+a_1 s+a_0$ 获得。

证明：①可检测性的判定条件

基本思路：若故障对输出的影响不为零，则该故障具有可检测性，反之则不具有可检测性。

基于上述判断思路，通过分析执行机构故障 $\boldsymbol{f}_{a,i}$ 到输出的传递函数，容易得到条件（3-1-1）。

考虑 $(s\boldsymbol{I}-\boldsymbol{A})^{-1}$ 的拉普拉斯反变换为 $L^{-1}\{(s\boldsymbol{I}-\boldsymbol{A})^{-1}\}=\mathrm{e}^{\boldsymbol{A}t}$，由于拉普拉斯反变换是线性变换，并不影响线性相关性，因此条件（3-1-2）成立。

对于条件（3-1-3），根据矩阵逆的基本关系式得到

$$\begin{aligned}(s\boldsymbol{I}-\boldsymbol{A})^{-1}&=\frac{\operatorname{adj}(s\boldsymbol{I}-\boldsymbol{A})}{\det(s\boldsymbol{I}-\boldsymbol{A})}=\frac{\boldsymbol{R}(s)}{\alpha(s)}\\&=\frac{1}{\alpha(s)}[\boldsymbol{R}_{n-1}s^{n-1}+\boldsymbol{R}_{n-2}s^{n-2}+\cdots+\boldsymbol{R}_1 s+\boldsymbol{R}_0]\end{aligned}\tag{3-2}$$

其中

$$\alpha(s)=\det(s\boldsymbol{I}-\boldsymbol{A})=s^n+a_{n-1}s^{n-1}+\cdots+a_1 s+a_0$$

$\boldsymbol{R}_{n-1}$，$\boldsymbol{R}_{n-2}$，…，$\boldsymbol{R}_0$ 的求解过程为：对式（3-2）右乘 $\alpha(s)(s\boldsymbol{I}-\boldsymbol{A})$ 得到

$$\alpha(s)\boldsymbol{I}=[\boldsymbol{R}_{n-1}s^{n-1}+\boldsymbol{R}_{n-2}s^{n-2}+\cdots+\boldsymbol{R}_1 s+\boldsymbol{R}_0](s\boldsymbol{I}-\boldsymbol{A})\tag{3-3}$$

将 $\alpha(s)=\det(s\boldsymbol{I}-\boldsymbol{A})=s^n+a_{n-1}s^{n-1}+\cdots+a_1 s+a_0$ 代入式（3-3），进而推导得出

$$s^n\boldsymbol{I}+a_{n-1}s^{n-1}\boldsymbol{I}+\cdots+a_1 s\boldsymbol{I}+a_0\boldsymbol{I}=\boldsymbol{R}_{n-1}s^n+(\boldsymbol{R}_{n-2}-\boldsymbol{R}_{n-1}\boldsymbol{A})s^{n-1}+\cdots-\boldsymbol{R}_0\boldsymbol{A}\tag{3-4}$$

考虑到等式两边 s^i 的系数矩阵相等可得（$i=0$，1，2，…，n）

$$\begin{aligned}&\boldsymbol{R}_{n-1}=\boldsymbol{I}\\&\boldsymbol{R}_{n-2}=\boldsymbol{A}+a_{n-1}\boldsymbol{I}\\&\qquad\vdots\\&\boldsymbol{R}_0=\boldsymbol{A}^{n-1}+a_{n-1}\boldsymbol{A}^{n-2}+\cdots+a_1\boldsymbol{I}\end{aligned}\tag{3-5}$$

将式（3-5）代入式（3-2）并进行整理得到

$$\begin{aligned}(s\boldsymbol{I}-\boldsymbol{A})^{-1}&=\frac{1}{\alpha(s)}[\boldsymbol{R}_{n-1}s^{n-1}+\boldsymbol{R}_{n-2}s^{n-2}+\cdots+\boldsymbol{R}_1 s+\boldsymbol{R}_0]\\&=\frac{1}{\alpha(s)}[p_1(s)\boldsymbol{I}\quad p_2(s)\boldsymbol{I}\quad\cdots\quad p_n(s)\boldsymbol{I}]\begin{bmatrix}\boldsymbol{I}\\\boldsymbol{A}\\\vdots\\\boldsymbol{A}^{n-1}\end{bmatrix}\end{aligned}\tag{3-6}$$

其中

$$\begin{aligned}&p_1(s)=s^{n-1}+a_{n-1}s^{n-2}+\cdots+a_1\\&p_2(s)=s^{n-2}+a_{n-1}s^{n-3}+\cdots+a_2\\&\qquad\vdots\\&p_n(s)=1\end{aligned}$$

得到执行机构到输出的传递函数为

$$\boldsymbol{C}(s\boldsymbol{I}-\boldsymbol{A})^{-1}\boldsymbol{E}_a=\frac{1}{\alpha(s)}[p_1(s)\boldsymbol{I}\quad p_2(s)\boldsymbol{I}\quad\cdots\quad p_n(s)\boldsymbol{I}]\begin{bmatrix}\boldsymbol{CE}_a\\ \boldsymbol{CAE}_a\\ \vdots\\ \boldsymbol{CA}^{n-1}\boldsymbol{E}_a\end{bmatrix}\tag{3-7}$$

由于执行机构故障 $\boldsymbol{f}_{a,i}$ 到输出的传递函数为 $G_{f_{a,i},y}=\sum_{j=1}^{n}\frac{p_j(s)}{\alpha(s)}\boldsymbol{CA}^{j-1}E_{a,:,i}$ ，进而得到条件（3-1-3）。

②可分离性的判定条件

基本思路：对于给定的故障集合 F ，分析集合中各故障对输出的影响是否完全不同，若是，则故障具有可分离性，反之则不具有可分离性。

基于上述判断思路以及条件（3-1-1）和条件（3-1-2）的推导过程，类比得到条件（3-1-4）和条件（3-1-5）。

对于条件（3-1-6），在 $\dot{\boldsymbol{x}}(t)=\boldsymbol{Ax}(t)+\boldsymbol{Bu}(t)+\boldsymbol{E}_a\boldsymbol{f}_a(t)$ 等式两边乘以 $\mathrm{e}^{-\boldsymbol{A}t}$ 并进行整理得到

$$\mathrm{e}^{-\boldsymbol{A}t}[\dot{\boldsymbol{x}}(t)-\boldsymbol{Ax}(t)]=\mathrm{e}^{-\boldsymbol{A}t}[\boldsymbol{Bu}(t)+\boldsymbol{E}_a\boldsymbol{f}_a(t)]\tag{3-8}$$

由式（3-8）可知等式左边是对 $\mathrm{e}^{-\boldsymbol{A}t}\boldsymbol{x}(t)$ 进行求导的结果，因此获得

$$\frac{\mathrm{d}}{\mathrm{d}t}[\mathrm{e}^{-\boldsymbol{A}t}x(t)]=\mathrm{e}^{-\boldsymbol{A}t}[\boldsymbol{Bu}(t)+\boldsymbol{E}_a\boldsymbol{f}_a(t)]\tag{3-9}$$

等式两边进行积分得到

$$\begin{aligned}\boldsymbol{x}(t)&=\mathrm{e}^{\boldsymbol{A}t}\boldsymbol{x}(0)+\int_0^t\mathrm{e}^{\boldsymbol{A}(t-\tau)}\boldsymbol{Bu}(\tau)\mathrm{d}\tau+\int_0^t\mathrm{e}^{\boldsymbol{A}(t-\tau)}\boldsymbol{E}_a\boldsymbol{f}_a(\tau)\mathrm{d}\tau\\&=\Phi(t)x(0)+\int_0^t\Phi(t-\tau)\boldsymbol{Bu}(\tau)\mathrm{d}\tau+\int_0^t\Phi(t-\tau)\boldsymbol{E}_a\boldsymbol{f}_a(\tau)\mathrm{d}\tau\end{aligned}\tag{3-10}$$

进而得到

$$\boldsymbol{y}(t)=\boldsymbol{Cx}(t)=\boldsymbol{C}\Phi(t)\boldsymbol{x}(0)+\boldsymbol{C}\int_0^t\Phi(t-\tau)\boldsymbol{Bu}(\tau)\mathrm{d}\tau+\boldsymbol{C}\int_0^t\Phi(t-\tau)\boldsymbol{E}_a\boldsymbol{f}_a(\tau)\mathrm{d}\tau\tag{3-11}$$

根据凯莱－哈密顿定理，将 $\mathrm{e}^{\boldsymbol{A}t}$ 写为 $\boldsymbol{A}$ 的有限项形式，即

$$\Phi(t)=\mathrm{e}^{\boldsymbol{A}t}=\sum_{k=0}^{n-1}\alpha_k(t)\boldsymbol{A}^k\tag{3-12}$$

其中，$\alpha_k(t)$ 均为时间的标量函数。

进而得到

$$\begin{aligned}\boldsymbol{y}(t)=&\boldsymbol{C}\sum_{k=0}^{n-1}\alpha_k(t)\boldsymbol{A}^k\boldsymbol{x}(0)+\boldsymbol{C}\int_0^t\sum_{k=0}^{n-1}\alpha_k(t-\tau)\boldsymbol{A}^k\boldsymbol{Bu}(\tau)\mathrm{d}\tau+\\&\boldsymbol{C}\int_0^t\sum_{k=0}^{n-1}\alpha_k(t-\tau)\boldsymbol{A}^k\boldsymbol{E}_a\boldsymbol{f}_a(\tau)\mathrm{d}\tau\end{aligned}\tag{3-13}$$

由于故障与 $\boldsymbol{x}(0)$ 和 $\boldsymbol{u}(\tau)$ 都没有关系，因此考虑 $\boldsymbol{x}(0)=\boldsymbol{0}$，$\boldsymbol{u}(\tau)=\boldsymbol{0}$ 的情况，得到

$$y(t)=C\int_0^t\sum_{k=0}^{n-1}\alpha_k(t-\tau)A^kE_af_a(\tau)\mathrm{d}\tau$$

$$=\left[\int_0^t\alpha_0(t-\tau)f_a(\tau)\mathrm{d}\tau\quad\int_0^t\alpha_1(t-\tau)f_a(\tau)\mathrm{d}\tau\quad\cdots\quad\int_0^t\alpha_{n-1}(t-\tau)f_a(\tau)\mathrm{d}\tau\right]\begin{bmatrix}CE_a\\CAE_a\\\vdots\\CA^{n-1}E_a\end{bmatrix}\tag{3-14}$$

并最终得到条件（3－1－6）。

对于条件（3－1－7），由于下列等式成立

$$\begin{bmatrix}A-sI & E_a\\C & 0_{n_y\times n_a}\end{bmatrix}\begin{bmatrix}(A-sI)^{-1} & (sI-A)^{-1}E_a\\0_{n_a\times n_x} & I_{n_a\times n_a}\end{bmatrix}=\begin{bmatrix}I_{n_x\times n_x} & 0_{n_x\times n_a}\\C(A-sI)^{-1} & C(sI-A)^{-1}E_a\end{bmatrix}\tag{3-15}$$

可知

$$\begin{aligned}\mathrm{rank}\left(\begin{bmatrix}A-sI & E_a\\C & 0_{n_y\times n_a}\end{bmatrix}\right)&=\mathrm{rank}\left(\begin{bmatrix}A-sI & E_a\\C & 0_{n_y\times n_a}\end{bmatrix}\begin{bmatrix}(A-sI)^{-1} & (sI-A)^{-1}E_a\\0_{n_a\times n_x} & I_{n_a\times n_a}\end{bmatrix}\right)\\&=\mathrm{rank}\left(\begin{bmatrix}I_{n_x\times n_x} & 0_{n_x\times n_a}\\C(A-sI)^{-1} & C(sI-A)^{-1}E_a\end{bmatrix}\right)\\&=n_x+\mathrm{rank}(C(sI-A)^{-1}E_a)\end{aligned}\tag{3-16}$$

根据条件（3－1－4），基于上述推导过程可得条件（3－1－7）。

综上所述，定理 3－1 得证。

定理 3－2　对于式（3－17）所示线性时不变系统

$$\dot{\bar{x}}(t)=\begin{bmatrix}\lambda_1 & & & \\ & \lambda_2 & & \\ & & \ddots & \\ & & & \lambda_n\end{bmatrix}\bar{x}(t)+\bar{B}u(t)+\bar{E}_af_a(t)\tag{3-17}$$

$$y(t)=\bar{C}\bar{x}(t)$$

当 A 为对角矩阵且特征值两两相异时，执行机构故障 $f_{a,i}(i=1,2,\cdots,n_a)$ 具有可检测性的判定条件为

（3－2－1）$\bar{C}\bar{E}_{a,:,i}$ 为非零列；

（3－2－2）$\{\exists\bar{E}_{a,j,i}\neq 0\mid\forall j,\ \bar{C}_{:,j}$ 为非零列$\}$（$j=1,2,\cdots,n_x$）；

（3－2－3）$\{\exists\bar{C}_{:,j}$ 为非零列$\mid\forall j,\ \bar{E}_{a,j,i}\neq 0\}$（$j=1,2,\cdots,n_x$）；

执行机构故障集合 $F_a=\{f_{a,1},f_{a,2},\cdots,f_{a,n_a}\}$ 具有可分离性的判定条件为

（3－2－4）$\mathrm{rank}(\bar{C}\bar{E}_a)=n_a$。

证明： 根据式（3-17）可得执行机构故障 $f_{a,i}$ 到输出的传递函数为

$$\boldsymbol{G}_{f_{a,i},y}=\begin{bmatrix}\frac{1}{s-\lambda_1} & & & \\ & \frac{1}{s-\lambda_2} & & \\ & & \ddots & \\ & & & \frac{1}{s-\lambda_n}\end{bmatrix}\bar{\boldsymbol{C}}\bar{\boldsymbol{E}}_{a,:,i} \tag{3-18}$$

即可得到条件（3-2-1）。

由于 $\bar{\boldsymbol{C}}\bar{\boldsymbol{E}}_{a,:,i}=[C_{:,1}\quad C_{:,2}\quad\cdots\quad C_{:,n_x}]\begin{bmatrix}\bar{E}_{a,1,i}\\ \bar{E}_{a,2,i}\\ \vdots\\ \bar{E}_{a,n_x,i}\end{bmatrix}$，若要使 $\bar{\boldsymbol{C}}\bar{\boldsymbol{E}}_{a,:,i}$ 为非零列，则对于任意的非零列 $\bar{\boldsymbol{C}}_{:,j}$，只要存在非零项 $\bar{E}_{a,j,i}$ 即可使故障具有可检测性，进而得到条件（3-2-2），同理可得条件（3-2-3）。

根据执行机构故障 $\boldsymbol{f}_a$ 到输出的传递函数，可以获得条件（3-2-4）[$C_{:,j}$ 表示矩阵 $\boldsymbol{C}$ 的第 j 列，$\bar{E}_{a,j,i}$ 表示矩阵 $\bar{\boldsymbol{E}}_a$ 的元素（j，i）]。

综上所述，定理 3-2 得证。

定理 3-3 对于式（3-19）所示的线性时不变系统

$$\dot{\bar{\boldsymbol{x}}}(t)=\begin{bmatrix}\lambda & 1 & & \\ & \lambda & 1 & \\ & & \ddots & 1\\ & & & \lambda\end{bmatrix}\bar{\boldsymbol{x}}(t)+\bar{\boldsymbol{B}}\boldsymbol{u}(t)+\bar{\boldsymbol{E}}_a\boldsymbol{f}_a(t) \tag{3-19}$$

$$\boldsymbol{y}(t)=\bar{\boldsymbol{C}}\bar{\boldsymbol{x}}(t)$$

当 **A** 为约旦标准型矩阵，执行机构故障 $f_{a,i}$ 具有可检测性的判定条件为

（3-3-1）$\sum_{k=1}^{n_x}\sum_{j=0}^{m-i}\frac{\bar{\boldsymbol{C}}_{:,k}\bar{E}_{a,m-j,i}}{(s-\lambda)^{m-k-j+1}}$ 为非零列；

执行机构故障集合 $F_a=\{f_{a,1},f_{a,2},\cdots,f_{a,n_a}\}$ 具有可分离性的判定条件为

（3-3-2）$\mathrm{rank}(\bar{\boldsymbol{C}}\bar{\boldsymbol{E}}_a)=n_a$。

证明： 对于 **A** 中互异的单特征值，可诊断性的判定条件详见定理 3-2，而定理 3-3 只针对每个约旦块给出可诊断性判定条件。

根据 $\boldsymbol{A}=\begin{bmatrix}\lambda & 1 & & \\ & \lambda & 1 & \\ & & \ddots & 1\\ & & & \lambda\end{bmatrix}_{n_x\times n_x}$ 可得

$$\begin{aligned}\dot{\bar{x}}_1 &= \lambda\bar{x}_1 + \bar{x}_2 + \bar{E}_{a,1,:}\boldsymbol{f}_a \\ \dot{\bar{x}}_2 &= \lambda\bar{x}_2 + \bar{x}_3 + \bar{E}_{a,2,:}\boldsymbol{f}_a \\ &\vdots \\ \dot{\bar{x}}_{n_x} &= \lambda\bar{x}_{n_x} + \bar{E}_{a,n_x,:}\boldsymbol{f}_a\end{aligned} \tag{3-20}$$

对其进行整理后得到

$$\begin{aligned}x_1 &= \frac{\bar{E}_{a,n_x,:}\boldsymbol{f}_a}{(s-\lambda)^{n_x}} + \cdots + \frac{\bar{E}_{a,1,:}\boldsymbol{f}_a}{s-\lambda} \\ x_2 &= \frac{\bar{E}_{a,n_x,:}\boldsymbol{f}_a}{(s-\lambda)^{n_x-1}} + \cdots + \frac{\bar{E}_{a,2,:}\boldsymbol{f}_a}{s-\lambda} \\ &\vdots \\ x_{n_x} &= \frac{\bar{E}_{a,n_x,:}\boldsymbol{f}_a}{s-\lambda}\end{aligned} \tag{3-21}$$

可以推导出

$$x_k = \sum_{j=0}^{n_x-k} \frac{\bar{E}_{a,n_x-j,:}\boldsymbol{f}_a}{(s-\lambda)^{n_x-k-j+1}}$$

根据系统输出方程可得

$$y(t) = \bar{\boldsymbol{C}}\bar{x}(t) = \sum_{k=1}^{n_x}\sum_{j=0}^{n_x-i} \frac{\bar{C}_{:,k}\bar{E}_{a,n_x-j,:}\boldsymbol{f}_a}{(s-\lambda)^{n_x-k-j+1}} \tag{3-22}$$

由此可知，执行机构故障 $f_{a,i}$ 到输出的传递函数为

$$G_{f_{a,i},y} = \sum_{k=1}^{n_x}\sum_{j=0}^{n_x-i} \frac{\bar{C}_{:,k}\bar{E}_{a,n_x-j,i}}{(s-\lambda)^{n_x-k-j+1}}$$

进而得到条件（3－3－1）。

将 $\boldsymbol{A}$ 代入 $\operatorname{rank}([(\bar{\boldsymbol{C}}\bar{\boldsymbol{E}}_a)^{\mathrm{T}} \quad (\bar{\boldsymbol{C}}\boldsymbol{A}\bar{\boldsymbol{E}}_a)^{\mathrm{T}} \quad \cdots \quad (\bar{\boldsymbol{C}}\boldsymbol{A}^{n-1}\bar{\boldsymbol{E}}_a)^{\mathrm{T}}]^{\mathrm{T}})$ 可知：n_x 之后的所有行是 $\bar{\boldsymbol{C}}\bar{\boldsymbol{E}}_a$ 各行的线性组合。进而根据定理 3－1 中的条件（3－1－6）$\operatorname{rank}([(\boldsymbol{C}\boldsymbol{E}_a)^{\mathrm{T}} \quad (\boldsymbol{C}\boldsymbol{A}\boldsymbol{E}_a)^{\mathrm{T}} \quad \cdots \quad (\boldsymbol{C}\boldsymbol{A}^{n-1}\boldsymbol{E}_a)^{\mathrm{T}}]^{\mathrm{T}}) = n_a$，可以得到条件（3－3－2）。

综上所述，定理 3－3 得证。

定理 3－4　对于式（3－1）所示的线性时不变系统，当 $\boldsymbol{A}$ 为普通矩阵时，敏感器故障 $f_{s,i}$ 具有可检测性的判定条件为

（3－4－1）$E_{s,:,i}$ 为非零列；

敏感器故障集合 $F_s = \{f_{s,1}, f_{s,2}, \cdots, f_{s,n_s}\}$ 具有可分离性的判定条件为

（3－4－2）$\operatorname{rank}(\boldsymbol{E}_s) = n_s$。

定理 3－4 的推导过程与定理 3－1 类似，不再赘述。

3.2.2.2 基于可观性的可诊断性判定

(1) 问题的数学描述

构建如下所示的航天器控制系统模型

$$\begin{cases} \boldsymbol{x}(k+1)=\boldsymbol{A}_f\boldsymbol{x}(k)+\boldsymbol{B}\boldsymbol{u}_f(k)+\boldsymbol{w}(k) \\ \boldsymbol{y}(k)=\boldsymbol{C}\boldsymbol{x}(k)+\boldsymbol{f}_s(k)+\boldsymbol{v}(k) \end{cases} \tag{3-23}$$

其中

$$\boldsymbol{x}=[\varphi \quad \theta \quad \psi \quad \dot{\varphi} \quad \dot{\theta} \quad \dot{\psi}]^{\mathrm{T}}$$

$$\boldsymbol{A}_f=\boldsymbol{A}_0+\Delta\boldsymbol{A}$$

$$\boldsymbol{u}_f=\boldsymbol{\alpha}\boldsymbol{u}_0+\boldsymbol{F}_a\boldsymbol{f}_{a0}$$

$$\boldsymbol{\alpha}=\mathrm{diag}[\alpha_1,\alpha_2,\cdots,\alpha_p]$$

$$\boldsymbol{f}_{a0}=(\boldsymbol{f}_{a01},\boldsymbol{f}_{a02},\cdots,\boldsymbol{f}_{a0p})^{\mathrm{T}}$$

$$\boldsymbol{u}_0=[T_x \quad T_y \quad T_z]^{\mathrm{T}}$$

$$\boldsymbol{f}_s=\boldsymbol{\beta}\boldsymbol{C}\boldsymbol{x}+\boldsymbol{F}_s\boldsymbol{f}_{s0}$$

$$\boldsymbol{\beta}=\mathrm{diag}[\beta_1,\beta_2,\cdots,\beta_m]$$

$$\boldsymbol{f}_{s0}=(\boldsymbol{f}_{s01},\boldsymbol{f}_{s02},\cdots,\boldsymbol{f}_{s0q})^{\mathrm{T}}$$

式中 $\boldsymbol{x}$ ——系统的状态变量，$\boldsymbol{x}\in \mathrm{R}^{n\times 1}$；

$\boldsymbol{y}$ ——系统的测量输出量，$\boldsymbol{y}\in \mathrm{R}^{m\times 1}$；

$\boldsymbol{A}_f$ ——包含建模不确定性的系统矩阵，$\boldsymbol{A}_f\in \mathrm{R}^{n\times n}$；

$\boldsymbol{A}_0$——标称模型的系统矩阵；

$\Delta\boldsymbol{A}$ ——建模不确定性；

$\boldsymbol{u}_f$ ——执行机构发生故障时的系统实际输入量，$\boldsymbol{u}_f\in \mathrm{R}^{p\times 1}$；

p ——执行机构的个数；

$\boldsymbol{\alpha}$ ——执行机构的乘性故障；

$\boldsymbol{f}_{a0}$ ——执行机构的加性故障；

$\boldsymbol{F}_a$ ——执行机构安装矩阵的伪逆，表示执行机构故障的位置，$\boldsymbol{F}_a\in \mathrm{R}^{p\times 3}$；

$\boldsymbol{u}_0$——执行机构正常输入，即控制器输出；

$\boldsymbol{f}_s$ ——敏感器故障，$\boldsymbol{f}_s\in \mathrm{R}^{m\times 1}$；

m ——敏感器的个数；

$\boldsymbol{\beta}$ ——敏感器的乘性故障；

$\boldsymbol{f}_{s0}$ ——敏感器的加性故障；

$\boldsymbol{F}_s$ ——敏感器的安装矩阵；

$\boldsymbol{B}$，$\boldsymbol{C}$ ——系统执行机构和敏感器的安装矩阵，$\boldsymbol{B}\in \mathrm{R}^{n\times p}$，$\boldsymbol{C}\in \mathrm{R}^{m\times n}$；

$\boldsymbol{w}$，$\boldsymbol{v}$ ——线性互不相关的高斯白噪声，分别为系统过程噪声和观测噪声。

常用的 PID 控制器模型为

$$\begin{cases} \boldsymbol{x}_c(k+1)=\boldsymbol{A}_c\boldsymbol{x}_c(k)+\boldsymbol{B}_c[\boldsymbol{r}(k)-\boldsymbol{y}(k)] \\ \boldsymbol{u}_0(k)=\boldsymbol{C}_c\boldsymbol{x}_c(k)+\boldsymbol{D}_c[\boldsymbol{r}(k)-\boldsymbol{y}(k)] \end{cases} \tag{3-24}$$

其中

$$\boldsymbol{A}_c=\boldsymbol{0}$$

$$\boldsymbol{B}_c=\boldsymbol{I}_{6\times 6}$$

$$\boldsymbol{C}_c=\begin{bmatrix}-K_{ix} & 0 & 0 & 0 & 0 & 0\\ 0 & -K_{iy} & 0 & 0 & 0 & 0\\ 0 & 0 & -K_{iz} & 0 & 0 & 0\end{bmatrix}$$

$$\boldsymbol{D}_c=\begin{bmatrix}-K_{px} & 0 & 0 & -K_{dx} & 0 & 0\\ 0 & -K_{py} & 0 & 0 & -K_{dy} & 0\\ 0 & 0 & -K_{pz} & 0 & 0 & -K_{dz}\end{bmatrix}$$

式中 $\boldsymbol{x}_c(k)$——控制器的状态变量；

$\boldsymbol{r}$——系统的期望姿态量，$\boldsymbol{r}\in \mathrm{R}^{m\times 1}$。

分别令 $\boldsymbol{X}=[\boldsymbol{x},\ \boldsymbol{x}_c]^{\mathrm{T}}$ 和 $\boldsymbol{Y}=[\boldsymbol{y},\ \boldsymbol{u}_0]^{\mathrm{T}}$，将式（3-23）和式（3-24）进行整理，得到闭环系统的状态空间模型

$$\boldsymbol{X}(k+1)=\begin{bmatrix}\boldsymbol{A}_f-\boldsymbol{B\alpha D}_c(\boldsymbol{I}+\boldsymbol{\beta})\boldsymbol{C} & \boldsymbol{B\alpha C}_c\\ -\boldsymbol{B}_c(\boldsymbol{I}+\boldsymbol{\beta})\boldsymbol{C} & \boldsymbol{A}_c\end{bmatrix}\begin{bmatrix}\boldsymbol{x}(k)\\ \boldsymbol{x}_c(k)\end{bmatrix}+\begin{bmatrix}\boldsymbol{B\alpha D}_c\\ \boldsymbol{B}_c\end{bmatrix}\boldsymbol{r}(k)+\begin{bmatrix}\boldsymbol{BF}_a\\ \boldsymbol{0}\end{bmatrix}\boldsymbol{f}_{a0}(k)+\begin{bmatrix}-\boldsymbol{B\alpha D}_c\boldsymbol{F}_s\\ -\boldsymbol{B}_c\boldsymbol{F}_s\end{bmatrix}\boldsymbol{f}_{s0}(k)+\begin{bmatrix}\boldsymbol{I}\\ \boldsymbol{0}\end{bmatrix}\boldsymbol{w}(k)+\begin{bmatrix}-\boldsymbol{B\alpha D}_c\\ -\boldsymbol{B}_c\end{bmatrix}\boldsymbol{v}(k) \tag{3-25}$$

$$\boldsymbol{Y}(k)=\begin{bmatrix}(\boldsymbol{I}+\boldsymbol{\beta})\boldsymbol{C} & \boldsymbol{0}\\ -\boldsymbol{D}_c(\boldsymbol{I}+\boldsymbol{\beta})\boldsymbol{C} & \boldsymbol{C}_c\end{bmatrix}\begin{bmatrix}\boldsymbol{X}(k)\\ \boldsymbol{X}_c(k)\end{bmatrix}+\begin{bmatrix}\boldsymbol{0}\\ \boldsymbol{D}_c\end{bmatrix}\boldsymbol{r}(k)+\begin{bmatrix}\boldsymbol{F}_s\\ -\boldsymbol{D}_c\boldsymbol{F}_s\end{bmatrix}\boldsymbol{f}_{s0}(k)+\begin{bmatrix}\boldsymbol{I}\\ -\boldsymbol{D}_c\end{bmatrix}\boldsymbol{v}(k) \tag{3-26}$$

式（3-25）和式（3-26）不仅描述了闭环控制系统的内在属性，还考虑了建模不确定性 $\Delta\boldsymbol{A}$、过程噪声 $\boldsymbol{w}$ 和观测噪声 $\boldsymbol{v}$ 的影响。在进行系统固有可诊断性评价时，将忽略上述过程噪声和观测噪声的影响，并将执行机构和敏感器故障（包括乘性故障和加性故障）作为状态变量对原系统进行扩维，即将故障的可检测性判定问题转换成增广系统的状态可观测性分析问题。

（2）加性故障的可诊断性判定

为便于叙述，在此先给出如下引理：

引理 3-1 令 $S(\boldsymbol{A})$ 表示矩阵 $\boldsymbol{A}$ 中所有特征值的集合，则（$\boldsymbol{A}$，$\boldsymbol{C}$）具有可观测性的充要条件为：若 $\boldsymbol{A\chi}=\lambda\boldsymbol{\chi}$ 且 $\boldsymbol{C\chi}=\boldsymbol{0}$，则意味着对每个特征值 $\lambda\in S(\boldsymbol{A})$，所对应的特征向量都有 $\boldsymbol{\chi}=\boldsymbol{0}$。

引理 3-2 令 $S(\boldsymbol{A})$ 表示矩阵 $\boldsymbol{A}$ 中所有特征值的集合，则（$\boldsymbol{A}$，$\boldsymbol{C}$）具有可观测性的充要条件为：$\mathrm{rank}\begin{bmatrix}\lambda_i\boldsymbol{I}-\boldsymbol{A}\\ \boldsymbol{C}\end{bmatrix}=n$，$\lambda_i(i=1,\ 2,\ \cdots,\ n)\in S(\boldsymbol{A})$（$n$ 表示矩阵 $\boldsymbol{A}$ 的维数）。

考虑到加性故障的一般特点是：动态性能已知而发生时间和初始状态未知，因此按式（3-27）构造执行机构故障模型

$$\begin{cases} \boldsymbol{f}_{a0}(k+1)=\boldsymbol{K}_a\boldsymbol{f}_{a0}(k) \\ \boldsymbol{f}_{a0}(k_l)=\boldsymbol{0} \quad k_l\in[0,k_{ai}) \\ \boldsymbol{f}_{a0}(k_{ai})=\boldsymbol{u}_{fai0} \end{cases} \tag{3-27}$$

式中 $\boldsymbol{K}_a$ ——执行机构故障的动态特性，用于描述不同类型的故障模式；

k_{ai}，$\boldsymbol{u}_{fai0}$ ——第 i 个执行机构故障的发生时刻和初始状态，一般未知。

敏感器故障模型为

$$\begin{cases} \boldsymbol{f}_{s0}(k+1)=\boldsymbol{K}_s\boldsymbol{f}_{s0}(k) \\ \boldsymbol{f}_{s0}(k_m)=\boldsymbol{0} \quad k_m\in[0,k_{si}) \\ \boldsymbol{f}_{s0}(k_{si})=\boldsymbol{u}_{fsi0} \end{cases} \tag{3-28}$$

式中 $\boldsymbol{K}_s$ ——敏感器故障的动态特性，用来描述不同类型的故障模式；

k_{si}，$\boldsymbol{u}_{fsi0}$ ——第 i 个敏感器故障的发生时刻和初始状态，一般未知。

将式（3－27）和式（3－28）依次代入式（3－25）和式（3－26）中，并令 $\boldsymbol{\alpha}=\boldsymbol{I}$，$\boldsymbol{\beta}=\boldsymbol{0}$，$\Delta\boldsymbol{A}=\boldsymbol{0}$ 和 $\boldsymbol{Z}(k)=[\boldsymbol{X}^{\mathrm{T}}(k) \quad \boldsymbol{u}_f^{\mathrm{T}}(k) \quad \boldsymbol{f}_s^{\mathrm{T}}(k)]^{\mathrm{T}}$，得到

$$\begin{cases} \boldsymbol{Z}(k+1)=\tilde{\boldsymbol{A}}\boldsymbol{Z}(k)+\tilde{\boldsymbol{B}}\boldsymbol{r}(k) \\ \boldsymbol{Y}(k)=\tilde{\boldsymbol{C}}\boldsymbol{Z}(k)+\tilde{\boldsymbol{D}}\boldsymbol{r}(k) \end{cases} \tag{3-29}$$

其中

$$\tilde{\boldsymbol{A}}=\begin{bmatrix} \tilde{\boldsymbol{A}}_0 & \tilde{\boldsymbol{A}}_f \\ \boldsymbol{0} & \tilde{\boldsymbol{K}} \end{bmatrix},\tilde{\boldsymbol{A}}_0=\begin{bmatrix} \boldsymbol{A}_0-\boldsymbol{B}\boldsymbol{D}_c\boldsymbol{C} & \boldsymbol{B}\boldsymbol{C}_c \\ -\boldsymbol{B}_c\boldsymbol{C} & \boldsymbol{A}_c \end{bmatrix},\tilde{\boldsymbol{A}}_f=[\tilde{\boldsymbol{A}}_{fa} \quad \tilde{\boldsymbol{A}}_{fs}]$$

$$\tilde{\boldsymbol{A}}_{fa}=\begin{bmatrix} \boldsymbol{B}\boldsymbol{F}_a \\ 0 \end{bmatrix},\tilde{\boldsymbol{A}}_{fs}=\begin{bmatrix} -\boldsymbol{B}\boldsymbol{D}_c\boldsymbol{F}_s \\ -\boldsymbol{B}_c\boldsymbol{F}_s \end{bmatrix},\tilde{\boldsymbol{K}}=\begin{bmatrix} \boldsymbol{K}_a & \boldsymbol{0} \\ \boldsymbol{0} & \boldsymbol{K}_s \end{bmatrix}$$

$$\tilde{\boldsymbol{C}}=[\tilde{\boldsymbol{C}}_c \quad \tilde{\boldsymbol{C}}_f],\tilde{\boldsymbol{C}}_c=\begin{bmatrix} \boldsymbol{C} & \boldsymbol{0} \\ -\boldsymbol{D}_c\boldsymbol{C} & \boldsymbol{C}_c \end{bmatrix},\tilde{\boldsymbol{C}}_f=[\boldsymbol{0} \quad \tilde{\boldsymbol{C}}_{fs}]$$

$$\tilde{\boldsymbol{C}}_{fs}=\begin{bmatrix} \boldsymbol{F}_s \\ -\boldsymbol{D}_c\boldsymbol{F}_s \end{bmatrix}$$

$$\tilde{\boldsymbol{B}}=[(\boldsymbol{B}\boldsymbol{D}_c)^{\mathrm{T}} \quad \boldsymbol{B}_c^{\mathrm{T}} \quad \boldsymbol{0} \quad \boldsymbol{0}]^{\mathrm{T}}$$

$$\tilde{\boldsymbol{D}}=[\boldsymbol{0} \quad \boldsymbol{D}_c^{\mathrm{T}}]^{\mathrm{T}}$$

在此通过定理 3－5，给出模型精确时闭环系统加性故障的可诊断性判定条件。

定理 3－5 对于式（3－29）所示的闭环系统，当模型精确时加性故障具有可诊断性的判定条件为：

（3－5－1）闭环系统状态空间模型（$\tilde{\boldsymbol{A}}_0$，$\tilde{\boldsymbol{C}}_c$）具有可观测性；

（3－5－2）故障动态特性和其在观测变量中分布情况的状态空间模型（$\tilde{\boldsymbol{K}}$，$\boldsymbol{A}\boldsymbol{C}_f$）具有可观测性；

（3－5－3）姿态动力学和运动学、控制器、故障动态特性及其在观测变量中分布耦合关系的状态空间模型（$\tilde{\boldsymbol{K}}$，$\tilde{\boldsymbol{C}}_c(\lambda\boldsymbol{I}-\bar{\boldsymbol{A}}_0)^{-1}\tilde{\boldsymbol{A}}_f+\tilde{\boldsymbol{C}}_f$）具有可观测性。

证明： 设系统矩阵 $\tilde{\boldsymbol{A}}$ 的特征值集合为 $S(\tilde{\boldsymbol{A}})$，显然 $S(\tilde{\boldsymbol{A}})=S(\tilde{\boldsymbol{A}}_0)\cup S(\tilde{\boldsymbol{K}})$，则其特征向量为 $\boldsymbol{\chi}=[\boldsymbol{\chi}_1^{\mathrm{T}},\ \boldsymbol{\chi}_2^{\mathrm{T}}]^{\mathrm{T}}$，其中：$\boldsymbol{\chi}_1\in\mathrm{R}^{(n+l)\times 1}$，$\boldsymbol{\chi}_2\in\mathrm{R}^{(p+m)\times 1}$。

令 $\lambda_i\in S(\tilde{\boldsymbol{A}})$，$i=1,2,\cdots,n+l+p+m$，根据引理 3-1，得到如下方程组

$$\begin{cases}\tilde{\boldsymbol{A}}_0\boldsymbol{\chi}_1+\tilde{\boldsymbol{A}}_f\boldsymbol{\chi}_2=\lambda\boldsymbol{\chi}_1\\ \tilde{\boldsymbol{K}}\boldsymbol{\chi}_2=\lambda\boldsymbol{\chi}_2\\ \tilde{\boldsymbol{C}}_c\boldsymbol{\chi}_1+\tilde{\boldsymbol{C}}_f\boldsymbol{\chi}_2=\boldsymbol{0}\end{cases}\tag{3-30}$$

对于式（3-30），下面分别根据 $S(\tilde{\boldsymbol{A}}_0)$ 和 $S(\tilde{\boldsymbol{K}})$ 是否存在交集这两种情况进行讨论。

① $S(\tilde{\boldsymbol{A}}_0)$ 和 $S(\tilde{\boldsymbol{K}})$ 有交集

具体分以下三种工况进行详细阐述。

工况 3-1-1： $\lambda\in(S(\tilde{\boldsymbol{A}}_0)-S(\tilde{\boldsymbol{A}}_0)\cap S(\tilde{\boldsymbol{K}}))$

此时，$\lambda=\lambda_{\tilde{\boldsymbol{A}}0}$ 且 $\lambda\neq\lambda_{\tilde{\boldsymbol{K}}}$，即 $\mathrm{rank}[\lambda\boldsymbol{I}-\tilde{\boldsymbol{K}}]=p+m$，$\boldsymbol{\chi}_2=\boldsymbol{0}$。因此，式（3-30）改写为

$$\begin{cases}\tilde{\boldsymbol{A}}_0\boldsymbol{\chi}_1=\lambda\boldsymbol{\chi}_1\\ \tilde{\boldsymbol{C}}_c\boldsymbol{\chi}_1=\boldsymbol{0}\end{cases}\tag{3-31}$$

当 $(\tilde{\boldsymbol{A}}_0,\ \tilde{\boldsymbol{C}}_c)$ 完全可观测时，根据引理 3-1 可知：$\boldsymbol{\chi}_1=\boldsymbol{0}$。此时，$\boldsymbol{\chi}=[\boldsymbol{\chi}_1^{\mathrm{T}},\ \boldsymbol{\chi}_2^{\mathrm{T}}]^{\mathrm{T}}=\boldsymbol{0}$。

工况 3-1-2： $\lambda\in(S(\tilde{\boldsymbol{A}}_0)\cap S(\tilde{\boldsymbol{K}}))$

此时，$\lambda=\lambda_{\tilde{\boldsymbol{A}}0}$ 且 $\lambda=\lambda_{\tilde{\boldsymbol{K}}}$。在假设 $(\tilde{\boldsymbol{A}}_0,\ \tilde{\boldsymbol{C}}_c)$ 完全可观测的前提下，可得：$\boldsymbol{\chi}_1=\boldsymbol{0}$。此时，式（3-30）可改写为

$$\begin{cases}\tilde{\boldsymbol{A}}_f\boldsymbol{\chi}_2=\boldsymbol{0}\\ \tilde{\boldsymbol{K}}\boldsymbol{\chi}_2=\lambda\boldsymbol{\chi}_2\\ \tilde{\boldsymbol{C}}_f\boldsymbol{\chi}_2=\boldsymbol{0}\end{cases}\tag{3-32}$$

令 $\boldsymbol{AC}_f=\begin{bmatrix}\tilde{\boldsymbol{A}}_f\\ \tilde{\boldsymbol{C}}_f\end{bmatrix}$，则式（3-32）变成：$\begin{cases}\tilde{\boldsymbol{K}}\boldsymbol{\chi}_2=\lambda\boldsymbol{\chi}_2\\ \boldsymbol{AC}_f\boldsymbol{\chi}_2=\boldsymbol{0}\end{cases}$。由于 $\lambda=\lambda_{\tilde{\boldsymbol{K}}}$，当 $(\tilde{\boldsymbol{K}},\ \boldsymbol{AC}_f)$ 完全可观测时，$\boldsymbol{\chi}_2=\boldsymbol{0}$。因此，得到 $\boldsymbol{\chi}=[\boldsymbol{\chi}_1^{\mathrm{T}},\ \boldsymbol{\chi}_2^{\mathrm{T}}]^{\mathrm{T}}=\boldsymbol{0}$。

工况 3-1-3： $\lambda\in(S(\tilde{\boldsymbol{K}})-S(\tilde{\boldsymbol{A}}_0)\cap S(\tilde{\boldsymbol{K}}))$

此时，$\lambda=\lambda_{\tilde{\boldsymbol{K}}}$ 且 $\lambda\neq\lambda_{\bar{\boldsymbol{A}}0}$，即 $\mathrm{rank}[\lambda\boldsymbol{I}-\bar{\boldsymbol{A}}_0]=n+l$。因此，可得

$$\boldsymbol{\chi}_1=(\lambda\boldsymbol{I}-\tilde{\boldsymbol{A}}_0)^{-1}\tilde{\boldsymbol{A}}_f\boldsymbol{\chi}_2\tag{3-33}$$

将式（3-33）代入式（3-30）中，可得

$$\begin{cases}\tilde{\boldsymbol{K}}\boldsymbol{\chi}_2=\lambda\boldsymbol{\chi}_2\\ [\tilde{\boldsymbol{C}}_c(\lambda\boldsymbol{I}-\tilde{\boldsymbol{A}}_0)^{-1}\tilde{\boldsymbol{A}}_f+\tilde{\boldsymbol{C}}_f]\boldsymbol{\chi}_2=\boldsymbol{0}\end{cases}\tag{3-34}$$

当 $(\tilde{\boldsymbol{K}},\ \tilde{\boldsymbol{C}}_c(\lambda\boldsymbol{I}-\bar{\boldsymbol{A}}_0)^{-1}\tilde{\boldsymbol{A}}_f+\tilde{\boldsymbol{C}}_f)$ 完全可观测时，$\boldsymbol{\chi}_2=\boldsymbol{0}$。将其代入式（3-30）中，

可得

$$\begin{cases}\tilde{\boldsymbol{A}}_0\boldsymbol{\chi}_1=\lambda\boldsymbol{\chi}_1\\ \tilde{\boldsymbol{C}}_c\boldsymbol{\chi}_1=\boldsymbol{0}\end{cases}\tag{3-35}$$

由于矩阵 $[\lambda\boldsymbol{I}-\tilde{\boldsymbol{A}}_0]$ 非退化，此时可得：$\boldsymbol{\chi}_1=\boldsymbol{0}$。

② $S(\tilde{\boldsymbol{A}}_0)$ 和 $S(\tilde{\boldsymbol{K}})$ 无交集

针对以下两种工况进行详细阐述。

工况 3-2-1：$\lambda\in S(\tilde{\boldsymbol{A}}_0)$ 且 $\lambda\notin S(\tilde{\boldsymbol{K}})$

同理于工况 3-1-1。

工况 3-2-2：$\lambda\notin S(\tilde{\boldsymbol{A}}_0)$ 且 $\lambda\in S(\tilde{\boldsymbol{K}})$

同理于工况 3-1-3。

因此，当模型精确且 $(\tilde{\boldsymbol{A}}_0,\ \tilde{\boldsymbol{C}}_c)$、$(\tilde{\boldsymbol{K}},\ \boldsymbol{AC}_f)$ 和 $(\tilde{\boldsymbol{K}},\ \tilde{\boldsymbol{C}}_c(\lambda\boldsymbol{I}-\bar{\boldsymbol{A}}_0)^{-1}\tilde{\boldsymbol{A}}_f+\tilde{\boldsymbol{C}}_f)$ 均具有可观测性时，加性故障具有可诊断性。

综上所述，定理 3-5 得证。

(3) 乘性故障的可诊断性判定

当执行机构和敏感器的故障形式为乘性故障时，即 $\boldsymbol{f}_{a0}=\boldsymbol{0}$、$\boldsymbol{f}_{s0}=\boldsymbol{0}$ 和 $\Delta\boldsymbol{A}\neq\boldsymbol{0}$，将其代入式（3-25）和式（3-26）中，可得

$$\begin{cases}\boldsymbol{X}(k+1)=\bar{\boldsymbol{A}}\boldsymbol{X}(k)+\bar{\boldsymbol{B}}\boldsymbol{r}(k)\\ \boldsymbol{Y}(k)=\bar{\boldsymbol{C}}\boldsymbol{X}(k)+\bar{\boldsymbol{D}}\boldsymbol{r}(k)\end{cases}\tag{3-36}$$

其中

$$\bar{\boldsymbol{A}}=\begin{bmatrix}\boldsymbol{A}_f-\boldsymbol{B}\boldsymbol{\alpha}\boldsymbol{D}_c(\boldsymbol{I}+\boldsymbol{\beta})\boldsymbol{C} & \boldsymbol{B}\boldsymbol{\alpha}\boldsymbol{C}_c\\ -\boldsymbol{B}_c(\boldsymbol{I}+\boldsymbol{\beta})\boldsymbol{C} & \boldsymbol{A}_c\end{bmatrix};\ \bar{\boldsymbol{B}}=\begin{bmatrix}\boldsymbol{B}\boldsymbol{\alpha}\boldsymbol{D}_c\\ \boldsymbol{B}_c\end{bmatrix}$$

$$\bar{\boldsymbol{C}}=\begin{bmatrix}(\boldsymbol{I}+\boldsymbol{\beta})\boldsymbol{C} & \boldsymbol{0}\\ -\boldsymbol{D}_c(\boldsymbol{I}+\boldsymbol{\beta})\boldsymbol{C} & \boldsymbol{C}_c\end{bmatrix};\ \bar{\boldsymbol{D}}=\begin{bmatrix}\boldsymbol{0}\\ \boldsymbol{D}_c\end{bmatrix}$$

从式（3-36）中可以看出：不同于加性故障，乘性故障直接通过状态变量表现其特性。因此，只要系统状态变量是可观测的，即能保证故障具有可诊断性。

定理 3-6　对于式（3-36）所示系统中乘性故障具有可诊断性的判定条件是：

(3-6-1) 控制系统状态空间模型 $(\boldsymbol{A}_0,\ \boldsymbol{C})$ 具有可观测性；

(3-6-2) 控制器状态空间模型 $(\boldsymbol{A}_c,\ \boldsymbol{C}_c)$ 具有可观测性；

(3-6-3) 建模偏差 $\Delta\boldsymbol{A}$ 和敏感器乘性故障 $\boldsymbol{\beta}$ 对状态空间模型 $(\boldsymbol{A}_0,\ \boldsymbol{C})$ 的可观测性没有影响，即满足下式

$$\operatorname{rank}\left(\begin{bmatrix}\bar{\lambda}_i\boldsymbol{I}-\boldsymbol{A}_0-\Delta\boldsymbol{A}\\ (\boldsymbol{I}+\boldsymbol{\beta})\boldsymbol{C}\end{bmatrix}\right)=n\tag{3-37}$$

证明：根据引理 3-2，令 $\tilde{\lambda}_i(i=1,\ 2,\ \cdots,\ n+l+p+q)\in S(\bar{\boldsymbol{A}})$，通过矩阵的等价线性行变换得

$$
\begin{aligned}
\operatorname{rank}\left(\begin{bmatrix} \bar{\lambda}_i \boldsymbol{I} - \bar{\boldsymbol{A}} \\ \bar{\boldsymbol{C}} \end{bmatrix}\right) &= \operatorname{rank}\left(\begin{bmatrix} \bar{\lambda}_i \boldsymbol{I} - \boldsymbol{A}_0 - \Delta \boldsymbol{A} + \boldsymbol{B}\boldsymbol{\alpha}\boldsymbol{D}_c(\boldsymbol{I}+\boldsymbol{\beta})\boldsymbol{C} & -\boldsymbol{B}\boldsymbol{\alpha}\boldsymbol{C}_c \\ \boldsymbol{B}_c(\boldsymbol{I}+\boldsymbol{\beta})\boldsymbol{C} & \bar{\boldsymbol{\lambda}}_i \boldsymbol{I} - \boldsymbol{A}_c \\ (\boldsymbol{I}+\boldsymbol{\beta})\boldsymbol{C} & \boldsymbol{0} \\ -\boldsymbol{D}_c(\boldsymbol{I}+\boldsymbol{\beta})\boldsymbol{C} & \boldsymbol{C}_c \end{bmatrix}\right) \\
&= \operatorname{rank}\left(\begin{bmatrix} \bar{\lambda}_i \boldsymbol{I} - \boldsymbol{A}_0 - \Delta \boldsymbol{A} & \boldsymbol{0} \\ \boldsymbol{0} & \bar{\lambda}_i \boldsymbol{I} - \boldsymbol{A}_c \\ (\boldsymbol{I}+\boldsymbol{\beta})\boldsymbol{C} & \boldsymbol{0} \\ \boldsymbol{0} & \boldsymbol{C}_c \end{bmatrix}\right) \\
&= \operatorname{rank}\left(\begin{bmatrix} \bar{\lambda}_i \boldsymbol{I} - \boldsymbol{A}_0 - \Delta \boldsymbol{A} & \boldsymbol{0} \\ (\boldsymbol{I}+\boldsymbol{\beta})\boldsymbol{C} & \boldsymbol{0} \end{bmatrix}\right) + \operatorname{rank}\left(\begin{bmatrix} \boldsymbol{0} & \bar{\boldsymbol{\lambda}}_i \boldsymbol{I} - \boldsymbol{A}_c \\ \boldsymbol{0} & \boldsymbol{C}_c \end{bmatrix}\right) \\
&= \operatorname{rank}\left(\begin{bmatrix} \bar{\lambda}_i \boldsymbol{I} - \boldsymbol{A}_0 - \Delta \boldsymbol{A} \\ (\boldsymbol{I}+\boldsymbol{\beta})\boldsymbol{C} \end{bmatrix}\right) + \operatorname{rank}\left(\begin{bmatrix} \bar{\lambda}_i \boldsymbol{I} - \boldsymbol{A}_c \\ \boldsymbol{C}_c \end{bmatrix}\right)
\end{aligned}
\tag{3-38}
$$

根据式（3-38）可得：当（$\boldsymbol{A}_0$，$\boldsymbol{C}$）和（$\boldsymbol{A}_c$，$\boldsymbol{C}_c$）均满足可观测性时，若要使乘性故障具有可诊断性，须保证

$$
\operatorname{rank}\left(\begin{bmatrix} \bar{\lambda}_i \boldsymbol{I} - \boldsymbol{A}_0 - \Delta \boldsymbol{A} \\ (\boldsymbol{I}+\boldsymbol{\beta})\boldsymbol{C} \end{bmatrix}\right) = n \tag{3-39}
$$

即敏感器乘性故障 $\boldsymbol{\beta}$ 和建模偏差 $\Delta \boldsymbol{A}$ 对动力学模型的秩不影响。

此时，得到条件（3-6-1）至（3-6-3）所示的闭环系统乘性故障可诊断性的判定条件。

综上所述，定理 3-6 得证。

需要说明的是，本节所提基于状态可观测性分析的可诊断性判定条件隐含如下前提：执行机构故障特性 $\boldsymbol{K}_a$ 和敏感器故障特性 $\boldsymbol{K}_s$ 均为常数，即该判定条件只对满足这一要求的故障模式有效，不适用于其他故障模式。

3.2.3　可诊断性量化

可诊断性量化是指基于表征和判定获得的数学表达和充要条件，利用距离、角度等相似度准则，构建反映故障差异大小的指标体系，实现系统诊断能力大小的精准度量[2-6]。

本节给出了完备的可诊断性指标体系（图 3-1），能够定量描述航天器控制系统自主诊断能力的大小，实现能力的可量化。

可诊断性指标体系——可诊断度 D，从诊断覆盖性（可诊断率）、诊断准确性（准确率）及诊断实时性（快速性）三个方面，全面综合地描述了航天器控制系统的诊断能力，具体形式如下

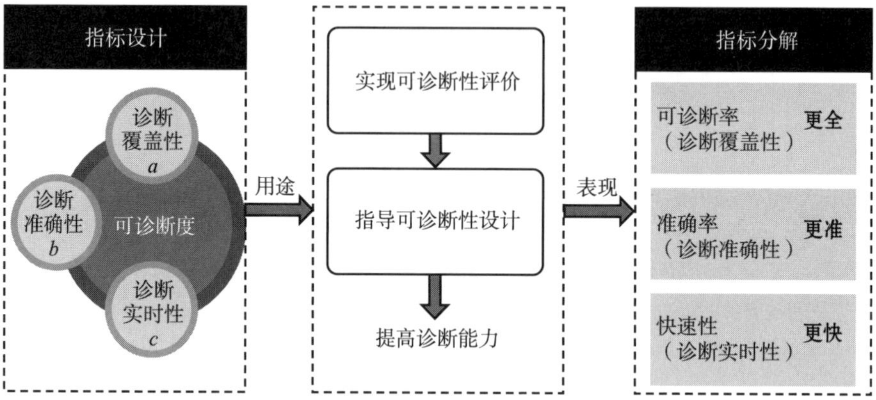

图 3-1　可诊断性指标体系

$$D = \sum_{i=1}^{N_f} a_i [\beta b_i + \gamma c_i] \tag{3-40}$$

式中　a_i ——与可诊断率 a 相关的参数；

b_i ——故障模式 i 的准确率；

c_i ——故障模式 i 的快速性；

β，γ ——准确率与快速性的权重，满足 $\beta + \gamma = 1$；

N_f ——故障模式总数。

(1) 可诊断率

可诊断率用于描述可以诊断的故障模式占所有故障模式的比例，即诊断覆盖性，具体形式如下

$$a = \sum_{i=1}^{N_f} a_i \tag{3-41}$$

其中

$$a_i = w_i v_i / \sum_{i=1}^{N_f} w_i$$

式中　a ——可诊断率，其数值越大表示可诊断率越高；

w_i ——故障模式 i 的权重。

v_i 具有如下含义（$i = 1$，…，N_f）

$$v_i = \begin{cases} 0 & \text{故障模式 } i \text{ 不具有可诊断性} \\ 1 & \text{故障模式 } i \text{ 具有可诊断性} \end{cases}$$

故障模式 i 是否具有可诊断性可通过可诊断性判定条件获得。

(2) 准确率

准确率用于描述系统对于指定故障模式的诊断精度，具体形式如下

$$b_i = \frac{1}{N} \sum_{k=1}^{N} \text{sign}\left\{ \min_{\xi_i \in \Xi_i} \frac{1}{2} \| N_H(t) [F_i(t) \theta_{i,k}(t) + \Lambda(t) \xi_i(t)] \|^2 \right\} \tag{3-42}$$

式中　b_i ——故障模式 i 的准确率，其数值越大表示诊断的准确性越高；

N ——测试次数；

$F_i(t)\theta_{i,k}(t)$ ——故障矢量；

$\Lambda(t)\xi_i(t)$ ——影响因素矢量。

(3) 快速性

快速性用于描述系统对于指定故障模式的诊断速度，具体形式如下

$$c_i = \frac{t_{f,i} - t_i}{t_{f,i}} \tag{3-43}$$

其中

$$t_i = \frac{1}{N}\sum_{k=1}^{N} t_{i,k}$$

式中　t_i ——诊断时间，其数值越小表示诊断的速度越快；

$t_{f,i}$ ——当故障模式 i 发生时，实现系统重构可容忍的最长诊断时间。

需要说明的是，本节给出的只是可诊断度指标的一般通用形式。在本书后续章节进行系统可诊断性的评价与设计时，需针对可诊断性模型的不同形式，调整量化指标的具体形式，以满足检测、分离与辨识等不同的故障诊断需求。

3.3　可重构性理论

3.3.1　可重构性表征

可重构性表征是指通过数学语言对已知的故障模式、影响因素（包括限制约束、重构方式和重构目标）以及对象模型等进行抽象描述，得到统一框架下的数学表达。本节重点阐述航天器控制系统可重构性的影响因素，具体的故障模式及对象模型在第 2 章中已给出详细说明，不再赘述。

3.3.1.1　限制约束

可重构性的限制约束主要分为两大方面：资源配置和运行条件[7]。

(1) 资源配置

资源配置主要包括配置构型、资源约束、重构算法等方面，下面进行逐一分析。

①配置构型

敏感器和执行机构的配置构型对航天器控制系统可重构性的影响十分显著：敏感器的配置构型决定了系统的观测能力，好的敏感器安装方式可以增强系统测量信息之间的解析冗余关系，使得系统在部分敏感器故障的情况下，仍然可以重构出所需信息；由执行机构的操作过程可知，其控制力矩输出与控制指令的分配逻辑直接相关，而分配逻辑又取决于执行机构的配置构型，好的执行机构安装方式可以显著提高系统的重构性能。因此，航天器控制系统的可重构性受敏感器与执行机构配置构型的影响。

②资源约束

航天器配备的执行机构个数与输出能力有限，当系统处于严重的故障状态时，执行机构的期望输出可能会超出其物理范围，过大的期望力矩会导致执行机构饱和而失去控制作用，进而导致系统不可重构。此外，航天器的太阳翼发电能力和推进剂携带量均有限，系统长期处于故障状态会引起资源的大量浪费，影响后续功能的实现，进而削弱系统的可重构性。由此可见，航天器控制系统的可重构性与执行机构数量、控制输出范围、太阳翼发电功率以及燃料容量等星载资源密切相关。

③重构算法

航天器所搭载的控制重构算法也是影响系统可重构性的主要影响因素之一，直接影响最终的重构效果。根据航天器的任务需求和健康状态选择契合航天器系统特性的重构算法可以有效提升系统的重构性能。

（2）运行条件

在运行条件方面，影响航天器控制系统可重构性的因素有很多，例如，干扰力矩、任务窗口、诊断时间、重构时机等，下面进行逐一分析。

①干扰力矩

航天器在实际运行过程中不可避免地会受到各种干扰作用。例如，重力梯度力矩、太阳辐射力矩、气动力矩、地磁力矩等环境干扰，以及过程噪声、飞轮内部摩擦、活动部件转动力矩、太阳翼驱动力矩、挠性结构耦合力矩等非环境干扰。干扰的存在会引起更大的故障偏差，而对干扰进行抑制会占用系统的有限资源，进而削弱系统的实际重构潜能。因此，在对航天器进行可重构性研究时，应充分考虑其受到的干扰力矩影响。

②任务窗口

在航天器的实际飞行过程中，有很多特定的航天任务（变轨、着陆等）都需要在规定的时间窗口内完成，一旦超过该时间窗口，重构措施将无济于事。因此，航天器发生故障以后，为了继续完成这类既定任务，必须在一定的时间窗口内进行重构，该窗口越小，说明系统的时间冗余度越小，相应的重构难度会越大。

③诊断时间

系统发生故障以后，需要花费一段时间进行故障诊断，才能“对症下药”，采取有效的重构措施。如果诊断时间过短，则没有充足的时间对故障进行精确辨识，无法为后续重构过程提供准确的故障信息，从而导致系统重构性能低下，甚至重构失败；反之，如果诊断时间过长，则会影响后续重构过程的时效性，甚至超出容许的时间窗口。

④重构时机

航天器星载计算机的运行速度、故障诊断耗时等因素会引起系统的重构延时。因此，重构时机也是影响系统重构性能的一大关键因素。若重构时机过早，一方面可能会由于故障刚发生时的系统突变和不稳定性，而耗费较高的重构代价（例如，能量消耗过高）来恢复系统性能；另一方面也可能会由于诊断结果精确度较低，导致重构效果较差。上述情况均会严重影响系统的重构性能，甚至导致系统不可重构。若重构时机过晚，可能会引起故障后果持续扩散，使得故障偏差进一步增大，后续恢复系统的难度也随之增大（例如，重构耗时过长，影响后续任务的顺利执行），进而导致系统在实际意义下不可重构。可见，系统的可重构性随着时间变化，应该以一个动态的角度去研究。需要注意的是，受诊断时间与计算机运行速度的限制，重构存在一定的“延时”，该延时影响重构时机的下界。

3.3.1.2　重构方式

(1) 改变系统构型

系统的最大重构潜力取决于空间构型，因此，改变构型的方法能够从根本上提高系统的固有可重构性，然而对于航天器控制系统而言，该方法难以在轨实现，目前更适用于地面设计阶段，不过未来会有很大的发展空间。

(2) 改变控制算法

改变控制算法的方式，可以在构型不变的前提下，尽可能充分地利用系统既有冗余资源。相对而言，该方法比较易于自主实现，适用于运行阶段对故障的及时处理，但是受固定构型的限制，对系统可重构性的提升能力有限。

因此，在实际应用中，若采用改变控制算法的方式无法满足期望的重构要求，则在条件允许的情况下，可以考虑采用改变构型的重构方式。

3.3.1.3　重构目标

控制系统重构目标的制定主要依据原始目标，而完成程度又受故障大小、剩余资源以及系统性能的制约，可见重构目标的选取受多种因素影响，并不唯一。故障发生后，应该根据系统的实际状态，制定合理的重构目标。采用不同的划分原则可以得到不同的分类方案，这里以一种基于功能完成程度的分类方案为例，将重构目标分为三大类：完全重构目标、部分重构目标以及安全重构目标[8]，三种目标的具体含义如下：

(1) 完全重构目标

完全重构目标要求系统在没有任何性能下降的前提下完成既定功能，该类目标适用于对控制要求十分严格的任务。例如，嫦娥三号着陆任务（必须保证着陆点处于一个绝对的精度范围）、姿态跟踪控制任务（航天器的三轴姿态必须实时跟踪期望目标）等。针对这类航天任务，系统发生故障以后，要继续完成既定功能，则必须保证其在各项约束的作用下，仍然具有一定的控制/观测能力，因此该类重构目标的研究对象为系统的剩余能控/能观性。

(2) 部分重构目标

部分重构目标允许系统规格有所下降地完成部分既定功能。例如，星敏感器失效以后，可以改用太阳敏感器进行定姿，虽然精度有所下降，但仍然可以保证系统正常运行；对地观测卫星发生故障以后，其偏航轴不需要绝对能控，只需要保持一定的稳定性，便可以继续完成相应的对地观测任务，针对这种情况，应该研究故障系统的剩余镇定性。

(3) 安全重构目标

安全重构目标是指在确保系统仍然运行于一定安全范围的前提下，暂时搁置当前任务，转入对日定向、停控等工作模式，从而保证系统能源，避免推进剂的非正常消耗和结构损伤，后续再通过地面干预等手段使系统恢复既定功能。该类目标适用于故障偏差较大，暂时无法依靠星上资源进行自主重构的系统，针对这种情况，应该研究系统的剩余稳定性。

3.3.2 可重构性判定

可重构性判定是指根据完全重构、部分重构、安全重构等不同任务需求，基于航天器的能控性、稳定性等不同控制目标，通过严格的数学证明推导出相应的充要条件，从而判断系统重构能力的有无。

3.3.2.1 基于能控目标的可重构性判定

航天器控制系统的重构回路由故障对象模型、重构模块和标称控制器三个部分组成，具体如图 3-2 所示。

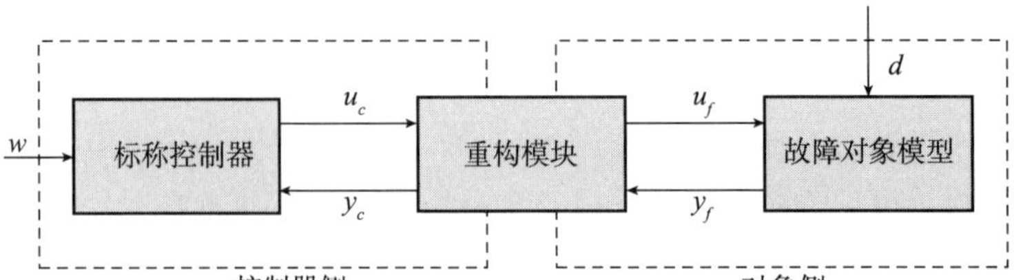

图 3-2 航天器控制系统的重构回路

对于标称对象，其状态空间描述为

$$\begin{cases}\dot{\boldsymbol{x}}=\boldsymbol{A}\boldsymbol{x}+\boldsymbol{B}\boldsymbol{u}\\ \boldsymbol{y}=\boldsymbol{C}\boldsymbol{x}\end{cases}\tag{3-44}$$

式中 $\boldsymbol{x}$ —— n 维系统状态；

$\boldsymbol{u}$ —— p 维控制输入；

$\boldsymbol{y}$ —— r 维测量输出；

$\boldsymbol{A}$，$\boldsymbol{B}$，$\boldsymbol{C}$ ——系统矩阵。

$\boldsymbol{w}$ 为 v 维的参考输入，标称控制器为 n_c 维状态空间系统，则有

$$\begin{cases}\dot{\boldsymbol{x}}_c=\boldsymbol{A}_c\boldsymbol{x}_c+\boldsymbol{B}_c(\boldsymbol{w}-\boldsymbol{y}_c)\\ \boldsymbol{u}_c=\boldsymbol{C}_c\boldsymbol{x}_c+\boldsymbol{D}_c(\boldsymbol{w}-\boldsymbol{y}_c)\end{cases}\tag{3-45}$$

在标称控制回路中，存在 $\boldsymbol{u}=\boldsymbol{u}_c$，$\boldsymbol{y}=\boldsymbol{y}_c$，根据标称对象的状态空间得出闭环系统模型

$$\begin{bmatrix} \dot{\boldsymbol{x}} \\ \dot{\boldsymbol{x}}_c \end{bmatrix} = \boldsymbol{A}_s \begin{bmatrix} \boldsymbol{x} \\ \boldsymbol{x}_c \end{bmatrix} + \begin{bmatrix} \boldsymbol{B}\boldsymbol{D}_c \\ \boldsymbol{B}_c \end{bmatrix} \boldsymbol{w}$$

$$\boldsymbol{y} = \boldsymbol{C}\boldsymbol{x} \tag{3-46}$$

$$\boldsymbol{A}_s = \begin{bmatrix} \boldsymbol{A} - \boldsymbol{B}\boldsymbol{D}_c\boldsymbol{C} & \boldsymbol{B}\boldsymbol{C}_c \\ -\boldsymbol{B}_c\boldsymbol{C} & \boldsymbol{A}_c \end{bmatrix}$$

当系统发生故障时，其状态空间描述为

$$\begin{cases} \dot{\boldsymbol{x}}_f = \boldsymbol{A}_f\boldsymbol{x}_f + \boldsymbol{B}_f\boldsymbol{u}_f \\ \boldsymbol{y}_f = \boldsymbol{C}_f\boldsymbol{x}_f \end{cases} \tag{3-47}$$

式中　$\boldsymbol{x}_f$ ——故障后的 n 维系统状态；

$\boldsymbol{y}_f$ —— r 维测量输出。

针对式（3-47）所示的航天器控制系统，基于能控目标的可重构性判定条件是，要求系统故障后依然是能控能观的，具体来讲：

1）执行机构发生故障后，系统具有可重构性的判定条件为：$R_c = \mathrm{rank}(\boldsymbol{Q}_c) = n$ ；

2）敏感器发生故障后，系统具有可重构性的判定条件为：$R_o = \mathrm{rank}(\boldsymbol{Q}_o) = n$ 。

其中

$$\boldsymbol{Q}_c = [\boldsymbol{B}_f, \boldsymbol{A}_f\boldsymbol{B}_f, \cdots, \boldsymbol{A}_f^{n-1}\boldsymbol{B}_f]$$

$$\boldsymbol{Q}_o = [\boldsymbol{C}_f, \boldsymbol{C}_f\boldsymbol{A}_f, \cdots, \boldsymbol{C}_f\boldsymbol{A}_f^{n-1}]^{\mathrm{T}}$$

根据不同的任务需求，故障发生后航天器控制系统需要恢复的能控目标也不完全一致。例如，对于快速机动任务，要求系统具有弱重构性，即故障后系统不用完全按照预定的轨迹进行姿态机动，但要确保最终稳定后的姿态应满足指标要求；对于月球软着陆任务，要求系统具有强重构性，即故障后不仅要求系统能控，而且要保证着陆轨迹与期望轨迹一致，确保故障对系统状态的影响尽可能小[9]。

（1）弱重构性

弱重构性的定义为：重构回路的外部稳态输出与标称回路稳态输出匹配，即重构系统的输出 $\boldsymbol{z}_f$ 稳态值能够恢复到其标称值，即 $\lim\limits_{t\to\infty}[\boldsymbol{z}(t) - \boldsymbol{z}_f(t)] = 0$。

定理 3-7　对于式（3-47）描述的故障系统和式（3-46）描述的标称系统，系统具有弱重构性的判定条件为

$$\mathrm{rank}\left(\begin{bmatrix} \boldsymbol{A} & \boldsymbol{B}_f \\ \boldsymbol{C}_z & \boldsymbol{0} \end{bmatrix}\right) = \mathrm{rank}\left(\begin{bmatrix} \boldsymbol{A} & \boldsymbol{B}_f & \boldsymbol{B} \\ \boldsymbol{C}_z & \boldsymbol{0} & \boldsymbol{0} \end{bmatrix}\right) \tag{3-48}$$

证明：对于式（3-47）描述的系统具有弱重构性的要求是：重构回路的外部输出静态情形与标称回路的输出匹配。由于系统在动态调整阶段不存在静态外部输出，考虑常值干扰和输入情况。因此，输出 $\boldsymbol{z}_f$ 的稳态值要能恢复到其标称值，即 $\lim\limits_{t\to\infty}(\boldsymbol{z}(t) - \boldsymbol{z}_f(t)) = 0$，对应的静态值为：$\bar{\boldsymbol{z}} = \bar{\boldsymbol{z}}_f$ 。此时，该系统具有弱重构性的问题被转化成上述极限方程可行解存在的问题，即由故障系统可能的平衡状态集和最终稳态输出决定，可由 $\dot{\boldsymbol{x}}_f = 0$ 定义，得到

$$\begin{aligned} &\boldsymbol{A}\bar{\boldsymbol{x}}_f+\boldsymbol{B}_f\bar{\boldsymbol{u}}_f=0 \\ &\bar{\boldsymbol{z}}_f=\boldsymbol{C}_z\bar{\boldsymbol{x}}_f \end{aligned} \tag{3-49}$$

即

$$\begin{bmatrix} \boldsymbol{A} & \boldsymbol{B}_f \\ \boldsymbol{C}_z & \boldsymbol{0} \end{bmatrix}\begin{bmatrix} \bar{\boldsymbol{x}}_f \\ \bar{\boldsymbol{u}}_f \end{bmatrix}=\begin{bmatrix} \boldsymbol{0} \\ \bar{\boldsymbol{z}}_f \end{bmatrix}$$

因此，$\begin{bmatrix} \boldsymbol{0} \\ \bar{\boldsymbol{z}}_f \end{bmatrix}$ 是 $\begin{bmatrix} \boldsymbol{A} & \boldsymbol{B}_f \\ \boldsymbol{C}_z & \boldsymbol{0} \end{bmatrix}$ 列向量空间的线性表示，即

$$\begin{bmatrix} \boldsymbol{0} \\ \bar{\boldsymbol{z}}_f \end{bmatrix} \in \operatorname{im}\left(\begin{bmatrix} \boldsymbol{A} & \boldsymbol{B}_f \\ \boldsymbol{C}_z & \boldsymbol{0} \end{bmatrix}\right)$$

其中，im() 表示矩阵的列向量空间（矩阵的象）。

由此可得

$$\dim(\bar{\boldsymbol{z}}_f)=\dim\left(\begin{bmatrix} \boldsymbol{0} \\ \bar{\boldsymbol{z}}_f \end{bmatrix}\right)$$

其中，dim () 表示欧氏空间维数。假设系统在 0 处无相消零点，即

$$\operatorname{rank}(\boldsymbol{A},\boldsymbol{B}_f)=\operatorname{rank}\left(\begin{bmatrix} \boldsymbol{A} \\ \boldsymbol{C}_z \end{bmatrix}\right)=n \tag{3-50}$$

则 z_f 的解空间维数为

$$\dim(\bar{\boldsymbol{z}}_f)=\operatorname{rank}\left(\begin{bmatrix} \boldsymbol{A} & \boldsymbol{B}_f \\ \boldsymbol{C}_z & \boldsymbol{0} \end{bmatrix}\right)-n \tag{3-51}$$

同理，可得到标称稳态输出 $\bar{\boldsymbol{z}}$ 的解空间维数为 $\operatorname{rank}\left(\begin{bmatrix} \boldsymbol{A} & \boldsymbol{B} \\ \boldsymbol{C}_z & \boldsymbol{0} \end{bmatrix}\right)-n$ ，对于弱重构性，要求 $\bar{\boldsymbol{z}}=\bar{\boldsymbol{z}}_f$ ，因此故障系统的解空间需要包含标称对象解空间，即

$$\operatorname{rank}\left(\begin{bmatrix} \boldsymbol{A} & \boldsymbol{B}_f \\ \boldsymbol{C}_z & \boldsymbol{0} \end{bmatrix}\right) \geqslant \operatorname{rank}\left(\begin{bmatrix} \boldsymbol{A} & \boldsymbol{B} \\ \boldsymbol{C}_z & \boldsymbol{0} \end{bmatrix}\right)$$

又因为 $\boldsymbol{B}_f$ 是将 $\boldsymbol{B}$ 中的某一列或者某几列置零得到的，所以

$$\operatorname{rank}\left(\begin{bmatrix} \boldsymbol{A} & \boldsymbol{B}_f \\ \boldsymbol{C}_z & \boldsymbol{0} \end{bmatrix}\right) \leqslant \operatorname{rank}\left(\begin{bmatrix} \boldsymbol{A} & \boldsymbol{B} \\ \boldsymbol{C}_z & \boldsymbol{0} \end{bmatrix}\right)$$

于是得到

$$\operatorname{rank}\left(\begin{bmatrix} \boldsymbol{A} & \boldsymbol{B}_f \\ \boldsymbol{C}_z & \boldsymbol{0} \end{bmatrix}\right)=\operatorname{rank}\left(\begin{bmatrix} \boldsymbol{A} & \boldsymbol{B}_f & \boldsymbol{B} \\ \boldsymbol{C}_z & \boldsymbol{0} & \boldsymbol{0} \end{bmatrix}\right) \tag{3-52}$$

则该系统的弱重构性可以达到。

综上所述，定理 3-7 得证。

（2）强重构性

强重构性要求故障系统的状态与标称系统的状态精确匹配，即对于所有的 w 、x_0 和 d ，都使得下式成立

$$\forall t: \boldsymbol{x}_f(t) = \boldsymbol{x}(t) \tag{3-53}$$

定理 3-8　对于式（3-47）描述的故障系统和式（3-44）描述的标称系统，具有强重构性的判定条件为

$$\begin{aligned} &\operatorname{im}(\boldsymbol{B}) \subseteq \operatorname{im}(\boldsymbol{B}_f), \operatorname{im}(\boldsymbol{B}) = \{\boldsymbol{Bu} \mid \boldsymbol{u} \in \mathrm{R}^p\} \\ &\operatorname{rank}(\boldsymbol{B}_f, \boldsymbol{B}) = \operatorname{rank}(\boldsymbol{B}_f) = \operatorname{rank}(\boldsymbol{B}) \end{aligned} \tag{3-54}$$

证明： 对式（3-53）进行求导，得到

$$\dot{\boldsymbol{x}}_f = \dot{\boldsymbol{x}} \tag{3-55}$$

因此，满足上式的充要条件为

$$\begin{aligned} &\exists \boldsymbol{u}_f \in \mathrm{R}^p \\ &\boldsymbol{B}_f \boldsymbol{u}_f = \boldsymbol{Bu} \end{aligned} \tag{3-56}$$

1）$\boldsymbol{B}_f\boldsymbol{u}_f = \boldsymbol{Bu}$ 有解的充分必要条件是：$\boldsymbol{B}$ 的 p 个列可以由 $\boldsymbol{B}_f$ 的 p 个列线性表示，即 $\boldsymbol{B}$ 的列空间（象）存在以下关系：$\operatorname{im}(\boldsymbol{B}) \subseteq \operatorname{im}(\boldsymbol{B}_f)$，$\operatorname{im}(\boldsymbol{B}) = \{\boldsymbol{Bu} \mid \boldsymbol{u} \in \mathrm{R}^p\}$ 。

2）$\boldsymbol{B}_f\boldsymbol{u}_f = \boldsymbol{Bu}$ 的有解性等价于 $\boldsymbol{B}_f\boldsymbol{u}_f = \boldsymbol{B}$ 的有解性，根据矩阵方程 $\boldsymbol{SX} = \boldsymbol{T}$ 有解的充要条件是 $\operatorname{rank}(\boldsymbol{S}) = \operatorname{rank}(\boldsymbol{S}, \boldsymbol{T})$，得到

$$\operatorname{rank}(\boldsymbol{B}_f, \boldsymbol{B}) = \operatorname{rank}(\boldsymbol{B}_f)$$

因此，$\operatorname{rank}(\boldsymbol{B}) \leqslant \operatorname{rank}(\boldsymbol{B}_f)$ 。

因为 $\boldsymbol{B}_f$ 是将 $\boldsymbol{B}$ 中的某一列或者某几列置零得到的，所以

$$\operatorname{rank}(\boldsymbol{B}) \geqslant \operatorname{rank}(\boldsymbol{B}_f)$$

此时得到条件

$$\operatorname{rank}(\boldsymbol{B}_f, \boldsymbol{B}) = \operatorname{rank}(\boldsymbol{B}_f) = \operatorname{rank}(\boldsymbol{B})$$

综上所述，定理 3-8 得证。

3.3.2.2　基于稳定目标的可重构性判定

稳定性是保证航天器控制系统安全运行的前提条件。针对式（3-45）描述的标称控制回路，当发生故障后最基本的重构目标就是使系统能够稳定，即要求重构回路具有稳定性。

定理 3-9　对于式（3-47）描述的故障系统，具有稳定目标的可重构性判定条件为：式（3-57）所示模型中 $\overline{\boldsymbol{A}}_{22}$ 的极点位于复数域左半平面内。

$$\begin{aligned} &\begin{bmatrix} \dot{x}_{fc} \\ \dot{x}_{f\bar{c}} \end{bmatrix} = \begin{bmatrix} \overline{\boldsymbol{A}}_{11} & \overline{\boldsymbol{A}}_{12} \\ \boldsymbol{0} & \overline{\boldsymbol{A}}_{22} \end{bmatrix} \begin{bmatrix} x_{fc} \\ x_{f\bar{c}} \end{bmatrix} + \begin{bmatrix} \overline{\boldsymbol{B}}_{f1} \\ \boldsymbol{0} \end{bmatrix} \boldsymbol{u}_f \\ &\boldsymbol{y}_f = [\overline{\boldsymbol{C}}_1 \quad \overline{\boldsymbol{C}}_2] \begin{bmatrix} x_{fc} \\ x_{f\bar{c}} \end{bmatrix} \end{aligned} \tag{3-57}$$

由传统的线性系统稳定性判据，容易得到定理 3-9，在此不再给出具体证明过程。

下面分别针对控制器已知和未知两种情况，依次给出可重构性的判定条件[10,11]。

（1）控制器已知的情况

将式（3-44）所示基于状态空间模型描述的航天器控制系统转换为传递函数形式，

记作 $\boldsymbol{G}(s)$，其互质分解形式可以写成

$$\boldsymbol{G}=\tilde{\boldsymbol{M}}^{-1}\tilde{\boldsymbol{N}}=\boldsymbol{N}\boldsymbol{M}^{-1} \tag{3-58}$$

当 $\tilde{\boldsymbol{M}}\boldsymbol{V}+\tilde{\boldsymbol{N}}\boldsymbol{U}=\boldsymbol{I}$，$\tilde{\boldsymbol{V}}\boldsymbol{M}+\tilde{\boldsymbol{U}}\boldsymbol{N}=\boldsymbol{I}$ 时，为正交互质分解。

式中 $\{\tilde{\boldsymbol{N}},\tilde{\boldsymbol{M}}\}$，$\{\boldsymbol{M},\boldsymbol{N}\}$ ——系统传递函数 $\boldsymbol{G}(s)$ 的左右互质分解因子。

发生故障后，该系统能够写成如下形式

$$\boldsymbol{G}_f=(\tilde{\boldsymbol{M}}+\tilde{\boldsymbol{M}}_f)^{-1}(\tilde{\boldsymbol{N}}+\tilde{\boldsymbol{N}}_f)=(\boldsymbol{N}+\boldsymbol{N}_f)(\boldsymbol{M}+\boldsymbol{M}_f)^{-1} \tag{3-59}$$

式中 $\{\tilde{\boldsymbol{N}}_f,\tilde{\boldsymbol{M}}_f\}$，$\{\boldsymbol{M}_f,\boldsymbol{N}_f\}$ ——发生故障后系统传递函数 $\boldsymbol{G}_f$ 的左右互质因子中故障部分。

定理 3-10 针对式（3-58）和式（3-59）所示的航天器控制系统，基于稳定目标的可重构性判定条件为

$$\left\|\begin{bmatrix}\tilde{\boldsymbol{M}}_f\\ \tilde{\boldsymbol{N}}_f\end{bmatrix}\right\|_{\infty}<\varepsilon \tag{3-60}$$

其中

$$\varepsilon=\left(\left\|\begin{bmatrix}\boldsymbol{I}\\ \boldsymbol{K}\end{bmatrix}(\boldsymbol{I}+\boldsymbol{G}\boldsymbol{K})^{-1}\tilde{\boldsymbol{M}}^{-1}\right\|_{\infty}\right)^{-1} \tag{3-61}$$

$\boldsymbol{K}$ 是使式（3-58）所示航天器控制系统稳定的控制器，$\boldsymbol{K}=\boldsymbol{U}\boldsymbol{V}^{-1}$ 。

证明： 由系统稳定性的等价条件，可知：G_f 稳定当且仅当

$$[(\tilde{\boldsymbol{N}}+\tilde{\boldsymbol{N}}_f)\boldsymbol{U}+(\tilde{\boldsymbol{M}}+\tilde{\boldsymbol{M}}_f)\boldsymbol{V}]^{-1}\in RH_{\infty} \tag{3-62}$$

其中，RH_{∞} 表示 RL_{∞} 中所有不带极点的传递函数矩阵，且 $Re(s)>0$，RL_{∞} 表示在虚轴上没有极点的所有有理传递函数矩阵的空间。

由于控制器可使原标称系统稳定，从而有

$$(\tilde{\boldsymbol{N}}\boldsymbol{U}+\tilde{\boldsymbol{M}}\boldsymbol{V})^{-1}\in RH_{\infty} \tag{3-63}$$

因此，式（3-63）成立当且仅当

$$[\boldsymbol{I}+(\tilde{\boldsymbol{N}}_f\boldsymbol{U}+\tilde{\boldsymbol{M}}_f\boldsymbol{V})(\tilde{\boldsymbol{N}}\boldsymbol{U}+\tilde{\boldsymbol{M}}\boldsymbol{V})]^{-1}\in RH_{\infty} \tag{3-64}$$

由小增益定理可知，当满足下列条件时

$$\|[\tilde{\boldsymbol{M}}_f\quad \tilde{\boldsymbol{N}}_f]^{\mathrm{T}}\|_{\infty}<\left(\left\|\begin{bmatrix}\boldsymbol{I}\\ \boldsymbol{K}\end{bmatrix}(\boldsymbol{I}+\boldsymbol{G}\boldsymbol{K})^{-1}\tilde{\boldsymbol{M}}^{-1}\right\|_{\infty}\right)^{-1} \tag{3-65}$$

故障系统仍然具有基于稳定性的可重构性。

综上所述，定理 3-10 得证。

进一步，对控制器进行欧拉参数化和互质分解，得到下式

$$\boldsymbol{K}=(\tilde{\boldsymbol{V}}-\boldsymbol{Q}\tilde{\boldsymbol{N}})^{-1}(\tilde{\boldsymbol{U}}+\boldsymbol{Q}\tilde{\boldsymbol{M}})=(\boldsymbol{U}+\boldsymbol{M}\boldsymbol{Q})(\boldsymbol{V}-\boldsymbol{N}\boldsymbol{Q})^{-1} \tag{3-66}$$

其中，矩阵 $\boldsymbol{Q}\in RH_{\infty}$，是稳定的传递函数矩阵，也称为欧拉参数矩阵。

定理 3-11 对于采用式（3-66）所示控制器的航天器控制系统，基于稳定目标的可重构性判定条件为

$$\left\|\begin{bmatrix}\tilde{\boldsymbol{M}}_f\\ \tilde{\boldsymbol{N}}_f\end{bmatrix}\right\|_\infty < \varepsilon \tag{3-67}$$

其中

$$\varepsilon = \left(\left\|\begin{bmatrix}\boldsymbol{V}\\ \boldsymbol{U}\end{bmatrix}+\begin{bmatrix}-\boldsymbol{N}\\ \boldsymbol{M}\end{bmatrix}\boldsymbol{Q}\right\|_\infty\right)^{-1} \tag{3-68}$$

证明： 因为

$$\begin{aligned}\boldsymbol{I}+\boldsymbol{GK} &= \tilde{\boldsymbol{M}}^{-1}\tilde{\boldsymbol{M}}(\boldsymbol{V}-\boldsymbol{NQ})(\boldsymbol{V}-\boldsymbol{NQ})^{-1}+\tilde{\boldsymbol{M}}^{-1}\tilde{\boldsymbol{N}}(\boldsymbol{U}+\boldsymbol{MQ})(\boldsymbol{V}-\boldsymbol{NQ})^{-1}\\ &= \tilde{\boldsymbol{M}}^{-1}[\tilde{\boldsymbol{M}}(\boldsymbol{V}-\boldsymbol{NQ})+\tilde{\boldsymbol{N}}(\boldsymbol{U}+\boldsymbol{MQ})](\boldsymbol{V}-\boldsymbol{NQ})^{-1}\\ &= \tilde{\boldsymbol{M}}^{-1}(\tilde{\boldsymbol{M}}\boldsymbol{V}-\tilde{\boldsymbol{M}}\boldsymbol{NQ}+\tilde{\boldsymbol{N}}\boldsymbol{U}+\tilde{\boldsymbol{N}}\boldsymbol{MQ})(\boldsymbol{V}-\boldsymbol{NQ})^{-1}\end{aligned} \tag{3-69}$$

由于存在

$$\tilde{\boldsymbol{M}}\boldsymbol{V}+\tilde{\boldsymbol{N}}\boldsymbol{U}=\boldsymbol{I},\ \tilde{\boldsymbol{N}}\boldsymbol{M}-\tilde{\boldsymbol{M}}\boldsymbol{N}=\boldsymbol{0} \tag{3-70}$$

得到

$$(\boldsymbol{I}+\boldsymbol{GK})^{-1}=(\boldsymbol{V}-\boldsymbol{NQ})\tilde{\boldsymbol{M}} \tag{3-71}$$

基于式（3－61），将式（3－66）和式（3－71）代入有

$$\begin{aligned}\varepsilon^{-1} &= \inf_K\left\|\begin{bmatrix}\boldsymbol{I}\\ \boldsymbol{K}\end{bmatrix}(\boldsymbol{I}+\boldsymbol{GK})^{-1}\tilde{\boldsymbol{M}}^{-1}\right\|_\infty\\ &= \inf_Q\left\|\begin{bmatrix}\boldsymbol{I}\\ (\boldsymbol{U}+\boldsymbol{MQ})(\boldsymbol{V}-\boldsymbol{NQ})^{-1}\end{bmatrix}(\boldsymbol{V}-\boldsymbol{NQ})\tilde{\boldsymbol{M}}\tilde{\boldsymbol{M}}^{-1}\right\|_\infty\\ &= \inf_Q\left\|\begin{bmatrix}\boldsymbol{V}-\boldsymbol{NQ}\\ \boldsymbol{U}+\boldsymbol{MQ}\end{bmatrix}\right\|_\infty\\ &= \inf_Q\left\|\begin{bmatrix}\boldsymbol{V}\\ \boldsymbol{U}\end{bmatrix}+\begin{bmatrix}-\boldsymbol{N}\\ \boldsymbol{M}\end{bmatrix}\boldsymbol{Q}\right\|_\infty\end{aligned} \tag{3-72}$$

由定理 3－10 可知，定理 3－11 得证。

根据定理 3－10 和定理 3－11，可知：当被控对象 $\boldsymbol{G}$ 发生故障时，根据控制器 K 和被控对象 $\boldsymbol{G}_f$，可以求出已知控制器的可重构性边界 ε，如果故障模型能被控制器稳定下来，则故障值必须小于 ε。

（2）控制器未知的情况

当系统发生故障后，需要判断是否可以通过重构控制器使系统恢复稳定，即在控制器未知的情况下，通过优化控制器能够同时稳定标称系统和故障系统的最大能力边界问题。

假设被控对象的传递函数 $\boldsymbol{G}$ 可以描述成

$$\boldsymbol{G}=\tilde{\boldsymbol{M}}^{-1}\tilde{\boldsymbol{N}}$$

且 $\boldsymbol{G}$ 可检测可镇定。$\boldsymbol{G}$ 对应的状态空间描述为 $\begin{bmatrix}\boldsymbol{A} & \boldsymbol{B}\\ \boldsymbol{C} & \boldsymbol{D}\end{bmatrix}$。

假设 $\boldsymbol{D}=\boldsymbol{0}$ 和 $\boldsymbol{Y}=-\boldsymbol{LC}^*$，其中 $\boldsymbol{Y}$ 为正定矩阵，是下式的镇定解

$$\boldsymbol{AY}+\boldsymbol{YA}^{*}-\boldsymbol{YC}^{*}\boldsymbol{CY}+\boldsymbol{BB}^{*}=\boldsymbol{0}$$

则控制器可以使故障系统恢复稳定的判定准则为

$$\inf_{K}\left\|\begin{bmatrix}\boldsymbol{K}\\ \boldsymbol{I}\end{bmatrix}(\boldsymbol{I}+\boldsymbol{GK})^{-1}\tilde{\boldsymbol{M}}\right\|_{\infty}\leqslant\frac{1}{\sqrt{1-\lambda_{\max}(\boldsymbol{YX})}}$$

式中　$\boldsymbol{X}$ ——如下李雅普诺夫方程的解。

$$\boldsymbol{X}(\boldsymbol{A}-\boldsymbol{YC}^{*}\boldsymbol{C})+(\boldsymbol{A}-\boldsymbol{YC}^{*}\boldsymbol{C})\boldsymbol{X}^{*}+\boldsymbol{C}^{*}\boldsymbol{C}=\boldsymbol{0}$$

式中　$\boldsymbol{C}^{*}$ ——矩阵 $\boldsymbol{C}$ 的共轭转置。

定理 3-12　对于采用式（3-66）所示控制器的航天器控制系统，通过优化设计控制器能够使系统具有可重构性（基于稳定目标）的判定条件为

$$\varepsilon\leqslant\varepsilon_{\max}=\sqrt{1-\|[\tilde{\boldsymbol{N}}\quad\tilde{\boldsymbol{M}}]\|_{H}^{2}}\tag{3-73}$$

证明：为了得到航天器控制系统可重构性的最大边界，只需对式（3-61）求上确界，即可得到

$$\inf_{K}\left\|\begin{bmatrix}\boldsymbol{I}\\ \boldsymbol{K}\end{bmatrix}(\boldsymbol{I}+\boldsymbol{GK})^{-1}\tilde{\boldsymbol{M}}^{-1}\right\|_{\infty}=\left(1-\|[\tilde{\boldsymbol{N}}\quad\tilde{\boldsymbol{M}}]\|_{H}^{2}\right)^{-\frac{1}{2}}\tag{3-74}$$

从而有

$$\begin{aligned}\varepsilon_{\max}&=\sup_{K}\left(\left\|\begin{bmatrix}\boldsymbol{I}\\ \boldsymbol{K}\end{bmatrix}(\boldsymbol{I}+\boldsymbol{GK})^{-1}\tilde{\boldsymbol{M}}^{-1}\right\|_{\infty}\right)^{-1}\\&=\inf_{K}\left\|\begin{bmatrix}\boldsymbol{I}\\ \boldsymbol{K}\end{bmatrix}(\boldsymbol{I}+\boldsymbol{GK})^{-1}\tilde{\boldsymbol{M}}^{-1}\right\|_{\infty}\\&=\sqrt{1-\|[\tilde{\boldsymbol{N}}\quad\tilde{\boldsymbol{M}}]\|_{H}^{2}}\end{aligned}\tag{3-75}$$

综上所述，定理 3-12 得证。

通过定理 3-12 可知：当系统发生故障时，首先计算该故障系统的故障值，可以通过可重构性边界来判断系统是否可以保持稳定，即是否具有可重构性；当故障值小于可重构性边界 ε 时，系统具有可重构性，反之则不具有可重构性。在此基础上，通过最大可重构性边界来判断该故障系统能否通过重构控制器来使系统稳定下来，即给出控制器能够使系统具有可重构性的最大边界；当故障值大于最大可重构边界 $\varepsilon_{\max}$ 时，该故障系统无法通过重构控制律来稳定系统，即此时不具有可重构性，反之系统具有基于稳定目标的可重构性。

综上所述，前者给出了系统发生故障后，是否需要重构控制器来使系统具有可重构性，后者在此基础上给出了控制器使得系统具有基于稳定目标可重构性的最大能力边界。

3.3.3 可重构性量化

可重构性量化是指基于表征和判定获得的数学表达和充要条件，利用恢复域、能量域等度量技术，构建反映系统恢复效能的指标体系，实现系统重构能力大小的定量度量[12-16]。

本节给出了完备的可重构性指标体系（图 3-3），能够定量描述航天器控制系统自主重构能力的大小，实现能力的可量化。

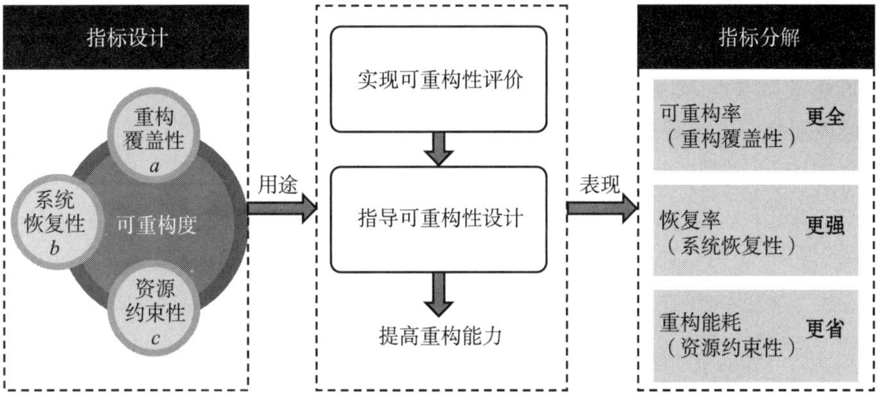

图 3-3　可重构性指标体系

可重构性指标体系——可重构度 R，从重构覆盖性（可重构率）、系统恢复性（恢复率）及资源约束性（重构能耗）三个方面，全面综合地描述了航天器控制系统的重构能力，具体形式如下

$$R=\sum_{i=1}^{N_f}a_i\cdot\min_{C,R}(\beta b_i+\gamma(1-c_i/\eta_u)) \tag{3-76}$$

式中　a_i——与可重构率 a 相关的参数；

b_i——在故障模式 i 的情况下，系统性能的恢复程度；

c_i——在故障模式 i 的情况下，系统的重构能耗；

β，γ——恢复率与重构能耗的权重，满足 $\beta+\gamma=1$；

C——约束条件；

R——重构策略；

η_u——重构能耗容许阈值；

N_f——故障模式总数。

(1) 可重构率

用于描述可以重构的故障模式占所有故障模式的比例，即重构覆盖性，具体形式如下

$$a=\sum_{i=1}^{N_f}a_i \tag{3-77}$$

其中

$$a_i=w_iv_i/\sum_{i=1}^{N_f}w_i$$

式中　a——可重构率，其数值越大表示可重构率越高；

w_i——故障模式 i 的权重。

v_i 具有如下含义（$i=1$，…，N_f）

$$v_i=\begin{cases}0 & \text{故障模式 } i \text{ 不具有可重构性}\\ 1 & \text{故障模式 } i \text{ 具有可重构性}\end{cases}$$

故障模式 i 是否具有可重构性，可以通过可重构性判定条件获得。

（2）恢复率

用于描述故障重构后系统的恢复程度。对应故障模式 i 的恢复率 b_i ，可用故障模式 i 下的重构状态偏差 $\boldsymbol{e}_x^i$ 来衡量，具体形式如下

$$b_i = 1 - \frac{\int_{t_f}^{t_{mis}} (\boldsymbol{e}_x^i)^{\mathrm{T}} \boldsymbol{Q} \boldsymbol{e}_x^i \, \mathrm{d}t}{\eta_x} \tag{3-78}$$

式中 t_{mis} ——系统能够容忍的最长恢复时间；

t_f ——故障时刻；

$\boldsymbol{Q}$ ——半正定对称权值矩阵；

η_x ——系统状态偏差的容许阈值。

（3）重构能耗

用于描述故障重构所需消耗的能量大小。对应故障模式 i 的重构能耗 c_i ，可用故障模式 i 下的重构控制 $\boldsymbol{u}^i$ 所消耗的能量来衡量，具体形式如下

$$c_i = t_{mis} \int_{t_f}^{t_{mis}} (\boldsymbol{u}^i)^{\mathrm{T}} \boldsymbol{\psi} (\boldsymbol{u}^i) \, \mathrm{d}t \tag{3-79}$$

式中 $\boldsymbol{\psi}$ ——正定对称权值矩阵。

需要说明的是，本节给出的只是可重构度指标的一般通用形式。在本书后续章节进行系统可重构性的评价与设计时，需针对可重构性模型的不同形式，将该量化指标的具体形式进行调整，以适应资源约束、时间约束、不确定性影响及复杂配置等不同情况。

3.4 小结

本章从表征、判定和量化三个方面，介绍了航天器控制系统的可诊断性与可重构性理论方法，为后续章节开展系统可诊断性与可重构性的评价和设计研究，提供了较为完备的理论基础。

关于可诊断性理论方法，重点从资源配置和运行条件两个方面对系统可诊断性的影响因素进行了详细阐述；在此基础上，给出了基于传递函数和可观性的系统可诊断性判定条件；从诊断覆盖性、诊断准确性和诊断实时性三个角度，设计了可诊断度指标，构建了完备的可诊断性指标体系，实现了航天器控制系统自主诊断能力的定量描述。

关于可重构性理论方法，重点从资源配置和运行条件两个方面对系统可重构性的影响因素进行了详细阐述；在此基础上，给出了基于能控目标和稳定目标的系统可重构性判定条件；从重构覆盖性、系统恢复性和资源约束性三个角度，设计了可重构度指标，构建了完备的可重构性指标体系，实现了航天器控制系统自主重构能力的定量描述。

参考文献

[1] 王大铁，符方舟，刘成瑞，等．控制系统可诊断性的内涵与研究综述［J］．自动化学报，2018，9（44）：1537－1553.

[2] FU F Z，WANG D Y，LI W B，et al. Evaluation of Fault Diagnosability for Dynamic Systems with Unknown Uncertainties. IEEE Access，2018，6：16737－16745.

[3] FU F Z，WANG D Y，LIU P，et al. Evaluatioin of Fault Diagnosablity for Networked Control Systems Subject to Missing Measurements［J］. Journal of the Franklin Institute，2018，355：8766－8779.

[4] 符方舟，王大铁，李文博．复杂动态系统的实际非完全失效故障的可诊断性评估［J］．自动化学报，2017，43（11）：1941－1949.

[5] 李文博，王大铁，刘成瑞．动态系统实际故障可诊断性的量化评价研究［J］．自动化学报，2015，3：497－507.

[6] 李文博，王大铁，刘成瑞．有干扰的控制系统故障可诊断性量化评估［J］．控制理论与应用，2015，6：744－752.

[7] 王大铁，屠园园，刘成瑞，等．航天器控制系统可重构性的内涵与研究综述［J］．自动化学报，2017，10：1687－1702.

[8] 关守平，杨飞生．面向重构目标的控制系统可重构性［J］．信息与控制，2010，39（4）：391－396.

[9] WANG D Y，DUAN W J，LIU C R. An Analysis Method for Control Reconfigurability of Linear Systems［J］. Advances in Space Research，2016，57（1）：329－339.

[10] XU H Y，WANG D Y，LIU C R，et al. The Study on Reconfigurability Condition of Spacecraft Control System［J］. Advances in Astronautics Science and Technology，2018，1（2）：197－206.

[11] 徐赫屿，王大铁，李文博．卫星姿态控制系统的可重构性量化评价方法研究［J］．航天控制，2016，34（4）：29－35.

[12] 屠园园，王大铁，李文博．考虑可靠性影响的一类受限系统可重构性量化评价方法研究［J］．控制理论与应用，2017，34（7）：875－884.

[13] 屠园园，王大铁，李文博．考虑时间特性影响的控制系统可重构性定量评价方法研究［J］．自动化学报，2018，44（7）：1260－1270.

[14] 屠园园，王大铁，李文博．时间对控制系统可重构性影响的量化分析［C］．第37届中国控制会议，武汉，2018.

[15] 徐赫屿，王大铁，李文博．航天器控制系统可重构性评价［C］．第37届中国控制会议，武汉，2018.

[16] WANG D Y，LIU C R. Reconfiguration Analysis Method for Spacecraft Autonomous Control［C］. Mathematical Problem in Engineering，Volume 2014，2014.4.

第4章　可诊断性评价方法

4.1　引言

可诊断性评价是衡量系统是否具备准确有效识别故障能力的过程。本章以第3章提出的可诊断率、准确率和快速性指标为基础，分别基于相关性模型和解析冗余关系，从故障诊断的覆盖性方面，对可诊断率指标进行调整，研究了航天器控制系统的可诊断性评价问题；分别基于距离和方向相似度以及子空间相似度评价准则，从故障诊断的准确性与实时性两个方面，对准确率和快速性指标进行整合，研究了考虑干扰因素和非线性因素影响的航天器控制系统可诊断性评价问题。

4.2　基于相关性模型的可诊断性评价方法

4.2.1　基于多信号流图技术的可诊断性模型建立

建立能够全面、真实反映故障与测点之间映射关系的相关性模型，是实现航天器控制系统可诊断性评价的前提和基础。本节基于多信号流图技术，从部件级层面建立了故障与测点之间的相关性模型。

(1) 模型描述

采用有向图描述故障传播依赖关系，包括一系列模块、测试等构成要素，分别如下所示[1]：

1) $C(\text{component})=\{c_1, c_2, \cdots, c_w\}$ 表示具有独立和相对完整功能的最小功能模块有限集合，其最小元素为故障模式，如图4-1中的 c_1，c_2，…，c_7。

2) $S(\text{signal})=\{s_1, s_2, \cdots, s_L\}$ 表示与系统相关独立信号的有限集。信号在此特指能够清晰描述系统功能的特征属性，如图4-1中的 s_1，s_2，…，s_5。

3) $T(\text{test})=\{t_1, t_2, \cdots, t_N\}$ 表示可用测试的有限集，如图4-1中的 t_1，t_2，…，t_4。

4) $TP(\text{test point})=\{TP_1, TP_2, \cdots, TP_P\}$ 表示测试点的有限集，如图4-1中的 TP_1，TP_2，TP_3。

5) $SP(TP_p)$ 表示每个测试点 TP_P 包含的一组测试，对于图4-1中的 TP_1 满足 $SP(TP_1)=\{t_1, t_2\}$。

6) $SC(c_i)$ 表示功能模块 c_i 相关或影响的信号有限集，对于图4-1中的 c_5 满足 $SC(c_5)=\{s_1, s_5\}$。

7）$ST(t_j)$ 表示测试 t_j 所能检测到的信号集，对于图 4－1 中的 t_1 满足 $ST(t_1)=\{s_1, s_2\}$。

8）多信号流图 $DG=\{C, TP, E\}$，其中 E 表示系统结构连接关系的有向边。

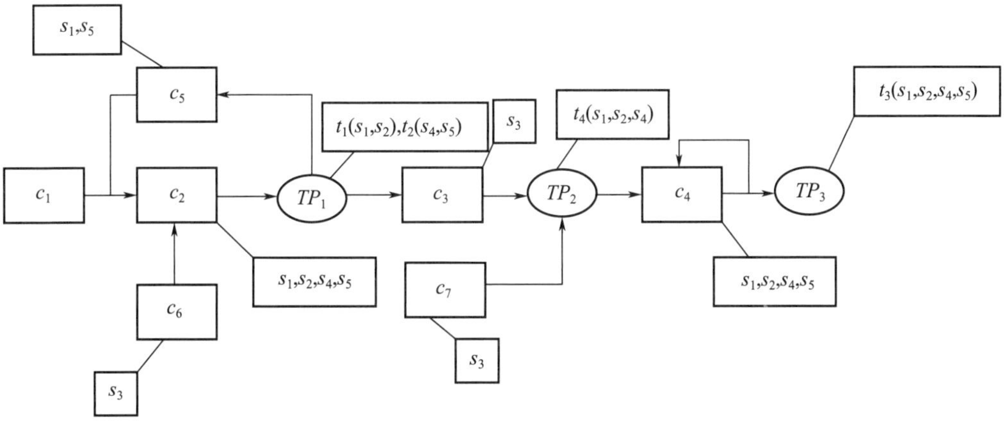

图 4－1　基于多信号流图技术建立的相关性模型的示意图

（2）节点描述

多信号流图的基本元素包括下列 4 种节点：

1）模块节点：采用方框表示，每个模块节点对应一系列具有某种功能的硬件集合；构成因素包括：模块名称、输入端子个数、输出端子个数、影响到的信号集、平均故障时间和失效率等。

2）测试节点：采用圆圈表示，描述测试位置（物理或逻辑）；每个测试节点可以有多个测试，即在一个单独的物理位置（探测点）可以进行一次或多次测量，构成因素包括：测试名称、相关测试集、检测信号集、测试资源要求等。

3）与节点：采用电路中的与门符号表示，其特点是只有故障输入数目与总输入数目之比不小于给定的 $M:N$ 时，输出才为故障；与节点的引入，可有效表达实际系统中的冗余结构。

4）开关节点：采用电路中的开关符号表示，可有效描述实际系统中不同的工作模式。

在此需要强调的是，模块节点与测试节点是必不可少的，与节点和开关节点是根据系统结构需要进行选择的。

（3）故障-可测信息关联矩阵的构建

故障-可测信息关联矩阵 $\boldsymbol{D}_{m\times n}$ 是故障与测点之间相关性的数学表示，其定义如下：行向量为部件或功能模块对应的故障，列向量为可测信息，当故障模式 f_i 与可测信息 s_j 存在影响关系时，则 $d_{i,j}$ 为 1，否则为 0（其中，m 为故障的个数，n 为可测信息的个数）。

$$\boldsymbol{D}_{m\times n}=\begin{bmatrix} d_{1,1} & d_{1,2} & \cdots & d_{1,n} \\ d_{2,1} & d_{2,2} & \cdots & d_{2,n} \\ \vdots & \vdots & & \vdots \\ d_{m,1} & d_{m,2} & \cdots & d_{m,n} \end{bmatrix} \tag{4-1}$$

基于多信号流图技术构建故障-可测信息关联矩阵的步骤如下：

1）遍历多信号流图，生成相应的故障模式列表和可测信息列表。

2）根据故障和可测信息初始化关联矩阵，矩阵元素初始值均为0。

3）逐个分析故障与可测信息之间的影响关系，基本原理为：从故障模式 f_i 所在功能模块出发，沿输出方向按广度优先搜索遍历多信号流图，凡是能够到达的可测信息，即为该故障可达测试点。搜索过程中，若存在信号阻断，则中止该分支上的搜索；若存在信号映射，则将映射后的信号添加到功能模块的信号集中继续搜索。

4.2.2 基于相关性模型的可诊断性评价指标设计

基于故障-可测信息关联矩阵，通过本节提出的可诊断性评价准则，来分析故障是否具有可诊断性；在此基础上，利用第3章提出的可诊断率量化指标，将其与相关性模型进行结合，设计了可检测率和可分离率两种评价指标，用于衡量系统诊断的覆盖性。

（1）可诊断性评价准则

评价准则1：在故障-可测信息关联矩阵 $\boldsymbol{D}_{m\times n}$ 中，若故障 f_i 对应行的所有元素都为0，则称该故障不具有可检测性，而由其构成的不可检测故障集合 S_{uD} 具有如下形式

$$S_{uD}=\{f_i \mid d_{i,j}=0,\ \forall j=1,2,\cdots,n\} \tag{4-2}$$

评价准则2：在故障-可测信息关联矩阵 $\boldsymbol{D}_{m\times n}$ 中，若故障 f_i 对应行中至少有一个元素不为0，则称该故障具有可检测性，而由其构成的可检测故障集合 S_D 具有如下形式

$$S_D=\{f_i \mid \exists d_{i,j}\neq 0, j=1,2,\cdots,n\} \tag{4-3}$$

评价准则3：对于故障集合 $S_{uI}=\{f_1,\ f_2,\ \cdots,\ f_k\}$，若任意两个故障对应行的所有元素完全相同，则集合中的所有故障不具有可分离性，称该故障集合 S_{uI} 为不可分离集合（模糊组），满足

$$S_{uI}=\{f_1,f_2,\cdots,f_k \mid d_{i,m}\oplus d_{j,m}=0,\forall i,\forall j,i\neq j\ \text{且}\ i,j=1,2,\cdots,k,m=1,2,\cdots,n\} \tag{4-4}$$

式中 $\oplus$——逻辑异或运算。

评价准则4：对于故障集合 $S_I=\{f_1,\ f_2,\ \cdots,\ f_k\}$，若任意两个故障对应列中至少存在一个元素不相同，则集合中的所有故障具有可分离性，称该故障集合 S_I 为可分离故障集合，满足

$$S_I=\{f_1,f_2,\cdots,f_k \mid \exists p,\text{使}\ d_{i,p}\neq d_{j,p},i\neq j,\text{且}\ i,j=1,2,\cdots,k,p=1,2,\cdots,n\} \tag{4-5}$$

（2）可诊断性度量指标

为了进一步衡量系统可诊断性优劣，设计了可诊断性度量指标[2]，具体如下。

①故障可检测度

根据可检测故障集合 S_D 与不可检测故障集合 S_{uD} ，定义故障 f_k 的可检测度 $D_{D,k}$ 为

$$D_{D,k}=\begin{cases}1 & f_k \in S_D \\ 0 & f_k \in S_{uD}\end{cases} \tag{4-6}$$

②故障可分离度

根据可分离故障集合 S_I 与不可分离故障集合 S_{uI} ，定义故障 f_k 的可分离度 $D_{I,k}$ 为

$$D_{I,k}=\begin{cases}1 & f_k \in S_I \\ 0 & f_k \in S_{uI}\end{cases} \tag{4-7}$$

③故障可检测率

基于故障可检测度度量指标，设计的故障可检测率度量指标为

$$R_D=\sum_{k=1}^{m}\lambda_k w_k D_{D,k} / \sum_{k=1}^{m}\lambda_k w_k \tag{4-8}$$

式中　m ——故障模式总数；

λ_k ——故障 f_k 的发生概率；

w_k ——故障 f_k 的危害程度。

④故障可分离率

基于故障可分离度度量指标，设计的故障可分离率度量指标为

$$R_I=\sum_{k=1}^{m}\lambda_k w_k D_{I,k} / \sum_{k=1}^{m}\lambda_k w_k \tag{4-9}$$

4.2.3　仿真算例

液浮陀螺是航天器控制系统中应用较为广泛的一种高准确度惯性姿态敏感器，通过测量相对参考系的空间转动，能够给出航天器各轴的角速度信息。本节以液浮陀螺为例，说明基于相关性模型的部件级可诊断性评价流程[3,4]。

（1）功能模块划分

将液浮陀螺共划分为 19 个功能模块，分别为：二次电源、力反馈电路、激磁电源、温控电路、马达电源、V/F 转换电路、本地终端单元（LTU）、频率源、传感器、陀螺马达、力矩器、测温丝、加热丝、电源遥测电路、角速度遥测电路、激磁遥测电路、频率源遥测电路、油温遥测电路和马达电流遥测电路。各功能模块之间的映射关系如图 4－2 所示。

（2）测点确定

液浮陀螺的测点集合见表 4－1，其中 $T_1 \sim T_6$ 为模拟量遥测，$T_7 \sim T_9$ 为数字量遥测。

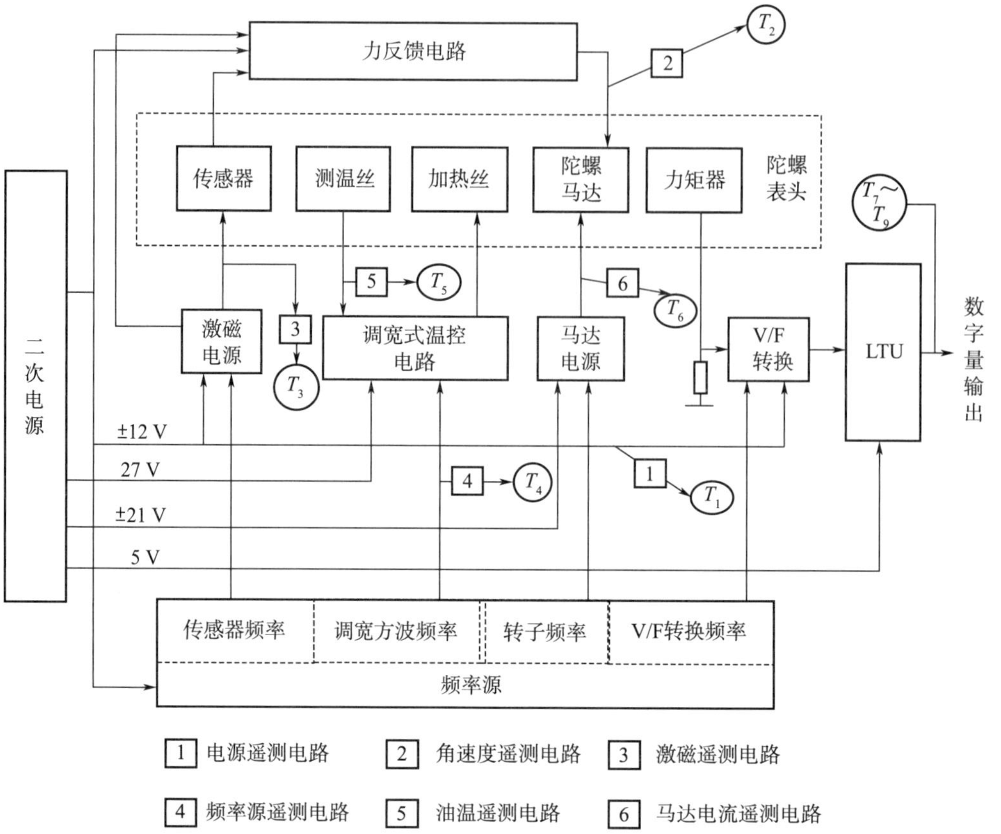

图 4-2　液浮陀螺的功能模块划分

表 4-1　液浮陀螺遥测参数

测点	T_1	T_2	T_3	T_4	T_5	T_6	T_7	T_8	T_9
参数名称	电源遥测	角速率遥测	激磁遥测	频率源遥测	油温遥测	马达电流遥测	角速度数字量	RMA自检	复位标志

(3) 故障模式分析

液浮陀螺的主要故障模式，具体见表 4-2。

表 4-2　液浮陀螺故障模式

故障模式代号	故障模式	严酷度	故障概率	所属功能模块
F_1	±12 V 输出异常	Ⅲ	E	二次电源
F_2	±21 V 输出异常	Ⅲ	E	
F_3	5 V 输出异常	Ⅲ	E	
F_4	27 V 输出异常	Ⅲ	E	
F_5	激磁无输出或波形异常	Ⅲ	E	激磁电源

续表

故障模式代号	故障模式	严酷度	故障概率	所属功能模块
F_6	激磁遥测异常	Ⅳ	E	激磁遥测电路
F_7	无频率信号输出	Ⅲ	E	频率源
F_8	频率源遥测异常	Ⅳ	E	频率源遥测电路
F_9	温控异常	Ⅲ	E	温控电路
F_{10}	温度遥测异常	Ⅳ	E	油温遥测电路
F_{11}	力反馈输出异常	Ⅲ	E	力反馈电路
F_{12}	力反馈遥测异常	Ⅳ	E	角速度遥测电路
F_{13}	马达电流遥测异常	Ⅳ	E	马达电流遥测
F_{14}	马达不起动或停转	Ⅲ	C	陀螺马达
F_{15}	V/F 转换输出异常	Ⅲ	E	V/F 转换
F_{16}	LTU 通信异常	Ⅲ	E	LTU
F_{17}	LTU 复位异常	Ⅲ	E	
F_{18}	RAM 异常	Ⅲ	E	
F_{19}	力矩器摩擦变大	Ⅲ	C	力矩器

(4) 可诊断性模型建立

根据液浮陀螺中各功能模块之间的信号关系和故障影响关系，建立了表 4-3 所示的故障-可测信息关联矩阵。

(5) 可检测性和可分离性的评价结果

根据液浮陀螺故障-可测信息关联矩阵，通过评价准则可知：

1) 所有故障模式均可检测；

2) 具有 4 个模糊组，分别是 $\{F_2, F_9\}$、$\{F_4, F_{16}\}$、$\{F_3, F_{13}, F_{14}\}$ 和 $\{F_{11}, F_{19}\}$。

进而计算得到可检测度和可分离度指标，具体见表 4-4。

为了便于计算，取 $\lambda_1=\lambda_2=\cdots=\lambda_{19}$，$w_1=w_2=\cdots=w_{19}$，根据式 (4-8) 和式 (4-9)，得到液浮陀螺的可检测率和可分离率分别为

$$R_D=\frac{19}{19}=1$$

$$R_I=\frac{11}{19}=0.578\ 9$$

即针对液浮陀螺的 19 种典型故障模式，故障检测的覆盖性可以达到 100% (19 种故障模式均可被检测)，故障分离的覆盖性可以达到 57.89% (11 种故障模式可以被分离)。

表 4-3 液浮陀螺部件中故障-可测信息关联矩阵（转置形式）

	F_1	F_2	F_3	F_4	F_5	F_6	F_7	F_8	F_9	F_{10}	F_{11}	F_{12}	F_{13}	F_{14}	F_{15}	F_{16}	F_{17}	F_{18}	F_{19}
T_1	1	0	0	0	0	0	0	0	0	0	0	0	0	0	0	0	0	0	0
T_2	1	1	0	1	1	0	1	0	1	0	1	1	0	1	0	0	0	0	1
T_3	1	0	0	0	1	1	1	0	0	0	0	0	0	0	0	0	0	0	1
T_4	1	0	0	0	0	0	1	1	0	0	0	0	0	0	0	0	0	0	0
T_5	1	0	0	1	0	0	1	0	1	1	0	0	0	0	0	0	0	0	0
T_6	1	1	0	0	0	0	1	0	0	0	0	0	1	1	0	0	0	0	0
T_7	1	1	1	1	1	0	1	0	1	0	1	0	0	1	1	1	1	1	1
T_8	0	0	1	0	0	0	0	0	0	0	0	0	0	0	0	1	0	1	0
T_9	0	0	1	0	0	0	0	0	0	0	0	0	0	0	0	1	1	0	0

表 4-4 液浮陀螺的可检测度、可分离度

故障模式	可检测度	可分离度	故障模式	可检测度	可分离度
F_1	1	1	F_{11}	1	0
F_2	1	0	F_{12}	1	1
F_3	1	0	F_{13}	1	1
F_4	1	0	F_{14}	1	0
F_5	1	1	F_{15}	1	1
F_6	1	1	F_{16}	1	0
F_7	1	1	F_{17}	1	1
F_8	1	1	F_{18}	1	1
F_9	1	0	F_{19}	1	0
F_{10}	1	1	—	—	—

4.3 基于解析冗余关系的可诊断性评价方法

解析冗余关系（Analytical Redundancy Relation，ARR）是从系统模型中得到仅包含观测变量的约束关系，ARR 一般用于检验观测变量是否满足系统内在的约束关系。

基于解析冗余关系的可诊断性评价思路为：根据航天器控制系统中各部分的定量模型构建解析冗余关系，建立仅包含观测变量的约束关系，明确各观测变量的部件。在此基础上，利用评价准则和度量指标，计算得到系统级的可诊断性评价结果，具体如图 4-3 所示[5]。

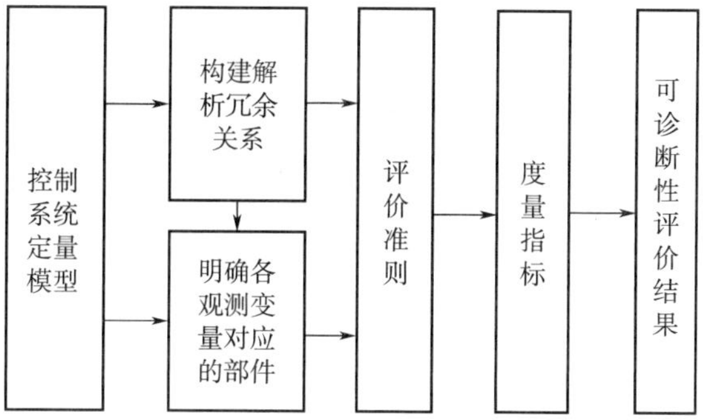

图 4-3　基于解析冗余关系的可诊断性评价基本思路

解析冗余关系 ARR_i 采用如下的四元组进行表示

$$ARR_i = (N_i, C_i, S_i, T_i) \tag{4-10}$$

式中　N_i —— ARR_i 的编号；

C_i —— ARR_i 涉及的部件或功能模块故障；

S_i —— ARR_i 涉及的观测量集合；

T_i —— ARR_i 的所有等式集合。

解析冗余关系的构建，需要重点关注两个问题：完整性和复杂性。若解析冗余关系缺乏完整性，则无法准确描述系统所具备的可诊断性；若一味追求完整性，加入一些微不足道的冗余关系，则导致可诊断性评价过程复杂。

4.3.1　基于解析冗余关系的可诊断性模型建立

基于解析冗余关系构建可诊断性模型的主要步骤如下：

1）针对航天器控制系统模型中的每个等式建立关系表达式，该表达式采用三元组进行描述，分别为等式编号、相关变量和相关故障，进而得到航天器控制系统的关系式集合 R 。

2）针对关系式集合 R ，逐次判断任意两个关系表达式是否满足关系式的加和条件；若满足，则执行加和运算，并将生成的新关系式添加到集合 R 中，得到关系式集合 R_1。

3）依次重复执行步骤 1）～2)，直到不再生成新关系式为止，将生成的所有关系式集合 R_1，R_2，…，R_l 中仅包含观测量和故障的关系式进行整理，得到系统所有的解析冗余关系。

4）将上述得到的解析冗余关系按照故障模式进行分类，得到每个故障对应的解析冗余关系集合。

需要强调的是：

1）关系式的加和条件为：若关系式 a 和关系式 b 具有相同的变量且包含的等式编号完全不相同，则这两个关系式可进行加和运算；

2）关系式的加和运算过程为：分别将关系式 a 和关系式 b 的等式编号、相关变量、相关故障进行合并，并且将两个关系式包含的相同变量从变量集合中删除。

4.3.2 基于解析冗余关系的可诊断性评价指标设计

基于构建的解析冗余关系集合，通过本节提出的可诊断性评价准则，来分析故障是否具有可诊断性；在此基础上，利用第 4 章提出的可诊断性度量指标，衡量系统诊断的覆盖性。

(1) 可诊断性评价准则

评价准则 5： 若故障 f_i 对应的解析冗余关系集合为空集，则该故障不具有可检测性，而由其构成的不可检测故障集合 S_{uD} 具有如下形式

$$S_{uD}=\{f_i \mid \forall k, f_i \notin C_k, k=1,2,\cdots,n_A\} \tag{4-11}$$

式中 n_A ——得到的解析冗余关系个数；

C_k ——第 k 个 ARR 对应的故障集合。

评价准则 6： 若故障 f_i 对应的解析冗余关系集合不为空集，则称该故障具有可检测性，而由其构成的可检测故障集合 S_D 具有如下形式

$$S_D=\{f_i \mid \exists k, f_i \in C_k, k=1,2,\cdots,n_A\} \tag{4-12}$$

评价准则 7： 对于故障集合 $S_{uI}=\{f_1, f_2, \cdots, f_{n_f}\}$，若任意两个故障对应的解析冗余关系完全相同，则集合中的所有故障不具有可分离性，称该故障集合 S_{uI} 为不可分离集合（模糊组），并且满足

$$S_{uI}=\left\{f_1,f_2,\cdots,f_{n_f} \;\middle|\; \begin{matrix}\text{对于满足 } f_i \in C_k \text{ 的任意} k\text{，同时满足 } f_j \in C_k, \\ \forall i, \forall j, i \neq j, i,j=1,2,\cdots,n_f, k=1,2,\cdots,n_A\end{matrix}\right\} \tag{4-13}$$

评价准则 8： 对于故障集合 $S_I=\{f_1, f_2, \cdots, f_{nf}\}$，若任意两个故障对应的解析冗余关系不完全相同，则集合中的所有故障具有可分离性，称该故障集合 S_I 为可分离故障集合，并且满足

$$S_I=\{f_1,f_2,\cdots,f_{nf} \mid \exists k, f_i \in C_k \text{ 且 } f_j \notin C_k, \forall i, \forall j, i \neq j, i,j=1,2,\cdots,n_f, k=1,2,\cdots,n_A\} \tag{4-14}$$

(2) 可诊断性度量指标

所设计的可诊断性度量指标与 4.2.2 节中的相关度量指标形式相同，不再赘述。

4.3.3 仿真算例

以陀螺、红外地球敏感器和动量轮等构成的航天器控制系统为例，给出基于解析冗余关系的系统级可诊断性建模与评价流程[6]。

（1）航天器控制系统可诊断性模型的建立

$$
\begin{aligned}
&C_1: g_1 = \omega_x + f_1\\
&C_2: g_2 = \omega_y + f_2\\
&C_3: g_3 = \omega_z + f_3\\
&C_4: \varphi_m = \varphi + f_\varphi\\
&C_5: J_1 \dot{\varpi}_1 = -u_x + f_{\varpi,1}\\
&C_6: J_2 \dot{\varpi}_2 = -u_y + f_{\varpi,2}\\
&C_7: J_3 \dot{\varpi}_3 = -u_z + f_{\varpi,3}\\
&C_8: h_x = J_1 \varpi_1\\
&C_9: h_y = J_2 \varpi_2\\
&C_{10}: h_z = J_3 \varpi_3\\
&C_{11}: \omega_x = \dot{\varphi} - \omega_0 \psi\\
&C_{12}: \omega_y = \dot{\theta} - \omega_0\\
&C_{13}: \omega_z = \dot{\psi} + \omega_0 \varphi\\
&C_{14}: I_x \dot{\omega}_x + (I_z - I_y)\omega_y \omega_z = -\dot{h}_x + h_y \omega_z - h_z \omega_y\\
&C_{15}: I_y \dot{\omega}_y + (I_x - I_z)\omega_z \omega_x = -\dot{h}_y + h_z \omega_x - h_x \omega_z\\
&C_{16}: I_z \dot{\omega}_z + (I_y - I_x)\omega_x \omega_y = -\dot{h}_z + h_x \omega_y - h_y \omega_x
\end{aligned}
\tag{4-15}
$$

式中　C_i ——等式编号（$i=1$，2，…，16）；

g_i ——陀螺输出（$i=1$，2，3）；

ω_i ——航天器三轴角速度（$i=x$，y，z）；

φ_m ——红外地球敏感器输出；

φ，θ，ψ ——航天器三轴角度；

J_i ——动量轮的转动惯量（$i=1$，2，3）；

ϖ_i ——动量轮的转速（$i=1$，2，3）；

u_i ——期望输出力矩（$i=x$，y，z）；

h_i ——动量轮的角动量（$i=x$，y，z）；

ω_0——航天器的轨道角速度；

I_i ——航天器转动惯量（$i=x$，y，z）；

f_i ——陀螺故障（$i=1$，2，3）；

f_φ ——红外地球敏感器故障；

$f_{\varpi,i}$ ——动量轮故障（$i=1$，2，3）。

针对式（4-15）所示的航天器控制系统模型，构建其关系式集合 R ，具体见表4-5。

表 4-5 关系式集合 R

等式编号	相关变量	相关故障	等式编号	相关变量	相关故障
C_1	ω_x	f_1	C_9	—	—
C_2	ω_y	f_2	C_{10}	—	
C_3	ω_z	f_3	C_{11}	$\omega_x\ \phi\ \psi$	—
C_4	ϕ	f_ϕ	C_{12}	$\omega_y\ \theta$	—
C_5	—	$f_{\varpi,1}$	C_{13}	$\omega_z\ \phi\ \psi$	—
C_6	—	$f_{\varpi,2}$	C_{14}	$\omega_x\ \omega_y\ \omega_z$	—
C_7	—	$f_{\varpi,3}$	C_{15}	$\omega_x\ \omega_y\ \omega_z$	—
C_8	—	—	C_{16}	$\omega_x\ \omega_y\ \omega_z$	—

根据关系式的加和条件，可知：等式 C_1 和 C_{11} 都包含变量 ω_x ，并且等式编号不相同，因此可以进行加和运算，将其添加到关系式集合 R 中，生成新的关系式，具体见表 4-6。

表 4-6 等式 C_1 和 C_{11} 生成的关系式

等式编号	相关变量	相关故障
C_1,C_{11}	ϕ,ψ	f_1

针对航天器控制系统关系式集合 R 中的任意两个关系式，通过加和运算得到最终的解析冗余关系，具体见表 4-7。

表 4-7 式（4-15）所示航天器控制系统的解析冗余关系

解析冗余关系编号	等式编号	相关故障	解析冗余关系编号	等式编号	相关故障
1	C_5	$f_{\varpi,1}$	6	$C_1\ C_{14}\ C_2\ C_3$	$f_1\ f_2\ f_3$
2	C_6	$f_{\varpi,2}$	7	$C_1\ C_{15}\ C_2\ C_3$	$f_1\ f_2\ f_3$
3	C_7	$f_{\varpi,3}$	8	$C_1\ C_{16}\ C_2\ C_3$	$f_1\ f_2\ f_3$
4	$C_1\ C_{11}\ C_3\ C_{13}$	$f_1\ f_3$	9	$C_3\ C_{14}\ C_1\ C_2$	$f_1\ f_2\ f_3$
5	$C_1\ C_{11}\ C_3\ C_{13}\ C_4$	$f_\phi\ f_1\ f_3$	—	—	—

此时，对表 4-7 所示解析冗余关系集合，按照不同故障模式进行分类，具体见表 4-8。

表 4 - 8　不同故障模式对应的解析冗余关系集合

故障	解析冗余关系集合	
	编号	相关等式编号
$f_{\varpi,1}$	1	$\{C_5\}$
$f_{\varpi,2}$	2	$\{C_6\}$
$f_{\varpi,3}$	3	$\{C_7\}$
f_ϕ	5	$\{C_1C_{11}C_3C_{13}C_4\}$
f_1	4,5,6,7,8,9	$\{C_1C_{11}C_3C_{13}\}$，$\{C_1C_{11}C_3C_{13}C_4\}$，$\{C_1C_{14}C_2C_3\}$，$\{C_1C_{15}C_2C_3\}$，$\{C_1C_{16}C_2C_3\}$，$\{C_3C_{14}C_1C_2\}$
f_2	6,7,8,9	$\{C_1C_{14}C_2C_3\}$ $\{C_1C_{15}C_2C_3\}$，$\{C_1C_{16}C_2C_3\}$，$\{C_3C_{14}C_1C_2\}$
f_3	4,5,6,7,8,9	$\{C_1C_{11}C_3C_{13}\}$，$\{C_1C_{11}C_3C_{13}C_4\}$，$\{C_1C_{14}C_2C_3\}$，$\{C_1C_{15}C_2C_3\}$，$\{C_1C_{16}C_2C_3\}$，$\{C_3C_{14}C_1C_2\}$

注：每个{ }表示一个解析冗余关系，{ }中包含内容表示该解析冗余关系涉及的等式编号。

(2) 可诊断性评价

由于各部件故障对应的解析冗余关系集合都不为空集，因此根据第 4.3.2 节中的评价准则 5 和 6，可知：所有故障均具有可检测性。

由于故障 f_1 和故障 f_3 对应的解析冗余关系集合完全相同，因此根据第 4.3.2 节中的评价准则 7 和 8，可知：故障 f_1 和故障 f_3 不具有可分离性，构成模糊组{陀螺 1，陀螺 3}。

此时，通过可诊断性度量指标，可以求得每个故障的可检测度和可分离度，具体见表 4 - 9。

表 4 - 9　每个故障的可检测度与可分离度

	故障 f_1	故障 f_2	故障 f_3	故障 f_ϕ	故障 $f_{\varpi,1}$	故障 $f_{\varpi,2}$	故障 $f_{\varpi,3}$
可检测度	1	1	1	1	1	1	1
可分离度	0	1	0	1	1	1	1

最终，得到航天器控制系统的可检测率和可分离率分别为

$$\begin{cases} R_D = \dfrac{7}{7} = 1 \\ R_I = \dfrac{5}{7} = 0.714 \end{cases}$$

即针对式（4 - 15）所示航天器控制系统的 7 种典型部件的故障，故障检测的覆盖性可以达到 100%（7 种故障模式均可被检测），故障分离的覆盖性可以达到 71.4%（5 种故障模式可以被分离）。

4.4 基于距离相似度的可诊断性评价方法

上述基于相关性模型和解析冗余关系的可诊断性评价方法，均未考虑干扰因素的影响。针对航天器控制系统不可避免存在干扰的情况，本节提出了一种基于距离相似度的可诊断性量化评价方法。首先，通过标准化模型和等价空间方法获取系统输入/输出与故障之间的解析冗余关系，从而将状态空间描述的航天器控制系统可诊断性评价问题转化为概率统计中多元分布相似度判别的数学问题；然后，引入巴氏系数（Bhattacharyya Coefficient，BC）对多元分布之间的相似度进行量化；最后，通过对第 3 章提出的准确率和快速性指标进行整合和改造，给出了用于描述故障模式与正常模式之间分离程度的可检测性评价指标，以及用于描述不同故障模式之间分离程度的可分离性评价指标。

4.4.1 问题的数学描述

航天器控制系统采用如下所示的状态空间模型进行描述

$$\begin{cases}\boldsymbol{x}(k+1)=\boldsymbol{A}\boldsymbol{x}(k)+\boldsymbol{B}_u\boldsymbol{u}(k)+\boldsymbol{B}_f\boldsymbol{f}(k)+\boldsymbol{B}_w\boldsymbol{w}(k)\\ \boldsymbol{y}(k)=\boldsymbol{C}\boldsymbol{x}(k)+\boldsymbol{D}_u\boldsymbol{u}(k)+\boldsymbol{D}_f\boldsymbol{f}(k)+\boldsymbol{D}_v\boldsymbol{v}(k)\end{cases} \tag{4-16}$$

式中 $\boldsymbol{x}$ ——状态变量，$\boldsymbol{x}\in \mathrm{R}^n$；

$\boldsymbol{y}$ ——观测输出，$\boldsymbol{y}\in \mathrm{R}^m$；

$\boldsymbol{u}$ ——控制输入，$\boldsymbol{u}\in \mathrm{R}^q$；

$\boldsymbol{f}$ ——故障，$\boldsymbol{f}\in \mathrm{R}^p$，包括执行机构故障 $\boldsymbol{f}_a$ 和敏感器故障 $\boldsymbol{f}_s$，且 $\boldsymbol{f}(k)=[\boldsymbol{f}_a^{\mathrm{T}}(k)\quad \boldsymbol{f}_s^{\mathrm{T}}(k)]^{\mathrm{T}}$；

$\boldsymbol{w}$，$\boldsymbol{v}$ ——由系统过程噪声和观测噪声产生的随机干扰因素，$\boldsymbol{w}\in \mathrm{R}^l$，$\boldsymbol{v}\in \mathrm{R}^t$，假定 $\boldsymbol{w}$ 和 $\boldsymbol{v}$ 为互不相关且均值为 $\boldsymbol{0}$、方差分别为 $\boldsymbol{\sigma}_w$ 和 $\boldsymbol{\sigma}_v$ 的高斯白噪声，即 $\boldsymbol{w}\sim N(\boldsymbol{0},\boldsymbol{\sigma}_w)$ 和 $\boldsymbol{v}\sim N(\boldsymbol{0},\boldsymbol{\sigma}_v)$；

$\boldsymbol{A}$，$\boldsymbol{B}_u$，$\boldsymbol{B}_f$，$\boldsymbol{B}_w$，$\boldsymbol{C}$，$\boldsymbol{D}_u$，$\boldsymbol{D}_f$，$\boldsymbol{D}_v$ ——相应维数的系统矩阵。

从式（4-16）所示模型中可以发现：状态 $\boldsymbol{x}$、输入 $\boldsymbol{u}$ 和输出 $\boldsymbol{y}$ 会受到干扰因素 $\boldsymbol{w}$ 和 $\boldsymbol{v}$ 以及故障 $\boldsymbol{f}$ 的耦合影响。也就是说，当 $\boldsymbol{u}$ 和 $\boldsymbol{y}$ 的数值产生不合理偏差时，有多种可能性：1）系统发生故障；2）系统受到较大幅值干扰因素的影响；3）系统受到故障和干扰因素的耦合影响。因此，在评价航天器控制系统的可诊断性时，若不考虑干扰因素的影响将使得评价结果产生偏差[7-10]。

考虑到上述干扰因素和故障对航天器控制系统的观测信号（输入 $\boldsymbol{u}$ 和输出 $\boldsymbol{y}$）的耦合作用，在进行可诊断性评价时必须将故障与干扰因素进行解耦，从而保证评价方法对干扰具有鲁棒性，这是现有可诊断性评价问题的难点所在。本节以式（4-16）所示数学模型为研究对象，通过等价空间方法，将考虑干扰因素影响的航天器控制系统可诊断性评价问题转化为不同多元概率分布之间的差异性度量问题。

4.4.2　评价原理

首先按照时间序列（窗口长度为：$s=n+1$）对式（4-16）进行迭代，构造出如下关系式

$$\boldsymbol{L}\boldsymbol{z}_s=\boldsymbol{H}\boldsymbol{x}_s+\boldsymbol{F}\boldsymbol{f}_s+\boldsymbol{E}\boldsymbol{e}_s \tag{4-17}$$

其中

$$\boldsymbol{z}_s=\begin{bmatrix}\boldsymbol{y}(k-n)\\ \vdots\\ \boldsymbol{y}(k)\\ \boldsymbol{u}(k-n)\\ \vdots\\ \boldsymbol{u}(k)\end{bmatrix},\boldsymbol{e}_s=\begin{bmatrix}\boldsymbol{w}(k-n)\\ \vdots\\ \boldsymbol{w}(k)\\ \boldsymbol{v}(k-n)\\ \vdots\\ \boldsymbol{v}(k)\end{bmatrix}$$

$$\boldsymbol{f}_s=\begin{bmatrix}\boldsymbol{f}(k-n)\\ \vdots\\ \boldsymbol{f}(k)\end{bmatrix},\boldsymbol{x}_s=\begin{bmatrix}\boldsymbol{x}(k-n)\\ \vdots\\ \boldsymbol{x}(k+1)\end{bmatrix}$$

$$\boldsymbol{L}=\left[\begin{array}{cccc|cccc}\boldsymbol{0}&\boldsymbol{0}&\cdots&\boldsymbol{0}&-\boldsymbol{B}_u&\boldsymbol{0}&\cdots&\boldsymbol{0}\\ \boldsymbol{0}&\boldsymbol{0}&\ddots&\boldsymbol{0}&\boldsymbol{0}&-\boldsymbol{B}_u&\ddots&\vdots\\ \vdots&\ddots&\ddots&\vdots&\vdots&\ddots&\ddots&\boldsymbol{0}\\ \boldsymbol{0}&\boldsymbol{0}&\cdots&\boldsymbol{0}&\boldsymbol{0}&\cdots&\boldsymbol{0}&-\boldsymbol{B}_u\\ \hline \boldsymbol{I}&\boldsymbol{0}&\cdots&\boldsymbol{0}&-\boldsymbol{D}_u&\boldsymbol{0}&\cdots&\boldsymbol{0}\\ \boldsymbol{0}&\boldsymbol{I}&\ddots&\vdots&\boldsymbol{0}&-\boldsymbol{D}_u&\ddots&\vdots\\ \vdots&\ddots&\ddots&\boldsymbol{0}&\vdots&\ddots&\ddots&\boldsymbol{0}\\ \boldsymbol{0}&\cdots&\boldsymbol{0}&\boldsymbol{I}&\boldsymbol{0}&\cdots&\boldsymbol{0}&-\boldsymbol{D}_u\end{array}\right],\boldsymbol{H}=\left[\begin{array}{ccccc}\boldsymbol{A}&-\boldsymbol{I}&\boldsymbol{0}&\cdots&\boldsymbol{0}\\ \boldsymbol{0}&\boldsymbol{A}&-\boldsymbol{I}&\ddots&\vdots\\ \vdots&\ddots&\ddots&\ddots&\boldsymbol{0}\\ \boldsymbol{0}&\cdots&\boldsymbol{0}&\boldsymbol{A}&-\boldsymbol{I}\\ \hline \boldsymbol{C}&\boldsymbol{0}&\boldsymbol{0}&\cdots&\boldsymbol{0}\\ \boldsymbol{0}&\boldsymbol{C}&\boldsymbol{0}&\ddots&\boldsymbol{0}\\ \vdots&\ddots&\ddots&\ddots&\vdots\\ \boldsymbol{0}&\cdots&\boldsymbol{0}&\boldsymbol{C}&\boldsymbol{0}\end{array}\right]$$

$$\boldsymbol{F}=\left[\begin{array}{cccc}\boldsymbol{B}_f&\boldsymbol{0}&\cdots&\boldsymbol{0}\\ \boldsymbol{0}&\boldsymbol{B}_f&\ddots&\vdots\\ \vdots&\ddots&\ddots&\boldsymbol{0}\\ \boldsymbol{0}&\cdots&\boldsymbol{0}&\boldsymbol{B}_f\\ \hline \boldsymbol{D}_f&\boldsymbol{0}&\cdots&\boldsymbol{0}\\ \boldsymbol{0}&\boldsymbol{D}_f&\ddots&\vdots\\ \vdots&\ddots&\ddots&\boldsymbol{0}\\ \boldsymbol{0}&\cdots&\boldsymbol{0}&\boldsymbol{D}_f\end{array}\right],\boldsymbol{E}=\left[\begin{array}{cccc|cccc}\boldsymbol{B}_w&\boldsymbol{0}&\cdots&\boldsymbol{0}&\boldsymbol{0}&\boldsymbol{0}&\cdots&\boldsymbol{0}\\ \boldsymbol{0}&\boldsymbol{B}_w&\ddots&\vdots&\boldsymbol{0}&\boldsymbol{0}&\ddots&\boldsymbol{0}\\ \vdots&\ddots&\ddots&\boldsymbol{0}&\vdots&\ddots&\ddots&\vdots\\ \boldsymbol{0}&\cdots&\boldsymbol{0}&\boldsymbol{B}_w&\boldsymbol{0}&\boldsymbol{0}&\cdots&\boldsymbol{0}\\ \hline \boldsymbol{0}&\boldsymbol{0}&\cdots&\boldsymbol{0}&\boldsymbol{D}_v&\boldsymbol{0}&\cdots&\boldsymbol{0}\\ \boldsymbol{0}&\boldsymbol{0}&\ddots&\boldsymbol{0}&\boldsymbol{0}&\boldsymbol{D}_v&\ddots&\vdots\\ \vdots&\ddots&\ddots&\vdots&\vdots&\ddots&\ddots&\boldsymbol{0}\\ \boldsymbol{0}&\boldsymbol{0}&\cdots&\boldsymbol{0}&\boldsymbol{0}&\cdots&\boldsymbol{0}&\boldsymbol{D}_v\end{array}\right]$$

式中　$\boldsymbol{z}_s$ ——观测的时间堆栈向量，$\boldsymbol{z}_s\in\mathrm{R}^{(m+q)s}$，包括输入和输出；

$\boldsymbol{e}_s$ ——干扰的时间堆栈向量，$\boldsymbol{e}_s\in\mathrm{R}^{(l+t)s}$；

$\boldsymbol{x}_s$ ——状态的时间堆栈向量，$\boldsymbol{x}_s\in\mathrm{R}^{n(s+1)}$；

$\boldsymbol{f}_s$ ——故障的时间堆栈向量，$\boldsymbol{f}_s\in\mathrm{R}^{ps}$；

$\boldsymbol{L}$，$\boldsymbol{H}$，$\boldsymbol{F}$，$\boldsymbol{E}$——相应维数的系数矩阵，$\boldsymbol{L}\in\mathbb{R}^{(n+m)s\times(m+q)s}$，$\boldsymbol{H}\in\mathbb{R}^{(n+m)s\times n(s+1)}$，$\boldsymbol{F}\in\mathbb{R}^{(n+m)s\times ps}$，$\boldsymbol{E}\in\mathbb{R}^{(n+m)s\times(l+t)s}$。

根据式（4-16）所示模型中各符号的物理含义可知：式（4-17）等号左边为观测（包括输入和输出）所得航天器控制系统的动态行为 $\boldsymbol{Lz}_s$；等号右边包括 3 个基于时间序列的矢量，依次为未知的系统状态 $\boldsymbol{Hx}_s$、已知的故障矢量 $\boldsymbol{Ff}_s$ 和干扰矢量 $\boldsymbol{Ee}_s$。在此需要说明的是，$\boldsymbol{f}_s$ 为基于时间描述的具体故障形式，例如，常值故障、阶梯型故障、间歇和周期性故障等；由于式（4-16）中假设 $\boldsymbol{w}$ 和 $\boldsymbol{v}$ 为零均值的高斯白噪声，根据 $\boldsymbol{e}_s$ 的具体形式可得：干扰矢量 $\boldsymbol{e}_s$ 服从均值为 $\boldsymbol{0}$、方差为 $\boldsymbol{\sigma}_e^2$ 的正态分布，即 $\boldsymbol{e}_s\sim N(\boldsymbol{0},\boldsymbol{\sigma}_e)$。

为消除未知状态 $\boldsymbol{x}_s$ 的影响，根据等价空间变换原理，在式（4-17）的等号两边同时左乘矩阵 $\boldsymbol{N}_H$，得到

$$\boldsymbol{N_H Lz}_s=\boldsymbol{N_H Ff}_s+\boldsymbol{N}_H\boldsymbol{Ee}_s \tag{4-18}$$

式中 $\boldsymbol{N}_H$——矩阵 $\boldsymbol{H}$ 零空间的左正交基，即 $\boldsymbol{N}_H\boldsymbol{H}=\boldsymbol{0}$；

$\boldsymbol{N}_H\boldsymbol{Ff}_s$——故障矢量，由方向矩阵 $\boldsymbol{N}_H\boldsymbol{F}$ 和故障模式 $\boldsymbol{f}_s$ 组成；

$\boldsymbol{N}_H\boldsymbol{Lz}_s$——通过观测（包括输入和输出）得到的系统动态行为。

由于等价空间方法不会改变式（4-16）所示航天器控制系统的解，可以利用式（4-18）所构造输入/输出与故障之间的解析关系对式（4-16）所示模型进行描述，从中可以明显看出：故障矢量 $\boldsymbol{N}_H\boldsymbol{Ff}_s$ 和干扰因素 $\boldsymbol{N}_H\boldsymbol{Ee}_s$ 一起影响航天器控制系统的输入和输出信号 $\boldsymbol{N}_H\boldsymbol{Lz}_s$。考虑到 $\boldsymbol{N}_H\boldsymbol{Ff}_s$ 为确定性矢量、$\boldsymbol{N}_H\boldsymbol{Ee}_s$ 为服从正态分布的随机矢量，因此通过 $\boldsymbol{N}_H\boldsymbol{Lz}_s$ 观测所得故障表现出一定的随机特性。当无故障发生时，$\boldsymbol{f}_s=\boldsymbol{0}$，$\boldsymbol{N}_H\boldsymbol{Lz}_s$ 服从如下正态分布：$\boldsymbol{N}_H\boldsymbol{Lz}_s\sim N(\boldsymbol{0},\boldsymbol{\sigma}_{ne}^2)$；当发生故障时，$\boldsymbol{f}_s\neq\boldsymbol{0}$，$\boldsymbol{N}_H\boldsymbol{Lz}_s\sim N(\boldsymbol{N}_H\boldsymbol{Ff}_s,\boldsymbol{\sigma}_{ne}^2)$。其中，$\boldsymbol{\sigma}_{ne}^2$ 表示干扰因素 $\boldsymbol{N}_H\boldsymbol{Ee}_s$ 的协方差矩阵。

综上所述，故障模式 $\boldsymbol{f}_s$ 仅改变随机分布 $\boldsymbol{N}_H\boldsymbol{Lz}_s$ 的均值变化，而对协方差无影响。为了对包含随机特性的系统进行可诊断性评价，有必要基于式（4-18）利用无故障和发生不同故障时概率分布之间的差异度进行区分。此时，式（4-16）所示航天器控制系统的可诊断性评价问题就转化为：对式（4-18）中 $\boldsymbol{N}_H\boldsymbol{Lz}_s$ 所描述不同概率分布之间的差异性进行度量，差异度越大，可诊断性越高。

4.4.3 基于巴氏系数的距离相似性度量

距离相似度是衡量不同多元分布之间相似度的一种常用评价准则。顾名思义，距离相似度是根据两个分布之间的概率距离量化其差异度/相似度。常用的量化指标包括：K-L 散度和巴氏系数等。

巴氏系数作为衡量不同概率分布之间相似度的量化指标，其表达式为

$$BC(p,q)=\int_{-\infty}^{+\infty}\sqrt{p(z)q(z)}\,\mathrm{d}z \tag{4-19}$$

式中 p，q——多元分布 z_p 和 z_q 的概率密度函数。

从式（4-19）中可以看出：$BC(p,q)$ 的取值范围为 $[0,1]$；$BC(p,q)$ 值越大，多元分布 z_p 和 z_q 之间的相似度越大。

为了便于问题的说明，将式（4－19）进行转换，得到巴氏距离（Bhattacharyya Distance，BD）的计算公式

$$BD(p,q)=-\ln[BC(p,q)] \tag{4-20}$$

其中，$BD(p,q)$ 具有如下属性

$$\begin{cases} BD(p,q)=0 & \text{当且仅当 } p=q \text{ 时} \\ BD(p,q)>0 & \text{其他} \end{cases}$$

从式（4－20）中可以看出：$BD(p,q)$ 的取值范围为 $[0,+\infty)$；当 $BD(p,q)=0$ 时，无法区分概率分布 z_p 和 z_q，即 z_p 和 z_q 完全相似；$BD(p,q)$ 值越大，分布 z_p 和 z_q 之间的差异度越大，即 z_p 和 z_q 越容易区分；反之，分布 z_p 和 z_q 的差异度越小，越难以区分。

当 z_p 和 z_q 服从如下正态分布：$z_p \sim N(\mu_p, \sum_p)$ 和 $z_q \sim N(\mu_q, \sum_q)$，其概率密度函数为

$$\begin{aligned} p(x) &= \frac{1}{(2\pi)^{d_p/2}\left|\sum_p\right|^{1/2}}\exp\left[-\frac{1}{2}(x-\mu_p)^{\mathrm{T}}\sum_p^{-1}(x-\mu_p)\right] \\ q(x) &= \frac{1}{(2\pi)^{d_q/2}\left|\sum_q\right|^{1/2}}\exp\left[-\frac{1}{2}(x-\mu_q)^{\mathrm{T}}\sum_q^{-1}(x-\mu_q)\right] \end{aligned} \tag{4-21}$$

式中　d_p，d_q ——分布 z_p 和 z_q 的维数。

将式（4－21）代入式（4－20）中，得到正态分布时巴氏距离的计算公式为

$$BD(p,q)=\frac{1}{8}(\mu_p-\mu_q)^{\mathrm{T}}\sum^{-1}(\mu_p-\mu_q)+\frac{1}{2}\ln\left(\frac{\det\sum}{\sqrt{(\det\sum_p)(\det\sum_q)}}\right) \tag{4-22}$$

其中

$$\sum=\frac{\sum_p+\sum_q}{2}$$

式中　det ——计算矩阵行列式。

特别是，当 $\sum_p$ 和 $\sum_q$ 均为单位矩阵时，式（4－22）退化为

$$BD(p,q)=\frac{1}{8}\|\mu_p-\mu_q\|^2 \tag{4-23}$$

4.4.4　可检测性和可分离性的评价指标设计

为将基于巴氏距离的多元分布差异性度量指标与式（4－16）所示航天器控制系统的可诊断性量化评价问题相结合，本节借鉴模式识别中最小距离法的思想，采用最小巴氏距离量化式（4－18）所描述系统的可诊断性。

具体而言，故障 f_i 的可检测性以及故障 f_i 与 f_j 之间的可分离性的量化评价公式可以描述成

$$\begin{aligned} FD(f_i) &= \min_{p \in N(0,I)} [BD(p, q_0)] \\ FI(f_i, f_j) &= \min_{p \in z_q} [BD(p, q_j)] \end{aligned} \tag{4-24}$$

式中 $FD(f_i)$——故障 f_i 的可检测性；

$FI(f_i, f_j)$——故障 f_i 与 f_j 之间的可分离性；

p——故障 f_i 的多元分布概率密度函数；

q_0——无故障时多元分布的概率密度函数；

q_j——故障 f_j 的多元分布概率密度函数。

从式（4-24）中可以明显发现：

1) $FD(f_i)$ 的取值范围为 $[0, +\infty)$；当 $FD(f_i)=0$ 时，故障 f_i 不可被检测；$FD(f_i)$ 值越大表示 f_i 越容易被检测，即 f_i 的可检测性越高。

2) $FI(f_i, f_j)$ 表示故障 f_i 与 f_j 之间的可分离性；当 $FI(f_i, f_j)=0$ 时，f_i 与 f_j 之间不可被分离；$FI(f_i, f_j)$ 值越大，f_i 与 f_j 之间的可分离性越强。

考虑到一般实际系统中干扰因素的协方差矩阵难以满足单位矩阵的要求。因此，有必要将式（4-18）中干扰项 $\boldsymbol{N}_H\boldsymbol{E}\boldsymbol{e}_s$ 的协方差转换为单位矩阵。为实现该目标，需做如下处理：在式（4-18）的等号两边同时左乘矩阵 $\boldsymbol{P}$

$$\boldsymbol{P} = [(\boldsymbol{\alpha}^{-1})^{\mathrm{T}} \quad \boldsymbol{I}]^{\mathrm{T}} \tag{4-25}$$

其中

$$\boldsymbol{P}\boldsymbol{P}^{\mathrm{T}} = \boldsymbol{N}_H\boldsymbol{E}\boldsymbol{\Sigma}_{e_s}\boldsymbol{E}^{\mathrm{T}}\boldsymbol{N}_H^{\mathrm{T}}$$

式中 $\boldsymbol{\Sigma}_{e_s}$——$\boldsymbol{e}_s$ 的方差矩阵；

$\boldsymbol{I}$——单位矩阵。

此时，通过式（4-25）所示数学变换，将式（4-18）所示多元分布的协方差矩阵变为单位矩阵 $\boldsymbol{I}$。具体来讲，当无故障发生时，式（4-18）所示的概率分布可以描述为标准正态分布 $N(\boldsymbol{0}, \boldsymbol{I})$。因此，将其代入式（4-24）中得到故障 f_i 的可检测性评价指标

$$\begin{aligned} FD(f_i) &= \min\left\{\frac{1}{8}\|\mu_p - 0\|^2\right\} \\ &= \frac{1}{8}\|\boldsymbol{N}_H\boldsymbol{F}_i\boldsymbol{f}_{si}\|^2 \end{aligned} \tag{4-26}$$

式中 $\boldsymbol{F}_i$——故障 $\boldsymbol{f}_i$ 在矩阵 $\boldsymbol{F}$ 中的对应位置；

$\boldsymbol{f}_{si}$——在时间序列 s 内 $\boldsymbol{f}_i$ 的具体故障模式。

为便于后续可分离性评价指标设计过程的阐述，在此先给出引理 4-1。

引理 4-1 对于矩阵 $\boldsymbol{A} \in \mathrm{R}^{m\times n}$ 和向量 $\boldsymbol{b} \in \mathrm{R}^m$，当 $m > n$ 时，下式成立

$$\min_x \|\boldsymbol{A}\boldsymbol{x} - \boldsymbol{b}\| = \|\boldsymbol{N}_A\boldsymbol{b}\| \tag{4-27}$$

式中 $\boldsymbol{N}_A$——矩阵 $\boldsymbol{A}$ 零空间的左正交基。

类似于式（4-26）所示可检测性指标的推导过程，得到故障 f_i 与 f_j 之间可分离性的评价指标为

$$\begin{aligned} FI(f_i,f_j) &= \min\left\{\frac{1}{8}\|\mu_p-\mu_q\|^2\right\} \\ &= \min_{f_{si},f_{sj}}\left\{\frac{1}{8}\|\boldsymbol{N}_H(\boldsymbol{F}_i\boldsymbol{f}_{si}-\boldsymbol{F}_j\boldsymbol{f}_{sj})\|^2\right\} \\ &= \min_{f_{si},f_{sj},x}\left\{\frac{1}{8}\|\boldsymbol{Hx}-(\boldsymbol{F}_i\boldsymbol{f}_{si}-\boldsymbol{F}_j\boldsymbol{f}_{sj})\|^2\right\} \\ &= \min_{f_{si},f_{sj},x}\left\{\frac{1}{8}\left\|[\boldsymbol{H}\quad \boldsymbol{F}_j]\begin{bmatrix}\boldsymbol{x}\\ \boldsymbol{f}_{sj}\end{bmatrix}-\boldsymbol{F}_i\boldsymbol{f}_{si}\right\|^2\right\} \\ &= \frac{1}{8}\|\boldsymbol{N}_{[\boldsymbol{H}\quad \boldsymbol{F}_j]}\boldsymbol{F}_i\boldsymbol{f}_{si}\|^2 \end{aligned} \tag{4-28}$$

式中　$\boldsymbol{N}_{[\boldsymbol{H}\quad \boldsymbol{F}_j]}$——矩阵$[\boldsymbol{H}\quad \boldsymbol{F}_j]$零空间的左正交基。

从式（4-26）和式（4-28）所示可检测性和可分离性的评价指标中可以发现：该评价指标仅与故障模式 $\boldsymbol{f}_{si}$ 、系数矩阵 $\boldsymbol{H}$ 和 $\boldsymbol{F}$ 有关，而与诊断算法的具体形式无关。

在此需要说明的是：一般情况下，式（4-28）所得可分离性评价结果是不对称的，即 $FI(f_i, f_j) \neq FI(f_j, f_i)$。

从式（4-26）和式（4-28）的数学推导过程中可以发现：该量化指标的计算原理同基于结构化残差集的故障诊断算法本质是一致的，即通过设计一组残差集，使得其中的每一个残差仅对指定故障敏感而对剩余故障均不敏感，从而达到故障检测和分离的目的。因此，上述可检测性和可分离性评价指标可用于指导此类故障诊断算法的设计。

同时，式（4-26）和式（4-28）所示可检测性和可分离性评价指标可以当作式（4-16）所示航天器控制系统的一种设计目标，用于指导敏感器和执行机构的选择与配置，从而提高系统的自主诊断能力。

4.4.5　基于距离相似度的可诊断性评价流程

根据上述设计的可检测性和可分离性评价指标，本节给出式（4-16）所示航天器控制系统的可检测性和可分离性评价流程，具体如图 4-4 所示。

从图 4-4 可以看出：基于距离相似度的可诊断性评价流程主要包括以下三部分：前处理、可检测性量化评价和可分离性量化评价。其中，前处理：通过标准化模型和等价空间变换两种方法，将式（4-16）所示航天器控制系统的可诊断性量化评价问题转化成概率统计中多元分布的相似度判别问题；可检测性和可分离性量化评价：通过严格的数学证明，得到式（4-26）和式（4-28）所示的可检测性和可分离性评价指标，并利用该指标实现航天器控制系统的可诊断性量化评价。

4.4.6　仿真算例

令状态变量 $\boldsymbol{x}=[\varphi\quad \theta\quad \psi\quad \omega_x\quad \omega_y\quad \omega_z]^{\mathrm{T}}$，控制变量 $\boldsymbol{u}=[T_x\quad T_y\quad T_z]^{\mathrm{T}}$，航天器控制系统可以描述成如下形式

$$\dot{\boldsymbol{x}}(t)=\boldsymbol{q}(\boldsymbol{x},t)+\boldsymbol{B}_{ut}\boldsymbol{u}(t) \tag{4-29}$$

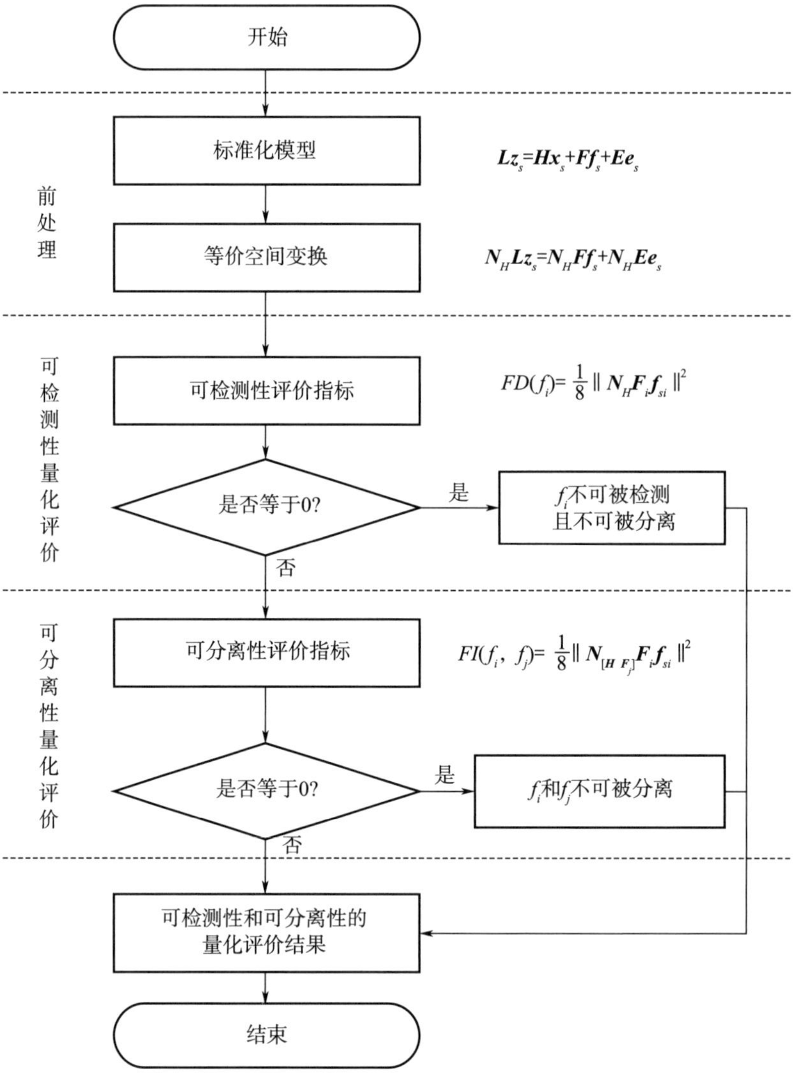

图 4-4　基于距离相似度的可诊断性评价流程图

其中

$$\boldsymbol{q}(\boldsymbol{x},t)=[q_1\quad q_2\quad q_3\quad q_4\quad q_5\quad q_6]^{\mathrm{T}}$$

$$q_1=\omega_0\psi+\omega_x,q_2=\omega_y+\omega_0$$

$$q_3=-\omega_0\varphi+\omega_z,q_4=(I_y-I_z)\omega_y\omega_z/I_x$$

$$q_5=(I_z-I_x)\omega_x\omega_z/I_y,q_6=(I_x-I_y)\omega_x\omega_y/I_z$$

$$\boldsymbol{B}_{ut}=\begin{bmatrix}\boldsymbol{0}_{3\times3}\\\boldsymbol{I}_{3\times3}\end{bmatrix}\boldsymbol{B}_J,\boldsymbol{B}_J=\mathrm{diag}\{1/I_x\quad 1/I_y\quad 1/I_z\}$$

式中　I_i ——航天器在 3 个惯性主轴的转动惯量，$i=x,\ y,\ z$；

ω_i ——航天器的姿态角速度矢量 $\boldsymbol{\omega}$ 在主惯量轴上的投影；

T_i ——控制力矩沿主惯量轴的分量，$i=x,\ y,\ z$；

φ，θ，ψ ——航天器相对轨道坐标系的滚动角、俯仰角和偏航角。

执行机构采用沿 3 个主惯量轴正装的动量轮；测量变量为 $\boldsymbol{y}=\boldsymbol{x}$ ，分别采用星敏感器和陀螺作为测量元件观测航天器的姿态角和角速度；考虑执行机构和敏感器的加性故障，设 $f_i(i=1,2,3)$ 为动量轮故障；$f_j(j=4,5,6)$ 为星敏感器故障；$f_k(k=7,8,9)$ 为陀螺故障，得到如下所示模型

$$\begin{cases}\dot{\boldsymbol{x}}(t)=\boldsymbol{q}(x,t)+\boldsymbol{B}_{ut}\boldsymbol{u}(t)+\boldsymbol{B}_{ft}\boldsymbol{f}(t)+\boldsymbol{B}_w\boldsymbol{w}(t)\\ \boldsymbol{y}(t)=\boldsymbol{C}\boldsymbol{x}(t)+\boldsymbol{D}_f\boldsymbol{f}(t)+\boldsymbol{D}_v\boldsymbol{v}(t)\end{cases} \tag{4-30}$$

其中

$$\boldsymbol{B}_{ft}=\begin{bmatrix}\multicolumn{2}{c}{\boldsymbol{0}_{3\times 9}}\\ \boldsymbol{B}_J & \boldsymbol{0}_{3\times 6}\end{bmatrix}$$

$$\boldsymbol{B}_w=\boldsymbol{D}_v=\boldsymbol{I}_{6\times 6}$$

$$\boldsymbol{C}=\boldsymbol{I}_{6\times 6}$$

$$\boldsymbol{D}_f=[\boldsymbol{0}_{6\times 3}\quad \boldsymbol{I}_{6\times 6}]$$

为了便于分析和计算，采用传统的工程化处理方法——在不同工作点 $\boldsymbol{x}_s$ 附近对式（4－30）所示航天器控制系统进行线性化和离散化处理，得到

$$\begin{cases}\boldsymbol{x}(k+1)=\boldsymbol{A}\boldsymbol{x}(k)+\boldsymbol{B}_{uk}\boldsymbol{u}(k)+\boldsymbol{B}_{fk}\boldsymbol{f}(k)+\boldsymbol{B}_w\boldsymbol{w}(k)\\ \boldsymbol{y}(k)=\boldsymbol{C}\boldsymbol{x}(k)+\boldsymbol{D}_f\boldsymbol{f}(k)+\boldsymbol{D}_v\boldsymbol{v}(k)\end{cases} \tag{4-31}$$

其中

$$\boldsymbol{A}=\left.\frac{\partial \boldsymbol{q}(\boldsymbol{x},t)}{\partial \boldsymbol{x}}\right|_{\boldsymbol{x}=\boldsymbol{x}_s}$$

$$=\begin{bmatrix}1 & 0 & \omega_0\mathrm{d}t & \mathrm{d}t & 0 & 0\\ 0 & 1 & 0 & 0 & \mathrm{d}t & 0\\ -\omega_0\mathrm{d}t & 0 & 1 & 0 & 0 & \mathrm{d}t\\ 0 & 0 & 0 & 1 & \alpha\omega_z & \alpha\omega_y\\ 0 & 0 & 0 & \beta\omega_z & 1 & \beta\omega_x\\ 0 & 0 & 0 & \gamma\omega_y & \gamma\omega_x & 1\end{bmatrix}_{x=x_s}$$

$$\alpha=\frac{I_y-I_z}{I_x}\mathrm{d}t,\beta=\frac{I_z-I_x}{I_y}\mathrm{d}t,\gamma=\frac{I_x-I_y}{I_z}\mathrm{d}t$$

$$\boldsymbol{B}_{uk}=\begin{bmatrix}\boldsymbol{0}_{3\times 3}\\ \boldsymbol{B}_J\boldsymbol{B}_{\mathrm{d}t}\end{bmatrix},\boldsymbol{B}_{\mathrm{d}t}=\mathrm{diag}\{\mathrm{d}t\quad \mathrm{d}t\quad \mathrm{d}t\},\boldsymbol{B}_{fk}=\begin{bmatrix}\multicolumn{2}{c}{\boldsymbol{0}_{3\times 9}}\\ \boldsymbol{B}_J\boldsymbol{B}_{\mathrm{d}t} & \boldsymbol{0}_{3\times 6}\end{bmatrix}$$

相关仿真参数设置如下：

1）卫星本体主惯量为：$I_x=12.50\ \mathrm{kg\cdot m^2}$，$I_y=13.70\ \mathrm{kg\cdot m^2}$ 和 $I_z=15.90\ \mathrm{kg\cdot m^2}$；

2）轨道角速度为：$\omega_0=0.001\ \mathrm{rad/s}$；

3）过程和观测噪声分别服从如下正态分布：$\boldsymbol{w}(t)\sim N(\boldsymbol{0}_{6\times 1},\ 2.25\times 10^{-10}\boldsymbol{I}_{6\times 6})$ 和 $\boldsymbol{v}(t)\sim N(\boldsymbol{0}_{6\times 1},\ \boldsymbol{\sigma}_v^2)$。其中

$$\boldsymbol{\sigma}_v^2 = \begin{bmatrix} 8.70 \times 10^{-5} \boldsymbol{I}_{3\times3} & \boldsymbol{0}_{3\times3} \\ \boldsymbol{0}_{3\times3} & 4.20 \times 10^{-6} \boldsymbol{I}_{3\times3} \end{bmatrix}$$

4）时间间隔 $\mathrm{d}t = 0.01\ \mathrm{s}$。

下面将重点分析工作点、时间窗口长度和故障模式的不同设置对航天器控制系统可诊断性评价结果的影响。

（1）工作点的影响分析

从式（4－31）中可以发现：工作点 $\boldsymbol{x}_s$ 的不同取值仅影响矩阵 $\boldsymbol{A}$ 中元素的变化，而对其余矩阵无影响；矩阵 $\boldsymbol{A}$ 中的元素变化仅与工作点附近的姿态角速度 ω_x，ω_y 和 ω_z 有关，而与姿态角 φ，θ 和 ψ 无关。因此，可以通过设置不同姿态角速度 ω_x，ω_y，ω_z 的取值，实现工作点的不同选取。

将姿态角速度依次按 10^{-3} 到 10^{-8} 共 6 个数量级设置，并进行仿真验证。图 4－5 给出了不同工作点 $\boldsymbol{x}_s$ 对故障 $f_1 \sim f_9$ 可检测性评价结果的影响。同理，可以得到不同工作点对可分离性评价结果的影响分析曲线图（由于该仿真曲线走势与图 4－5 相同，不再赘述）。

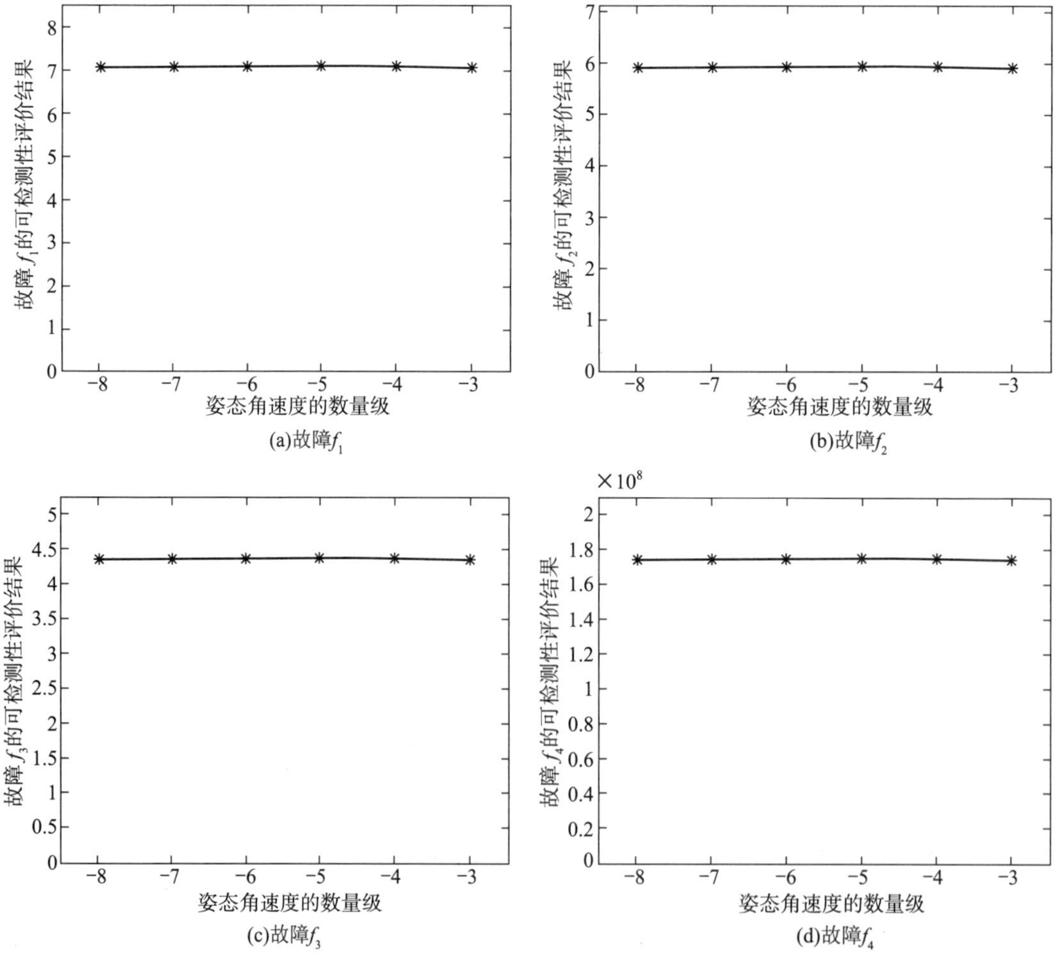

图 4－5　工作点对评价结果的影响分析

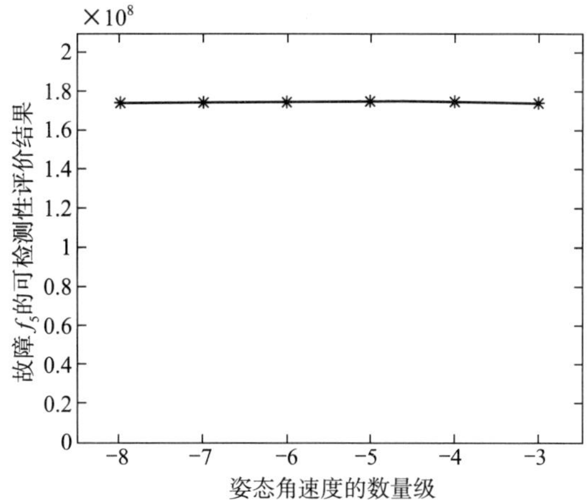

(e)故障f_5

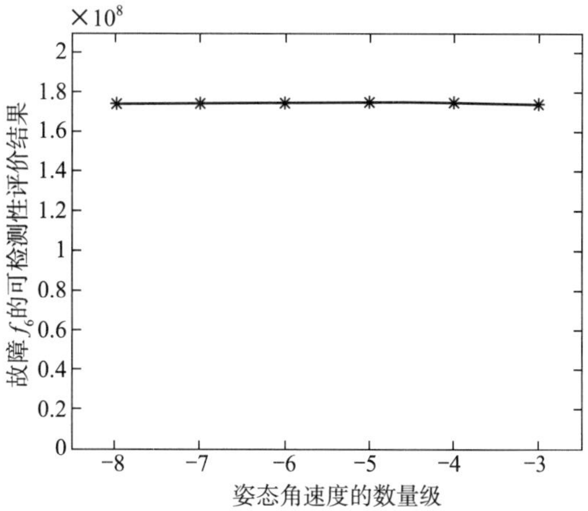

(f)故障f_6

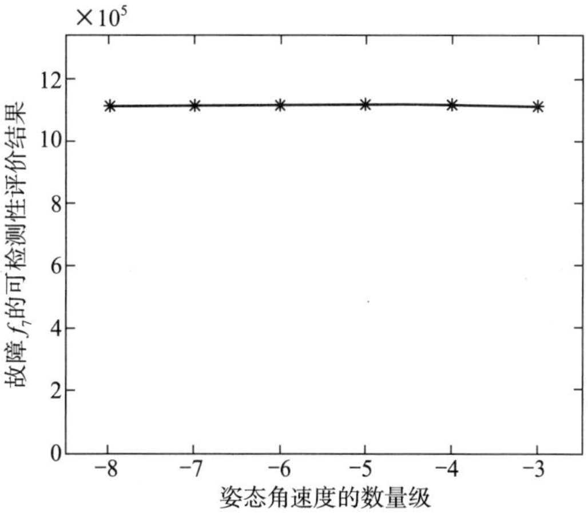

(g)故障f_7

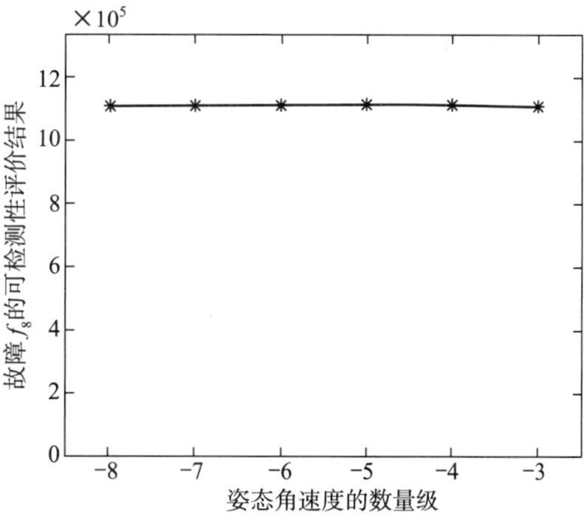

(h)故障f_8

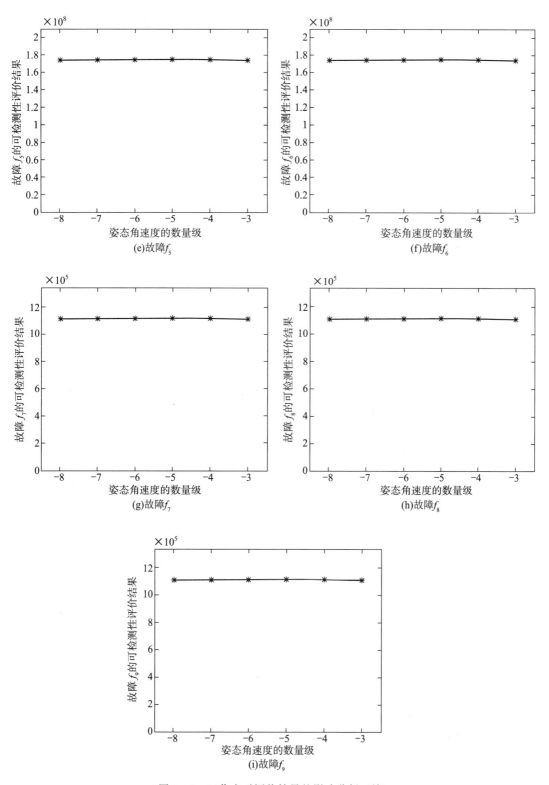

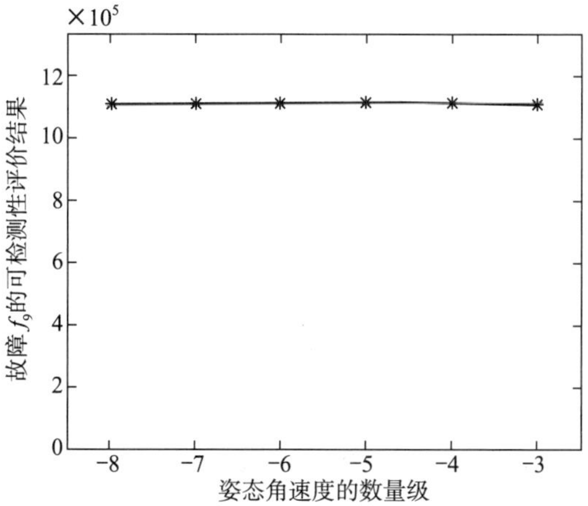

(i)故障f_9

图 4－5　工作点对评价结果的影响分析（续）

从上述仿真结果可以看出：对于式（4－30）所示航天器控制系统，工作点 $\boldsymbol{x}_s$ 的选取对其可检测性和可分离性的量化评价结果无影响。

综上，工作点 $\boldsymbol{x}_s$ 的不同选取仅使得式（4－31）中矩阵 $\boldsymbol{A}$ 相应元素数值的数量级发生变化而对其余矩阵无影响，这使得构造时间序列表达式（4－17）时仅改变了矩阵 $\boldsymbol{H}$ 中相应元素的数量级。然而，$\boldsymbol{H}$ 中元素的数量级发生变化对其左零空间正交基 $\boldsymbol{N}_H$ 无任何影响，这最终使得基于式（4－26）和式（4－28）得到的可检测性和可分离性评价结果呈现出图 4－5 所示现象。

（2）窗口长度的影响分析

为分析时间窗口长度 s 对式（4－31）所示航天器控制系统可诊断性评价结果的影响，窗口长度 s 依次选取 2～15，并对其进行仿真验证。图 4－6 给出了不同 s 取值对故障 f_1 ～ f_9 可检测性量化评价结果的影响曲线图。同理，可以得到 s 的不同取值对故障可分离性评价结果的影响分析曲线图（由于该仿真曲线走势与图 4－6 相同，不再赘述）。

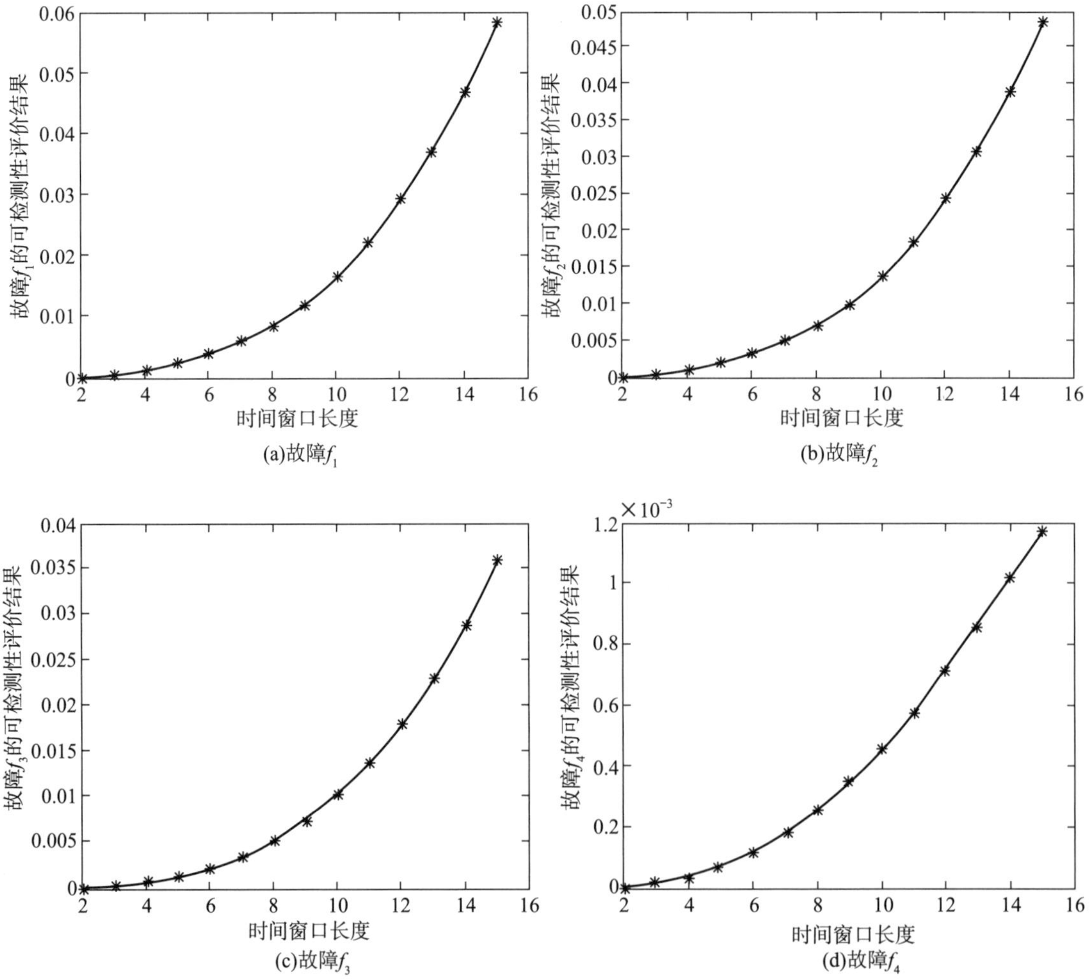

图 4－6　窗口长度对评价结果的影响分析

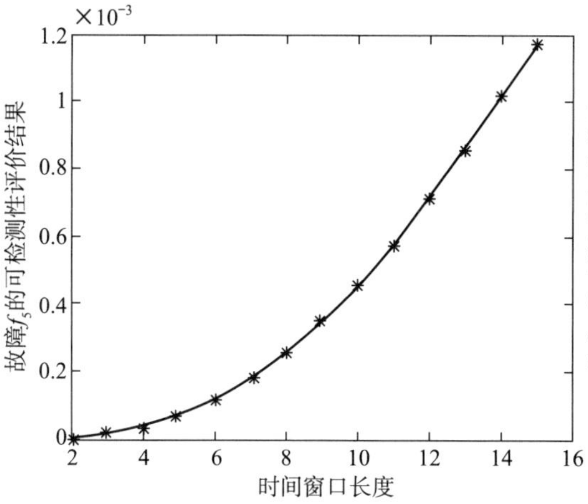

(e)故障f_5

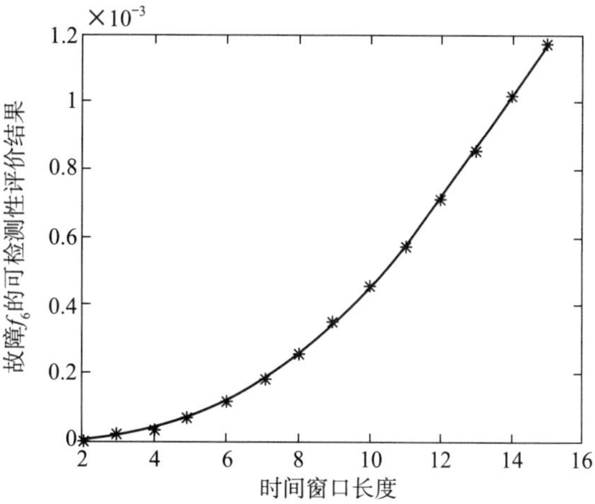

(f)故障f_6

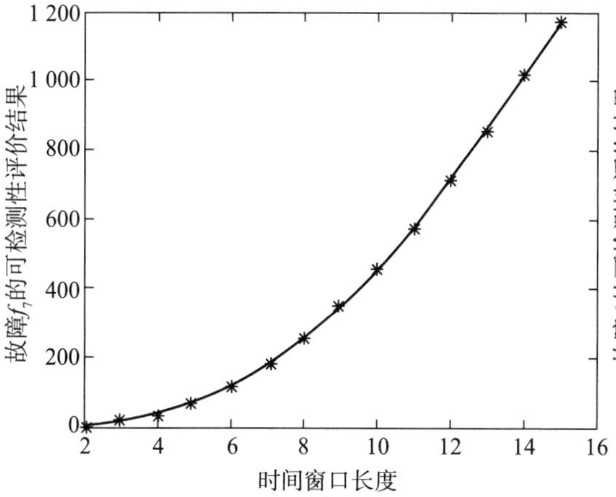

(g)故障f_7

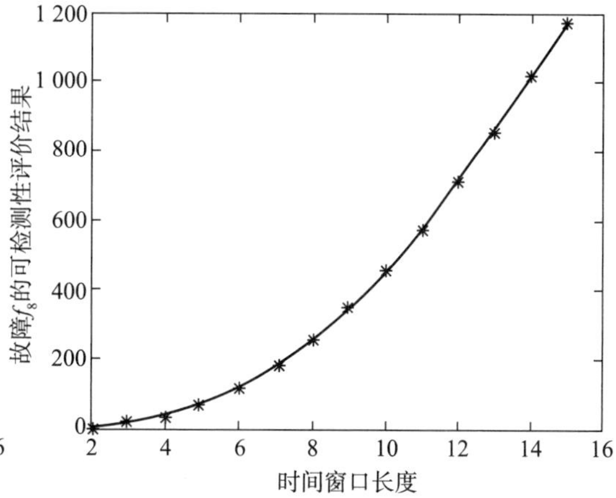

(h)故障f_8

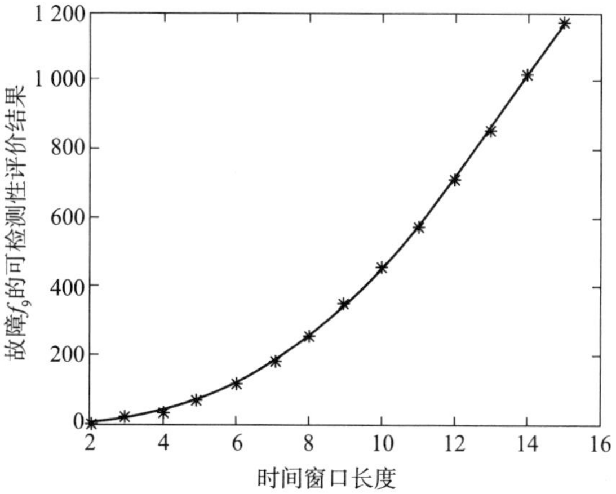

(i)故障f_9

图 4-6　窗口长度对评价结果的影响分析（续）

从仿真结果中可以发现：随着时间窗口长度 s 的增加，式（4－26）和式（4－28）所得可诊断性评价结果的数值不断增长。这表示随着时间的增加，对故障实现检测和分离的准确性得到提升，故障越来越容易被诊断。当 $s \leqslant 6$ 时，可诊断性评价结果的增长较缓慢；而当 $s \geqslant 7$ 时，可诊断性评价结果的数值增长趋势较快。同时，随着窗口长度 s 的增加，计算时间也大幅增加。

综上，为快速、准确地评价航天器控制系统的可检测性和可分离性，并平衡计算时间与评价准确性之间的矛盾，最终将时间窗口长度 s 设置为：$s \geqslant n+1$（n 表示系统维数）。

（3）故障模式的影响分析

对于式（4－30）所示航天器控制系统，令窗口长度 $s=7$、工作点 $\boldsymbol{x}_s=[\boldsymbol{\alpha} \quad \boldsymbol{\omega}]^{\mathrm{T}}$，分别将故障模式设置为常值故障模式 $\boldsymbol{f}_{sc}$ 和阶梯故障模式 $\boldsymbol{f}_{sr}$，对其可检测性和可分离性进行量化评价。

相关仿真参数设置如下

$$\boldsymbol{\alpha}=[9\times10^{-4} \quad 7\times10^{-4} \quad 6\times10^{-4}]\mathrm{rad}$$
$$\boldsymbol{\omega}=[-3.7\times10^{-5} \quad 1.9\times10^{-5} \quad 4.3\times10^{-5}]\mathrm{rad/s}$$
$$\boldsymbol{f}_{sc}=[0.1 \quad 0.1 \quad 0.1 \quad 0.1 \quad 0.1 \quad 0.1 \quad 0.1]^{\mathrm{T}}$$
$$\boldsymbol{f}_{sr}=[0.1 \quad 0.2 \quad 0.3 \quad 0.4 \quad 0.5 \quad 0.6 \quad 0.7]^{\mathrm{T}}$$

表 4－10 和表 4－12 分别列出了常值故障模式 $\boldsymbol{f}_{sc}$ 的可检测性和可分离性评价结果。

表 4－10　可检测性评价结果（常值故障模式 $\boldsymbol{f}_{sc}$）

故障	可检测性	故障	可检测性
f_1	0.005 5	f_6	0.000 2
f_2	0.004 5	f_7	176.728 3
f_3	0.003 4	f_8	176.728 3
f_4	0.000 2	f_9	176.728 3
f_5	0	—	—

从表 4－10 中可以发现：

1）对于常值故障模式 $\boldsymbol{f}_{sc}$，陀螺故障 $f_7 \sim f_9$ 的可检测性最高均为 176.728 3，即该故障最容易被检测；

2）动量轮故障 $f_1 \sim f_3$ 的可检测性次之，分别为 0.005 5，0.004 5 和 0.003 4；

3）星敏感器故障 f_4 和 f_6 的可检测性最低，均为 0.000 2，最不容易被检测；

4）y 轴星敏感器故障 f_5 不可被检测。

从表 4－12 中可以发现：

1）对于常值故障模式 $\boldsymbol{f}_{sc}$，故障 f_4 与 f_6，f_4 与 f_9，f_6 与 f_4，f_6 与 f_7，f_7 与 f_4，f_7 与 f_6，f_8 与 f_5，f_9 与 f_4 以及 f_9 与 f_6 之间不可被分离。这是因为在航天器控制系统中 x 轴和 z 轴之间的姿态角和角速度存在耦合关系，这使得当故障模式 $\boldsymbol{f}_{sc}$ 发生时，上述相关故障之间难以被区分。

2）由于故障 f_5 不可被检测，f_5 与其他故障之间的可分离性均为 0。

对于阶梯故障模式 $\boldsymbol{f}_{sr}$，其可检测性和可分离性评价结果分别见表 4－11 和表 4－13。对比表 4－10 和表 4－11 可以得出：

1）两种不同故障模式下，故障 f_1～f_9 的可检测性数值发生较大变化；

2）相对于常值故障模式 $\boldsymbol{f}_{sc}$ 而言，星敏感器故障 f_4 和 f_6 对于阶梯故障模式 $\boldsymbol{f}_{sr}$ 的可检测性得到大幅提升，由 0.000 2 提升为 1.767 3e6，且 f_5 可被检测（对于故障模式 $\boldsymbol{f}_{sc}$，f_5 不可被检测）。

表 4－11　可检测性评价结果（阶梯故障模式 $\boldsymbol{f}_{sr}$）

故障	可检测性	故障	可检测性
f_1	0.070 9	f_6	1.767 3e6
f_2	0.059 0	f_7	1.115 9e4
f_3	0.043 8	f_8	1.115 9e4
f_4	1.767 3e6	f_9	1.115 9e4
f_5	1.767 3e6	—	—

对比表 4－12 和表 4－13 可以发现：在两种不同故障模式下，故障 f_4 与 f_6，f_5 与 f_8 以及 f_6 与 f_4 之间均不可被分离。相对于 $\boldsymbol{f}_{sc}$，当故障模式 $\boldsymbol{f}_{sr}$ 发生时，剩余故障之间的可分离性得到不同程度的提升。这表示对于同一系统，不同故障模式对可诊断性量化评价结果的影响差异较大。因此，采用式（4－26）和式（4－28）进行可检测性和可分离性评价时需要结合不同的故障模式进行具体分析。

对比表 4－10～表 4－13 可以得出：同一故障的可检测性不小于其可分离性，即 $FD(f_i) \geqslant FI(f_i, f_j)$。

表 4－12　可分离性评价结果（常值故障模式 $\boldsymbol{f}_{sc}$）

故障	f_1	f_2	f_3	f_4	f_5	f_6	f_7	f_8	f_9
f_1	0	0.005 5	0.005 5	0.005 3	0.005 5	0.005 4	0.000 1	0.005 5	0.005 5
f_2	0.004 5	0	0.004 5	0.004 5	0.004 4	0.004 5	0.004 5	0.000 1	0.004 5
f_3	0.003 4	0.003 4	0	0.003 4	0.003 4	0.003 3	0.003 4	0.003 4	0.000 1
f_4	0.000 2	0.000 2	0.000 2	0	0.000 2	0	0.000 2	0.000 2	0
f_5	0	0	0	0	0	0	0	0	0
f_6	0.000 2	0.000 2	0.000 2	0	0.000 2	0	0	0.000 2	0.000 2
f_7	173.096 9	176.728 3	176.728 3	0	176.728 3	0	0	176.728 3	176.728 3
f_8	176.728 3	173.096 9	176.728 3	176.728 3	0	176.728 3	176.728 3	0	176.728 3
f_9	176.728 3	176.728 3	173.096 9	0	176.728 3	0	176.728 3	176.728 3	0

表 4-13 可分离性评价结果（阶梯故障模式 f_{sr}）

故障	f_1	f_2	f_3	f_4	f_5	f_6	f_7	f_8	f_9
f_1	0	0.070 9	0.070 9	0.069 3	0.070 9	0.070 2	0.000 9	0.070 9	0.070 9
f_2	0.059 0	0	0.059 0	0.059 0	0.057 7	0.059 0	0.059 0	0.000 8	0.059 0
f_3	0.043 8	0.043 8	0	0.043 4	0.043 8	0.042 8	0.043 8	0.043 8	0.000 6
f_4	1.731 0e6	1.767 3e6	1.767 3e6	0	1.767 3e6	0	0.002 3	1.767 3e6	1.767 3e6
f_5	1.767 3e6	1.731 0e6	1.767 3e6	1.767 3e6	0	1.767 3e6	1.767 3e6	0	1.767 3e6
f_6	1.767 3e6	1.767 3e6	1.731 0e6	0	1.767 3e6	0	1.767 3e6	1.767 3e6	0.002 3
f_7	2.267 7e3	1.115 9e4	1.115 9e4	8.331 1e3	1.115 9e4	8.331 1e3	0	1.115 9e4	1.115 9e4
f_8	1.115 9e4	2.267 7e3	1.115 9e4	1.115 9e4	8.331 1e3	1.115 9e4	1.115 9e4	0	1.115 9e4
f_9	1.115 9e4	1.115 9e4	2.267 7e3	8.331 1e3	1.11 59e4	8.331 1e3	1.115 9e4	1.115 9e4	0

4.5 基于方向相似度的可诊断性评价方法

上一节采用距离相似度对航天器控制系统的可检测性和可分离性实现了量化评价。然而，该方法在具体应用时存在以下局限性：1）对于某些非零故障模式（本身可被检测的故障模式）不具有可检测性；2）当系统输出个数为 1 时，无法进行可分离性评价。事实上，对于实际系统而言，上述两点局限性往往是不可避免的。鉴于此，有必要提出一种新颖的可诊断性量化评价方法，用以弥补距离相似度评价准则存在的局限性。

本节首先分析了距离相似度评价准则存在局限性的本质原因；然后，分别利用故障矢量的分布概率以及不同故障矢量之间的余弦相似度，推导设计了新的可检测性和可分离性评价指标，并给出具体评价流程；最后，通过仿真算例验证了该方法的正确性和优越性。

4.5.1 距离相似度评价准则的局限性分析

基于距离相似度评价准则，故障 f_i 的可检测性以及故障 f_i 与 f_j 之间的可分离性评价指标，可以写成如下形式

$$
\begin{aligned}
FD(f_i) &= \frac{1}{8}\|\boldsymbol{N}_H\boldsymbol{F}_i\boldsymbol{f}_{si}\|^2 \\
FI(f_i,f_j) &= \frac{1}{8}\|\boldsymbol{N}_{[H\quad F_j]}\boldsymbol{F}_i\boldsymbol{f}_{si}\|^2
\end{aligned}
\tag{4-32}
$$

从式（4-32）中可以看出：该可检测性和可分离性评价指标仅与故障模式矢量 $\boldsymbol{f}_{si}$、系数矩阵 $\boldsymbol{F}$ 和 $\boldsymbol{H}$ 有关，而与诊断算法的具体形式无关。但是，距离相似度评价准则在具体应用时主要存在以下两点局限性：

1）对于某些特定形式的非零故障模式（$\boldsymbol{f}_{si}\neq\boldsymbol{0}$），不能正确评价其可检测性；

2）当系统输出个数为 1 时，无法实现可分离性的量化评价。

本节分别通过定理 4-1 和定理 4-2，对上述局限性存在的数学本质进行证明。

从式（4-32）中可以看出，距离相似度对故障 $\boldsymbol{f}_i$ 进行可检测性评价的前提是[11,12]：$\boldsymbol{N}_H\boldsymbol{F}_i\boldsymbol{f}_{si} \neq \boldsymbol{0}$。然而，对于某些非零故障模式（$\boldsymbol{f}_{si} \neq \boldsymbol{0}$）可能导致其不具有可检测性，即使得：$\boldsymbol{N}_H\boldsymbol{F}_i\boldsymbol{f}_{si} = \boldsymbol{0}$。在此，通过定理 4-1 给出距离相似度评价准则实现可检测性评价的前提条件。

定理 4-1　在式（4-16）所示航天器控制系统中，采用距离相似度评价准则对非零故障模式 $\boldsymbol{f}_{si}$ 进行可检测性量化评价的充要条件是：在矩阵 $\boldsymbol{N}_H\boldsymbol{F}_i$ 的行最简阶梯形中，每个非零行的非零元素个数等于 1。

证明：设 $\boldsymbol{N}_H\boldsymbol{F}_i$ 的维数为 $m \times n$、秩为 r。对于非零故障模式 $\boldsymbol{f}_{si}$，$\boldsymbol{N}_H\boldsymbol{F}_i\boldsymbol{f}_{si} = \boldsymbol{0}$ 的充要条件是[13]：$r < n$。因此，$\boldsymbol{N}_H\boldsymbol{F}_i$ 的行最简阶梯形可以写成

$$\begin{bmatrix} 1 & 0 & \cdots & 0 & b_{1,r+1} & \cdots & b_{1,n} \\ 0 & 1 & & \vdots & b_{2,r+1} & \cdots & b_{2,n} \\ \vdots & & \ddots & 0 & \vdots & \ddots & \vdots \\ 0 & \cdots & 0 & 1 & b_{r,r+1} & \cdots & b_{r,n} \\ 0 & 0 & \cdots & 0 & 0 & \cdots & 0 \\ \vdots & \vdots & \ddots & \vdots & \vdots & \ddots & \vdots \\ 0 & 0 & \cdots & 0 & 0 & \cdots & 0 \end{bmatrix}_{m \times n} \tag{4-33}$$

必要性：

基于式（4-33），$\boldsymbol{N}_H\boldsymbol{F}_i\boldsymbol{f}_{si} = \boldsymbol{0}$ 可展开成

$$\begin{cases} \boldsymbol{f}_{s1} + b_{1,r+1}\boldsymbol{f}_{s(r+1)} + \cdots + b_{1,n}\boldsymbol{f}_{sn} = 0 \\ \qquad\qquad\vdots \\ \boldsymbol{f}_{sr} + b_{r,r+1}\boldsymbol{f}_{s(r+1)} + \cdots + b_{r,n}\boldsymbol{f}_{sn} = 0 \end{cases} \tag{4-34}$$

若 $b_{i,r+1} = \cdots = b_{i,n} = 0 (1 \leqslant i \leqslant r) \Rightarrow \boldsymbol{f}_{si} = \boldsymbol{0}$，则与故障模式 $\boldsymbol{f}_{si}$ 是非零的前提假设相矛盾。因此，为保证 $\boldsymbol{N}_H\boldsymbol{F}_i\boldsymbol{f}_{si} = \boldsymbol{0}$ 且 $\boldsymbol{f}_{si} \neq \boldsymbol{0}$，在矩阵 $\boldsymbol{N}_H\boldsymbol{F}_i$ 的第 i 个非零行中至少存在一个元素 $b_{i,j} \neq 0$。换言之，对于非零故障模式 $\boldsymbol{f}_{si}$，当 $\boldsymbol{N}_H\boldsymbol{F}_i\boldsymbol{f}_{si} = \boldsymbol{0}$ 时，在 $\boldsymbol{N}_H\boldsymbol{F}_i$ 的行最简阶梯形中，每个非零行的非零元素个数至少为 2。

因此，当 $\boldsymbol{N}_H\boldsymbol{F}_i\boldsymbol{f}_{si} \neq \boldsymbol{0}$ 时，在 $\boldsymbol{N}_H\boldsymbol{F}_i$ 的行最简阶梯形中，每个非零行的非零元素个数为 1。

充分性：

设 M 为充分大的正数，且令 $f_{r+1} = M^{n-r}$，…，$f_n = M$，得到

$$\boldsymbol{f}_{si} = -b_{i,r+1}M^{n-r} - \cdots - b_{i,n}M \quad i = 1, \cdots, r \tag{4-35}$$

由于 $\boldsymbol{f}_{si}$ 非零，则至少有一个系数 $b_{i,j}$ 是非零的。不失一般性，设 $b_{i,r+k} \neq 0 (1 \leqslant k \leqslant n-r)$，则

$$\boldsymbol{f}_{si} = -b_{i,r+k}M^{n-r-k+1}\left(1 + \frac{-b_{i,r+k+1}M^{n-r-k} - \cdots - b_{i,n}M}{-b_{i,r+k}M^{n-r-k+1}}\right) \tag{4-36}$$

由于 $\lim\limits_{M\to+\infty}\boldsymbol{f}_{si}=+\infty$，所以存在充分大的正数 M，使得：$\boldsymbol{f}_{si}\neq\boldsymbol{0}\Rightarrow\boldsymbol{N}_H\boldsymbol{F}_i\boldsymbol{f}_{si}=\boldsymbol{0}$。

因此，在 $\boldsymbol{N}_H\boldsymbol{F}_i$ 的行最简阶梯形中，当每个非零行中只有1个非零元素时，$\boldsymbol{N}_H\boldsymbol{F}_i\boldsymbol{f}_{si}\neq\boldsymbol{0}$。

综上所述，定理4-1得证。

当定理4-1不满足时，无法采用距离相似度评价准则对式（4-16）所示航天器控制系统的可检测性和可分离性进行量化评价。

同样，通过定理4-2给出距离相似度评价准则进行可分离性评价的前提条件。

定理4-2 在式（4-16）所示航天器控制系统中，采用距离相似度评价准则进行可分离性量化评价的条件是：输出个数 $m>1$。

证明： 在式（4-17）中，矩阵 $\boldsymbol{H}$ 的维数为 $(n+m)s\times n(s+1)$；$[\boldsymbol{H}\quad\boldsymbol{F}_j]$ 的维数为 $(n+m)s\times[n(s+1)+s]$。为保证 $\boldsymbol{H}$ 和 $[\boldsymbol{H}\quad\boldsymbol{F}_j]$ 零空间左正交基的存在性，要求上述矩阵的行数必须大于列数，即满足

$$\begin{cases}(n+m)s>n(s+1)\\(n+m)s>n(s+1)+s\end{cases}\Rightarrow\begin{cases}n<ms\\n<ms-s\end{cases}\tag{4-37}$$

由于 m 为大于或等于1的正整数，且 $s=n+1$，则式（4-37）中上式恒成立。当 $m=1$ 时，由式（4-37）中下式得到：$n<0$，这与实际情况显然不符。因此，当输出个数 $m=1$ 时，距离相似度评价准则仅能实现可检测性的量化评价，而无法衡量可分离性。

当 $m\neq1$ 时，即 $m\geqslant2$，式（4-37）中下式变为

$$n<ms-s=(s-1)+(m-2)s+1\tag{4-38}$$

由于 $s=n+1$，则上式恒成立。因此，当输出个数大于1时，距离相似度评价准则可用于故障可分离性分析。

综上所述，定理4-2得证。

4.5.2 基于方向相似度的可诊断性评价原理

对于实际系统而言，距离相似度评价准则的局限性往往是不可避免的。特别是，由于质量、体积等客观因素使得航天器控制系统中矩阵 $\boldsymbol{N}_H\boldsymbol{F}_i$ 和输出个数 m 往往不能满足定理4-1和定理4-2的条件。

令 $\boldsymbol{r}=\boldsymbol{N}_H\boldsymbol{F}_i$，$\boldsymbol{q}_i=\boldsymbol{N}_H\boldsymbol{F}_i\boldsymbol{f}_{si}$ 和 $\boldsymbol{e}_i=\boldsymbol{N}_H\boldsymbol{E}_i\boldsymbol{e}_{si}$，当干扰因素 $\boldsymbol{e}_i$ 服从标准正态分布时，即 $\boldsymbol{e}_i\sim N(\boldsymbol{0},\ \boldsymbol{I})$，由式（4-18）可得，系统动态行为 $\boldsymbol{r}$ 可用如下概率密度函数描述

$$\begin{aligned}p(\boldsymbol{r}\mid H)&=N(\boldsymbol{0},\boldsymbol{I})\\p(\boldsymbol{r}\mid\bar{H}_{f_i})&=N(\boldsymbol{q}_i,\boldsymbol{I})\end{aligned}\tag{4-39}$$

式中 H，$\bar{H}_{f_i}$ ——无故障（$\boldsymbol{f}_{si}=\boldsymbol{0}$）和故障 f_i 发生（$\boldsymbol{f}_{si}\neq\boldsymbol{0}$）这两种条件事件；

$p(\boldsymbol{r}\mid H)$，$p(\boldsymbol{r}\mid\bar{H}_{f_i})$ ——无故障发生时和故障 f_i 发生时系统动态行为 $\boldsymbol{r}$ 的先验概率密度函数。

根据贝叶斯原理，故障 f_i 发生的后验概率为

$$p(\bar{H}_{f_i}\mid\boldsymbol{r})=\frac{p(\boldsymbol{r}\mid\bar{H}_{f_i})p(\bar{H}_{f_i})}{p(\boldsymbol{r})}\tag{4-40}$$

其中

$$p(\boldsymbol{r})=\sum_{i=1}^{n_f} p(\boldsymbol{r} \mid \bar{H}_{f_i}) p(\bar{H}_{f_i})+p(\boldsymbol{r} \mid H) p(H)$$

式中　n_f ——故障的个数；

$p(\bar{H}_{f_i} \mid \boldsymbol{r})$ ——故障 f_i 发生时系统动态行为 $\boldsymbol{r}$ 的后验概率密度函数，其物理意义为：通过观测系统行为 $\boldsymbol{r}$ 判断故障 f_i 发生的概率；

$p(H)$，$p(\bar{H}_{f_i})$ ——系统无故障和故障 f_i 发生的概率，这两者在系统设计阶段是未知的。

当故障 f_i 发生时，后验概率 $p(\bar{H}_{f_i} \mid \boldsymbol{r})$ 是故障诊断算法进行检测阈值设计的关键。然而，从式（4-40）中可以发现：由于在系统设计阶段难以明确 $p(\bar{H}_{f_i})$ 和 $p(H)$ 的数值，从而无法得到 $p(\bar{H}_{f_i} \mid \boldsymbol{r})$；同时，考虑到先验概率 $p(\boldsymbol{r} \mid \bar{H}_{f_i})$ 与 $p(\bar{H}_{f_i} \mid \boldsymbol{r})$ 的大小成正比，且在设计阶段易于获取。因此，可以利用故障 f_i 发生时系统动态行为 $\boldsymbol{r}$ 的先验概率 $p(\boldsymbol{r} \mid \bar{H}_{f_i})$ 评价故障 f_i 的可检测性。

图4-7给出了二维空间中基于方向相似度评价准则进行可诊断性评价的示意图。其中，$O-xy$ 表示一个二维空间；$\boldsymbol{q}_i$，$\boldsymbol{q}_j$ 和 $\boldsymbol{q}_k$ 分别表示故障矢量 $\boldsymbol{f}_i$，$\boldsymbol{f}_j$ 和 $\boldsymbol{f}_k$ 在 $O-xy$ 中的特征方向，虚线表示各故障矢量的反向延长线；$\boldsymbol{r}$ 表示系统动态行为在 $O-xy$ 中的空间指向；α_i，α_j 和 α_k 分别表示 $\boldsymbol{q}_i$，$\boldsymbol{q}_j$ 以及 $\boldsymbol{q}_k$ 与 $\boldsymbol{r}$ 之间的夹角；以原点 O 为圆心的单位圆表示干扰的分布范围。

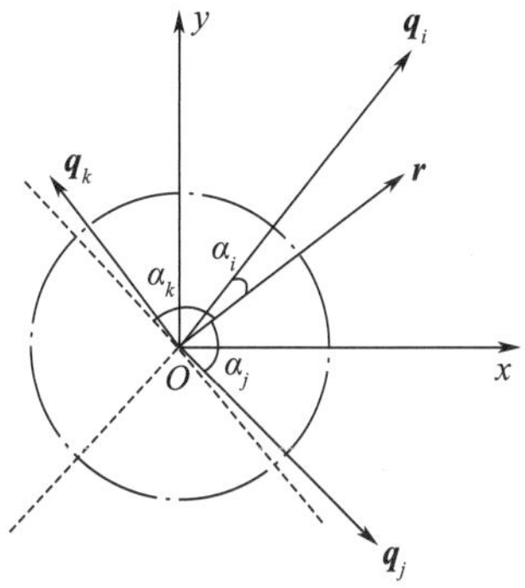

图4-7　基于方向相似度的可诊断性评价示意图（二维空间）

从图4-7中可以发现：

1）在单位圆内，认为系统是无故障的。

2）$\boldsymbol{q}_i$ 离原点 O 越远，故障 f_i 的可检测性越高；同时，$p(\boldsymbol{r}=\boldsymbol{q}_i \mid H)$ 的数值越小，即故障 f_i 的可检测性与 $p(\boldsymbol{r}=\boldsymbol{q}_i \mid H)$ 成反比。

3）当 $\boldsymbol{q}_i$，$\boldsymbol{q}_j$ 和 $\boldsymbol{q}_k$ 两两之间共线时，对应故障之间不可被分离。

4）$\boldsymbol{q}_i$，$\boldsymbol{q}_j$ 和 $\boldsymbol{q}_k$ 两两之间共线程度越高，对应故障之间的可分离性越低。例如，$\boldsymbol{q}_j$ 与 $\boldsymbol{q}_k$ 延长线之间的夹角值较小，表示故障 f_j 与 f_k 之间的可分离性较低。

根据固定残差方向的故障分离原理可知：α_i，α_j 和 α_k 分别表示故障矢量 $\boldsymbol{q}_i$，$\boldsymbol{q}_j$ 和 $\boldsymbol{q}_k$ 与系统动态行为 $\boldsymbol{r}$ 之间的接近程度；当 $\boldsymbol{r}$ 与 $\boldsymbol{q}_i$ 的夹角值 α_i 相对于 α_j 和 α_k 是最小时，表明故障矢量 $\boldsymbol{q}_i$ 与系统行为 $\boldsymbol{r}$ 最接近，即认为此时故障 f_i 发生。理论上，当故障 f_i 发生时，$\boldsymbol{r}$ 应与 $\boldsymbol{q}_i$ 重合。实际上，由于干扰因素的存在使得 $\boldsymbol{r}$ 与 $\boldsymbol{q}_i$ 不重合，同时满足：$\alpha_i < \alpha_j$ 且 $\alpha_i < \alpha_k$。

在此需要说明的是，当 $\boldsymbol{q}_i$，$\boldsymbol{q}_j$ 以及 $\boldsymbol{q}_k$ 与 $\boldsymbol{r}$ 之间夹角为锐角时（图 4-7），α_i，α_j 和 α_k 的值即为该夹角值；而当该夹角为钝角时，α_i，α_j 和 α_k 的值为 $\boldsymbol{r}$ 与 $\boldsymbol{q}_i$，$\boldsymbol{q}_j$ 以及 $\boldsymbol{q}_k$ 延长线之间的夹角值。也就是，α_i，α_j 和 α_k 的取值范围为 $[0, \pi/2]$。

综上所述，可以将故障矢量的分布概率和不同故障矢量之间的余弦相似度作为量化指标，分别用于评价式（4-16）所示航天器控制系统的可检测性和可分离性。

4.5.3 基于方向相似度的可诊断性评价指标和具体流程

基于图 4-7 所示二维空间中可检测性和可分离性评价原理，本节将方向相似度评价准则扩展到 n 维空间中。

考虑到故障 f_i 的可检测性与 $p(\boldsymbol{r}=\boldsymbol{q}_i \mid H)$ 的数值成反比，设计如下可检测性评价指标

$$FD(f_i)=\frac{1}{p(\boldsymbol{r}=\boldsymbol{q}_i \mid H)+1} \tag{4-41}$$

式中，$FD(f_i)$ 的取值范围为 $[0, 1]$，该数值越接近 1，f_i 的可检测性越高；反之，该数值越接近 0，f_i 的可检测性越低。

从式（4-41）中可以看出：当 $\boldsymbol{N}_H\boldsymbol{F}_i\boldsymbol{f}_{si}=\boldsymbol{0}$ 时，仍能够根据 $\boldsymbol{q}_i$ 的分布概率，利用式（4-41）所示评价指标求出故障 f_i 的可检测性，无须要求 $\boldsymbol{N}_H\boldsymbol{F}_i\boldsymbol{f}_{si}\neq\boldsymbol{0}$，这也解除了定理 4-1 对矩阵 $\boldsymbol{N}_H\boldsymbol{F}_i$ 形式的约束。

当故障 f_i 发生时，若要将 f_i 与 f_j 进行分离，需满足条件：$\alpha_i < \alpha_j$。根据余弦相似度的定义，得到

$$\frac{|\boldsymbol{r}\cdot\boldsymbol{q}_i|}{\|\boldsymbol{r}\|\,\|\boldsymbol{q}_i\|} > \frac{|\boldsymbol{r}\cdot\boldsymbol{q}_j|}{\|\boldsymbol{r}\|\,\|\boldsymbol{q}_j\|} \tag{4-42}$$

式中 符号“·”——点积运算；

$|\cdot|$ ——取绝对值；

$\|\cdot\|$ ——向量范数。

当 $\boldsymbol{r}\cdot\boldsymbol{q}_i>0$ 且 $\boldsymbol{r}\cdot\boldsymbol{q}_j>0$ 时，在式（4-42）的大于号两边同乘 $\|\boldsymbol{r}\|$ 且将 $\boldsymbol{r}=\boldsymbol{q}_i+\boldsymbol{e}_i$ 代入，经推导得到

$$\begin{aligned}
\frac{(\boldsymbol{q}_i+\boldsymbol{e}_i)\cdot\boldsymbol{q}_i}{\|\boldsymbol{q}_i\|} &> \frac{(\boldsymbol{q}_i+\boldsymbol{e}_i)\cdot\boldsymbol{q}_j}{\|\boldsymbol{q}_j\|} \\
\frac{\|\boldsymbol{q}_i\|^2+\boldsymbol{e}_i\cdot\boldsymbol{q}_i}{\|\boldsymbol{q}_i\|} &> \frac{\boldsymbol{q}_i\cdot\boldsymbol{q}_j+\boldsymbol{e}_i\cdot\boldsymbol{q}_j}{\|\boldsymbol{q}_j\|} \\
\|\boldsymbol{q}_i\|+\boldsymbol{e}_i\cdot\boldsymbol{n}_i &> \boldsymbol{q}_i\cdot\boldsymbol{n}_j+\boldsymbol{e}_i\cdot\boldsymbol{n}_j \\
\|\boldsymbol{q}_i\|(1-\boldsymbol{n}_i\cdot\boldsymbol{n}_j) &> \boldsymbol{e}_i\cdot(\boldsymbol{n}_j-\boldsymbol{n}_i) \\
\|\boldsymbol{q}_i\| &> \frac{\boldsymbol{e}_i\cdot(\boldsymbol{n}_j-\boldsymbol{n}_i)}{1-\boldsymbol{n}_i\cdot\boldsymbol{n}_j}
\end{aligned} \tag{4-43}$$

式中　$\boldsymbol{n}_i$，$\boldsymbol{n}_j$ ——$\boldsymbol{q}_i$ 和 $\boldsymbol{q}_j$ 的单位向量。

当 $\boldsymbol{r}\cdot\boldsymbol{q}_i>0$ 且 $\boldsymbol{r}\cdot\boldsymbol{q}_j<0$ 时，由式（4-42）可得

$$\begin{aligned}
\frac{(\boldsymbol{q}_i+\boldsymbol{e}_i)\cdot\boldsymbol{q}_i}{\|\boldsymbol{q}_i\|} &> \frac{-(\boldsymbol{q}_i+\boldsymbol{e}_i)\cdot\boldsymbol{q}_j}{\|\boldsymbol{q}_j\|} \\
\|\boldsymbol{q}_i\|+\boldsymbol{e}_i\cdot\boldsymbol{n}_i &> -\boldsymbol{q}_i\cdot\boldsymbol{n}_j-\boldsymbol{e}_i\cdot\boldsymbol{n}_j \\
\|\boldsymbol{q}_i\|(1+\boldsymbol{n}_i\cdot\boldsymbol{n}_j) &> -\boldsymbol{e}_i\cdot(\boldsymbol{n}_i+\boldsymbol{n}_j) \\
\|\boldsymbol{q}_i\| &> \frac{-\boldsymbol{e}_i\cdot(\boldsymbol{n}_i+\boldsymbol{n}_j)}{1+\boldsymbol{n}_i\cdot\boldsymbol{n}_j}
\end{aligned} \tag{4-44}$$

同理可得 $\boldsymbol{r}\cdot\boldsymbol{q}_i<0$ 且 $\boldsymbol{r}\cdot\boldsymbol{q}_j<0$ 和 $\boldsymbol{r}\cdot\boldsymbol{q}_i<0$ 且 $\boldsymbol{r}\cdot\boldsymbol{q}_j>0$ 两种情况下 $\|\boldsymbol{q}_i\|$ 的取值。

综上所述，当故障 f_i 发生时，若要将 f_i 与 f_j 进行分离，$\boldsymbol{q}_i$ 需满足如下要求

$$\|\boldsymbol{q}_i\|_c=\begin{cases}\dfrac{\boldsymbol{e}_i\cdot(\boldsymbol{n}_j-\boldsymbol{n}_i)}{1-\boldsymbol{n}_i\cdot\boldsymbol{n}_j} & (\boldsymbol{r}\cdot\boldsymbol{q}_i)(\boldsymbol{r}\cdot\boldsymbol{q}_j)>0\\[2ex] \dfrac{-\boldsymbol{e}_i\cdot(\boldsymbol{n}_i+\boldsymbol{n}_j)}{1+\boldsymbol{n}_i\cdot\boldsymbol{n}_j} & (\boldsymbol{r}\cdot\boldsymbol{q}_i)(\boldsymbol{r}\cdot\boldsymbol{q}_j)<0\end{cases} \tag{4-45}$$

式中　$\|\boldsymbol{q}_i\|_c$ ——从故障 f_j 中分离故障 f_i 所需 $\|\boldsymbol{q}_i\|$ 的临界数值。

$\|\boldsymbol{q}_i\|$ 的物理含义为：实现 f_i 与 f_j 分离，需要花费的代价（故障矢量 $\boldsymbol{q}_i$ 的最小幅值）。也就是说，$\|\boldsymbol{q}_i\|_c$ 的数值越小，将 f_i 从 f_j 中分离出来所需花费的代价越小，即 f_i 与 f_j 之间的可分离性越高。因此，故障 f_i 与 f_j 之间的可分离性与 $\|\boldsymbol{q}_i\|_c$ 成反比。

基于以上表述，设计如下可分离性评价指标

$$FI(f_i,f_j)=\frac{1}{\|\boldsymbol{q}_i\|_c+1} \tag{4-46}$$

式中，$FI(f_i,f_j)$ 的取值范围为[0，1]，该数值越接近 1，表示故障 f_i 与 f_j 之间的可分离性越强；反之，该数值越接近 0，可分离性越弱。

从式（4-46）中可以看出：该可分离性评价指标仅关注故障矢量与干扰矢量之间的夹角关系，不要求 $\boldsymbol{N}_{[H\ \ F_j]}$ 必须存在。因此，该指标避免了定理 4-2 对输出个数 m 的限制。

综上所述，相对距离相似度评价准则，式（4-41）和式（4-46）所示基于方向相似度的可检测性和可分离性评价指标，具有明显的优越性，避免了定理 4-1 和定理 4-2 对航天器控制系统具体形式的限制。

图 4-8 给出了基于距离和方向相似度的航天器控制系统可诊断性量化评价流程的示

意图。在此需要强调的是：若式（4-18）满足定理4-1和定理4-2的条件，对于所有故障模式，距离相似度和方向相似度两种评价准则均适用；当式（4-18）不满足定理4-1时，对于部分故障模式（由方程组 $\boldsymbol{N}_H\boldsymbol{F}_i\boldsymbol{f}_{si}=\boldsymbol{0}$ 求得 $\boldsymbol{f}_{si}$），距离相似度评价准则不适用。当式（4-18）不满足定理4-2时，对于所有故障模式，距离相似度评价准则均不适用。然而，当式（4-18）不满足定理4-1和定理4-2时，对于所有故障模式，方向相似度评价准则均适用。

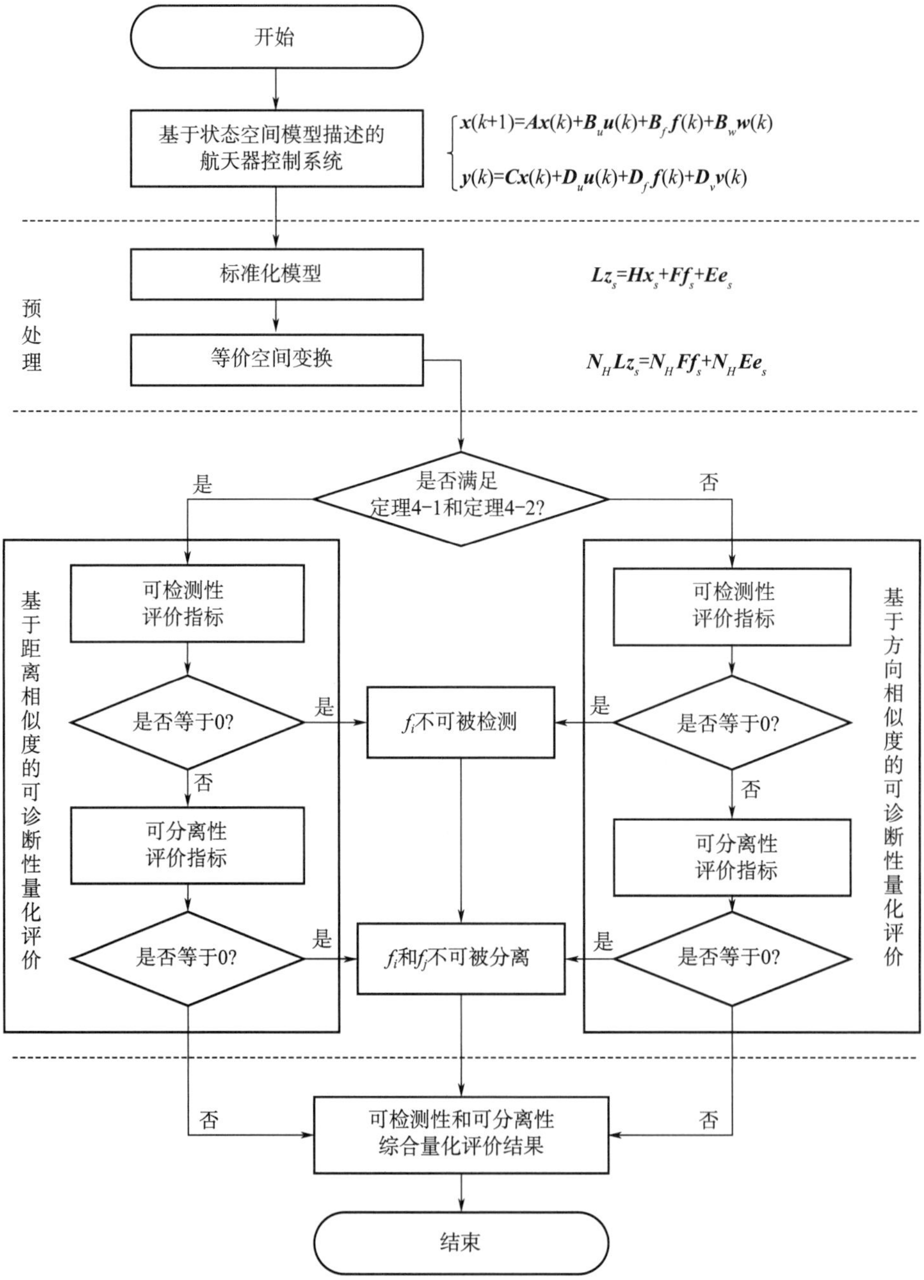

图4-8　基于距离和方向相似度的可诊断性评价流程图

4.5.4　仿真算例

（1）仿真算例 1——一般系统

考虑如下所示一般系统的状态空间模型

$$\begin{cases} x_1(k+1)=x_1(k)+x_2(k) \\ x_2(k+1)=-x_1(k)+x_2(k)+u(k)+f_1(k)+f_2(k)+w(k) \\ y_1(k)=x_1(k)+f_3(k)+v_1(k) \\ y_2(k)=x_1(k)+f_4(k)+v_2(k) \end{cases} \tag{4-47}$$

式中　$w(k)$，$v_1(k)$，$v_2(k)$——线性互不相关的高斯白噪声，分别服从以下分布：$w(k)\sim N(0,\ 0.1)$，$v_1(k)\sim N(0,\ 1)$ 和 $v_2(k)\sim N(0,\ 0.5)$。

下面分别采用距离和方向相似度评价准则，来量化评价式（4-47）所示一般系统的可检测性和可分离性。

表 4-14 给出了距离相似度评价准则对于常值偏差型故障模式 $\boldsymbol{f}_{si}=[1\quad 1\quad 1]^{\mathrm{T}}$ 的可检测性和可分离性评价结果。

表 4-14　基于距离相似度评价准则的可诊断性评价结果——式（4-47）所示系统

	FD	f_1	f_2	f_3	f_4
f_1	0.161 3	0	0	0.108 7	0.054 9
f_2	0.161 3	0	0	0.108 7	0.054 9
f_3	1.017 9	1.000 0	1.000 0	0	0.054 9
f_4	1.071 7	1.000 0	1.000 0	0.108 7	0

注：*FD* 表示指定故障的可检测性评价结果，其余数值为对应故障之间的可分离性评价结果。

从表 4-14 中可以发现：

1）得到的可检测性评价结果相差较大，最小值为 0.161 3，最大值为 1.071 7。可检测性从高到低的排序为：$f_4>f_3>f_1=f_2$。

2）故障 f_1 与 f_2 之间不可被分离，且可分离性结果不对称，即 $FI(f_i,\ f_j)\neq FI(f_j,\ f_i)$。

表 4-15 给出了方向相似度评价准则对于常值偏差型故障模式 $\boldsymbol{f}_{si}=[1\quad 1\quad 1]^{\mathrm{T}}$ 的可检测性和可分离性量化评价结果。

表 4-15　基于方向相似度评价准则的可诊断性评价结果——式（4-47）所示系统

	FD	f_1	f_2	f_3	f_4
f_1	0.978 9	0	0	0.180 0	0.168 7
f_2	0.978 9	0	0	0.180 0	0.168 7
f_3	0.990 9	0.180 0	0.180 0	0	0.061 4
f_4	0.991 4	0.168 7	0.168 7	0.061 4	0

注：表中各数值的具体含义与表 4-14 相同。

从表 4 - 15 中可以发现：得到的可检测性评价结果均接近 1，可检测性从高到低的排序同表 4 - 14 一致。

在此需要说明的是：上述两种方法所得可检测性评价结果的数值之所以相差较大，是由于这两种方法所用可检测性评价指标的物理含义和取值范围均不相同。具体来讲，距离相似度评价准则通过故障矢量长度的平方来量化可检测性；而方向相似度则根据故障发生时系统行为的分布概率来评价可检测性。

同样，上述两种评价准则所得可分离性评价结果的具体数值也具有明显差别，这也是因为这两种准则所设计评价指标的具体形式和取值范围均不相同。

上述两种评价准则分别从故障矢量的不同物理含义来量化航天器控制系统的可检测性和可分离性，这使得评价结果的相关数值之间不具有可比性。但是，可以通过数值的大小排序来评价可检测性和可分离性。从这一点来讲，这两种评价准则求出的可诊断性评价结果是一致的。

综上所述，对于满足定理 4 - 1 和定理 4 - 2 要求的一般系统，距离和方向相似度两种评价准则均能实现系统可诊断性的量化评价，且评价结果一致。

（2）仿真算例 2——航天器姿态确定子系统

姿态确定子系统是实现航天器控制的基础，其任务是对姿态测量部件所测信息进行处理，得到航天器本体坐标系相对于轨道坐标系的姿态[14]。常用的测量部件包括：星敏感器、太阳敏感器、地球敏感器和陀螺等。

为体现方向相似度评价准则的优越性，本节以“红外地球敏感器＋陀螺”为例，进行仿真验证。红外地球敏感器和陀螺分别用于测量航天器的姿态角和角速度，将两者联合使用可以实现高精度组合定姿。考虑到航天器俯仰轴（y 轴）的姿态角/角速度与滚动轴和偏航轴（x 轴和 z 轴）解耦，为了降低模型维数和简化问题，下面仅给出航天器在 y 轴上的离散形式状态空间模型

$$
\begin{cases}
\underbrace{\begin{bmatrix}\theta(k+1)\\ d_y(k+1)\\ b_y(k+1)\end{bmatrix}}_{\boldsymbol{x}(k+1)}=\underbrace{\begin{bmatrix}1 & -\mathrm{d}t & -\mathrm{d}t\\ 0 & 1-1/\tau_y\mathrm{d}t & 0\\ 0 & 0 & 1\end{bmatrix}}_{\boldsymbol{A}}\underbrace{\begin{bmatrix}\theta(k)\\ d_y(k)\\ b_y(k)\end{bmatrix}}_{\boldsymbol{x}(k)}+\underbrace{\begin{bmatrix}\mathrm{d}t & 0 & 0\\ 0 & \mathrm{d}t & 0\\ 0 & 0 & \mathrm{d}t\end{bmatrix}}_{\boldsymbol{B}_u}\underbrace{\begin{bmatrix}\omega_0+g_y\\ 0\\ 0\end{bmatrix}}_{\boldsymbol{u}(k)}\\
\qquad +\underbrace{\begin{bmatrix}\mathrm{d}t & 0\\ 0 & 0\\ 0 & 0\end{bmatrix}}_{\boldsymbol{B}_f}\underbrace{\begin{bmatrix}f_{gy}(k)\\ f_{h\theta}(k)\end{bmatrix}}_{\boldsymbol{f}(k)}+\underbrace{\begin{bmatrix}1 & 0 & 0\\ 0 & 1 & 0\\ 0 & 0 & 1\end{bmatrix}}_{\boldsymbol{B}_w}\underbrace{\begin{bmatrix}n_y(k)\\ n_{dy}(k)\\ n_{by}(k)\end{bmatrix}}_{\boldsymbol{w}(k)}\\
\underbrace{\theta(k)}_{\boldsymbol{y}(k)}=\underbrace{[1\quad 0\quad 0]}_{\boldsymbol{C}}\underbrace{\begin{bmatrix}\theta(k)\\ d_y(k)\\ b_y(k)\end{bmatrix}}_{\boldsymbol{x}(k)}+\underbrace{\begin{bmatrix}0 & 1\\ 0 & 0\\ 0 & 0\end{bmatrix}}_{\boldsymbol{D}_f}\underbrace{\begin{bmatrix}f_{gy}(k)\\ f_{h\theta}(k)\end{bmatrix}}_{f(k)}+\underbrace{[1]}_{\boldsymbol{D}_v}\underbrace{n_\theta(k)}_{\boldsymbol{v}(k)}
\end{cases}
\tag{4-48}
$$

式中　θ，ω_0——航天器的姿态角和轨道角速度；

g_y，d_y，b_y，τ_y，f_{gy}，n_y / n_{by} / n_{dy} ——陀螺的输出、指数相关漂移、常值漂移、时间常数、故障矢量和观测噪声；

$f_{h\theta}$，n_θ ——红外地球敏感器的故障矢量和观测噪声；

$\mathrm{d}t$ ——采样时间间隔。

相关参数的取值为：$\mathrm{d}t=0.1\mathrm{s}$；$\tau_y=1/11$；$\omega_0=0.06\ \mathrm{rad/s}$；$n_y\sim N(0,\ 10^{-6})$；$n_{by}\sim N(0,\ 10^{-4})$；$n_{dy}\sim N(0,\ 10^{-5})$；$n_\theta\sim N(0,\ 10^{-4})$。

从式（4-48）中可以发现：在 $\boldsymbol{N}_H\boldsymbol{F}_i(i=1,\ 2)$ 的行最简阶梯形中，每个非零行的非零元素个数分别为 3 和 4，且系统的输出个数 $m=1$。因此，根据定理 4-1 和定理 4-2 可知：对于航天器姿态确定子系统，距离相似度评价准则已不能用于任何故障模式可分离性的量化评价。同时，对于常值偏差型故障模式（例如，$\boldsymbol{f}_{si}=[1\quad 1\quad 1\quad 1]^{\mathrm{T}}$）无法实现其可检测性的量化评价。

然而，采用方向相似度评价准则，对式（4-48）所示系统的常值偏差型故障模式 $\boldsymbol{f}_{csi}=[0.1\quad 0.1\quad 0.1\quad 0.1]^{\mathrm{T}}$ 和偏差增大型故障模式 $\boldsymbol{f}_{rsi}=[0.1\quad 0.3\quad 0.7\quad 0.9]^{\mathrm{T}}$，均可实现可检测性和可分离性的量化评价。

表 4-16 给出了式（4-48）所示航天器姿态确定子系统对于常值偏差型故障模式 $\boldsymbol{f}_{csi}$ 的可检测性和可分离性评价结果。

从表 4-16 中可以发现：对于常值偏差型故障模式 $\boldsymbol{f}_{csi}$，故障 f_{gy} 和 $f_{h\theta}$ 均可被检测，且可检测性相等，均为 0.714 8；由于可分离性评价结果为 0，f_{gy} 和 $f_{h\theta}$ 之间不可被分离。

表 4-16　故障模式 f_{csi} 的可诊断性评价结果——式（4-48）所示系统

	FD	f_{gy}	$f_{h\theta}$
f_{gy}	0.714 8	0	0
$f_{h\theta}$	0.714 8	0	0

注：FD 表示指定故障的可检测性；其余数值为可分离性评价结果。

表 4-17 给出了式（4-48）所示航天器姿态确定子系统对于偏差增大型故障模式 $\boldsymbol{f}_{rsi}$ 的可检测性和可分离性评价结果。

从表 4-17 中可以发现：对于偏差增大型故障模式 $\boldsymbol{f}_{rsi}$，故障 f_{gy} 和 $f_{h\theta}$ 均可被检测，且 f_{gy} 的可检测性（0.930 0）要低于 $f_{h\theta}$（1.000 0）；f_{gy} 和 $f_{h\theta}$ 之间可以被分离（0.250 0）。

表 4-17　故障模式 f_{rsi} 的可诊断性评价结果——式（4-48）所示系统

	FD	f_{gy}	$f_{h\theta}$
f_{gy}	0.930 0	0	0.250 0
$f_{h\theta}$	1.000 0	0.250 0	0

注：相应数值表示的具体含义与表 4-16 相同。

综上所述，对于不满足定理 4-1 和定理 4-2 的航天器姿态确定子系统，距离相似度评价准则已不适用，而方向相似度评价准则能够给出具体的评价结果。

为验证方向相似度准则所得可诊断性评价结果的正确性，采用文献［15］中基于双观测器的故障诊断算法，对上述常值偏差型和偏差增大型两种故障模式进行检测和分离，具体仿真结果分别如图 4-9 和图 4-10 所示。

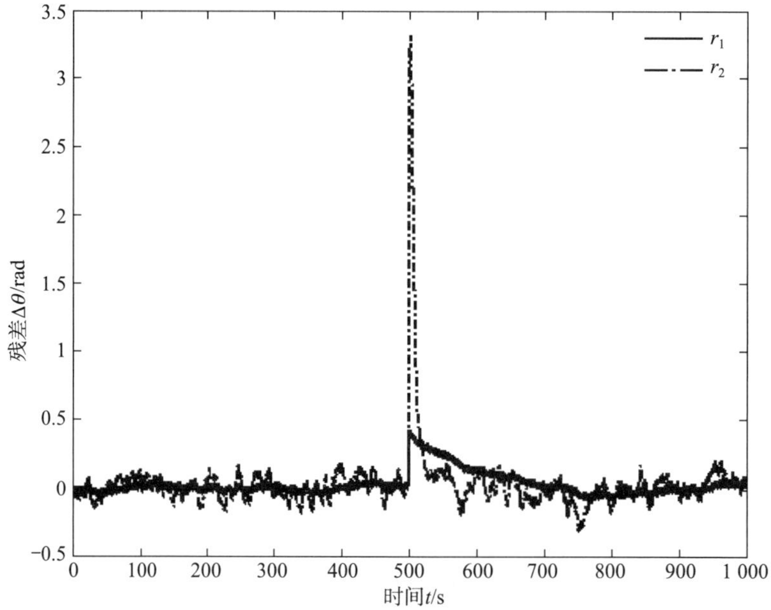

(a) 陀螺故障

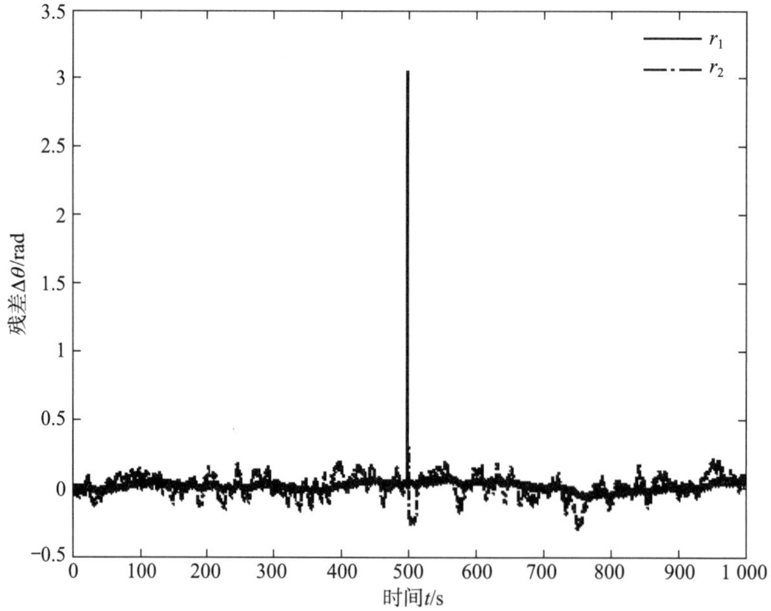

(b) 红外地球敏感器故障

图 4-9　基于双观测器的故障诊断算法（常值偏差型故障）

在图 4-9 中，图（a）和图（b）是在 $t=500$ s 时刻之后分别对陀螺和红外地球敏感器注入常值偏差型故障所得双观测器残差曲线。从图中可以发现：当陀螺/红外地球敏感

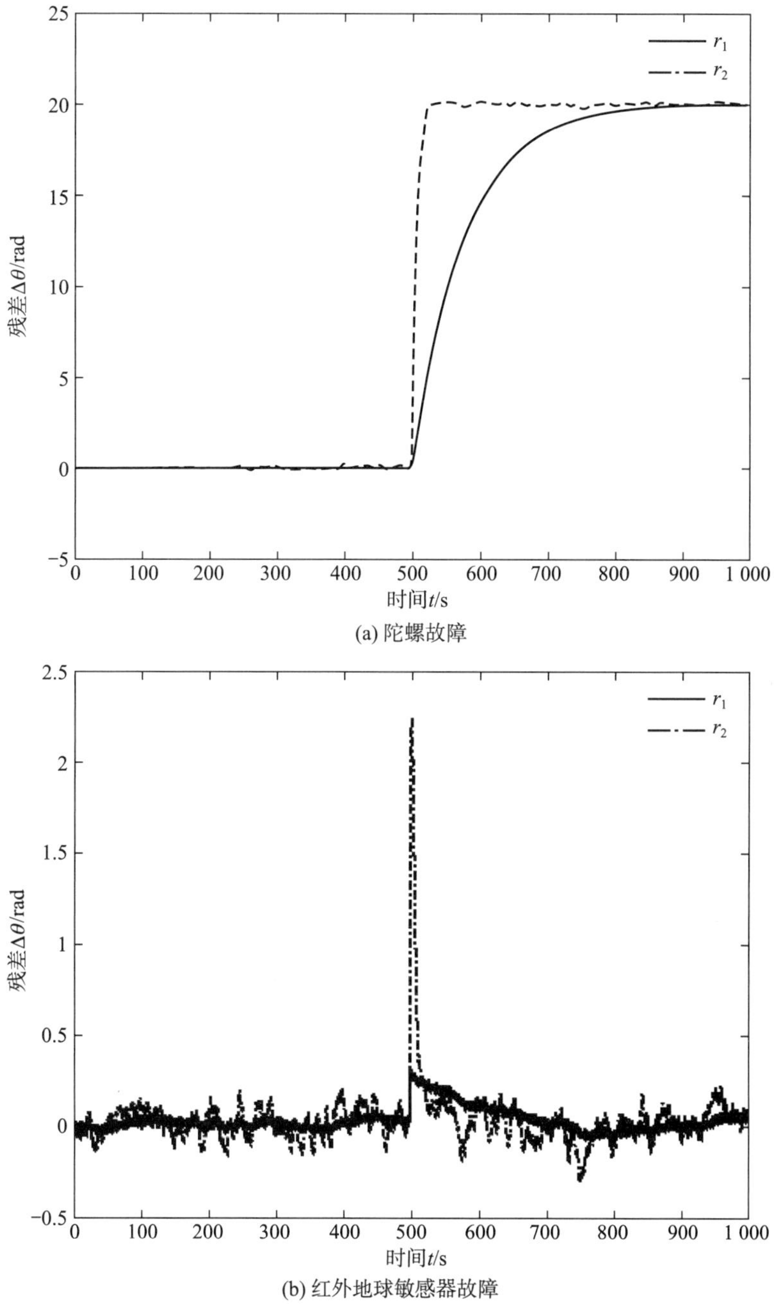

(a) 陀螺故障

(b) 红外地球敏感器故障

图 4 - 10　基于双观测器的故障诊断算法（偏差增大型故障）

器中只有一个发生故障时，在 t =500 s时刻之后残差曲线发生偏离，并在 t =700 s时刻之后又收敛到 0，两种故障残差曲线的变化趋势基本相同。因此，当陀螺/红外地球敏感器发生常值偏差型故障时，仅可检测该故障模式而无法实现分离。

在图 4 - 10 中，图（a）和图（b）分别为陀螺和红外地球敏感器发生偏差增大型故障时双观测器残差曲线图。从图中可以看出：当陀螺在 t = 500 s时刻发生故障，双观测器残差曲线均产生偏离，并最终稳定在某一固定位置（$\Delta\theta = 20$ rad）。而当红外地球敏感器发生故障时，两条残差曲线在 $t = 500$ s时刻发生偏离，并在 $t = 730$ s时刻之后收敛到0。因此，通过双观测器残差曲线变化趋势的不同，可以实现偏差增大型故障模式的检测和分离。

综上，通过对比分析表4-16和表4-17以及图4-9和图4-10，可得：对于式(4-48)所示航天器姿态确定子系统，基于方向相似度准则得到的可诊断性评价结果是正确的。

4.6 考虑非线性因素影响的可诊断性评价方法

通过线性化处理可将带有非线性特征的航天器控制系统描述成线性动态系统，进而利用本章第4.2～4.5节所述方法来评价系统的可诊断性。这种做法在实际工程中是可以接受的，但仅能得到局部的可诊断性评价结果，而无法得到全局的评价结果。事实上，线性化模型难以精准描述系统的非线性以及故障特性。特别是，线性化处理会导致一些非线性因素引起的故障（如摩擦）被忽略。

本节首先基于微分几何理论，给出了考虑非线性因素影响的航天器控制系统可诊断性的定义和定性指标——不变最小对偶分布；然后，通过子空间相似度评价准则，根据故障方向矢量和不变分布以及不同故障方向矢量之间的夹角关系，分别设计了可检测性和可分离性评价指标，并给出了具体评价流程；最后，通过仿真实例验证了所提方法的有效性和正确性[16]。

4.6.1 问题的数学描述

考虑非线性因素影响的航天器控制系统，可以采用仿射非线性模型进行描述，具体形式如下

$$\begin{cases}\dot{\boldsymbol{x}}(t)=\boldsymbol{q}[\boldsymbol{x}(t),t]+\boldsymbol{G}[\boldsymbol{x}(t),t]\boldsymbol{u}(t)+\boldsymbol{P}_i[\boldsymbol{x}(t),t]\boldsymbol{f}_i(t)+\sum_{j=1}^{p}\boldsymbol{P}_j[\boldsymbol{x}(t),t]\boldsymbol{f}_j(t)\\ \boldsymbol{y}(t)=\boldsymbol{h}[\boldsymbol{x}(t),t]\end{cases} \tag{4-49}$$

式中 $\boldsymbol{x}$ ——状态变量，$\boldsymbol{x}(t)\in \mathrm{R}^n$ ；

$\boldsymbol{y}$ ——输出，$\boldsymbol{y}(t)\in \mathrm{R}^m$ ；

$\boldsymbol{q}(x)$，$\boldsymbol{h}(x)$ ——充分光滑的非线性函数，$\boldsymbol{q}(x)\in \mathrm{R}^n$，$\boldsymbol{h}(x)\in \mathrm{R}^m$，且满足 $\boldsymbol{q}(0)=\boldsymbol{0}$ 和 $\boldsymbol{h}(0)=\boldsymbol{0}$；

$\boldsymbol{G}$ ——输入的光滑向量场，$\boldsymbol{G}\in \mathrm{R}^{n\times l}$ ；

$\boldsymbol{u}(t)$ ——输入，$\boldsymbol{u}(t)\in \mathrm{R}^l$ ；

$\boldsymbol{P}_j$ ——干扰/其他故障的方向矩阵，$\boldsymbol{P}_j\in \mathrm{R}^n$，$(j=1, \cdots, i-1, i+1, \cdots, p)$；

$\boldsymbol{f}_j(t)$ ——干扰/其他故障矢量；

$\boldsymbol{P}_i[\boldsymbol{x}(t), t]$——期望被检测和分离的故障方向矩阵，$1 \leqslant i \leqslant p$；

$\boldsymbol{f}_i(t)$——期望被检测和分离的故障矢量。

对于式（4-49）所示考虑非线性因素影响的航天器控制系统，当故障发生时会使得相应参数发生变化，从而影响系统的动态性能并通过输出表现出来。基于微分几何理论，将期望被诊断的故障 $\boldsymbol{f}_i(t)$ 视为一种输入，并通过输出对输入的不变性和子空间相似度评价准则，分别给出系统可检测性和可分离性的定义、定性和定量的分析结果。

为便于后续内容的理论证明和推导，本节分别给出了引理 4-2 和定义 4-1。

引理 4-2　针对式（4-49）所示航天器控制系统，输出对于输入具有不变性的充要条件是

$$\begin{cases} \boldsymbol{L}_{G_i}[h_j(\boldsymbol{x})]=\boldsymbol{0} \\ \boldsymbol{L}_{G_i}\boldsymbol{L}_{\delta_1}\cdots\boldsymbol{L}_{\delta_r}[h_j(\boldsymbol{x})]=\boldsymbol{0} \end{cases} \tag{4-50}$$

式中，$[\delta_1, \cdots, \delta_r]$ 是表示从分布 $\mathrm{span}\{\boldsymbol{q}, \boldsymbol{G}\}$ 中任意选择 r 个向量组成的光滑向量场；$\boldsymbol{L}_{G_i}[h_j(\boldsymbol{x})]$ 表示函数 $h_j(\boldsymbol{x})$ 沿着向量场 $\boldsymbol{G}_i$ 方向的李导数，具有如下性质

$$\begin{cases} \boldsymbol{L}_{G_i}^0[h_j(\boldsymbol{x})]=h_j(\boldsymbol{x}) & k=0 \\ \boldsymbol{L}_{G_i}^k[h_j(\boldsymbol{x})]=\dfrac{\partial \boldsymbol{L}_{G_i}^{k-1}[h_j(\boldsymbol{x})]}{\partial \boldsymbol{x}}\boldsymbol{G}_i(x) & k \geqslant 1 \\ \boldsymbol{L}_{G_i}\boldsymbol{L}_{\delta_i}^k[h_j(\boldsymbol{x})]=\dfrac{\partial \boldsymbol{L}_{\delta_i}^k[h_j(\boldsymbol{x})]}{\partial \boldsymbol{x}}\boldsymbol{G}_i(\boldsymbol{x}) \end{cases} \tag{4-51}$$

其中

$$\frac{\partial h_j(\boldsymbol{x})}{\partial \boldsymbol{x}}=\left[\frac{\partial h_j(\boldsymbol{x})}{\partial x_1} \quad \cdots \quad \frac{\partial h_j(\boldsymbol{x})}{\partial x_n}\right]$$

定义 4-1　式（4-49）所示航天器控制系统的不变最小对偶分布为：包含于对偶分布 $d\boldsymbol{h}$ 中，且在向量场 $[\boldsymbol{q}, \boldsymbol{G}]$ 中不变的最小分布，写成 $<\boldsymbol{q}, \boldsymbol{G} \mid \mathrm{span}\{d\boldsymbol{h}\}>$。同理，其正交分布为不变最大分布，即包含于分布 $(d\boldsymbol{h})^{\perp}$ 中，且在 $[\boldsymbol{q}, \boldsymbol{G}]$ 中不变的最大分布，写成 $<\boldsymbol{q}, \boldsymbol{G} \mid \mathrm{span}\{d\boldsymbol{h}\}>^{\perp}$。

4.6.2　考虑非线性因素影响的可诊断性定义和定性评价准则

基于引理 4-2 和定义 4-1，本节从输出对故障具有不变性的角度，给出式（4-49）所示航天器控制系统可检测性和可分离性的定义和定性评价准则。

通过定理 4-3，给出输出向量 $\boldsymbol{h}_i$ 不受故障 $\boldsymbol{f}(t)$ 影响的充要条件。

定理 4-3　针对式（4-49）所示航天器控制系统，$\boldsymbol{h}_i$ 不受故障影响的充要条件是：当且仅当存在分布 Ω 同时满足以下条件：

1) Ω 在 $[\boldsymbol{q}, \boldsymbol{G}, \boldsymbol{P}]$ 中不变；

2) $\boldsymbol{P}_i \in \Omega \subset (\mathrm{span}\{dh_j\})^{\perp}$，$i=1, \cdots, p$；$j=1, \cdots, m$。

证明：

充分性：

由条件 1) 和 2)，可得

$$\boldsymbol{P}_i \in <\boldsymbol{q},\boldsymbol{G},\boldsymbol{P} \mid \mathrm{span}\{dh_j\}>^{\perp}$$

根据定义 4-1 可知：$\boldsymbol{P}_i \in (\mathrm{span}\{dh_j\})^{\perp}$，利用正交对偶分布的性质得到

$$\boldsymbol{L}_{p_i}(h_j)=\boldsymbol{0} \tag{4-52}$$

设 $[\delta_1, \cdots, \delta_r]$ 是从 $\mathrm{span}\{\boldsymbol{q}, \boldsymbol{G}, \boldsymbol{P}\}$ 中任意选择 r 个向量组成的光滑向量场。根据定义可得：$\{\boldsymbol{P}_i, \delta_1, \cdots, \delta_r\} \subset (\mathrm{span}\{dh_j\})^{\perp}$。利用正交对偶分布的性质 $\boldsymbol{L}_{p_i}(h_j)=\boldsymbol{0}$，可得

$$\boldsymbol{L}_{G_i}\boldsymbol{L}_{\delta_1}\cdots\boldsymbol{L}_{\delta_r}(h_j)=\boldsymbol{0} \tag{4-53}$$

此时，充分性得证。

必要性：

由于 $<\boldsymbol{q}, \boldsymbol{G}, \boldsymbol{P} \mid \mathrm{span}\{dh_j\}>^{\perp}$ 是式（4-49）所示航天器控制系统中的最大不变分布，根据定义必然存在光滑分布 Ω 使得条件 1）满足；根据引理 4-2，必然使得式（4-52）和式（4-53）成立，即条件 2）满足。此时，必要性得证。

综上所述，定理 4-3 得证。

定理 4-3 是利用线性系统不变子空间的思想，通过引入不变分布的概念，揭示了非线性因素影响下航天器控制系统故障与输出之间的耦合关系。

定义 4-2 对于式（4-49）所示航天器控制系统，若故障不能被输出发现，即输出不受故障影响，此时称故障不具有可检测性；反之，故障具有可检测性。

根据定义 4-2 和定理 4-3，得到如下可检测性的定性评价准则。

定理 4-4 式（4-49）所示航天器控制系统，故障具有可检测性的充要条件是

$$\boldsymbol{P}_i \notin <\boldsymbol{q},\boldsymbol{G},\boldsymbol{P} \mid \mathrm{span}\{d\boldsymbol{h}\}>^{\perp} \quad i=1,\cdots,p \tag{4-54}$$

证明：（采用反证法）

充分性：

假设存在 $\boldsymbol{P}_i(i=1, \cdots, p)$ 满足上述条件，使得式（4-49）所示航天器控制系统不具有可检测性。由定义 4-2 可知：此时输出不受故障影响。基于定理 4-3 中的条件 2）满足，可得

$$\begin{gathered}\boldsymbol{P}_i \in <\boldsymbol{q},\boldsymbol{G},\boldsymbol{P} \mid \mathrm{span}\{dh_1\}>^{\perp} \quad i=1,\cdots,p \\ \vdots \\ \boldsymbol{P}_i \in <\boldsymbol{q},\boldsymbol{G},\boldsymbol{P} \mid \mathrm{span}\{dh_l\}>^{\perp} \quad i=1,\cdots,p\end{gathered} \tag{4-55}$$

$$\Omega_1^{\perp} \cap \Omega_2^{\perp}=(\Omega_1 \cup \Omega_2)^{\perp} \tag{4-56}$$

根据式（4-56）所示分布运算法则，式（4-55）变为

$$\begin{aligned}&\boldsymbol{P}_i \in [<\boldsymbol{q},\boldsymbol{G},\boldsymbol{P} \mid \mathrm{span}\{dh_1\}>^{\perp} \cap \cdots \cap <\boldsymbol{q},\boldsymbol{G},\boldsymbol{P} \mid \mathrm{span}\{dh_l\}>^{\perp}] \\ &=\boldsymbol{P}_i \in <\boldsymbol{q},\boldsymbol{G},\boldsymbol{P} \mid \mathrm{span}\{dh_1\} \cup \cdots \cup \mathrm{span}\{dh_l\}>^{\perp} \\ &=\boldsymbol{P}_i \in <\boldsymbol{q},\boldsymbol{G},\boldsymbol{P} \mid \mathrm{span}\{dh_1\cdots dh_l\}>^{\perp}\end{aligned} \tag{4-57}$$

这与假设矛盾，即充分性得证。

必要性：

假设式（4-49）所示系统的故障具有可检测性，即存在 $\boldsymbol{P}_i(i=1, \cdots, p)$，满足下

式所述条件

$$\boldsymbol{P}_i \in \langle \boldsymbol{q}, \boldsymbol{G}, \boldsymbol{P} \mid \mathrm{span}\{dh\} \rangle^{\perp} \quad i=1,\cdots,p \tag{4-58}$$

基于式（4－56）所示运算法则，使得定理 4－3 中的条件 1）和 2）均满足。此时，根据定义 4－2 可知：故障是不可被检测的。这与假设矛盾，即必要性得证。

综上所述，定理 4－4 得证。

通过定义 4－3 和定理 4－5，给出了航天器控制系统可分离性的定义和定性评价准则。

定义 4－3　对于式（4－49）所示航天器控制系统，具有可检测性的故障 f_i 与 f_j，若 f_i 对输出量的影响不同于 f_j，则称 f_i 与 f_j 之间具有可分离性。

f_i 与 f_j 对系统输出的不一致性描述为

$$\begin{aligned}\boldsymbol{\Delta} &= \mathrm{span}\{\Delta_1, \cdots, \Delta_s\} \\ &= \mathrm{span}\{\boldsymbol{P}_i\} \cup \mathrm{span}\{\boldsymbol{P}_j\} - \mathrm{span}\{\boldsymbol{P}_i\} \cap \mathrm{span}\{\boldsymbol{P}_j\}\end{aligned} \tag{4-59}$$

定理 4－5　对于式（4－49）所示航天器控制系统，故障 f_i 与 f_j 具有可分离性的充要条件是：存在式（4－59）所示分布 Δ，且满足

$$\Delta_i \notin \langle \boldsymbol{q}, \boldsymbol{G}, \boldsymbol{P} \mid \mathrm{span}\{d\boldsymbol{h}\} \rangle^{\perp} \quad i=1,\cdots,s \tag{4-60}$$

证明：

充分性：

由式（4－54）所示的可检测性判据可知：式（4－60）所示分布 $\boldsymbol{\Delta}$ 满足可检测性条件，即 f_i 与 f_j 的不一致性可以被检测。换言之，系统的输出量能够反映 $\boldsymbol{\Delta}$ 的变化，即充分性得证。

必要性：

故障 f_i 与 f_j 具有可分离性，说明不一致性分布 $\boldsymbol{\Delta}$ 具有可检测性。此时，根据式（4－54）所示可检测性条件得到式（4－60），即必要性得证。

综上所述，定理 4－5 得证。

令 $\Omega = \langle \boldsymbol{q}, \boldsymbol{G}, \boldsymbol{P} \mid \mathrm{span}(\mathrm{d}\boldsymbol{r}_j) \rangle$，则不变最小对偶分布 Ω 的迭代计算公式为

$$\begin{cases}\Omega_0 = \mathrm{span}(\mathrm{d}\boldsymbol{r}_j) \\ \Omega_{k+1} = \Omega_k + \sum_{i=1}^{n+l+1} \boldsymbol{L}_{\tau_i}\Omega_k\end{cases} \tag{4-61}$$

式中　$\boldsymbol{L}_{\tau_i}\Omega_k$ ——函数 Ω_k 沿着 $\boldsymbol{\tau}_i$ 方向的李导数；

$\boldsymbol{\tau}_i$ ——由 $\{\boldsymbol{q}, \boldsymbol{G}_1, \cdots, \boldsymbol{G}_l, \boldsymbol{P}_1, \cdots, \boldsymbol{P}_p\}$ 组成的光滑向量场；

Ω_0——分布的迭代初值。

迭代计算公式（4－61）的终止条件为：存在正整数 k^* 满足

$$\Omega_{k^*+1} = \Omega_k \tag{4-62}$$

此时，基于微分几何理论给出了考虑非线性因素影响的系统可诊断定性评价准则。后续将在此基础上，将定性评价准则进行扩展和延伸，提出一种适用于仿射非线性模型的系统可诊断性量化评价方法。

4.6.3 考虑非线性因素影响的可诊断性量化评价原理

为便于说明，将式（4-54）和式（4-60）所示可诊断性定性评价退化到三维空间中，并用图 4-11 进行描述。在该图中，$O-xyz$ 表示三维空间，$O-xy$ 和 $O-z$ 分别表示最小不变对偶分布 Ω 和其正交分布 $\Omega^{\perp}$，可将 Ω 视作子空间 S_1，$\Omega^{\perp}$ 视作 S_2；Ox、Oy 和 Oz 为两两相互垂直的坐标轴，可将其视为标准正交基底；$\boldsymbol{P}_i$ 和 $\boldsymbol{P}_j$ 分别为故障 f_i 和 f_j 在三维空间中的方向矢量；θ_i 和 θ_j 分别为 $\boldsymbol{P}_i$ 和 $\boldsymbol{P}_j$ 与平面 $O-xy$ 之间的夹角；$\Delta\theta_{ij}$ 为 $\boldsymbol{P}_i$ 与 $\boldsymbol{P}_j$ 之间的空间夹角。

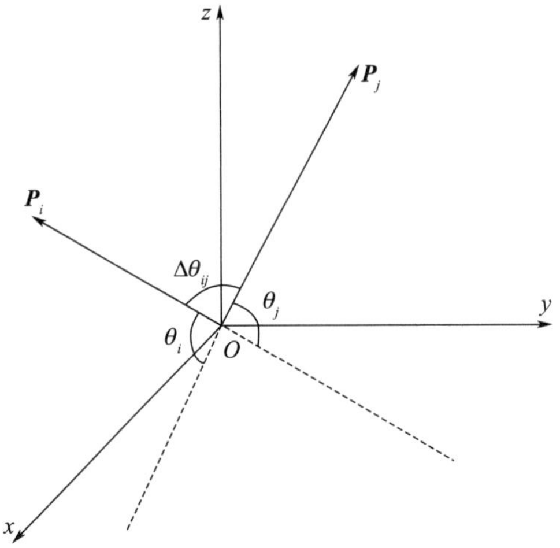

图 4-11 考虑非线性因素影响的航天器控制系统可诊断性量化评价示意图（三维空间）

从图 4-11 中可以明显看出：

1）$\boldsymbol{P}_i$ 与 Oz 不重合，即 $\boldsymbol{P}_i \notin \Omega^{\perp}$，这说明故障 f_i 具有可检测性。同理，f_j 也具有可检测性。

2）$\boldsymbol{P}_i/\boldsymbol{P}_j$ 与平面 $O-xy$ 之间的夹角越大，则 $\boldsymbol{P}_i/\boldsymbol{P}_j$ 越靠近轴 Oz，即 f_i/f_j 的可检测性越低；反之，f_i/f_j 的可检测性越高。

3）$\boldsymbol{P}_i$ 与 $\boldsymbol{P}_j$ 之间的空间夹角 $\Delta\theta_{ij}$ 越大，则 f_i 与 f_j 之间的可分离性越强；反之，f_i 与 f_j 之间的可分离性越弱。

因此，在三维空间中，可以通过故障方向矢量 $\boldsymbol{P}_i/\boldsymbol{P}_j$ 与平面 $O-xy$ 之间的夹角来量化评价故障 f_i / f_j 的可检测性；通过故障方向矢量 $\boldsymbol{P}_i$ 与 $\boldsymbol{P}_j$ 之间的夹角来量化评价故障 f_i 与 f_j 之间的可分离性。

4.6.4 基于子空间相似度的判别准则

下面通过引入子空间相似度评价准则，将上述三维空间中的可诊断性量化评价结果推广到 n 维空间中。

对式（4-63）所示两个不同维数的子空间 S_1 和 S_2，采用式（4-64）来衡量两者之间的差异度。

$$\begin{cases} S_1 = \mathrm{span}(\boldsymbol{\alpha}_1, \cdots, \boldsymbol{\alpha}_s) \\ S_2 = \mathrm{span}(\boldsymbol{\beta}_1, \cdots, \boldsymbol{\beta}_v) \end{cases} \tag{4-63}$$

式中　$\boldsymbol{\alpha}_i$ —— S_1 的基底，$i=1$，…，s ；

s —— S_1 的基底个数，即 $\mathrm{rank}(S_1)=s$ ；

$\boldsymbol{\beta}_j$ —— S_2 的基底，$j=1$，…，v ；

v —— S_2 的基底个数，即 $\mathrm{rank}(S_2)=v$ 。

$$\cos\theta = \max_{\alpha_i \in S_1} \max_{\beta_j \in S_2} (\boldsymbol{\alpha}_i^{\mathrm{T}} \boldsymbol{\beta}_j) \qquad i=1,\cdots,s$$
$$s.t. \begin{cases} \boldsymbol{\alpha}_i^{\mathrm{T}} \boldsymbol{\alpha}_i = 1, \boldsymbol{\beta}_j^{\mathrm{T}} \boldsymbol{\beta}_j = 1 \\ \boldsymbol{\alpha}_i^{\mathrm{T}} \boldsymbol{\alpha}_j = 0, \boldsymbol{\beta}_i^{\mathrm{T}} \boldsymbol{\beta}_j = 0 \end{cases} \qquad j=1,\cdots,v \tag{4-64}$$

式中　θ ——子空间 S_1 和 S_2 之间的夹角，且 $0 \leqslant \theta \leqslant \pi/2$。

从式（4－64）中可以看出：子空间 S_1 和 S_2 之间的夹角为这两者单位正交基底之间的最小角度值，称为第一主角。

令 S_1 和 S_2 的基底 $\boldsymbol{\alpha}_i$ 与 $\boldsymbol{\beta}_j$ 分别组成矩阵 $\boldsymbol{A}$ 和 $\boldsymbol{B}$ ，即 $\boldsymbol{A}=[\boldsymbol{\alpha}_1 \quad \cdots \quad \boldsymbol{\alpha}_s]$ 和 $\boldsymbol{B}=[\boldsymbol{\beta}_1 \quad \cdots \quad \boldsymbol{\beta}_v]$ 。对矩阵 $\boldsymbol{A}$ 进行 QR（正交三角）分解，得到：$\boldsymbol{A}=\boldsymbol{Q}_A\boldsymbol{R}_A$ 。其中，$\boldsymbol{Q}_A$ 为 S_1 的标准正交基，$\boldsymbol{R}_A$ 为上三角矩阵。同理，对 $\boldsymbol{B}$ 进行 QR 分解，得到 S_2 的标准正交基 $\boldsymbol{Q}_B$ 。对 $\boldsymbol{Q}_A^{\mathrm{T}}\boldsymbol{Q}_B$ 进行奇异值分解，所得最大奇异值即为子空间 S_1 和 S_2 之间的夹角的余弦值。

为便于编程实现，采用如下计算步骤：

1）对 $\boldsymbol{A}^{\mathrm{T}}\boldsymbol{A}$ 进行特征值分解，得到特征向量 $\boldsymbol{V}_A$ 和特征值矩阵 $\boldsymbol{D}_A$ ，即 $\boldsymbol{A}^{\mathrm{T}}\boldsymbol{A}\boldsymbol{V}_A=\boldsymbol{V}_A\boldsymbol{D}_A$ ；同理，得到 $\boldsymbol{B}^{\mathrm{T}}\boldsymbol{B}\boldsymbol{V}_B=\boldsymbol{V}_B\boldsymbol{D}_B$ 。

2）令 $\boldsymbol{C}=\boldsymbol{A}^{\mathrm{T}}\boldsymbol{B}$ ，则矩阵 $\boldsymbol{D}_A^{-1/2}\boldsymbol{V}_A^{\mathrm{T}}\boldsymbol{C}\boldsymbol{V}_B\boldsymbol{D}_B^{-1/2}$ 的最大奇异值即为所求 S_1 与 S_2 的夹角的余弦值。

为全面度量子空间之间的差异度，对式（4－64）进行改进，得到如下相似度指标

$$d=\sum_{i=1}^{k}|\cos\theta_i|=\sum_{i=1}^{k}|\sigma_i| \tag{4-65}$$

式中　$|\cdot|$ ——取绝对值。

式（4－65）可以理解为两个矩阵的相关分析问题。相关系数 d 越大，表示夹角越小，即子空间 S_1 和 S_2 的相似度越大；反之，d 越小相似度越小。

4.6.5　考虑非线性因素影响的可诊断性量化评价指标

根据上述内容，对于式（4－49）所示考虑非线性因素影响的航天器控制系统可诊断性量化评价问题，可以理解为两个不同子空间相似度的判别问题，即将故障方向矢量 $\boldsymbol{P}_i$ 视作子空间 S_1，Ω 视为 S_2，此时即可根据第 4.6.2 节提出的定性评价准则，设计如下可检测性和可分离性量化指标。

不失一般性，设 n 维空间中最小不变对偶分布 Ω 是由 $l(l \leqslant n)$ 个相互正交的单位向量 $\boldsymbol{\Omega}_j(j=1$，…，$l)$ 生成。因此，故障 f_i 的可检测性量化指标可以写成

$$FD(f_i)=\sum_{j=1}^{l}\left|\cos\theta_j\right|=\sum_{j=1}^{l}\frac{\left|\boldsymbol{P}_i^{\mathrm{T}}\boldsymbol{\Omega}_j\right|}{\|\boldsymbol{P}_i\|} \tag{4-66}$$

式中　$\|\cdot\|$ ——向量的 2 范数。

式（4-66）的物理意义为：通过故障方向矢量 $\boldsymbol{P}_i$ 与最小不变对偶分布 Ω 两个子空间之间的相似度来量化评价故障 f_i 的可检测性。从中可以发现：$FD(f_i)$ 的取值范围为 $[0, l)$；当 $\boldsymbol{P}_i\in\Omega^{\perp}$ 时，$\boldsymbol{P}_i^{\mathrm{T}}\Omega_j=0\Rightarrow FD(f_i)=0$，即 f_i 不具有可检测性；由于 Ω 和 $\Omega^{\perp}$ 互为正交补，$FD(f_i)$ 数值越大则说明 $\boldsymbol{P}_i$ 离 Ω 越近同时离 $\Omega^{\perp}$ 越远，也就是 $\boldsymbol{P}_i$ 不属于 $\Omega^{\perp}$ 程度越高，即 f_i 的可检测性越强。

同理，故障 f_i 与 f_j 之间的可分离性可以描述成

$$\cos(\Delta\theta_{ij})=\frac{\left|\boldsymbol{P}_i^{\mathrm{T}}\boldsymbol{P}_j\right|}{\|\boldsymbol{P}_i\|\ \|\boldsymbol{P}_j\|} \tag{4-67}$$

为便于分析，将上式做如下处理，得到 f_i 与 f_j 之间的可分离性量化指标为

$$FI(f_i,f_j)=1-\left|\cos(\Delta\theta_{ij})\right| \tag{4-68}$$

式（4-68）的物理含义为：根据故障方向矢量 $\boldsymbol{P}_i$ 与 $\boldsymbol{P}_j$ 之间的夹角来量化评价故障 f_i 与 f_j 之间的可分离性。从中可以发现：$FI(f_i, f_j)$ 的取值范围为 $[0, 1]$；当 $\boldsymbol{P}_i$ 与 $\boldsymbol{P}_j$ 共线时，$FI(f_i, f_j)=0$，即 f_i 与 f_j 之间不具有可分离性；$\boldsymbol{P}_i$ 与 $\boldsymbol{P}_j$ 之间的夹角值越接近 $\pi/2$，$FI(f_i, f_j)$ 数值越大，即 f_i 与 f_j 之间的可分离性越强。

4.6.6　考虑非线性因素影响的可诊断性评价流程

基于上述设计的可检测性和可分离性量化评价指标，提出了一种考虑非线性因素影响的航天器控制系统可诊断性评价方法，具体流程如图 4-12 所示。

该方法通过先定性后定量的基本流程，实现了考虑非线性因素影响的航天器控制系统可检测性和可分离性的量化评价。首先，将航天器控制系统描述成一类仿射非线性模型；然后，根据微分几何理论将故障视作一种输入，通过输出对于输入不变的最小对偶分布 $\Omega^{\perp}$，得到了可诊断性的定性评价结果（故障能否被检测和分离）；最后，基于式（4-66）和式（4-68）设计的可检测性和可分离性量化指标，通过计算 $\Omega^{\perp}$ 与 $\boldsymbol{P}_i$ 以及 $\boldsymbol{P}_i$ 与 $\boldsymbol{P}_j$ 之间的夹角，得到了系统可检测性和可分离性的量化评价结果。

4.6.7　仿真算例

本节以动量轮为仿真算例，验证所提考虑非线性因素影响的航天器控制系统可诊断性量化评价方法的有效性和正确性。

（1）考虑非线性因素影响的动量轮精细化模型

动量轮是进行航天器姿态调整和机动的重要惯性执行机构，同时也是航天器控制系统中出现故障较多的部件之一。动量轮是由电机、飞轮以及控制线路等组成的一个相对独立的机电类产品，其建模精度主要取决于电机和飞轮本体所构成机电模型的准确描述程度[17]。

电机电压平衡方程可以描述为

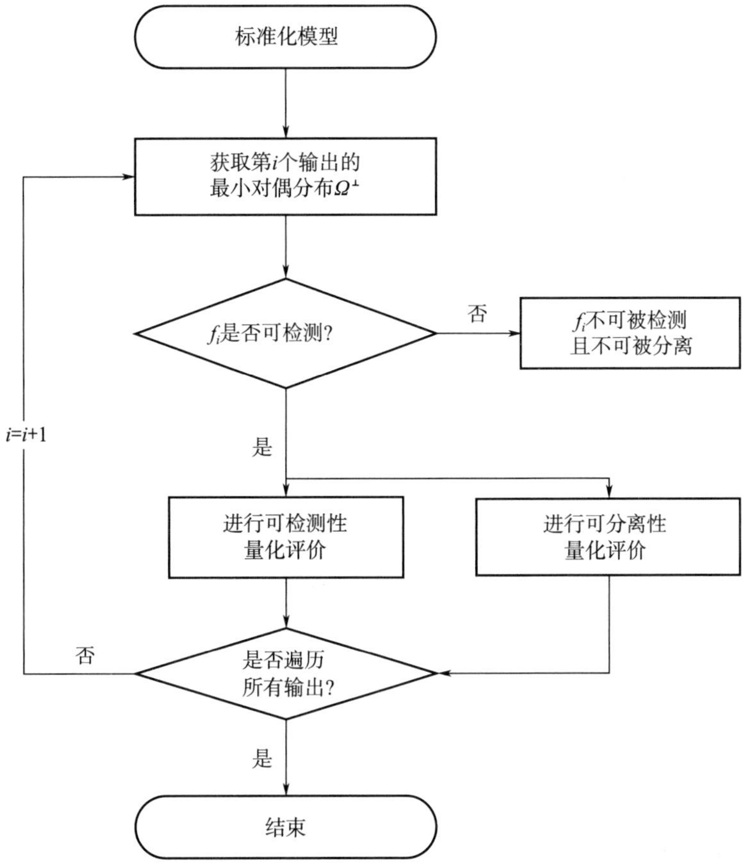

图 4-12　考虑非线性因素影响的航天器控制系统可诊断性评价流程示意图

$$L\frac{\mathrm{d}i(t)}{\mathrm{d}t}+i(t)R+e(t)=u(t) \tag{4-69}$$

其中

$$e(t)=K_e\omega(t) \tag{4-70}$$

式中　L ——电机电枢的电感；

$i(t)$ ——流过电机电枢的电流；

R ——电机电枢的电阻；

$u(t)$ ——等效的直流电机驱动电压；

$e(t)$ ——电机反电动势，与电机转速 $\omega(t)$ 相关；

K_e ——电势系数。

电机力矩平衡方程描述为

$$J\frac{\mathrm{d}\omega(t)}{\mathrm{d}t}=T(t) \tag{4-71}$$

式中　J ——动量轮总的转动惯量；

$T(t)$ ——电机动态输出力矩。

加入非线性和不确定性影响因素后，精确的电机力矩平衡方程描述为

$$T(t)=T_r(t)+T_f(t)+T_d(t) \tag{4-72}$$

其中

$$T_r(t)=K_r i(t) \tag{4-73}$$

式中 $T_r(t)$——动量轮输出力矩；

$T_f(t)$——非线性动量轮摩擦力矩，其数学模型采用 Lugre 模型，具体如式（4-74）所示；

$T_d(t)$——不确定性动量轮干扰力矩，包括电机噪声力矩、轴承噪声力矩等；

K_r——电机转矩系数。

Lugre 动态摩擦模型方程为

$$\begin{cases}\dot{z}(t)=\omega(t)-|\omega(t)|z(t)/g(\omega(t))\\ T_f=\sigma_0 z(t)+\sigma_1\dot{z}(t)+\sigma_2\omega(t)\\ \sigma_0 g(\omega(t))=T_c+(T_m-T_c)\exp\{-[\omega(t)/\omega_s(t)]^2\}\end{cases} \tag{4-74}$$

式中 $z(t)$——描述边界润滑摩擦过程中，摩擦接触面的相对形变量；

σ_0，σ_1，σ_2——刚度系数、阻尼系数和黏性摩擦系数；

T_c，T_m——库仑摩擦力矩和最大静摩擦力矩；

$\omega_s(t)$——临界 Stribeck 速度。

采用电流/力矩控制方式，具体形式为

$$u(t)=K_i\int i(t)\mathrm{d}t+K_p i(t) \tag{4-75}$$

式中 K_p，K_i——控制器的增益。

（2）动量轮的典型故障模式分析

结合地面试验及部分型号在轨故障数据，将动量轮的典型故障模式进行归纳，见表 4-18。在该表中，共给出了 8 种典型故障，覆盖了飞轮、控制器、电机和驱动线路四个关键组件。其中，故障 f_1～f_3 是由摩擦模型相应参数（σ_0，σ_1 和 σ_2）发生变化引起的；f_4 是由转动惯量 J 发生变化引起的；f_5 和 f_6 是由控制器参数发生变化引起的；f_7 和 f_8 是由驱动电路发生故障引起的。

表 4-18 动量轮的典型故障模式分析

故障编号	故障模式	故障征兆	原因
f_1	轴承过度供油	轴承温度持续偏高，电流值增大，转速下降	σ_1 和 σ_2 发生变化
f_2	轴承过度贫油	轴承温度持续偏高，电流值增大，转速下降	σ_1 和 σ_2 发生变化
f_3	保持架不稳定	轴承温度快速升高，电流值增大，转速下降	σ_0 发生变化
f_4	电机不能输出要求力矩	电流值增大，电机转速下降	J 发生变化
f_5	制动控制器制动管短路	控制指令与电流值关系紊乱，电流值大，转速下降	控制器发生故障
f_6	电流控制电路错误	控制指令与电流值关系紊乱，电机转速下降	控制器发生故障

续表

故障编号	故障模式	故障征兆	原因
f_7	电机驱动电路一相断路	控制指令与电流值关系紊乱，电流值有波动，转速下降	驱动电路发生故障
f_8	电机驱动电路一相短路	控制指令与电流值关系紊乱，电流值有波动，转速下降	驱动电路发生故障

从表 4-18 中可以发现：

1）所有故障均可通过电流 i 和转速 ω 反映出来，即 $f_1 \sim f_8$ 均可被 i 和 ω 检测；

2）由于故障征兆相同，f_1，f_2 与 f_4 中任意两者之间以及 f_5，f_6，f_7 与 f_8 中任意两者之间均不能被分离。

将包含故障模式 $f_1 \sim f_8$ 的动量轮写成仿射非线性模型，具体如式（4-76）所示，表 4-19 给出了相关参数的具体数值

$$\begin{cases}\dot{\boldsymbol{x}}(t)=\boldsymbol{q}[\boldsymbol{x}(t),t]+\sum_{i=1}^{8}\boldsymbol{P}_i[\boldsymbol{x}(t),t]f_i(t)\\ \boldsymbol{y}(t)=\boldsymbol{h}[\boldsymbol{x}(t),t]\end{cases} \tag{4-76}$$

其中

$$\boldsymbol{x}=[i \quad \omega \quad z \quad x_k]^{\mathrm{T}}, x_k=K_i\int x_1 \mathrm{d}t$$

$$\boldsymbol{h}=[x_1 \quad x_2]^{\mathrm{T}}$$

$$\boldsymbol{q}(\boldsymbol{x})=\begin{bmatrix}\dfrac{K_p-R}{L}x_1-\dfrac{K_e}{L}x_2+\dfrac{1}{L}x_4\\ \dfrac{K_r}{J}+\dfrac{\sigma_1+\sigma_2}{J}x_2+\dfrac{1}{J}\left[\sigma_0-\dfrac{\sigma_1|x_2|}{g(x_2)}\right]x_3\\ x_2-\dfrac{|x_2|}{g(x_2)}x_3\\ K_ix_1\end{bmatrix}$$

$$\boldsymbol{P}_1=\boldsymbol{P}_2=\begin{bmatrix}0 & \dfrac{1}{J}\left[2x_2-\dfrac{\sigma_1|x_2|}{g(x_2)}x_3\right] & 0 & 0\end{bmatrix}^{\mathrm{T}}$$

$$\boldsymbol{P}_3=\begin{bmatrix}0 & \dfrac{1}{J}\left[x_3-\dfrac{\sigma_1|x_2|}{\sigma_0 g(x_2)}x_3\right] & \dfrac{|x_2|}{\sigma_0 g(x_2)}x_3 & 0\end{bmatrix}^{\mathrm{T}}$$

$$\boldsymbol{P}_4=\begin{bmatrix}0 & \dfrac{1}{J} & 0 & 0\end{bmatrix}^{\mathrm{T}}$$

$$\boldsymbol{P}_5=\boldsymbol{P}_6=\boldsymbol{P}_7=\boldsymbol{P}_8=\begin{bmatrix}\dfrac{1}{L} & 0 & 0 & 0\end{bmatrix}^{\mathrm{T}}$$

进而，可以得到输出 x_1 对故障 $f_1 \sim f_8$ 的最小不变对偶分布为

$$\Omega_2=\mathrm{span}(\mathrm{d}\boldsymbol{r}_{11},\mathrm{d}\boldsymbol{r}_{12})$$

其中

$$\mathrm{d}\boldsymbol{r}_{11}=[1 \quad 0 \quad 0 \quad 0]^{\mathrm{T}}$$

$$\mathrm{d}\boldsymbol{r}_{12}=[0.988\,2 \quad -0.020\,7 \quad 0 \quad 0.152\,0]^{\mathrm{T}}$$

表 4-19 动量轮的参数

参数/单位	数值	参数/单位	数值
L/H	0.003	$\sigma_2/(\mathrm{N\cdot m\cdot s\cdot rad^{-1}})$	2.5e−5
R/Ω	3.5	$T_c/(\mathrm{N\cdot m})$	1e−3
$K_e/(\mathrm{V\cdot s})$	0.136	$T_m/(\mathrm{N\cdot m})$	2e−3
$J/(\mathrm{kg\cdot m^2})$	6.7e−4	$\omega_s/(\mathrm{rad\cdot s^{-1}})$	3e−3
$K_r/(\mathrm{N\cdot m\cdot A^{-1}})$	0.136	K_p	10
$\sigma_0/(\mathrm{N\cdot m\cdot rad^{-1}})$	0.005	K_i	8
$\sigma_1/(\mathrm{N\cdot m\cdot s\cdot rad^{-1}})$	1e−4		

分别采用文献［18］和本章所提方法，得到动量轮的可检测性评价结果，具体见表 4-20。在该表中，“/”左边数值为本章所提方法的评价结果，“/”右边为文献［18］的计算结果；符号“×”表明此故障具有可检测性，“0”表示该故障不具有可检测性。

表 4-20 动量轮的可检测性评价结果

故障编号	可检测性	故障编号	可检测性
f_1	0.134 8/×	f_5	1.000 0/×
f_2	0.134 8/×	f_6	1.000 0/×
f_3	0.019 2/×	f_7	1.000 0/×
f_4	0.134 8/×	f_8	1.000 0/×

从表 4-20 中的相应数值可以看出：上述两种方法得到的可检测性评价结果一致：故障 $f_1 \sim f_8$ 均可被输出 x_1 检测，即 $f_1 \sim f_8$ 能够通过电流 i 的变化反映出来，这与表 4-18 所列的故障征兆相吻合。

与文献［18］相比，本节所提方法还能给出故障检测的难易程度，具体如下：

1）f_1，f_2 和 f_4 的可检测性一致，均为 0.134 8；

2）f_3 的可检测性为 0.019 2；

3）$f_5 \sim f_8$ 被检测的难易程度相同（均为 1）；

4）故障 $f_1 \sim f_8$ 的可检测性从高到低依次为

$$f_5 = f_6 = f_7 = f_8 > f_1 = f_2 = f_4 > f_3$$

最终，得到故障 $f_1 \sim f_8$ 之间可分离性的量化评价结果，具体见表 4-21。从表中可以看出：f_1，f_2 和 f_4 任意两者之间以及 $f_5 \sim f_8$ 中任意两者之间的可分离性为 0，这是由于其对电流 i 变化的影响趋势不变；f_1/f_2 与 f_3 以及 f_3 与 f_4 之间的可分离性为 0.857 2，弱于 $f_1/f_2/f_3/f_4$ 与 $f_5/f_6/f_7/f_8$ 之间的可分离性。

表 4-21　动量轮的故障可分离性评价结果

故障	f_1	f_2	f_3	f_4	f_5	f_6	f_7	f_8
f_1	0	0	0.857 2	0	1	1	1	1
f_2	0	0	0.857 2	0	1	1	1	1
f_3	0.857 2	0.857 2	0	0.857 2	1	1	1	1
f_4	0	0	0.857 2	0	1	1	1	1
f_5	1	1	1	1	0	0	0	0
f_6	1	1	1	1	0	0	0	0
f_7	1	1	1	1	0	0	0	0
f_8	1	1	1	1	0	0	0	0

上述内容实现了输出量 x_1 对故障 $f_1 \sim f_8$ 的可诊断性量化评价。同理，可按图 4-12 所示流程，实现输出 x_2 对 $f_1 \sim f_8$ 的可诊断性量化评价，不再赘述。

4.7　小结

鉴于航天器控制系统能够建立较为完备的解析模型，为了更加清晰地建立故障与测点之间的映射关系，本章首先不考虑干扰因素的影响，基于相关性模型和解析冗余关系，结合第 3 章提出的可诊断率量化指标，设计了可检测率和可分离率两种评价指标来衡量系统诊断的覆盖性，并分别从部件级和系统级两个层面研究了可诊断性的定性评价方法；然后，引入干扰因素（主要包括未建模动态、观测噪声和过程噪声等），基于距离相似度准则，通过对第 3 章提出的准确率和快速性指标进行整合和改造，给出了用于描述故障模式与正常模式之间分离程度的可检测性评价指标以及用于描述不同故障模式之间分离程度的可分离性评价指标，提出了可诊断性的量化评价方法；进一步针对距离相似度准则存在的局限性，提出了基于方向相似度的可诊断性量化评价方法；最后，考虑非线性因素的影响，提出了一种适用于仿射非线性系统的可诊断性量化评价方法。

参考文献

［1］ S Deb，K R Pattipati，V Raghavan. Multi - signal Flow Graphs：a Novelapproach for System Testability Analysis and Fault Diagnosis ［C］. Proc. IEEE AUTOTESTCON，Anaheim，CA1994，361 - 373.

［2］ 刘文静，刘成瑞，王南华. 定量与定性相结合的动量轮故障可诊断性评价 ［J］. 中国空间科学技术，2011，31（4）：54 - 63.

［3］ 刘成瑞，刘文静，王南华，等. 基于相关性模型的液浮陀螺可诊断性分析方法 ［J］. 空间控制技术与应用，2013，39（1）：10 - 14.

［4］ 王振西，刘成瑞，张强，等. 基于多信号流图和改进 BHS -树的陀螺可诊断性研究 ［J］. 空间控制技术与应用，2012，38（4）：1 - 5.

［5］ LIU W J，LIU C R. On Fault Diagnosis of Satellite Attitude Control System Based on ARRs，Proceedings of the 33rd Chinese Control Conference，2014. 7，Nanjing.

［6］ 王振西，刘成瑞，张强，等. 基于系统冗余关系的可诊断性方法研究 ［J］. 航天控制，2013，31（6）：10 - 16.

［7］ 李文博，王大轶，刘成瑞. 有干扰的控制系统故障可诊断性量化评估 ［J］. 控制理论与应用，2015，32（6）：744 - 752.

［8］ 符方舟，王大轶，李文博. 复杂动态系统的实际非完全失效故障的可诊断性评估 ［J］. 自动化学报，2017，43（11）：1941 - 1949.

［9］ FU F Z，WANG D Y，LIU P，et al. Evaluation of Fault Diagnosability for Dynamic Systems with Unknown Uncertainties，IEEE Access，2018，6：16737 - 16745.

［10］ FU F Z，WANG D Y，LIU P，et al. Evaluation of Fault Diagnosability for Networked Control Systems Subject to Missing Measurements ［J］. Journal of the Franklin Institute，2018，355（17）：8766 - 8779.

［11］ 李文博，王大轶，刘成瑞，等. 动态系统实际故障可诊断性的量化评价研究 ［J］. 自动化学报，2015，41（3）：497 - 507.

［12］ LI W B，WANG D Y，LIU C R. Fault Diagnosability Evaluationfor Spacecraft Control Systems via Direction Similarity，Proceedings of the 33rd Chinese Control Conference（CCC 2014），2014. 7. 28 - 2014. 7. 30.

［13］ G STRANG. Linear Algebra and Its Applications ［M］. 4th ed. Wellesley - Cambridge Press，2012. 77 - 154.

［14］ 章仁为. 卫星轨道姿态动力学与控制 ［M］. 北京：北京航空航天大学出版社，1998.

［15］ 邢琰，吴宏鑫. 一种红外地球敏感器和陀螺的故障隔离方法 ［J］. 计算技术与自动化，2003，22（2）：74 - 76.

［16］ 李文博，王大轶，刘成瑞. 一类非线性系统的故障可诊断性量化评价方法 ［J］. 宇航学报，2015，36（4）：455 - 462.

[17] 陈非凡，张高飞，陈益峰．小卫星动量轮非线性特性建模与仿真方法［J］．宇航学报，2003，24（6）：651－655.

[18] D C PERSIS，A ISIDORI. A geometric approach to nonlinear fault detection and isolation［J］. IEEE Transactions on Automatic Control，2001，46（6）：853－865.

第 5 章　可诊断性设计方法

5.1　引言

鉴于航天器成本、重量和体积等资源约束，控制系统不可能对所有故障模式及状态都进行监测。为了提高航天器控制系统的自主诊断能力，需通过正常模式与故障模式的一体化设计，对系统的观测变量进行优化配置，即通过测点位置和敏感器构型的协同优化来提升系统的可诊断性，进而为自主故障诊断的有效实施提供尽可能多的信息。

以第 3 章提出的可诊断率指标为依据，基于部件分配权重和故障模式分配权重，研究了航天器控制系统可诊断性指标的逐级分配方法；以第 4 章提出的可诊断性评价指标为依据，分别采用相关性模型、DM 分解（Dulmage - Mendelsohn Decomposition）技术、优化理论等，研究了航天器控制系统的部件测点和敏感器构型的优化配置方法；进而考虑了未建模动态、观测噪声和过程噪声等干扰因素的耦合影响，实现了正常模式与故障模式的一体化设计。

5.2　可诊断性指标分配方法

可诊断性指标分配是航天器控制系统可诊断性设计的一个重要环节，即根据一定的分配原则和方法，将要求的系统可诊断性指标合理地逐级分配给相应子系统、部件等，把它们各自的可诊断性指标提供给产品设计人员，并且要求产品设计必须满足这些指标。可诊断性指标分配的关键是可诊断率的分配，这个工作主要在航天器控制系统的方案论证和初步设计阶段进行，当确定了系统级的可诊断率之后，需要把该指标分配到各个组成部件，以便更好地开展部件的可诊断性设计工作。

目前，关于可诊断率指标分配的研究鲜有报道，本书借鉴加权分配法的思路，结合航天器控制系统的结构特点，分别基于部件分配权重和故障模式分配权重，给出了以下两种在工程中切实可行的可诊断率指标分配方法。需要说明的是，本章考虑的可诊断率仅指可检测率。

5.2.1　基于部件分配权重的可诊断率指标分配方法

可诊断率指标分配是指在已知系统级可诊断率 R_D 的情况下，根据一定的分配原则和分配方法，获得各部件可诊断率 R_D^i 的过程。需要说明的是，实现部件故障诊断有两个途径：其一，仅利用部件级输出实现部件故障诊断；其二，从系统角度出发，利用部件之间的关系实现部件故障诊断。本节所提的可诊断率 R_D ，仅指第一个方面，对于第二个方面涉及的可诊断率，我们通过部件之间的解析冗余关系来获得，可认为是已知量。

（1）基本思路

首先分析影响指标分配的相关因素，并进行量化处理，然后计算每个部件的分配权重，再根据可诊断率指标分配计算公式实现系统级指标向部件级指标的分配[1]。

（2）影响参数分析及量化

本节考虑的可诊断率分配影响参数，主要包括：故障发生概率、严酷度和技术成熟度。

①故障发生概率

工作到某时刻尚未发生故障的产品，在该时刻之后单位时间内发生故障的概率，称为产品的故障发生概率，其量化值是部件所有故障模式对应的最大发生概率，故障模式发生概率见 5.2.2 节。对于故障概率高的部件，需分配较高的可诊断率指标。

②严酷度

严酷度是指，部件故障产生后果的严重程度。表 5-1 列出了严酷度级别和不同级别的量化区间（QJ 1544A19—1996《航天产品缺陷、不合格、故障和危险分类》）。

表 5-1　严酷度分级与量化

等级	危害性	量化区间
灾难故障	导致航天器控制系统任务失败、人员伤亡，系统毁坏或生态环境遭受严重破坏，造成巨大经济损失的故障	[0, 2.5)
致命故障	导致航天器控制系统不能完成主要任务或人员、物资重大损失的故障	[2.5, 5)
严重故障	导致系统、设备或部、组（整）件主要功能丧失或完成规定功能能力严重降低的故障	[5, 7.5)
轻度故障	轻度影响产品有效使用和操作的故障	[7.5, 10]

对于能够导致灾难故障的部件，需要分配较高的可诊断率指标。

③技术成熟度

根据不同领域的行业标准，对技术成熟度有不同的定义，根据定义可对其进行量化，其中越成熟的技术量化打分越小，反之越不成熟的技术量化打分越高。

例如，针对航天器控制系统，依据《卫星研制程序》Q/W 497—1994，对产品的技术成熟度进行了分类，见表 5-2。

表 5-2　技术成熟度分级表

成熟度	说明	量化
A 类	直接采用已经飞行试验成功的现有设备，未做修改	0～2.5
B 类	在已经飞行试验成功的设备基础上，进行内部设计更改（如元器件、原材料、工艺更改等），但设备对外接口不变，设备功能和性能不变	2.5～5

续表

成熟度	说明	量化
C 类	在已经飞行试验成功的设备基础上，做了较大更改，产品功能、性能、对外接口发生变化	5～7.5
D 类	无现有设备，新研制	7.5～10

对于技术成熟度较低的部件，尽可能分配较高的可诊断率。

（3）指标分配权重计算

为保证计算的合理性和正确性，需将上述量化值进行归一化处理，具体如下

$$w_{i,j}=r_{i,j}/s_i \tag{5-1}$$

$$s_i=\sum_{j=1}^{n}r_{i,j} \tag{5-2}$$

式中 $r_{i,j}$ ——第 j 个部件第 i 个参数的取值（$i=1,2,\cdots,m$，$j=1,2,\cdots,n$）；

$w_{i,j}$ —— $r_{i,j}$ 经归一化处理后的数值；

s_i ——所有部件第 i 个参数的求和值；

m ——参数个数；

n ——部件个数。

第 j 个部件指标分配权重 β_j 的计算公式为

$$\beta_j=W_j/\phi \tag{5-3}$$

其中

$$W_j=\sum_{i=1}^{m}w_{i,j}$$

$$\phi=\sum_{j=1}^{n}W_j$$

（4）可诊断率指标分配公式

可诊断率分配需满足以下 4 个条件：

1）部件的可诊断率满足 $R_D^j\in(0,1]$。

2）权值 β_j 越小，R_D^j 越大；β_j 越大，R_D^j 越小。

3）当 $\beta_j\to 0$ 时，$R_D^j\to 1$；当 $\beta_j\to 1$ 时，$0<R_D^j<1$。

4）当 $\beta_j=1/n$ 时，部件与系统的指标相等，即 $R_D^j=R_D$。

可诊断率指标分配公式具体如下

$$R_D^j=\begin{cases}R_D+(1-R_D)(1-n\beta_j) & (0<\beta_j\leqslant 1/n)\\ R_D-(1-R_D)\left(1-\dfrac{1}{n\beta_j}\right) & (1/n<\beta_j\leqslant 1)\end{cases} \tag{5-4}$$

式中 R_D^j ——第 j 个部件的可诊断率；

R_D ——系统的可诊断率。

具体推导过程见文献［1］。

5.2.2　基于故障模式分配权重的可诊断率指标分配方法

基于部件分配权重的可诊断率指标分配方法是在可靠性指标分配思路的基础上，结合可诊断性特点而提出的指标分配方法。本节所提基于故障模式分配权重的可诊断率分配方法，则重点从故障模式分析的角度，研究指标分配问题。

（1）基本思路

基于故障模式分配权重的可诊断率指标分配方法，其基本思路如图 5－1 所示。首先，根据给定的系统级可诊断率，计算具有可诊断性的故障个数 n_{dete}；然后，针对系统包含的每一个故障模式，对相关影响参数进行量化处理；其次，计算每个故障模式对应的权重，并依据权重对故障模式进行排序；最后，将排在前面的 n_{dete} 个故障模式，认作具有可诊断性的故障；根据 n_{dete} 个故障模式中，部件包含的故障个数，计算每个部件的可诊断率。

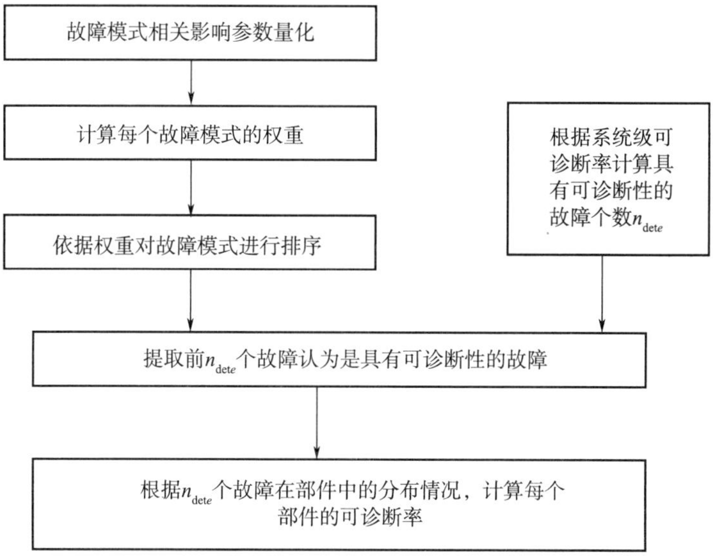

图 5－1　基于故障模式分配权重的可诊断率指标分配方法的基本思路

（2）影响参数分析及量化

影响分配的参数，主要包括：故障诊断难易程度、故障发生概率、故障严酷度。

①故障诊断难易程度

综合考虑故障的类型、幅值以及信息获取的难易，来确定故障诊断的难易程度，一般可以分为 2 个等级：

1）较易实现的故障诊断：故障类型属于突变故障，出现故障前无明显征兆，当发生故障时测量参数突然出现很大偏差，一般带有破坏性；故障幅值较大，并且故障诊断所需的各种信号较易获得，通常取值在 0～5 之间。

2）较难实现的故障诊断：故障模式属于缓变故障（测量参数值随着时间推移或环境变化而缓慢变化的故障）或间隙故障（老化、容差不足或接触不良引起的时隐时现的故障)；故障幅值较小，并且在目前的技术水平下，故障诊断所需的各种信号难以获得，通常取值在 5～10 之间。

对于较易实现诊断的故障，通常可以分配稍高一些的可诊断性指标。

②故障发生概率

故障发生概率，其等级主要包括以下五类：

1）经常发生（A)：某一故障的发生概率＞20％，通常取值在 0～2 之间；

2）有时发生（B)：20％＞某一故障的发生概率＞10％，通常取值在 2～4 之间；

3）偶然发生（C)：10％＞某一故障的发生概率＞1％，通常取值在 4～6 之间；

4）很少发生（D)：1％＞某一故障的发生概率＞0.1％，通常取值在 6～8 之间；

5）极少发生（E)：某一故障的发生概率＜0.1％，通常取值在 8～10 之间。

对于经常发生的故障，通常可以分配稍高一些的可诊断性指标。

③故障严酷度

表 5-1 已给出了故障的严酷度等级，不再赘述。

(3) 可诊断率指标分配方法

采用公式（5-1）～（5-3）的相同思路计算各故障模式分配权重，并根据其大小，采用升序的方式进行排序，得到的序列为 $\{f_1, f_2, \cdots, f_k\}$（$k$ 表示系统包含的所有故障模式个数）。

对于包含 m 个部件的系统，若第 j 个部件有 n_j 个故障（$k=\sum_{j=1}^{m} n_j$），则系统级的可诊断率为 $R_D = n_{\mathrm{dete}}/k$；由于 R_D 和 k 已知，则系统中具有可诊断性的故障个数为 $n_{\mathrm{dete}} = k \times R_D$。因此，当系统中具有可检测性的故障个数大于 n_{dete} 时，则系统的可诊断率满足要求。在序列 $\{f_1, f_2, \cdots, f_k\}$ 中选取前 n_{dete} 个故障，即得到系统中具有可诊断性的最小故障集合 $\Phi = \{f_1, f_2, \cdots, f_{\mathrm{dete}}\}$。

定义 Θ_j^{Φ} 为包含在故障集合 Φ 中部件 j 的故障个数，则部件 j 的可诊断率 R_D^j 为

$$R_D^j = \frac{\Theta_j^{\Phi}}{n_j} \tag{5-5}$$

5.2.3 仿真算例

以配置红外地球敏感器、动量轮、陀螺和推力器的航天器控制系统为仿真算例，利用上述可诊断性分配方法对系统的可诊断率指标进行分配设计。考虑的故障模式及其影响参数，具体见表 5-3。故障模式影响参数归一化处理结果见表 5-4。

表 5-3 故障模式及其影响参数

部件	编号	故障模式	诊断难易程度	故障发生概率	故障严酷度
红外地球敏感器	F_1	二次电源无输出	1	8	3
	F_2	复合视场地球探头探测器电平输出噪声变大	6	8	6
	F_3	扫描角读出电路基准脉冲输出为 0	1	8	3
	F_4	探测器电平输出为 0	1	8	3
	F_5	四路 S/E 及 E/S 信号输出多脉冲	1	8	3
动量轮	F_6	轴承过度供油	6	8	3
	F_7	电机不能输出要求力矩	1	8	3
	F_8	电流遥测功能丧失	1	8	6
	F_9	电机驱动电路一相短路	1	8	3
	F_{10}	5 V 输出异常	2	8	6
陀螺	F_{11}	马达不启动或停转	1	5	6
	F_{12}	力矩器摩擦变大	6	5	6
	F_{13}	温度遥测异常	3	8	9
	F_{14}	温控异常	4	8	6
	F_{15}	无频率信号输出	1	8	6
推力器	F_{16}	推力器开失效	2	8	3
	F_{17}	推力器关失效	2	8	3
	F_{18}	喷管泄露	2	8	3
	F_{19}	喷管堵塞	2	8	3

表 5-4 故障模式影响参数归一化处理结果

部件	编号	诊断难易程度	故障发生概率	故障严酷度	权重
红外地球敏感器	F_1	0.023	0.055	0.035 7	0.113 7
	F_2	0.136	0.055	0.071 4	0.262 4
	F_3	0.023	0.055	0.035 7	0.113 7
	F_4	0.023	0.055	0.035 7	0.113 7
	F_5	0.023	0.055	0.035 7	0.113 7
动量轮	F_6	0.136	0.055	0.035 7	0.226 7
	F_7	0.023	0.055	0.035 7	0.113 7
	F_8	0.023	0.055	0.071 4	0.149 4
	F_9	0.023	0.055	0.035 7	0.113 7
	F_{10}	0.046	0.055	0.071 4	0.172 4

续表

部件	编号	诊断难易程度	故障发生概率	故障严酷度	权重
陀螺	F_{11}	0.023	0.0325	0.071 4	0.126 9
	F_{12}	0.136	0.0325	0.071 4	0.239 9
	F_{13}	0.069	0.055	0.107	0.231 0
	F_{14}	0.092	0.055	0.071 4	0.218 4
	F_{15}	0.023	0.055	0.071 4	0.149 4
推力器	F_{16}	0.046	0.055	0.035 7	0.136 7
	F_{17}	0.046	0.055	0.035 7	0.136 7
	F_{18}	0.046	0.055	0.035 7	0.136 7
	F_{19}	0.046	0.055	0.035 7	0.136 7

依据表 5－4 所列故障模式影响参数的归一化处理结果，计算各故障模式的权重，并得到故障模式的排序结果，具体见表 5－5。

表 5－5　故障模式的排序结果

序号	故障模式编号	权重	所属部件	序号	故障模式编号	权重	所属部件
1	F_1	0.113 7	红外地球敏感器	11	F_{19}	0.136 7	推力器
2	F_3	0.113 7	红外地球敏感器	12	F_8	0.149 4	动量轮
3	F_4	0.113 7	红外地球敏感器	13	F_{15}	0.149 4	陀螺
4	F_5	0.113 7	红外地球敏感器	14	F_{10}	0.172 4	动量轮
5	F_7	0.113 7	动量轮	15	F_{14}	0.218 4	陀螺
6	F_9	0.113 7	动量轮	16	F_6	0.226 7	动量轮
7	F_{11}	0.126 9	陀螺	17	F_{13}	0.231 0	陀螺
8	F_{16}	0.136 7	推力器	18	F_{12}	0.239 9	陀螺
9	F_{17}	0.1367	推力器	19	F_2	0.262 4	红外地球敏感器
10	F_{18}	0.136 7	推力器	—	—	—	—

假设航天器控制系统的可诊断率为 0.96，本节共考虑的故障个数为 19，则要求其中的 18 个故障具有可检测性。因此，除红外地球敏感器的可诊断率为 0.8 以外，其他部件的可检测率均为 1。

5.3　基于相关性模型的可诊断性设计方法

基于相关性模型的可诊断性设计方法，是根据故障模式与系统状态的关联矩阵[2,3]，通过计算故障检测与分离的权重，依据分割原则通过测点的优化配置实现可诊断性的设计。该方法适用于航天器控制系统中的绝大部分部件。

5.3.1　满足可检测性要求的可诊断性设计流程

根据4.2.1节内容建立故障-状态关联矩阵，在此基础上，依据如下流程得到使所有故障均具有可检测性的最优测点集合：

1）对于故障-状态关联矩阵，计算每个状态所在列中非0元素的个数，并依据递减方式对所有状态进行排序；

2）将排在最前面的状态加入最优测点集合，并删除该状态对应列中非0元素所在的行。

3）重复步骤1）～2），直到删除所有行为止。

5.3.2　满足可分离性要求的可诊断性设计流程

根据建立的故障-状态关联矩阵，依据如下流程得到使所有故障都具有可分离性的最优测点集合（具体思路如图5-2所示）：

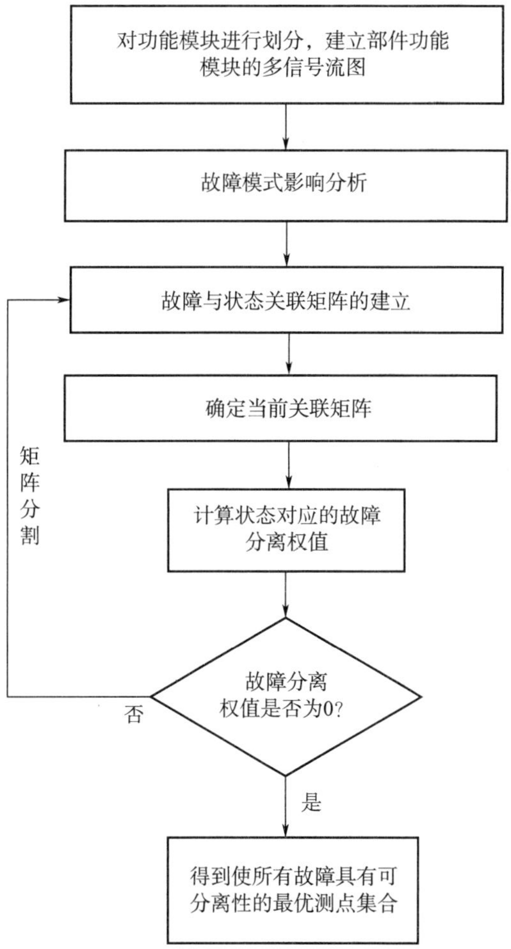

图5-2　满足可分离性要求的可诊断性设计思路

1）对于故障-状态关联矩阵，若存在状态 s_p 对应列中只有一个非零元素，则将该状态加入最优测点集中，同时删除非零元素对应的行。

2）计算每个状态信息的故障分离权值 W_{FI} ，计算公式为

$$W_{FIj}=\sum_{k=1}^{Z}(N_{jk}^{1}N_{jk}^{0})$$

式中 Z ——所有子矩阵的个数；

N_{jk}^{1} ——第 k 个子矩阵中状态 j 对应元素 $d_{ij}=1$ 的个数；

N_{jk}^{0} ——第 k 个子矩阵中状态 j 对应元素 $d_{ij}=0$ 的个数，且 $\sum_{k=1}^{Z}(N_{jk}^{1}+N_{jk}^{0})=m$ ，m 为当前矩阵的行数。

3）选取 W_{FIj} 最大的状态 s_j ，并将其加入最优测点集合中。

4）针对所选状态 s_j ，对当前矩阵 $\boldsymbol{D}^*$ 进行初等变换（ p 为当前矩阵 $\boldsymbol{D}^*$ 的行）：对状态 s_j 对应的列向量中 d_{ij} 进行筛选（$i=1，2，\cdots，p$），将 $d_{ij}=1$ 的行前移，使得当 $i=1，2，\cdots，N_j^1$ 时，$d_{ij}=1$；当 $i=N_j^1，N_j^1+1，\cdots，p$ 时，$d_{ij}=0$（ N_j^1 为 s_j 对应元素 $d_{ij}=1$ 的个数，$0\leqslant N_j^1\leqslant p$，$j=1，2，\cdots，n$ ）；对当前矩阵 $\boldsymbol{D}^*$ 完成初等变换之后，将 $\boldsymbol{D}^*$ 分割为两个子矩阵 $\boldsymbol{D}_1$ 和 $\boldsymbol{D}_2$（ $\boldsymbol{D}_1$ 为当前矩阵 $\boldsymbol{D}^*$ 的前 N_j^1 行，$\boldsymbol{D}_2$ 为当前矩阵 $\boldsymbol{D}^*$ 的 $N_j^1\sim u$ 行），完成对当前矩阵的分割。当前矩阵 $\boldsymbol{D}^*$ 的初值为故障-状态关联矩阵 $\boldsymbol{D}_{m\times n}$ 。

5）对分割得到的各子矩阵重复步骤 1）～4），直到各子矩阵是 **0** 为止。

5.3.3 仿真算例

以 4.2.3 节构建的液浮陀螺故障-状态关联矩阵为基础，利用本节给出的基于相关性模型的可诊断性设计方法，对其测点进行优化，在保证可诊断性指标不变的情况下，减少测点数量。

对于表 4-3 所构建的故障－状态关联矩阵，计算每个状态所在列中非 0 元素的个数，并依据递减方式对所有状态进行排序，得到的结果是：$T_7(14)$，$T_2(10)$，$T_5(5)$，$T_6(5)$，$T_3(4)$，$T_4(3)$，$T_8(3)$，$T_9(3)$，$T_1(1)$。因此，需要将代表液浮陀螺角速度数字量输出的测点加入最优测点集合中；剩余的矩阵具体见表 5-6。对于该表所列的故障-状态关联矩阵，采用相同步骤直到矩阵是空为止，得到的最优测点是 T_7，T_5，$T_2\sim T_4$ 和 T_6，故障检测的冗余测点为 T_1，T_8 和 T_9。

表 5-6 液浮陀螺的故障-状态关联矩阵（删除部分测点）

	T_1	T_2	T_3	T_4	T_5	T_6	T_8	T_9
F_6	0	0	1	0	0	0	0	0
F_8	0	0	0	1	0	0	0	0
F_{10}	0	0	0	0	1	0	0	0
F_{12}	0	1	0	0	0	0	0	0

续表

	T_1	T_2	T_3	T_4	T_5	T_6	T_8	T_9
F_{13}	0	0	0	0	0	1	0	0

最终将关联矩阵 **D** 分解得到 15 个子矩阵，具体见表 5－7；其中，每个子矩阵包含的故障模式为一个故障模糊组，表示该模糊组中的故障模式不可分离。

表 5－7　液浮陀螺关联矩阵的分割结果

	故障模式	T_1	T_2	T_3	T_4	T_5	T_6	T_7	T_8	T_9
D_1	F_1	1	1	1	1	1	1	1	0	0
D_2	F_{10}	0	0	0	0	1	0	0	0	0
D_3	F_2	0	1	0	0	0	1	1	0	0
	F_{14}	0	1	0	0	0	1	1	0	0
D_4	F_7	0	1	1	1	1	1	1	0	0
D_5	F_5	0	1	1	0	0	0	1	0	0
D_6	F_{11}	0	1	0	0	0	0	1	0	0
	F_{19}	0	1	0	0	0	0	1	0	0
D_7	F_3	0	0	0	0	0	0	1	1	1
	F_{16}	0	0	0	0	0	0	1	1	1
D_8	F_{18}	0	0	0	0	0	0	1	1	0
D_9	F_{17}	0	0	0	0	0	0	1	0	1
D_{10}	F_{15}	0	0	0	0	0	0	1	0	0
D_{11}	F_{12}	0	1	0	0	0	0	0	0	0
D_{12}	F_4	0	1	0	0	1	0	1	0	0
	F_9	0	1	0	0	1	0	1	0	0
D_{13}	F_6	0	0	1	0	0	0	0	0	0
D_{14}	F_8	0	0	0	1	0	0	0	0	0
D_{15}	F_{13}	0	0	0	0	0	1	0	0	0

综上所述，得到如下结论：

1）测点配置的优先顺序为：T_7，T_2，T_5，T_6，T_8，T_3，T_9，T_1，测点 T_4 为实现故障分离的冗余测点。

2）为了使故障模糊组 D_3，D_6，D_7，D_{12} 中包含的故障模式能够分离，则在设计过程中应考虑各模糊组中故障模式的影响域，并根据影响域的不同进行测点优化设置，从而实现模糊组中各故障模式的分离。

5.4 基于DM分解技术的可诊断性设计方法

本节将航天器控制系统描述成式（5-6）所示形式，并引入DM分解技术实现测点的优化配置，提升可诊断性。

$$\begin{aligned} e_1: x_1 &= g_1(x_1, x_2, \cdots, x_n) + h_1(f_1, f_2, \cdots, f_m) \\ e_2: x_2 &= g_2(x_1, x_2, \cdots, x_n) + h_2(f_1, f_2, \cdots, f_m) \\ \vdots \quad & \quad \vdots \qquad\qquad\qquad \vdots \\ e_k: x_k &= g_k(x_1, x_2, \cdots, x_n) + h_k(f_1, f_2, \cdots, f_m) \end{aligned} \tag{5-6}$$

式中 e_i——系统模型中第 i 个等式；

$g_i(x_1, x_2, \cdots, x_n)$——各状态 x_1，x_2，…，x_n 与状态 x_i 之间的关系，采用定量或定性模型进行描述；

$h_i(f_1, f_2, \cdots, f_m)$——各故障 f_1，f_2，…，f_m 与状态 x_i 之间的关系。

基于DM分解技术的航天器控制系统可诊断性设计思路是[4,5]：根据系统的定性或定量模型，求取变量之间的约束关系，并将故障影响添加到正常模式的约束关系中，通过使关键变量可测获得最优的测点配置，具体如图5-3所示。

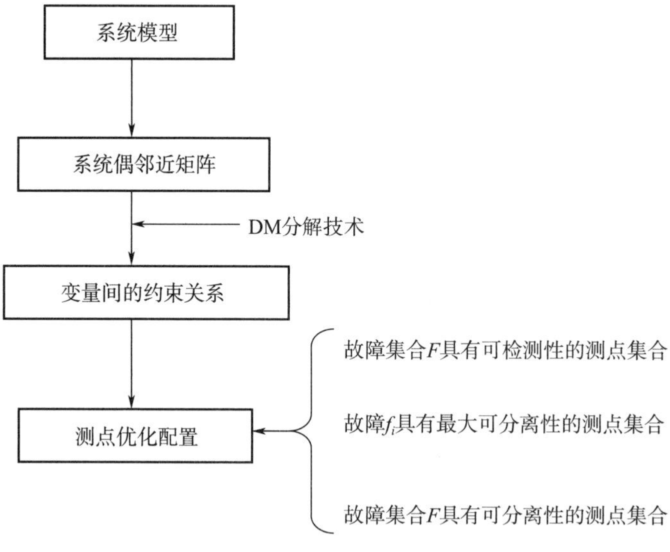

图5-3 基于DM分解技术的可诊断性设计思路

5.4.1 偶邻近矩阵的构建

本节采用偶邻近矩阵实现航天器控制系统模型的结构化描述，为基于DM分解的可诊断性设计提供基础。偶邻近矩阵中行为等式 $E=\{e_1, e_2, \cdots, e_k\}$，列为变量 $X=\{x_1, x_2, \cdots, x_n\}$，当变量 $x_i \in X$ 属于等式 $e_j \in E$ 时，(e_j, x_i) 为1，否则为0。

5.4.2　变量之间约束关系的分析

利用 DM 分解技术对式（5-6）相关的偶邻近矩阵进行分析，可以得到如图 5-4 所示结果。从该图中可看出：通过偶邻近矩阵中的行与列变换，将其变为上三角矩阵，而变量 X_n 通过等式 M_{n-1} 对变量 X_{n-1} 产生影响（b_n 描述了 X_n 和 M_n 之间的关系，图中灰色部分表示非零元素），进而可以获取系统中所有变量之间的约束关系。

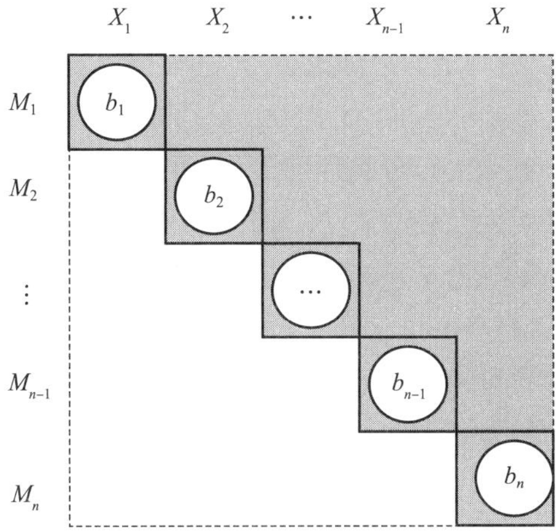

图 5-4　基于 DM 分解技术获取各变量之间的约束关系

5.4.3　测点的优化配置

根据上述基于 DM 分解技术得到的各变量之间约束关系，画出变量约束树，并在每个状态上标出与状态相关的所有故障，具体如图 5-5 所示。

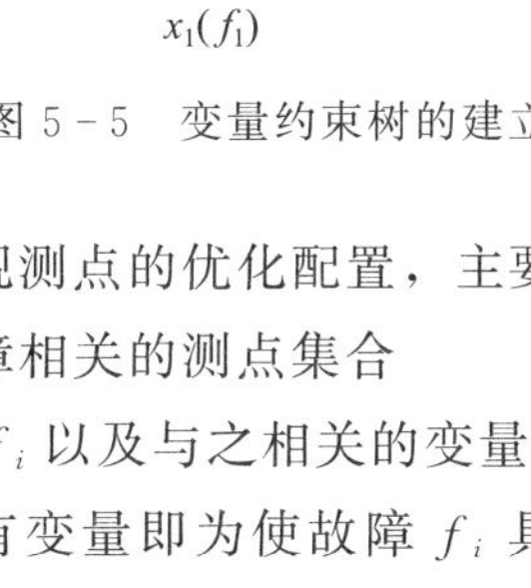

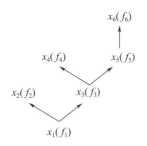

图 5-5　变量约束树的建立

基于建立的变量约束树，实现测点的优化配置，主要步骤包括：

(1) 根据约束关系得到各故障相关的测点集合

在变量约束树中，找到故障 f_i 以及与之相关的变量 x_i，顺向推导得到从变量 x_i 到树顶结点的路径，则此路径上的所有变量即为使故障 f_i 具有可检测性的所有测点 $D(f_i)$。进而，基于此思路可以得到所有故障的测点集合。

（2）构建使所有故障具有可检测性的最小测点集合

1）设 $S_D = D(f_1) \cap D(f_2) \cap \cdots \cap D(f_n)$，若 $S_D \neq \varnothing$，则 S_D 中的每个元素都可作为使故障 f_1，f_2，f_3，…，f_n 具有可检测性的最小测点集合，若 $S_D = \varnothing$，则转入步骤 2)；

2）将故障集合 F 进行分类，得到 $F = \{F_1^*, F_2^*, F_3^*, \cdots, F_m^*\}$（其中，$F_1^*$ 是由 F 中的故障组成并且使 $S_{D,1}^*$ 包含的元素最多的故障集合；F_2^* 是由 F/F_1^* 中的故障组成并且使 $S_{D,2}^*$ 包含的元素最多的故障集合，以此类推得到 $F = \{F_1^*, F_2^*, F_3^*, \cdots, F_m^*\}$；$F/F_1^*$ 表示在 F 中除去 F_1^* 后剩余的故障集合），进而可得 $S_D = S_{D,1}^* \cup S_{D,2}^* \cup S_{D,3}^* \cup \cdots \cup S_{D,m}^*$。

（3）选择使故障 f_i 具有最大可分离性的最小测点集合

故障 f_i 具有最大可分离性是指故障 f_i 与 F/f_i 中的所有故障均具有可分离性（F/f_i 表示集合 F 除去 f_i 后剩余的所有故障），其基本思路是：将故障 f_i 影响的等式从偶图中删除，并判断剩余故障是否都具有可检测性；若全部具有可检测性，则说明在当前的测点配置下，故障 f_i 具有最大可分离性；若没有，则通过建立剩余偶图的约束关系，研究使剩余故障均具有可检测性的测点集合，进而可以给出能够使故障 f_i 具有最大可分离性的最小测点集合。

（4）获取使 F 中所有故障均具有可分离性的最小测点集合

步骤（3）中解决的是 f_i 与 F/f_i 之间的可分离性问题，在此基础上本部分主要研究 F 中所有故障之间的可分离性问题。设使故障都具有可检测性的最小集合为 $S_D = \{d_1, d_2, \cdots, d_n\}$，步骤（3）获得的故障 f_i 与 F/f_i 所有故障具有可分离性的最小测点集合为 $I(f_i, F/f_i) = \{I_{i1}, I_{i2}, \cdots, I_{in}\}$，其中，$d_i$ 是由单个或多个元素组成的集合，I_{i1} 表示在集合 d_1 包含的变量可达的情况下，使故障 f_i 具有可分离性的变量集合，则使故障 f_1，f_2，…，f_m 具有可分离性的最小传感器集合为

$$I(f_1 : f_m) = \{\bigcup_{j=1}^{m} I_{j1}, \bigcup_{j=1}^{m} I_{j2}, \cdots, \bigcup_{j=1}^{m} I_{jn}\}$$

5.4.4 仿真算例

本节以航天器控制系统中的动量轮为仿真算例，验证基于 DM 分解技术的可诊断性设计方法的有效性和正确性。

考虑轴承组件故障 F_b，电机组件故障 F_m，驱动电路故障 F_d 和控制电路故障 F_c，假定获得的遥测数据为动量轮的转速和电流，得到动量轮的模型为

$$
\begin{cases}
e_1: L\dfrac{\mathrm{d}i(t)}{\mathrm{d}t} = u(t) - R\cdot i(t) - K_e\cdot w(t) + F_d \\
e_2: m_e(t) = K_m\cdot i(t) + F_m \\
e_3: J\dfrac{\mathrm{d}w(t)}{\mathrm{d}t} = m_d(t) \\
e_4: m_d(t) = m_e(t) + m_f(t) \\
e_5: m_f(t) = m_{f,0}(t) + F_b \\
e_6: u(t) = \left(K_p + \dfrac{K_i}{s}\right)[w_0(t) - i(t)] + F_c
\end{cases} \tag{5-7}
$$

其中

$$w_0(t) = \frac{T_{rep}}{K_m}$$

式中　L ——电机电枢的电感；

i ——流过电机电枢的电流；

R ——电机电枢的电阻；

u ——等效的直流电机驱动电压；

w ——电机的转速；

K_e ——电势系数；

K_m ——电机转矩系数；

m_e ——电机输出力矩；

J ——动量轮总的转动惯量；

$m_d(t)$ ——动量轮动态输出力矩；

$m_f(t)$ ——动量轮摩擦力矩；

$m_{f,0}(t)$ ——无故障情况下的摩擦力矩；

T_{rep} ——期望输出力矩；

K_p ——控制器比例系数；

K_i ——控制器积分系数。

动量轮各部分模型之间的关系如图 5-6 所示。

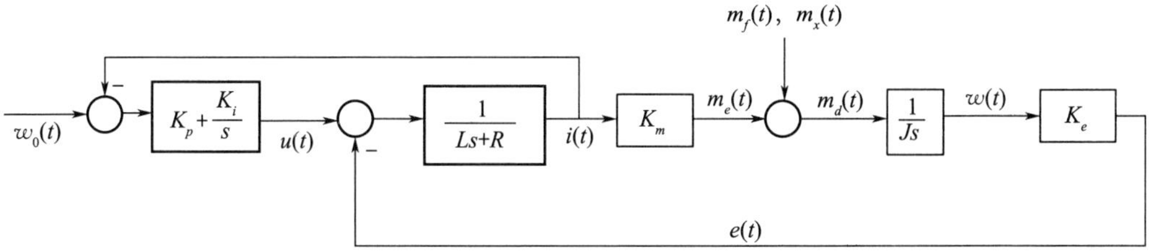

图 5-6　动量轮各部分模型之间的关系

(1) 构建动量轮偶邻近矩阵

按已知量、未知变量和故障进行归类，相应集合分别采用 $Y=\{y_1, y_2, \cdots, y_p\}$，$X$

$=\{x_1, x_2, \cdots, x_q\}$ 和 $F=\{F_d, F_m, F_b, F_c\}$ 进行表示，以等式标识为行，以集合 X，Y 和 F 为列，构建动量轮的偶邻近矩阵，具体见表 5-8。

表 5-8　动量轮的偶邻近矩阵

	未知变量						已知量		故障			
	i	u	w	m_e	m_d	m_f	w_0	$m_{f,0}$	F_d	F_m	F_b	F_c
e_1	1	1	1	0	0	0	0	0	1	0	0	0
e_2	1	0	0	1	0	0	0	0	0	1	0	0
e_3	0	0	1	0	1	0	0	0	0	0	0	0
e_4	0	0	0	1	1	1	0	0	0	0	0	0
e_5	0	0	0	0	0	1	0	1	0	0	1	0
e_6	1	1	0	0	0	0	1	0	0	0	0	1

（2）利用 DM 分解技术得到变量之间的约束关系

基于表 5-8 所得的动量轮偶邻近矩阵，利用 DM 分解技术得到动量轮各变量之间的约束关系，具体分解结果和约束关系分别如图 5-7 和图 5-8 所示。

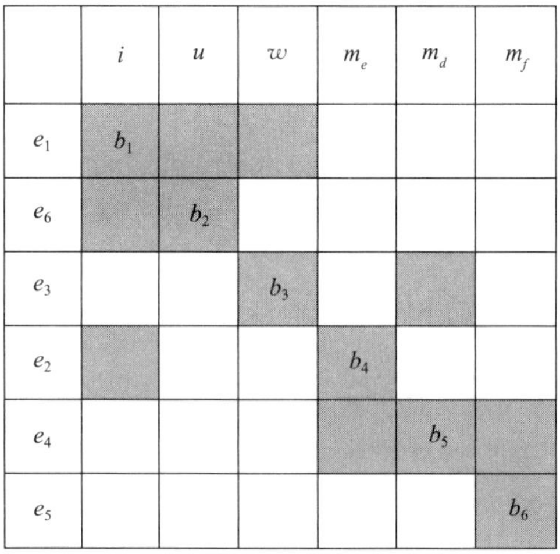

图 5-7　动量轮的 DM 分解结果图

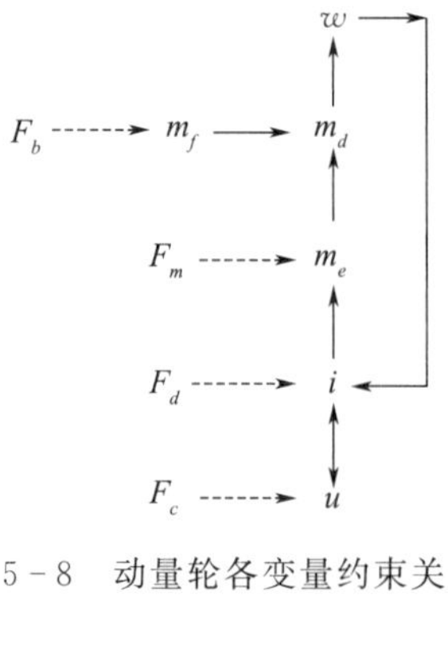

图 5-8　动量轮各变量约束关系

图中存在两个反馈环，分别为{电流 $i(t)$，电机输出力矩 $m_e(t)$，动量轮输出力矩 $m_d(t)$，转速 $w(t)$} 和{电流 $i(t)$，驱动电压 $u(t)$}，而且这两个反馈环拥有公共点，具体如图 5-9 所示。

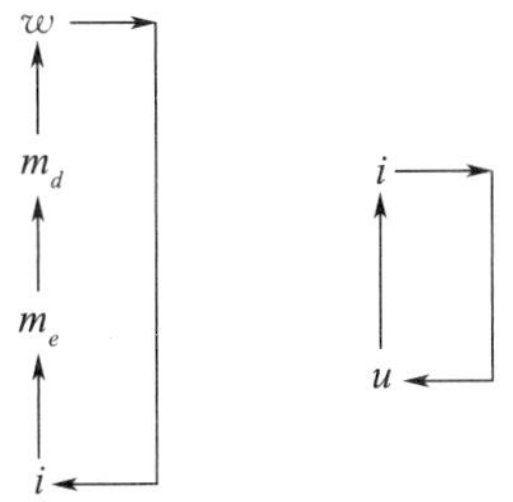

图 5-9　动量轮故障模型中的反馈环

(3) 给出满足各种可诊断性要求的最优测点集合

遍历如图 5-8 所示的变量之间的约束关系，寻找与各变量相关的故障集合，并且根据直接故障和间接故障分别进行存储，得到的变量与故障之间的关系为

$$i(F_d/\{F_b,F_m,F_c\}),m_e(F_m/\{F_b,F_d,F_c\}),m_d(F_b/\{F_d,F_c,F_m\})$$
$$w(F_b/\{F_d,F_c,F_m\}),u(F_c/\{F_b,F_d,F_m\}),m_f(F_b/)$$

其中，对于 $i(F_d/\{F_b,F_m,F_c\})$，符号“/”左边的 F_d 表示与变量 i 相关的直接故障，而符号“/”右边的 $\{F_b,F_m,F_c\}$ 表示与变量 i 相关的间接故障，其他与此类似。

①使所有故障具有可检测性的最小测点集合

由于驱动电压 $u(t)$、电流 $i(t)$、转速 $w(t)$、电机输出力矩 $m_e(t)$ 和动量轮输出力矩 $m_d(t)$，都涵盖了所有考虑的故障，因此任何一个变量可测都能使得所有故障具有可检测性。从另外一个角度来分析，动量轮模型中存在两个反馈环，而且两个反馈环有公共点，因此这两个反馈环中的任何一个变量可测，都可使得故障具有可检测性，因此所得最优测点集合的具体形式见表 5-9。

表 5-9　使所有故障具有可检测性的最优测点集合

	测点集合
F_m，F_d，F_b 和 F_c 具有可检测性	$\{u(t)\}$，$\{i(t)\}$，$\{m_d(t)\}$，$\{m_e(t)\}$，$\{w(t)\}$

从表 5-9 中可以看出：当驱动电压 $u(t)$、电流 $i(t)$、转速 $w(t)$、电机输出力矩 $m_e(t)$ 和动量轮输出力矩 $m_d(t)$ 中任何一个量可测时，都会使所考虑的所有故障均具有可检测性。

②使电机组件故障 F_m 具有最大可分离性的最小测点集合

利用 DM 分解技术得到图 5-10 所示约束关系，获得剩余变量与故障之间的关系为

$$i(F_d/\{F_b,F_c\}),m_e(/),m_d(/\{F_b\}),$$
$$w(/\{F_b\}),u(F_c/\{F_b,F_d\}),m_f(F_b/)$$

则使剩余故障具有可检测性的变量集合为

{电流 $i(t)$}

由于电机输出力矩 m_e 的直接故障包含 F_m，因此测点集合中还需添加 m_e，最后得到使电机组件故障 F_m 具有最大可分离性的最小测点集合为

$$\{电流\ i(t), 电机输出力矩\ m_e(t)\}$$

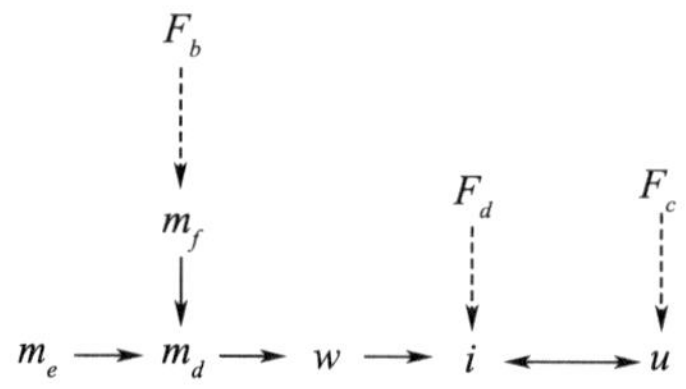

图 5-10 删除电机组件故障 F_m 后的各变量约束关系

使故障 F_m 具有最大可分离性的最优测点集合见表 5-10。

表 5-10 使故障 F_m 具有最大可分离性的最优测点集合

	测点集合
F_m 与 F/F_m 可分离	$\{i(t), m_e(t)\}$
F_d 与 F/F_d 可分离	$\{i(t), u(t), m_d(t)\}$，$\{i(t), u(t), w(t)\}$
F_b 与 F/F_b 可分离	$\{m_f(t)\}$
F_c 与 F/F_c 可分离	$\{u(t), i(t)\}$

③使 F 中所有故障均具有可分离性的最小测点集合

根据图 5-8 所示动量轮各变量之间的约束关系，得到变量与故障之间的关系为

$$i(F_d/\{F_b, F_m, F_c\}), m_e(F_m/\{F_b, F_d, F_c\}), m_d(F_b/\{F_d, F_c, F_m\}),$$
$$w(F_b/\{F_d, F_c, F_m\}), u(F_c/\{F_b, F_d, F_m\}), m_f(F_b/)$$

对于驱动电路故障 F_d 和控制电路故障 F_c，由于对应变量 $u(t)$ 和 $i(t)$ 的下一个变量的直接故障都不为 0，因此需要将 $u(t)$ 和 $i(t)$ 加入可测点集中。而轴承组件故障 F_b 和电机组件故障 F_m 对应变量的下一个变量不存在直接故障，因此需要进行标识，被标识的变量集合分别为

$$I(F_b) = \{m_f(t), m_d(t), w(t)\} \text{ 和 } I(F_m) = \{m_e(t), m_d(t), w(t)\}$$

则需从 $I(F_m)$ 和 $I(F_b)$ 中寻找 2 个不重复的变量加入可测集合中，即可得到使所有故障都具有可分离性的故障集合，具体结果见表 5-11。

表 5-11 使所有故障具有可分离性的最优测点集合

	测点集合
F_m，F_d，F_b 和 F_c 具有可分离性	$\{u(t), i(t), m_f(t), \forall d \in \{m_e(t), m_d(t), w(t)\}\}$ $\{u(t), i(t), m_d(t), \forall d \in \{m_e(t), w(t)\}\}$ $\{u(t), i(t), w(t), \forall d \in \{m_e(t), m_d(t)\}\}$

5.5　基于优化理论的可诊断性设计方法

利用优化理论开展可诊断性设计的基本思路为：基于航天器控制系统中各部件的最大配置，综合考虑部件成本、姿态确定精度以及可诊断性指标，构建部件构型的优化设计问题，并利用智能算法对该优化问题求解，最终获得满足各约束条件的最优系统配置（最小配置）。

5.5.1　优化问题的构建

5.5.1.1　优化目标的设计

（1）成本相关的优化目标

成本的优化目标，其数学表达式为

$$\min \boldsymbol{C}\boldsymbol{x} \tag{5-8}$$

式中，$\boldsymbol{C} \in \mathrm{R}^{1\times m}$ 为成本矩阵，通过综合考虑部件成本、安装费用以及安装难易等给出；m 为考虑的部件总数。

定义 N_s 维二进制矢量 $\boldsymbol{x} = [x_1, x_2, \cdots, x_m]^{\mathrm{T}}$ 满足

$$x_j = \begin{cases} 1 & 配置第\ j\ 个部件 \\ 0 & 其他 \end{cases} \tag{5-9}$$

（2）姿态确定精度相关的优化目标

姿态确定精度最高的优化目标，其数学表达式为

$$\max \sum_{i=1}^{6} \boldsymbol{P}_i \boldsymbol{\Pi}_i \tag{5-10}$$

式中，$\boldsymbol{P}_i \in \mathrm{R}^{1\times N_i}$（$N_i$ 为 Π_i 的行数）为测量精度矩阵，描述了各种测量方案对应的准确性，可以根据专家经验或数学仿真获得；$\boldsymbol{\Pi}_i = \boldsymbol{\Phi}_i \otimes x$，$\boldsymbol{\Phi}_i$ 为姿态确定方案矩阵（$i=1, 2, \cdots, 6$ 分别对应 X 轴角度确定、Y 轴角度确定、Z 轴角度确定、X 轴角速度确定、Y 轴角速度确定、Z 轴角速度确定），该矩阵元素是 0 或 1；若 $\boldsymbol{\Phi}_1$ 的第 j 行中，元素 $\boldsymbol{\Phi}_1(j, m)$ 和 $\boldsymbol{\Phi}_1(j, n)$ 不为 0，则说明 X 轴角度确定方案 j 依赖于部件 m 和部件 n；若 x_m 和 x_n 均为 1，则该姿态确定方案可以实现；$\otimes$ 表示一种特殊的数学运算，其具体形式为：对于 Π_i 的第 j 行 $\Pi_i(j)$，如果 $\boldsymbol{\Phi}_i$ 的元素 $\Phi_i(j, m)$，$\Phi_i(j, n)$ 为 1，其他元素为 0，则 $\Pi_i(j) = x_m \cap x_n$，若此时 x_m 和 x_n 都为 1，则 $\Pi_i(j)=1$，否则为 0。

需要强调的是：$\boldsymbol{P}_i\boldsymbol{\Pi}_i$ 不是简单的矩阵相乘，而是 $\boldsymbol{P}_i\boldsymbol{\Pi}_i = \max(P_i(j)\Pi_i(j))$，其中，$P_i(j)$ 和 $\Pi_i(j)$ 分别表示 P_i 和 Π_i 的第 j 个元素。

5.5.1.2　约束条件的确定

（1）测量相关的约束条件

上述优化目标［式（5-10）］要求航天器控制系统的测量精度越高越好，但还暗含了一个约束条件，即要求必须能够获取到系统的 6 个姿态角和角速度测量信息，具体形

式为

$$\boldsymbol{\Pi}_i \neq \mathbf{0}(i=1,2,\cdots,6) \tag{5-11}$$

(2) 可诊断性相关的约束条件

航天器控制系统的可检测率和可分离率需要满足一定的要求

$$\begin{aligned} R_D &\geqslant R_D^0 \\ R_I &\geqslant R_I^0 \end{aligned} \tag{5-12}$$

式中，R_D^0，R_I^0 ——一般由任务书给定；

R_D，R_I ——可检测率和可分离率指标，需通过 4.2.2 节的内容获得。

5.5.2 优化问题的求解

在确定优化目标和约束条件的基础上，航天器控制系统的可诊断性设计问题转化为如下所示的优化问题

$$\min \boldsymbol{Cx}$$
$$s.t.\begin{cases} \boldsymbol{\Pi}_i \neq \mathbf{0}(i=1,2,\cdots,6) \\ \sum_{i=1}^{6}\boldsymbol{P}_i\boldsymbol{\Pi}_i > P_0 \\ R_D \geqslant R_D^0 \\ R_I \geqslant R_I^0 \end{cases} \tag{5-13}$$

上述优化问题是将成本作为优化目标，如果强调姿态测量精度时，也可将姿态确定精度作为优化目标，成本当作约束条件，构建出如下所示的优化问题

$$\max \sum_{i=1}^{6}\boldsymbol{P}_i\boldsymbol{\Pi}_i$$
$$s.t\begin{cases} \boldsymbol{\Pi}_i \neq \mathbf{0}(i=1,2,\cdots,6) \\ Cx < C_0 \\ R_D \geqslant R_D^0 \\ R_I \geqslant R_I^0 \end{cases} \tag{5-14}$$

式中　C_0——成本的最大值。

对于上述优化问题，本节通过引入二值粒子群智能算法，进行问题的快速求解，具体流程如图 5-11 所示，主要步骤包括：

1）初始化粒子的相关参数，主要包括：粒子的个数、粒子的位置与速度初值、粒子的最优值以及粒子群的最优值等。

2）根据每个粒子的位置参数，计算部件成本和可诊断性度量指标。

姿态测量精度可通过将粒子的位置代入 $\sum_{i=1}^{6}\boldsymbol{P}_i\boldsymbol{\Pi}_i$ 得到；其中，矩阵 $\boldsymbol{P}_i$ 和 $\boldsymbol{\Pi}_i$ 均为已知量。

对于可诊断性度量指标，可根据粒子的位置参数，利用第 4.3 节的评价准则和第

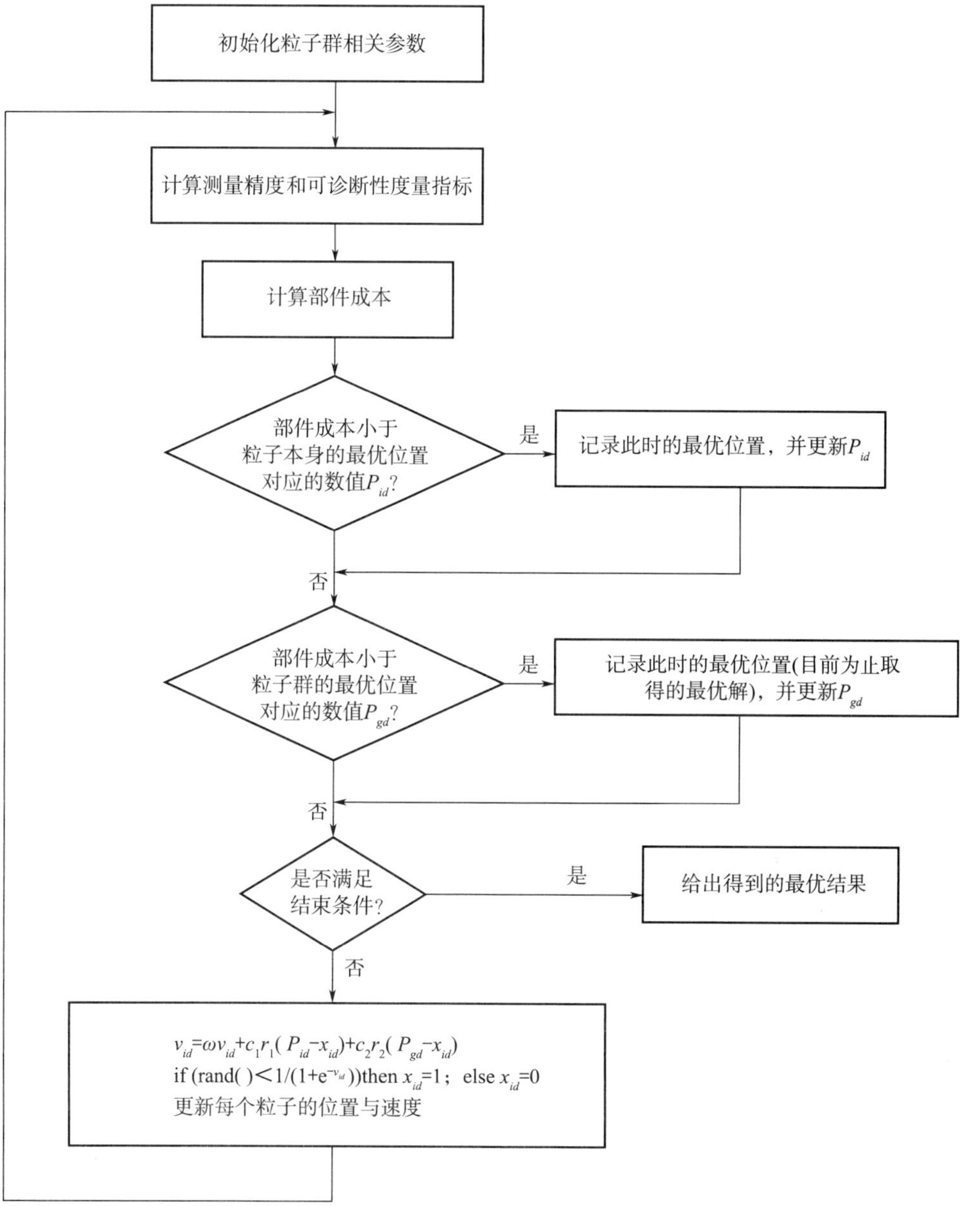

图 5-11　基于二值粒子群算法的航天器控制系统可诊断性优化设计问题求解

4.2.2 节的指标计算公式，得到可诊断性的度量指标。

3）根据粒子的位置，计算部件的成本。

4）将该成本与粒子存储的最低成本 P_{id} 做比较，若该成本小于 P_{id}，则更新最低成本，并且存储当前粒子的位置参数；将该成本与粒子群存储的最低成本 P_{gd} 做比较，若该成本小于 P_{gd}，则更新粒子群的最低成本，并且存储当前粒子的位置参数。

5）判断是否满足结束条件（迭代次数达到上限或者满足最低成本约束），若满足则结束，此时粒子群的最低成本即为优化值，而存储的二值位置参数即为优化解，否则进入步骤 6)。

6) 更新粒子的速度与位置参数并转入步骤 2),参数更新公式如下

$$v_{id} = \omega v_{id} + c_1 r_1 (P_{id} - x_{id}) + c_2 r_2 (P_{gd} - x_{id})$$
$$\text{if } (\text{rand}(\ ) < 1/(1 + e^{-v_{id}})) \text{ then } x_{id} = 1; \text{ else } x_{id} = 0 \tag{5-15}$$

式中 v_{id},x_{id} ——粒子 i 的速度和位置参数;

P_{id} ——粒子 i 的最优值;

P_{gd} ——粒子群的最优值。

5.5.3 仿真算例

以表 5-12 所列部件组成的航天器控制系统为仿真算例,对所提可诊断性优化设计方法进行验证。

表 5-12 航天器控制系统的部件组成

部件	个数	描述
红外地球敏感器	2	在滚动轴和俯仰轴各安装 1 个,分别用于测量航天器的滚动角和俯仰角
陀螺	5	3 个陀螺正交安装,其他陀螺斜装
太阳敏感器	3	在三轴各安装 1 个
星敏感器	2	每个敏感器都可测量三轴姿态

假定成本矩阵如下所示

$$\boldsymbol{C} = [200\quad 200\quad 500\quad 500\quad 500\quad 500\quad 500\quad 100\quad 100\quad 100\quad 400\quad 400]$$

考虑下列姿态信息获取方式,针对不同约束条件,基于本节所提方法得到的可诊断性设计结果见表 5-13:

(1) 滚动轴姿态角的获取方式

滚动轴姿态角的获取方式主要包括:

1) X 轴红外地球敏感器输出;

2) X 轴陀螺输出积分;

3) 任何一个星敏感器输出;

4) 2 个红外地球敏感器和任何一个太阳敏感器,通过双矢量原理确定姿态。

$$\boldsymbol{\Phi}_1 = \begin{bmatrix} 1 & 0 & 0 & 0 & 0 & 0 & 0 & 0 & 0 & 0 & 0 & 0 \\ 0 & 0 & 1 & 0 & 0 & 0 & 0 & 0 & 0 & 0 & 0 & 0 \\ 0 & 0 & 0 & 0 & 0 & 0 & 0 & 0 & 0 & 0 & 1 & 0 \\ 0 & 0 & 0 & 0 & 0 & 0 & 0 & 0 & 0 & 0 & 0 & 1 \\ 1 & 1 & 0 & 0 & 0 & 0 & 0 & 1 & 0 & 0 & 0 & 0 \\ 1 & 1 & 0 & 0 & 0 & 0 & 0 & 0 & 1 & 0 & 0 & 0 \\ 1 & 1 & 0 & 0 & 0 & 0 & 0 & 0 & 0 & 1 & 0 & 0 \end{bmatrix}$$

$$\boldsymbol{P}_1 = [0.8\quad 0.7\quad 0.95\quad 0.95\quad 0.9\quad 0.9\quad 0.9]$$

(2) 俯仰轴姿态角的获取方式

俯仰轴姿态角的获取方式主要包括：

1) Y 轴红外地球敏感器输出；

2) Y 轴陀螺输出积分；

3) 任何一个星敏感器输出；

4) 2 个红外地球敏感器和任何一个太阳敏感器，通过双矢量原理确定姿态。

$$\boldsymbol{\Phi}_2=\begin{bmatrix}0&1&0&0&0&0&0&0&0&0&0&0\\0&0&0&1&0&0&0&0&0&0&0&0\\0&0&0&0&0&0&0&0&0&0&1&0\\0&0&0&0&0&0&0&0&0&0&0&1\\1&1&0&0&0&0&0&1&0&0&0&0\\1&1&0&0&0&0&0&0&1&0&0&0\\1&1&0&0&0&0&0&0&0&1&0&0\end{bmatrix}$$

$$\boldsymbol{P}_2=[0.8\quad 0.7\quad 0.95\quad 0.95\quad 0.9\quad 0.9\quad 0.9]$$

(3) 偏航轴姿态角的获取方式

偏航轴姿态角的获取方式主要包括：

1) Z 轴陀螺输出积分；

2) Z 轴陀螺和偏航太阳敏感器；

3) 任何一个星敏感器输出；

4) 2 个红外地球敏感器和任何一个太阳敏感器，通过双矢量原理确定姿态。

$$\boldsymbol{\Phi}_3=\begin{bmatrix}0&0&0&0&1&0&0&0&0&0&0&0\\0&0&0&0&1&0&0&0&0&1&0&0\\0&0&0&0&0&0&0&0&0&0&1&0\\0&0&0&0&0&0&0&0&0&0&0&1\\1&1&0&0&0&0&0&1&0&0&0&0\\1&1&0&0&0&0&0&0&1&0&0&0\\1&1&0&0&0&0&0&0&0&1&0&0\end{bmatrix}$$

$$\boldsymbol{P}_3=[0.65\quad 0.8\quad 0.95\quad 0.95\quad 0.9\quad 0.9\quad 0.9]$$

(4) 滚动轴姿态角速度的获取方式

滚动轴姿态角速度的获取方式主要包括：

1) X 轴陀螺输出；

2) 除 X 轴陀螺外，其他至少三个陀螺输出。

$$\boldsymbol{\Phi}_4 = \begin{bmatrix} 0 & 0 & 1 & 0 & 0 & 0 & 0 & 0 & 0 & 0 & 0 & 0 \\ 0 & 0 & 0 & 1 & 1 & 1 & 0 & 0 & 0 & 0 & 0 & 0 \\ 0 & 0 & 0 & 1 & 1 & 0 & 1 & 0 & 0 & 0 & 0 & 0 \\ 0 & 0 & 0 & 1 & 0 & 1 & 1 & 0 & 0 & 0 & 0 & 0 \\ 0 & 0 & 0 & 0 & 1 & 1 & 1 & 0 & 0 & 0 & 0 & 0 \end{bmatrix}$$

$$\boldsymbol{P}_4 = [0.95 \quad 0.9 \quad 0.9 \quad 0.85 \quad 0.85]$$

（5）俯仰轴姿态角速度的获取方式

俯仰轴姿态角速度的获取方式主要包括：

1）Y 轴陀螺输出；

2）除 Y 轴陀螺外，其他至少三个陀螺输出。

$$\boldsymbol{\Phi}_5 = \begin{bmatrix} 0 & 0 & 0 & 1 & 0 & 0 & 0 & 0 & 0 & 0 & 0 & 0 \\ 0 & 0 & 1 & 0 & 1 & 1 & 0 & 0 & 0 & 0 & 0 & 0 \\ 0 & 0 & 1 & 0 & 1 & 0 & 1 & 0 & 0 & 0 & 0 & 0 \\ 0 & 0 & 1 & 0 & 0 & 1 & 1 & 0 & 0 & 0 & 0 & 0 \\ 0 & 0 & 0 & 0 & 1 & 1 & 1 & 0 & 0 & 0 & 0 & 0 \end{bmatrix}$$

$$\boldsymbol{P}_5 = [0.95 \quad 0.9 \quad 0.9 \quad 0.85 \quad 0.85]$$

（6）偏航轴姿态角速度的获取方式

偏航轴姿态角速度的获取方式，主要包括：

1）Z 轴陀螺输出；

2）除 Z 轴陀螺外，其他至少三个陀螺输出。

$$\boldsymbol{\Phi}_6 = \begin{bmatrix} 0 & 0 & 0 & 0 & 1 & 0 & 0 & 0 & 0 & 0 & 0 & 0 \\ 0 & 0 & 1 & 1 & 0 & 1 & 0 & 0 & 0 & 0 & 0 & 0 \\ 0 & 0 & 1 & 1 & 0 & 0 & 1 & 0 & 0 & 0 & 0 & 0 \\ 0 & 0 & 1 & 0 & 0 & 1 & 1 & 0 & 0 & 0 & 0 & 0 \\ 0 & 0 & 0 & 1 & 0 & 1 & 1 & 0 & 0 & 0 & 0 & 0 \end{bmatrix}$$

$$\boldsymbol{P}_6 = [0.95 \quad 0.9 \quad 0.9 \quad 0.85 \quad 0.85]$$

表 5-13 可诊断性设计结果

可诊断性要求	姿态确定精度要求	优化设计结果		
		配置情况	姿态确定精度	成本
$R_D = 1$ $R_I = 1$	$\boldsymbol{\Pi}_i \neq \mathbf{0}$ 且 $\sum_{i=1}^{6} \boldsymbol{P}_i \boldsymbol{\Pi}_i > 5$	{0,0,1,1,0,0,1,0,0,0,0,1}	5.65	1 900

从表 5-13 所列的可诊断性设计结果可以看出：在满足可诊断性约束和姿态确定精度要求的前提下，利用本节所提基于优化理论的航天器控制系统可诊断性设计方法，可以得到成本最低的部件构型优化设计结果。

5.6　考虑干扰因素影响的可诊断性设计方法

本节在上述优化理论研究的基础上，增加考虑了未建模动态、观测噪声和过程噪声等干扰因素的影响，以系统最小实现为优化目标，通过协同优化正常模式与故障模式下的测点位置和敏感器构型，来研究航天器控制系统的可诊断性设计问题。

5.6.1　考虑干扰因素影响的可诊断性设计指标

航天器控制系统采用如下所示的状态空间模型进行描述

$$\begin{cases}\boldsymbol{x}(k+1)=\boldsymbol{A}\boldsymbol{x}(k)+\boldsymbol{B}_u\boldsymbol{u}(k)+\boldsymbol{B}_f\boldsymbol{f}(k)+\boldsymbol{B}_w\boldsymbol{w}(k)\\ \boldsymbol{y}(k)=\boldsymbol{C}\boldsymbol{x}(k)+\boldsymbol{D}_u\boldsymbol{u}(k)+\boldsymbol{D}_f\boldsymbol{f}(k)+\boldsymbol{D}_v\boldsymbol{v}(k)\end{cases} \tag{5-16}$$

式中　$\boldsymbol{x}$ ——状态变量，$\boldsymbol{x}\in\mathrm{R}^n$ ；

$\boldsymbol{y}$ ——输出，$\boldsymbol{y}\in\mathrm{R}^m$ ；

$\boldsymbol{u}$ ——输入，$\boldsymbol{u}\in\mathrm{R}^q$ ；

$\boldsymbol{f}$ ——故障矢量，包括执行器故障和敏感器故障，$\boldsymbol{f}\in\mathrm{R}^p$ ；

$\boldsymbol{w}$，$\boldsymbol{v}$ ——过程噪声和观测噪声，可以描述成系统的干扰因素，$\boldsymbol{w}\in\mathrm{R}^l$，$\boldsymbol{v}\in\mathrm{R}^t$ ；

$\boldsymbol{k}$ ——采样时间点；

$\boldsymbol{A}$，$\boldsymbol{B}_u$，$\boldsymbol{B}_f$，$\boldsymbol{B}_w$，$\boldsymbol{C}$，$\boldsymbol{D}_u$，$\boldsymbol{D}_f$，$\boldsymbol{D}_v$ ——相应维数的系统矩阵。

利用上一章基于方向相似度得到的可诊断性量化评价指标，构建如式（5－17）和式（5－18）考虑干扰因素影响的可诊断性设计指标，具体如下：

由于故障 f_i 的可检测性与 $p(\boldsymbol{r}=\boldsymbol{N}_H\boldsymbol{F}_i\boldsymbol{f}_{si}\mid\boldsymbol{H})$ 的数值成反比，同时考虑干扰因素的影响，得到如下所示的可检测性设计指标

$$FD(f_i)=\frac{1}{p(\boldsymbol{N}_H\boldsymbol{F}_i\boldsymbol{f}_{si}\mid\boldsymbol{H})+1} \tag{5-17}$$

式中　$FD(f_i)$ ——故障 f_i 的可检测性，即表示故障 f_i 被检测出来的难易程度，其取值范围为［0，1］，该数值越接近 1，f_i 的可检测性越高；反之，该数值越接近 0，f_i 的可检测性越低；

$p(\boldsymbol{N}_H\boldsymbol{F}_i\boldsymbol{f}_{si}\mid\boldsymbol{H})$ ——无故障发生时故障矢量 $\boldsymbol{N}_H\boldsymbol{F}_i\boldsymbol{f}_{si}$ 的概率密度函数，$\boldsymbol{F}_i$ 表示故障 f_i 在故障矩阵 $\boldsymbol{F}$ 中对应的位置；

i ——正整数；

$\boldsymbol{f}_{si}$ ——指定的故障模式。

故障 f_i 与 f_j 之间的可分离性设计指标为

$$FI(f_i,f_j)=\frac{1}{\|\boldsymbol{N}_H\boldsymbol{F}_i\boldsymbol{f}_{si}\|_c+1} \tag{5-18}$$

式中　$FI(f_i,\ f_j)$ ——故障 f_i 与 f_j 之间的可分离性，即表示故障 f_i 从 f_j 中区分/分离出来的难易程度，其取值范围为［0，1］，该数值越接近 1，表示 f_i 与 f_j 之间的可分离性越强；该数值越接近 0，表示可分离性越弱。

5.6.2　考虑干扰因素影响的可诊断性设计流程

本节以代价最小为优化目标，基于遗传算法，构建如下所示的适应度函数

$$\begin{aligned}&\min_{\chi\subseteq M} \boldsymbol{c}_{sen}\boldsymbol{n}_{sen}(\chi)\\&s.t.\ F(\boldsymbol{q}_i,\boldsymbol{q}_j,\boldsymbol{n}_{sen})\geqslant\lambda F_{req}(\boldsymbol{q}_i,\boldsymbol{q}_j,\boldsymbol{n}_{sen}),\ \forall\, i,j\end{aligned}\tag{5-19}$$

式中　$\boldsymbol{c}_{sen}$ ——配置一个测点所需花费的代价；

$\boldsymbol{n}_{sen}(\chi)$ ——配置的部件个数；

M ——所有部件的集合；

χ —— M 的子集；

$F(\boldsymbol{q}_i,\ \boldsymbol{q}_j,\ \boldsymbol{n}_{sen})$ ——上述 $FD(f_i)$ 和 $FI(f_i,\ f_j)$ 的计算公式；

$F_{req}(\boldsymbol{q}_i,\ \boldsymbol{q}_j,\ \boldsymbol{n}_{sen})$ ——指定的可诊断性定量指标；

λ ——系数因子，其取值范围为[0，1]。

为消除式（5-19）中不等式约束的限制，设计如下目标函数

$$\begin{aligned}&\min_{\chi\subseteq \boldsymbol{M}} l(\chi,r_k)\\&s.t.\ \ l(\chi,r_k)=\boldsymbol{c}_{sen}\boldsymbol{n}_{sen}(\chi)+r_k\sum_{i,j}\{\min[0,F(\boldsymbol{q}_i,\boldsymbol{q}_j,\boldsymbol{n}_{sen})-\lambda F_{req}(\boldsymbol{q}_i,\boldsymbol{q}_j,\boldsymbol{n}_{sen})]\}^2\end{aligned}\tag{5-20}$$

式中　r_k ——惩罚因子，$r_k>0$ 且 $r_k\to+\infty(k\to+\infty)$。

以所有可用于诊断的部件集合作为种群集合，确定遗传算法的种群规模 N_1、交叉概率 P_1、变异概率 P_2、最大进化代数 N_2 和适应度函数阈值 N_3。

N_1 的取值范围为：20～50；

P_1 和 P_2 的取值范围均为：[0，1]；

N_2 的取值范围为：100～300；

N_3 的取值范围为：0.5～1。

利用上述确定的适应度函数和相关参数，基于二进制遗传算法求解航天器控制系统的可诊断性设计问题，判断种群中测点优化的适应度函数值是否大于等于阈值 N_3，若大于等于阈值 N_3，则完成优化设计问题的求解；否则继续循环直至满足要求为止，具体流程图如图 5-12 所示。

5.6.3　仿真算例

本节以航天器控制系统中动量轮的可诊断性设计为例，验证上述考虑干扰因素影响的可诊断性设计方法的有效性与正确性。航天器控制系统可以描述为式（5-21）所示的形式

$$\begin{cases}\boldsymbol{x}(k+1)=\boldsymbol{A}\boldsymbol{x}(k)+\boldsymbol{B}_{uk}\boldsymbol{u}(k)+\boldsymbol{B}_{fk}\boldsymbol{f}_a(k)+\boldsymbol{B}_w\boldsymbol{w}(k)\\\boldsymbol{y}(k)=\boldsymbol{C}\boldsymbol{x}(k)+\boldsymbol{D}_v\boldsymbol{v}(k)\end{cases}\tag{5-21}$$

其中

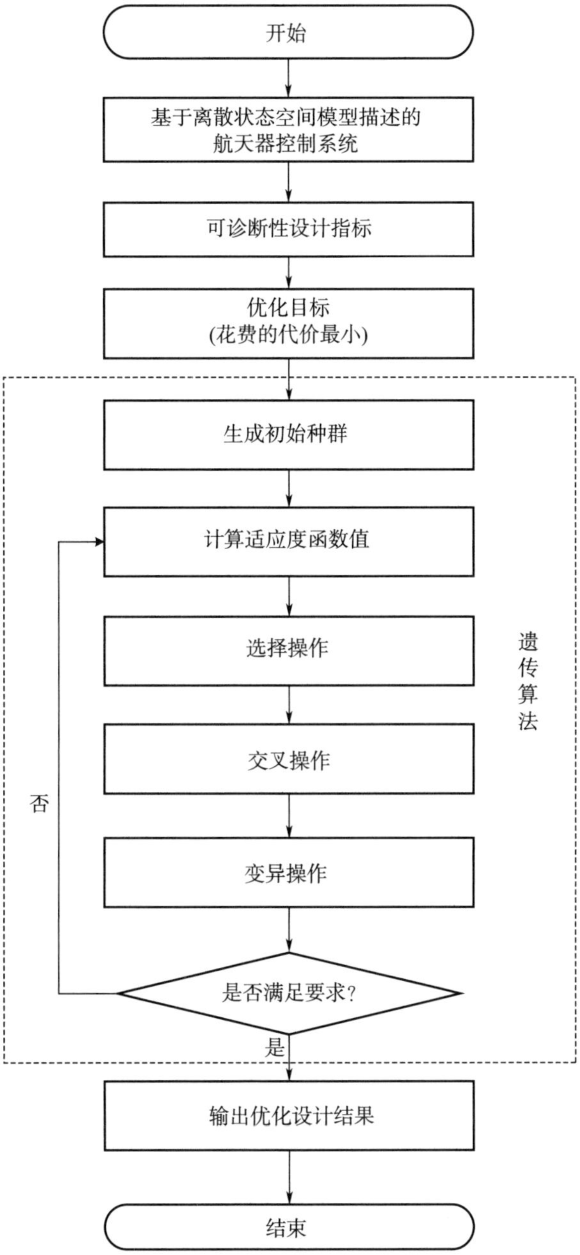

图 5-12　考虑干扰因素影响的航天器控制系统可诊断性优化设计流程图

$$\boldsymbol{x}=[\varphi \quad \theta \quad \psi \quad \omega_x \quad \omega_y \quad \omega_z]^{\mathrm{T}}$$

$$\boldsymbol{u}=[T_x \quad T_y \quad T_z]^{\mathrm{T}}$$

$$\boldsymbol{w}(t)\sim \boldsymbol{N}(\boldsymbol{0}_{6\times 1},2.25\times 10^{-10}\boldsymbol{I}_{6\times 6}),\boldsymbol{v}(t)\sim \boldsymbol{N}(\boldsymbol{0},\boldsymbol{\sigma}_v^2)$$

$$\boldsymbol{\sigma}_v^2=\mathrm{diag}\{8.70\times 10^{-5}\boldsymbol{I}_{3\times 3} \quad 4.20\times 10^{-6}\boldsymbol{I}_{3\times 3}\}$$

$$\boldsymbol{A}=\begin{bmatrix}1 & 0 & \omega_0\mathrm{d}t & \mathrm{d}t & 0 & 0\\ 0 & 1 & 0 & 0 & \mathrm{d}t & 0\\ -\omega_0\mathrm{d}t & 0 & 1 & 0 & 0 & \mathrm{d}t\\ 0 & 0 & 0 & 1 & \alpha\omega_z & \alpha\omega_y\\ 0 & 0 & 0 & \beta\omega_z & 1 & \beta\omega_x\\ 0 & 0 & 0 & \gamma\omega_y & \gamma\omega_x & 1\end{bmatrix}$$

$$\alpha=\frac{I_y-I_z}{I_x}\mathrm{d}t,\beta=\frac{I_z-I_x}{I_y}\mathrm{d}t,\gamma=\frac{(I_x-I_y)\mathrm{d}t}{I_z}$$

$$\boldsymbol{B}_{uk}=\begin{bmatrix}\boldsymbol{0}_{3\times3}\\ \boldsymbol{B}_J\boldsymbol{B}_{\mathrm{d}t}\end{bmatrix},\boldsymbol{B}_J=\mathrm{diag}\{1/I_x \quad 1/I_y \quad 1/I_z\},\boldsymbol{B}_{\mathrm{d}t}=\mathrm{diag}\{\mathrm{d}t \quad \mathrm{d}t \quad \mathrm{d}t\}$$

$$\boldsymbol{B}_{fk}=\begin{bmatrix}\boldsymbol{0}_{3\times9}\\ \boldsymbol{B}_J\boldsymbol{B}_{\mathrm{d}t} \quad \boldsymbol{0}_{3\times6}\end{bmatrix};\boldsymbol{B}_w=\boldsymbol{I}_{6\times6}$$

式中 φ，θ，ψ ——卫星相对轨道坐标系的滚动角、俯仰角和偏航角；

ω_x，ω_y，ω_z ——卫星姿态角速度矢量在 3 个主惯量轴上的投影；

T_x，T_y，T_z ——控制力矩沿 3 个主惯量轴的分量；

$\boldsymbol{f}_a$ ——动量轮故障；

$\boldsymbol{0}$，I ——相应维数的零矩阵和单位矩阵；

I_x，I_y，I_z ——卫星在 3 个惯性主轴的转动惯量，取值为 $I_x=12.50\ \mathrm{kg\cdot m^2}$、$I_y=13.70\ \mathrm{kg\cdot m^2}$ 和 $I_z=15.90\ \mathrm{kg\cdot m^2}$；

ω_0——轨道角速度，取值为 $\omega_0=0.001\ \mathrm{rad/s}$；

$\mathrm{d}t$ ——采样时间间隔，取值为 $\mathrm{d}t=0.01\ \mathrm{s}$。

矩阵 $\boldsymbol{C}$ 是待优化的部件构型矩阵。当故障模式采用偏差增大型，即 $\boldsymbol{f}_{si}=[0.1\quad 0.3\quad 0.5\quad 0.7\quad 0.9\quad 1.1\quad 1.3]^{\mathrm{T}}$，遗传算法中相应参数设置为：

1）种群规模 $N_1=20$；

2）交叉概率 $P_1=0.7$；

3）变异概率 $P_2=0.3$；

4）最大进化代数 $N_2=100$。

通过优化设计后，该系统只需观测状态变量 ω_x、ω_y 和 ω_z，即可满足动量轮故障的可检测性和可分离性要求。因此优化所得矩阵 $\boldsymbol{C}$ 的具体形式为

$$\boldsymbol{C}=\begin{bmatrix}0 & 0 & 0 & 1 & 0 & 0\\ 0 & 0 & 0 & 0 & 1 & 0\\ 0 & 0 & 0 & 0 & 0 & 1\end{bmatrix}$$

测点个数与可诊断性指标之间的关系，具体如图 5-13 所示。从该图中可以看出：按照上述矩阵 $\boldsymbol{C}$ 进行优化设计，仅需要观测状态变量 ω_x、ω_y 和 ω_z，即可达到航天器控制系统可诊断性能的 98%，由此可见，所提考虑干扰因素的可诊断性设计方法可大大减少状态感知的数量，无须感知系统的角度状态，从而可以减少航天器控制系统传感器的配置数

量，进而降低系统的设计成本。

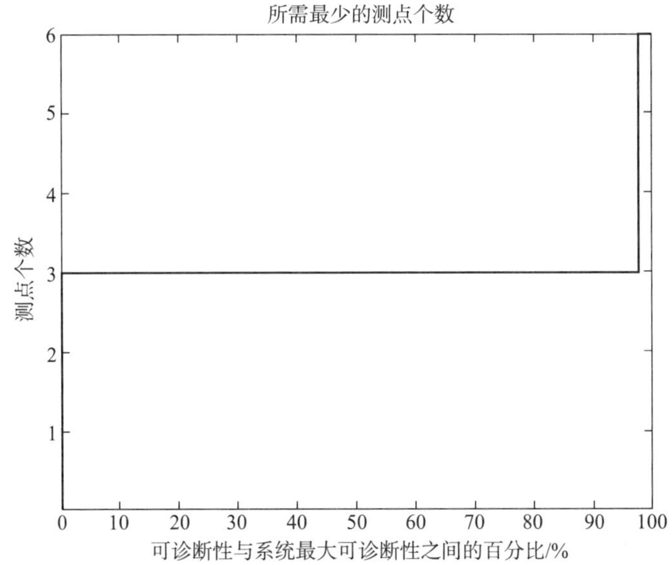

图 5-13　考虑干扰因素影响的航天器控制系统可诊断性优化设计结果

综上所述，本章所提可诊断性设计方法充分利用了航天器控制系统结构的自身特点，保证了设计结果的可靠性和稳定性，大大提高了优化速度，有利于在实际工程应用时快速获取系统在正常模式与故障模式下的状态感知优化信息。

5.7　小结

本章提出了基于部件分配权重和故障模式分配权重的指标分配方法，实现了可诊断性指标的逐级分配；根据可诊断性设计侧重点的不同，分别采用相关性模型、DM 分解技术、优化理论和方向相似度指标来研究航天器控制系统的可诊断性设计问题，最终实现了正常模式与故障模式的一体化设计。其中，相关性模型，根据建立的故障-状态关联矩阵，依据分割原则实现了系统测点的优化配置；DM 分解技术，通过对测点位置的优化，提高了航天器控制系统的可诊断性；优化理论，以敏感器的安装成本为优化目标，利用粒子群智能算法，通过敏感器构型的优化配置，提升了系统的自主诊断能力；方向相似度评价指标，在优化理论研究的基础上，进一步考虑了未建模动态、观测噪声和过程噪声等干扰因素的影响，实现了考虑复杂多因素耦合影响下航天器控制系统可诊断性的综合优化设计。

参 考 文 献

[1] 王振西，刘成瑞，刘文静，等．基于工程加权的可诊断性指标分配方法研究［J］．空间控制技术与应用，2014，40（3）：57-62.

[2] 刘文静，刘成瑞，王南华．定量与定性相结合的动量轮故障可诊断性评价［J］．中国空间科学技术，2011，31（4）：54-63.

[3] 刘成瑞，刘文静，王南华，等．基于相关性模型的液浮陀螺可诊断性分析方法［J］．空间控制技术与应用，2013，39（1）：10-14.

[4] 刘文静，王南华．基于可诊断性约束的测点优化配置研究［J］．空间控制技术与应用，2011，37（2）：1-5.

[5] 刘文静，王南华，邢琰．基于DM分解技术的传感器优化配置研究［C］．第二十三届全国空间探测学术交流会论文集，2010.

第6章　可重构性评价方法

6.1　引言

现代控制系统越来越复杂，对其各部件的性能要求也越来越高，出现故障的可能性也越来越大。为了降低故障影响，控制系统重构技术得到了快速发展。尤其对于像航天器控制系统这种难以通过维修进行故障处理的系统，自主重构技术已成为从系统层面克服产品固有可靠性不足、提高系统运行可靠性和延长寿命的有效手段。

开展可重构性评价和设计，可以从根本上提升航天器控制系统的自主重构能力。但无论是在设计初期对系统进行可重构性优化，还是在故障阶段对系统进行在线性能评估，都需要一个能够描述系统重构能力大小的量化指标作为评价和设计的依据。第3章从重构覆盖性、系统恢复性及资源约束性三个方面，给出了一般性的可重构性量化指标，本章则在此基础上，针对航天器控制系统的特点，首先从控制特性方面，考虑资源约束、时间约束及不确定影响等实际因素，提出了能够反映恢复性和资源约束性的可重构性评价指标及计算求解方法；然后，从功能特性方面，面向多冗余、多功能的航天器控制系统这一类典型复杂系统，基于功能目标模型建立了可重构性评价方法，进一步综合重构覆盖性，实现复杂系统的可重构性评价。

6.2　可重构性评价指标设计

针对航天器系统故障，现有方法尚缺乏通用的可重构性评价指标，多从剩余能控性的角度出发，对系统进行可重构性度量。然而，根据可重构性的内涵可知现有方法存在以下几点不足。

其一，缺乏关于约束及干扰等实际因素对可重构性影响的考虑。众所周知，真实的物理系统往往存在能量、时间及控制输入受限等大量实际约束。例如，航天器控制系统由于受帆板发电能力和推进剂携带量限制，资源受到约束；由于某些特定任务（如变轨、着陆等）必须在特定的时间窗口内完成，时间受到约束；由于飞轮转速存在饱和，电机输出力矩受限，控制输入受到约束。此外，在轨运行的航天器不可避免地会受到空间各种干扰力矩的作用，如重力梯度力矩、太阳辐射力矩、气动力矩以及地磁力矩等环境力矩；活动部件转动力矩、飞轮内部摩擦力矩、太阳能电池阵驱动力矩以及挠性结构耦合力矩等非环境干扰力矩等。由此可见，要描述一个控制系统的实际重构能力，除了考察其剩余能控性以外，还需要考虑能源约束、安全时间、运行条件等实际问题。否则，故障系统即使依然能控，也可能会因为重构代价过大、所需时间过长，而失去实际意义上的可重构性。

其二，难以真实反映系统重构潜力分布且无法对不同系统进行直接对比。传统的可重构性评价方法多以系统剩余控制能力的最小绝对值为指标，进行可重构性度量。然而，由于不同系统之间、同一系统不同方向之间的期望重构能力不尽相同，最“小”并不一定最“弱”，因此上述方法难以保证系统重构潜力分布的合理性，也无法对不同系统进行直接对比。以该类评价指标为依据，对系统进行优化设计效果有限，可能会出现部分方向冗余过剩的情况，导致重量与成本的增加以及可用资源的浪费。

其三，未将可靠性下降对系统可重构性的影响引入评价指标。现有研究大多将可重构性与可靠性分开讨论。然而，同属于提升系统在轨运行质量特性的工具，可重构性与可靠性之间会相互影响。某执行机构故障以后，其可靠性会有所降低，此时若承担过重的控制任务，则会加速故障的扩散，降低系统的实际重构能力。因此，在未考虑可靠性影响的情况下，即使故障执行机构具备充分的剩余能控性，也不一定能够高可靠地完成整个重构过程。只有少量的文献中考虑了可靠性对可重构性的影响，如文献［1］建立了含执行机构失效因子的控制系统模型，将可靠性指标引入到系统可重构性评价中，通过可靠性约束缩小了可重构故障集。

本节针对现有可重构性评价方法的不足，综合考虑系统的时间约束、性能下降程度、各方向控制能力分布以及可靠性影响，提出了一种能够反映系统恢复性及资源约束性的、较为通用的可重构性量化评价指标。

6.2.1 评价指标的定义

故障会导致系统性能下降，主要表现在两方面：其一为控制精度的下降，其二为系统资源的浪费。因此，这里综合考虑系统的状态偏差和控制能耗，设计式（6-1）所示的积分二次型性能指标函数，用于描述系统的性能下降程度

$$J=\int_{t_f}^{t_{mis}}(\boldsymbol{x}^{\mathrm{T}}\boldsymbol{Q}\boldsymbol{x}+\boldsymbol{u}^{\mathrm{T}}\boldsymbol{R}\boldsymbol{u})\mathrm{d}t \tag{6-1}$$

式中 t_f ——故障发生时刻；

t_{mis} ——规定任务时间；

$\boldsymbol{x}$ ——系统的状态偏差；

$\boldsymbol{u}$ ——控制力矩；

$\boldsymbol{Q}$——半正定对称矩阵；

$\boldsymbol{R}$——正定对称矩阵。

在实际应用中，系统的控制偏差与能量消耗不能无限大，因此需要对上述性能指标设定一个阈值 η ，该阈值的具体数值取决于系统的最低任务要求以及剩余资源配置。通过将故障系统的当前性能与该阈值进行对比分析，可以了解系统进行重构的潜在能力，基于该思想，给出下面的可重构性评价指标。

定义 6-1 对于式（6-1）所示的性能下降指标，若故障系统实际能达到的最低性能下降程度为 $J_{\min}$ ，可容许的性能下降阈值为 η ，则定义系统性能下降程度的容许裕度

$(\eta-J_{\min})$ 占容许上限 η 的百分比为系统的可重构性评价指标，即

$$\rho=\max\left\{\frac{\eta-J_{\min}}{\eta},0\right\}\times 100\% \tag{6-2}$$

分析可知，系统可重构性评价指标 $\rho\in[0,1]$，其值越接近于1，说明系统的重构性能越好。当性能下降程度超出容许范围（即 $J\geqslant\eta$）时，$\rho=0$，系统不可重构。

6.2.2　权值矩阵的确定

对于一个实际系统，性能指标［式（6-1）］中的权值矩阵 $\boldsymbol{Q}$，$\boldsymbol{R}$ 并非任意选取，应根据系统具体的工作模式、任务要求以及健康状态等多种因素进行详细设计。

（1）状态偏差权值 $\boldsymbol{Q}$ 的确定

故障发生以后，考虑到系统性能的下降，可以在容许的范围内适当降低对控制精度的要求。但是受不同工作模式以及任务要求的影响，系统在不同方向上可容许的状态偏差不尽相同。例如，对地观测航天器，在故障情况下，其偏航轴的控制精度要求可适当放低，而为了保证成像质量，滚动与俯仰轴仍需保持较高精度。因此，在计算性能指标［式（6-1）］时，偏航轴的状态偏差权值可略小于其他方向，即根据系统在不同方向上的精度要求，合理设计指标中状态偏差项的权值矩阵 $\boldsymbol{Q}$

$$\boldsymbol{Q}=\boldsymbol{W}_x^{\mathrm{T}}\boldsymbol{Q}_0\boldsymbol{W}_x \tag{6-3}$$

$$\boldsymbol{W}_x=\operatorname{diag}\left[\frac{\varepsilon_{\min}}{\varepsilon_1},\frac{\varepsilon_{\min}}{\varepsilon_2},\cdots,\frac{\varepsilon_{\min}}{\varepsilon_n}\right] \tag{6-4}$$

其中

$$\varepsilon_{\min}=\min\{\varepsilon_1,\varepsilon_2,\cdots,\varepsilon_n\}$$

式中　$\boldsymbol{Q}_0$——半正定对称矩阵；

ε_i——系统在第 i 个方向上需要达到的最低精度要求，$i=1,2,\cdots,n$。

在上述矩阵的作用下，若适当降低 i 方向上的最低精度要求即增大 ε_i，则该方向上的状态偏差权值相应地降低，这样的设计符合实际任务需求。

（2）能耗权值 $\boldsymbol{R}$ 的确定

故障会引起航天器控制系统中部件可靠度的降低，此时过度的任务分配会导致相应部件故障的加速恶化，进而降低系统的实际重构能力。

因此，在评价系统可重构性大小的过程中，若不考虑各部件的可靠性大小，则系统在完成重构任务之前可能会因为故障恶化而失去原有的可重构性，即这种情况下得到的可重构性指标并不一定可靠。为提高可重构性指标的置信程度，应根据各部件的可靠度大小，对其进行合理可靠的控制分配。

航天器控制系统中部件的可靠度分布往往服从指数分布，在正常工作时的故障率为常数，当出现部分失效故障时，可靠度会有所降低。根据指数分布的分布函数，建立如式（6-5）所示的故障概率模型

$$\lambda_i(\alpha_i)=\lambda_{i0}\mathrm{e}^{k(\alpha_i^{-1}-1)}\quad i=1,2,\cdots,m \tag{6-5}$$

式中　λ_{i0}——执行机构 i 正常工作时的标称故障率；

k ——与执行器参数及其负载有关的比例因子，$k>0$；

α_i ——第 i 个执行器的失效因子，$\alpha_i \in [0,\ 1]$，$\alpha_i=1$ 表示该执行器无故障，$\alpha_i=0$ 表示该执行器完全失效。

航天器控制系统中部件的故障概率会随失效因子的减小而增大，导致其可靠性降低。为尽量延长执行机构的工作寿命，保证系统能够高可靠地完成重构任务，这里引入权值矩阵

$$\boldsymbol{W}_u=\operatorname{diag}\left[\frac{\lambda_1}{\lambda_{\min}},\frac{\lambda_2}{\lambda_{\min}},\cdots,\frac{\lambda_m}{\lambda_{\min}}\right] \tag{6-6}$$

其中，$\lambda_{\min}=\min\{\lambda_i\}$，$i=1,\ 2,\ \cdots,\ m$。

式（6-1）中的能耗权值 $\boldsymbol{R}$ 具有下列形式

$$\boldsymbol{R}=\boldsymbol{W}_u^{\mathrm{T}}\boldsymbol{R}_0\boldsymbol{W}_u \tag{6-7}$$

式中 $\boldsymbol{R}_0$——正定对称矩阵。

上述描述的能耗权值，可使可靠性低的部件输出代价大，这样的设计更加符合部件的寿命特性。

因此，本书对控制系统可重构性的定量评价指标进行了统一设计，具体表达式由式（6-1）、式（6-2）、式（6-3）、式（6-7）联合确定。当给定精度要求并诊断出执行机构故障大小时，便可以确定出指标中的权值矩阵。由可重构性评价指标定义可知，求解指标最关键的一步是求解二次性能指标［式（6-1）］的最小值 $J_{\min}$，即故障系统通过自主重构能够实现的系统恢复程度和能源消耗程度。后续将以上述指标为基础，重点研究该指标在不同应用场景下的解析表达式与数值求解方法，并根据具体任务需求对指标进行相应改进。

6.3 面向不同影响因素的可重构性评价

6.3.1 能控系统的可重构性评价

目前应用最为广泛的是基于 Gramian 矩阵的可重构性评价指标。针对执行机构故障，该可重构性评价指标具有以下形式

$$\rho=\lambda_{\min}\left[\boldsymbol{W}_c(t_0,t_{mis})\right] \tag{6-8}$$

其中

$$\boldsymbol{W}_c(t_0,t_{mis})=\int_{t_0}^{t_{mis}}\boldsymbol{\Phi}(t_0,\tau)\boldsymbol{B}\boldsymbol{B}^{\mathrm{T}}\boldsymbol{\Phi}^{\mathrm{T}}(t_0,\tau)\,\mathrm{d}\tau \tag{6-9}$$

式中 $\lambda_{\min}[\cdot]$ ——矩阵的最小特征值；

$\boldsymbol{W}_c(t_0,\ t_{mis})$ ——系统在时域 $[t_0,\ t_{mis}]$ 上的能控性 Gramian 矩阵；

$\boldsymbol{\Phi}(t_0,\ \tau)$ ——系统的状态转移矩阵。

系统的控制能耗可以表示为

$$J_e=\int_{t_0}^{t_{mis}}\boldsymbol{u}^{\mathrm{T}}\boldsymbol{u}\,\mathrm{d}t \tag{6-10}$$

由最优控制原理可知，使上述能耗指标达到最小的控制律为

$$\boldsymbol{u}(t)=-\boldsymbol{B}^{\mathrm{T}}\boldsymbol{W}_c^{-1}(t_0,t)\boldsymbol{x}(t)\quad t\in[t_0,t] \tag{6-11}$$

在该控制律的作用下，系统能耗［式（6－10）］将取最小值

$$J_{e\min}=\boldsymbol{x}_0^{\mathrm{T}}\boldsymbol{W}_c^{-1}(t_0,t)\boldsymbol{x}_0\leqslant\lambda_{\max}[\boldsymbol{W}_c^{-1}(t_0,t)]\boldsymbol{x}_0^{\mathrm{T}}\boldsymbol{x}_0 \tag{6-12}$$

若系统的初始状态在单位圆上，即 $\|\boldsymbol{x}_0^{\mathrm{T}}\boldsymbol{x}_0\|=1$，则有

$$J_{e\min}\leqslant\lambda_{\max}[\boldsymbol{W}_c^{-1}(t_0,t)]=1/\lambda_{\min}[\boldsymbol{W}_c(t_0,t)] \tag{6-13}$$

当系统的初始状态 $\boldsymbol{x}_0$ 沿 $\boldsymbol{W}_c^{-1}(t_0,t)$ 最大特征值所对应的特征向量方向时，式（6－13）取等号，即

$$J_{e\min}^{*}=1/\lambda_{\min}[\boldsymbol{W}_c(t_0,t)] \tag{6-14}$$

由此可知，可重构性评价指标［式（6－8）］为

$$\rho=\lambda_{\min}[\boldsymbol{W}_c(t_0,t)]=1/J_{e\min}^{*} \tag{6-15}$$

$J_{e\min}^{*}$ 实质上描述的是能够将系统从位于单位圆上的任意初始状态控制回原点所需要的最低能耗。传统可重构性评价指标［式（6－8）］以该能耗为指标，对系统可重构性进行度量，系统所需能耗 $J_{e\min}^{*}$ 越低，相应的可重构性评价指标越大。

对比式（6－1）和式（6－10）可以发现，J_e 等价于二次性能指标［式（6－1）］在参数取 $\boldsymbol{Q}=\boldsymbol{0}$，$\boldsymbol{R}=\boldsymbol{I}$ 时的特殊情况，$J_{e\min}^{*}$ 等价于该情况下将系统从单位圆上的任意初始状态控制回原点时，指标［式（6－1）］的最小值。

通过上述分析可以发现，基于能控性 Gramian 矩阵的可重构性评价指标是式（6－1）所提指标的一种特殊情况，因此本书所提指标包含了这种传统指标。传统指标仅从能耗角度来描述系统可重构性的大小，而本文所提指标不仅考虑了控制能耗，而且还综合考虑了系统状态偏差、控制要求以及故障引起的部件可靠性下降等因素，涵盖的评价内容更加全面，因此更加贴近于工程实际背景。另外，为使评价指标与系统实际重构能力成正向关系，传统方法与本书所提方法均对积分二次型指标进行了相关处理，不同之处在于，传统指标对积分二次型［式（6－10）］进行了取倒数处理，而本书指标则基于性能阈值对积分二次型［式（6－1）］进行了归一化处理，这种处理方式的优点在于将可重构性评价指标规范在 0～1 之间，使不同系统之间也可以进行可重构性对比。

6.3.2 能量及时间受限系统的可重构性评价

航天器的运行环境特殊、星上资源有限，在实际运行过程中，控制系统受多重约束影响，其中最具代表性的就是能量约束。此外，很多特定的任务需要在规定的时间内完成，系统故障后，为继续完成这类既定任务，必须在一定的时间窗口内进行重构，这个窗口越小，说明系统的时间冗余度越小，相应的重构难度会越大，因此系统又受到相应的时间约束。由此可见，要描述一个控制系统的实际重构能力，需要综合考虑能耗和时间等实际约束问题[2]。然而，目前最为常见的基于 Gramian 矩阵的可重构性评价方法仅以常数阈值的形式考虑了能量约束，缺乏对其因素的分析。

因此，针对上述评价方法的不足，基于系统的可恢复状态域，针对能量和时间受限系

统提出了一种考虑重构潜力分布与可靠性下降影响的能量及时间受限系统的可重构性量化评价方法。首先，基于能耗最优控制思想，确定了故障系统的最大可恢复状态域并进行可靠性优化；然后，根据系统重构能力的期望分布，对状态空间进行了坐标同等化，得到了各方向等重要度的同等重构空间；其次，基于同等重构空间中可恢复状态域的广义体积，设计了用于描述系统重构能力大小的定量评价指标，并利用精细积分算法进行了数值求解；最后，从系统设计和运行监测两个重要阶段出发，详细介绍了上述指标的具体应用方式[3]。

6.3.2.1 问题描述

考虑如下发生执行机构失效故障的能量及时间受限系统

$$\begin{cases}\dot{\boldsymbol{x}}(t)=\boldsymbol{A}\boldsymbol{x}(t)+\boldsymbol{B}_u\boldsymbol{\Lambda}\boldsymbol{u}(t)\\ \boldsymbol{y}(t)=\boldsymbol{C}\boldsymbol{x}(t)\\ \boldsymbol{x}(t_f)=\boldsymbol{x}_f,\boldsymbol{x}(t_{mis})=0\\ E(t_f,t_{mis})\leqslant E^*\end{cases}\quad t_f\leqslant t\leqslant t_{mis} \tag{6-16}$$

其中

$$\boldsymbol{x}\in \mathrm{R}^n,\boldsymbol{u}\in \mathrm{R}^m,\boldsymbol{y}\in \mathrm{R}^q$$

$$\boldsymbol{\Lambda}=\mathrm{diag}\{\alpha_1,\alpha_2,\cdots,\alpha_m\}$$

$$\alpha_i\in[0,1]\,(i=1,2,\cdots,m)$$

$$E(t_f,t_{mis})=\frac{1}{2}\int_{t_f}^{t_{mis}}\boldsymbol{u}^{\mathrm{T}}(t)\boldsymbol{R}\boldsymbol{u}(t)\mathrm{d}t \tag{6-17}$$

式中 $\boldsymbol{x}$，$\boldsymbol{u}$，$\boldsymbol{y}$ ——系统的状态向量、输入向量和输出向量；

$\boldsymbol{A}$，$\boldsymbol{B}_u$，$\boldsymbol{C}$ ——相应维度的常量矩阵；

t_f ——故障发生时刻；

t_{mis} ——规定任务完成时间；

$\boldsymbol{\Lambda}$ ——执行机构的失效因子矩阵；

E^* ——系统的可用资源上限；

$E(t_f，t_{mis})$ ——系统在整个故障阶段（$t_f\sim t_{mis}$）的控制能耗；

$\boldsymbol{R}$ ——正定对称矩阵。

α_i 越小说明相应执行机构的剩余能力越低，特别地，$\alpha_i=0$ 表示完全失效，$\alpha_i=1$ 表示未发生故障。

由式（6-16）可知，本章讨论的主要问题可以归纳为：式（6-16）所示故障系统能否以给定能量 E^* 在规定时间 t_{mis} 内通过采取重构措施，由故障状态 $\boldsymbol{x}_f$ 恢复至原点，若可以，则重构能力为多大，具体受何种因素影响。基于对上述问题的思考，下面以式（6-16）所示的故障系统为对象，研究能量及时间受限系统的可重构性定量评价问题。

6.3.2.2 评价指标的设计与求解

为准确测量控制系统的实际重构能力，基于可恢复状态域，设计了可重构性量化评价指标。具体评价过程分为四步：1）可恢复状态域的确定；2）可恢复状态域的可靠性优化；3）状态空间的坐标同等化；4）可重构性评价指标的计算（定义表达式与数值求解）。下面针对这四个步骤进行详细介绍。

（1）可恢复状态域的确定

系统在一定能量及时间约束下的最大重构潜力，可以通过它在期望时间内能够以给定能耗恢复的最大状态偏差集合来衡量。

定义 6－2 在期望时间 t_{mis} 内，故障系统［式（6－16）］通过自主采取有效措施，能够以给定能量 E^* 恢复至原点的状态偏差集合，称为系统在该时间与能量约束下的可恢复状态域，数学表达式为

$$\boldsymbol{R}(t_{mis},E^*)=\{\boldsymbol{x}_f \mid \exists \boldsymbol{u}(t),t\in[t_f,t_{mis}],\ s.t.\ x(t_{mis})=0,E\leqslant E^*\} \tag{6-18}$$

定理 6－1 对于故障系统［式（6－16）］，若给定任务完成时间 t_{mis} 以及可用能量上限 E^*，则其可恢复状态域［式（6－18）］的边界在状态空间内呈一个椭球曲面，具体形式如下

$$E^*=\frac{1}{2}\boldsymbol{x}_f^{\mathrm{T}}\boldsymbol{V}^{-1}(t_f)\boldsymbol{x}_f \tag{6-19}$$

式中，$\boldsymbol{V}(t)\in\mathrm{R}^{n\times n}$，是与系统构型以及任务时间 t_{mis} 相关的时变对称矩阵，满足

$$\dot{\boldsymbol{V}}^{\mathrm{T}}=\boldsymbol{V}^{\mathrm{T}}\boldsymbol{A}^{\mathrm{T}}+\boldsymbol{A}\boldsymbol{V}^{\mathrm{T}}-\boldsymbol{D},\boldsymbol{V}(t_{mis})=\boldsymbol{0} \tag{6-20}$$

其中，$\boldsymbol{D}=\boldsymbol{B}_f\boldsymbol{R}^{-1}\boldsymbol{B}_f^{\mathrm{T}}$，$\boldsymbol{B}_f=\boldsymbol{B}_u\boldsymbol{\Lambda}$。

证明： 可恢复状态域的边界可以描述为系统在能耗最优控制器的作用下，以给定能量在规定时间内恢复的状态偏差集合。

基于上述分析，需求解下列能耗最优控制器

$$\begin{gathered}\min_u(E)\\ s.t.\begin{cases}\boldsymbol{x}(t_f)=\boldsymbol{x}_f\\ \boldsymbol{x}(t_{mis})=\boldsymbol{0}\end{cases}\end{gathered} \tag{6-21}$$

该最优控制问题除了要求系统在运行过程中满足式（6－17）所示的指标，还要求系统满足式（6－21）中的终端约束。为了求解该最优控制问题，可采用下列 Hamilton 函数进行求解

$$\boldsymbol{H}=\frac{1}{2}\boldsymbol{u}^{\mathrm{T}}\boldsymbol{R}\boldsymbol{u}+\boldsymbol{\gamma}^{\mathrm{T}}(\boldsymbol{A}\boldsymbol{x}+\boldsymbol{B}_f\boldsymbol{u}) \tag{6-22}$$

其中，$\boldsymbol{\gamma}\in\mathrm{R}^n$，为拉格朗日乘子向量。

根据最优控制理论，得到故障系统［式（6－16）］的能耗最优控制律为

$$\begin{aligned}&\boldsymbol{u}^*(t)=-\boldsymbol{R}^{-1}\boldsymbol{B}_f^{\mathrm{T}}\boldsymbol{\gamma}(t)\\ &\dot{\boldsymbol{\gamma}}(t)=-\boldsymbol{A}^{\mathrm{T}}\boldsymbol{\gamma}(t),\boldsymbol{\gamma}(t_{mis})=\boldsymbol{v}\end{aligned} \tag{6-23}$$

式中 $\boldsymbol{v}$——待求解常向量，可根据初始状态得到。

由于相同维度的两个向量可以通过旋转、缩放等方式进行相互转化，所以任意时刻的 $\boldsymbol{x}(t)$ 都可以由该时刻的 $\boldsymbol{\gamma}(t)$ 变换得到。因此，不妨假设 $\boldsymbol{x}(t)$ 与 $\boldsymbol{\gamma}(t)$ 满足如下关系

$$\boldsymbol{x}(t)=\boldsymbol{V}(t)\boldsymbol{\gamma}(t) \tag{6-24}$$

分别对式（6-24）两边求导可得

$$\dot{\boldsymbol{x}}=\boldsymbol{V}\dot{\boldsymbol{\gamma}}+\dot{\boldsymbol{V}}\boldsymbol{\gamma}=-\boldsymbol{V}\boldsymbol{A}^{\mathrm{T}}\boldsymbol{\gamma}+\dot{\boldsymbol{V}}\boldsymbol{\gamma}=(-\boldsymbol{V}\boldsymbol{A}^{\mathrm{T}}+\dot{\boldsymbol{V}})\boldsymbol{\gamma} \tag{6-25}$$

将式（6-23）代入式（6-16）得

$$\dot{\boldsymbol{x}}=\boldsymbol{A}\boldsymbol{x}+\boldsymbol{B}_f\boldsymbol{u}^*=\boldsymbol{A}\boldsymbol{V}\boldsymbol{\gamma}-\boldsymbol{B}_f\boldsymbol{R}^{-1}\boldsymbol{B}_f^{\mathrm{T}}\boldsymbol{\gamma}=(\boldsymbol{A}\boldsymbol{V}-\boldsymbol{D})\boldsymbol{\gamma} \tag{6-26}$$

对比式（6-25）和式（6-26），可得

$$\dot{\boldsymbol{V}}=\boldsymbol{A}\boldsymbol{V}+\boldsymbol{V}\boldsymbol{A}^{\mathrm{T}}-\boldsymbol{D} \tag{6-27}$$

对式（6-27）等号两边分别进行转置可得

$$\dot{\boldsymbol{V}}^{\mathrm{T}}=\boldsymbol{V}^{\mathrm{T}}\boldsymbol{A}^{\mathrm{T}}+\boldsymbol{A}\boldsymbol{V}^{\mathrm{T}}-\boldsymbol{B}_f\boldsymbol{R}^{-1}\boldsymbol{B}_f^{\mathrm{T}}=\boldsymbol{A}\boldsymbol{V}^{\mathrm{T}}+\boldsymbol{V}^{\mathrm{T}}\boldsymbol{A}^{\mathrm{T}}-\boldsymbol{D} \tag{6-28}$$

对比式（6-27）和式（6-28）可知 $\boldsymbol{V}^{\mathrm{T}}(t)=\boldsymbol{V}(t)$。

为满足 $\boldsymbol{x}(t_{mis})=\boldsymbol{0}$ 的边界条件，无论 $\boldsymbol{\gamma}(t_{mis})$ 和 $\boldsymbol{V}(t_{mis})$ 怎样取终值，若 $\boldsymbol{V}(t_{mis})\boldsymbol{\gamma}(t_{mis})=0$，则不影响控制能耗的计算结果。由于通常情况下 $\boldsymbol{\gamma}(t_{mis})=\boldsymbol{v}\neq\boldsymbol{0}$，因此，不妨令 $\boldsymbol{V}(t_{mis})=\boldsymbol{0}$。

将式（6-23）代入式（6-17）可得

$$\begin{aligned}E&=\frac{1}{2}\int_{t_f}^{t_{mis}}\boldsymbol{u}^{*\mathrm{T}}\boldsymbol{R}\boldsymbol{u}^*\,\mathrm{d}t=\frac{1}{2}\int_{t_f}^{t_{mis}}(-\boldsymbol{R}^{-1}\boldsymbol{B}_f^{\mathrm{T}}\boldsymbol{\gamma})^{\mathrm{T}}\boldsymbol{R}(-\boldsymbol{R}^{-1}\boldsymbol{B}_f^{\mathrm{T}}\boldsymbol{\gamma})\,\mathrm{d}t=\frac{1}{2}\int_{t_f}^{t_{mis}}\boldsymbol{\gamma}^{\mathrm{T}}\boldsymbol{D}\boldsymbol{\gamma}\,\mathrm{d}t\\&=\frac{1}{2}\int_{t_f}^{t_{mis}}\boldsymbol{x}^{\mathrm{T}}\boldsymbol{W}\boldsymbol{D}\boldsymbol{W}\boldsymbol{x}\,\mathrm{d}t\end{aligned} \tag{6-29}$$

其中，$\boldsymbol{W}=\boldsymbol{V}^{-1}$。

由式（6-23）可得

$$\boldsymbol{x}^{\mathrm{T}}\boldsymbol{W}\boldsymbol{A}\boldsymbol{x}-\boldsymbol{x}^{\mathrm{T}}\boldsymbol{A}^{\mathrm{T}}\boldsymbol{W}\boldsymbol{x}=\boldsymbol{\gamma}^{\mathrm{T}}\boldsymbol{A}\boldsymbol{x}-\boldsymbol{x}^{\mathrm{T}}\boldsymbol{A}^{\mathrm{T}}\boldsymbol{\gamma}=-\dot{\boldsymbol{\gamma}}^{\mathrm{T}}\boldsymbol{x}+\boldsymbol{x}^{\mathrm{T}}\dot{\boldsymbol{\gamma}}=\boldsymbol{0} \tag{6-30}$$

所以有

$$\begin{aligned}E&=\frac{1}{2}\int_{t_f}^{t_{mis}}\boldsymbol{x}^{\mathrm{T}}\boldsymbol{W}\boldsymbol{D}\boldsymbol{W}\boldsymbol{x}\,\mathrm{d}t=\frac{1}{2}\int_{t_f}^{t_{mis}}\boldsymbol{x}^{\mathrm{T}}(\boldsymbol{W}\boldsymbol{D}\boldsymbol{W}-\boldsymbol{W}\boldsymbol{A}+\boldsymbol{A}^{\mathrm{T}}\boldsymbol{W})\boldsymbol{x}\,\mathrm{d}t\\&=\frac{1}{2}\int_{t_f}^{t_{mis}}\boldsymbol{x}^{\mathrm{T}}(-2\boldsymbol{W}\boldsymbol{A}+2\boldsymbol{W}\boldsymbol{D}\boldsymbol{W}+\boldsymbol{W}\boldsymbol{A}+\boldsymbol{A}^{\mathrm{T}}\boldsymbol{W}-\boldsymbol{W}\boldsymbol{D}\boldsymbol{W})\boldsymbol{x}\,\mathrm{d}t\\&=\frac{1}{2}\int_{t_f}^{t_{mis}}[-2\boldsymbol{x}^{\mathrm{T}}\boldsymbol{W}(\boldsymbol{A}-\boldsymbol{D}\boldsymbol{W})\boldsymbol{x}+\boldsymbol{x}^{\mathrm{T}}\boldsymbol{W}(\boldsymbol{A}\boldsymbol{V}+\boldsymbol{V}\boldsymbol{A}^{\mathrm{T}}-\boldsymbol{D})\boldsymbol{W}\boldsymbol{x}]\,\mathrm{d}t\\&=\frac{1}{2}\int_{t_f}^{t_{mis}}[-2\boldsymbol{x}^{\mathrm{T}}\boldsymbol{W}(\boldsymbol{A}-\boldsymbol{D}\boldsymbol{W})\boldsymbol{x}+\boldsymbol{x}^{\mathrm{T}}\boldsymbol{W}\dot{\boldsymbol{V}}\boldsymbol{W}\boldsymbol{x}]\,\mathrm{d}t\end{aligned} \tag{6-31}$$

由式（6-24）、式（6-26）可得闭环系统

$$\dot{\boldsymbol{x}}=(\boldsymbol{A}\boldsymbol{V}-\boldsymbol{D})\boldsymbol{\gamma}=\boldsymbol{A}\boldsymbol{x}-\boldsymbol{D}\boldsymbol{W}\boldsymbol{x}=(\boldsymbol{A}-\boldsymbol{D}\boldsymbol{W})\boldsymbol{x} \tag{6-32}$$

又因为 $\boldsymbol{V}\boldsymbol{W}=\boldsymbol{W}\boldsymbol{V}=\boldsymbol{I}$，所以有

$$\frac{\mathrm{d}}{\mathrm{d}t}\boldsymbol{V}\boldsymbol{W}=\boldsymbol{V}\frac{\mathrm{d}\boldsymbol{W}}{\mathrm{d}t}+\frac{\mathrm{d}\boldsymbol{V}}{\mathrm{d}t}\boldsymbol{W}=\boldsymbol{0}\Rightarrow\dot{\boldsymbol{W}}=-\boldsymbol{W}\dot{\boldsymbol{V}}\boldsymbol{W} \tag{6-33}$$

将式（6-32）、式（6-33）代入式（6-31），可得

$$
\begin{aligned}
E &= \frac{1}{2}\int_{t_f}^{t_{mis}} [-2\boldsymbol{x}^{\mathrm{T}}\boldsymbol{W}(\boldsymbol{A}-\boldsymbol{D}\boldsymbol{W})\boldsymbol{x}+\boldsymbol{x}^{\mathrm{T}}\boldsymbol{W}\dot{\boldsymbol{V}}\boldsymbol{W}\boldsymbol{x}]\,\mathrm{d}t \\
&= \frac{1}{2}\int_{t_f}^{t_{mis}} (-2\boldsymbol{x}^{\mathrm{T}}\boldsymbol{W}\dot{\boldsymbol{x}}-\boldsymbol{x}^{\mathrm{T}}\dot{\boldsymbol{W}}\boldsymbol{x})\,\mathrm{d}t = -\frac{1}{2}\int_{t_f}^{t_{mis}} \left(\frac{\mathrm{d}}{\mathrm{d}t}\boldsymbol{x}^{\mathrm{T}}\boldsymbol{W}\boldsymbol{x}\right)\mathrm{d}t \\
&= \frac{1}{2}\boldsymbol{x}(t_f)^{\mathrm{T}}\boldsymbol{V}^{-1}(t_f)\boldsymbol{x}(t_f)
\end{aligned}
\tag{6-34}
$$

令 $E=E^*$ ，则式（6－34）在状态空间内定义了一个 n 维椭球曲面。对于某一故障发生时刻 t_f 、处于该椭球曲面内的任意故障状态偏差，均可在 t_{mis} 前恢复至原点，且整个过程所需消耗的能量不超过 E^* 。

由此，定理 6－1 得证。

（2）可恢复状态域的可靠性优化

由前文的分析可知，故障会引起执行机构可靠度的降低，此时过度的任务分配会导致相应执行机构故障的加速恶化，进而降低系统的实际可重构性。因此，在上节求解能耗最优控制律的过程中，若不考虑各执行机构的可靠性大小，那么由此得到的可恢复状态域并不一定可靠，即处于该状态域内的系统在完成重构任务之前有可能会因为故障恶化而失去原有的可重构性。为提高上述可恢复状态域的置信程度，应根据各执行机构的可靠度大小，对其进行合理可靠的控制分配。具体分配方法与 6.3.1 节能耗权值矩阵的确定方法类似，在代价函数［式（6－17）］中取

$$
\boldsymbol{R}=\boldsymbol{W}_u^{\mathrm{T}}\boldsymbol{R}_0\boldsymbol{W}_u \tag{6-35}
$$

式中　$\boldsymbol{R}_0$——正定对称矩阵。

由此可知可靠性越低的执行机构输出代价越大，从而使求得的可恢复状态域具有较高可靠度，处于该状态域内的状态偏差在规定能耗及时间约束内恢复至原点的可能性较大。

（3）状态空间的坐标同等化

上述可恢复状态域只描述了系统重构潜力在空间内的绝对大小，并不能反映其分布的合理性。由于不同系统具有不同的任务要求，功耗与动态范围各异，相应的重构能力要求也不同，因此不能进行直接对比。例如，对宇宙天体进行观测的天文航天器，姿态变化范围小、速度慢，而对地观测航天器往往大范围快速机动，因此两者对重构能力的要求自然有所不同。此外，同一系统在不同方向的期望重构能力也不尽相同。例如，成像航天器的姿态控制系统，相比于偏航轴，其滚动轴与俯仰轴的动态范围更大、机动性更高，因此这两轴的重构能力分布也应有所提高。

针对上述问题，为分析系统重构潜力分布的合理性并实现不同系统可重构性的可比性，本节根据各方向上系统重构能力的期望水平，对可恢复状态空间进行坐标缩放，目的在于使状态空间各方向上的单位位移具有同等的重要度，并准确反映系统实际重构能力对期望水平的满足程度。为便于问题描述，首先给出如下定义。

定义 6－3　系统在第 i 个方向上的任意状态偏差 x_i 与期望重构偏差 $x_{di}^{\min}$ 的比值

$$
I_{xi}=\frac{x_i}{x_{di}^{\min}}\quad i=1,2,\cdots,n \tag{6-36}
$$

称为该状态偏差分量 x_i 的重构重要度。

定义 6-4　若系统在规定任务时间 t_{mis} 内，能够以给定能耗 E^* 控回原点的最大状态偏差在第 i 个方向上的实际值与最小期望值分别为 x_{ai} 与 $x_{di}^{\min}$，则定义两者比值的绝对值

$$\eta_i = \left| \frac{x_{ai}}{x_{di}^{\min}} \right| \quad i = 1, 2, \cdots, n \tag{6-37}$$

为系统在该方向上的重构能力分布度，以下简称重构分布度。

定义 6-5　根据系统［式（6-16）］在各方向上的最小期望值 $x_{di}^{\min}$，利用式（6-38）对系统可恢复状态空间［式（6-18）］进行坐标缩放，得到的 $\boldsymbol{z}$—状态空间称为系统的同等重构空间，该空间内任意方向上的单位位移具有同等的重构重要度 I_e

$$\boldsymbol{z} = \boldsymbol{T}\boldsymbol{x} \tag{6-38}$$

其中，$T = \mathrm{diag}(1/|x_{di}^{\min}|)$，$i = 1，2，\cdots，n$。

同等重构空间内可恢复状态域边界方程为

$$E^* = \frac{1}{2}\boldsymbol{z}(t_f)^{\mathrm{T}}\boldsymbol{U}(t_f)^{-1}\boldsymbol{z}(t_f), \boldsymbol{U}(t) = \boldsymbol{T}\boldsymbol{V}(t)\boldsymbol{T} \tag{6-39}$$

分析可知，同等重构空间内可恢复状态椭球的各半轴长等于系统在相应方向的重构分布度 η_i，它反映了系统实际重构能力在该方向对期望重构能力的满足程度，不同系统以及同一系统不同轴之间可以进行直接对比。

若系统重构能力理想分布，则 $\boldsymbol{z}$—空间的可恢复状态域应为内径大于 1 的 n 维球体，此时系统冗余分布最为合理。然而实际系统并不一定能够满足理想分布，$\boldsymbol{z}$—空间的可恢复状态椭球相对其最大内切球的偏离，代表了系统重构能力的实际分布相对理想分布的偏离程度，如图 6-1 所示。

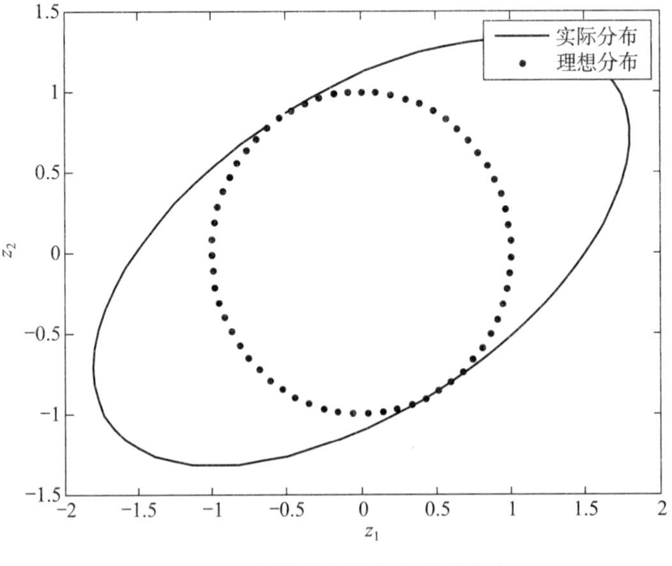

图 6-1　同等控制空间与理想分布

注 6-1　在不同任务阶段，式（6-38）中坐标缩放矩阵 $\boldsymbol{T}$（或系统期望恢复的最小状

态偏差 $x_d^{\min}$）的选取方式有所不同：

1）在系统设计阶段，由于故障并未真实发生，因此系统期望恢复的最小状态偏差 $\boldsymbol{x}_d^{\min}$ 主要取决于具体的任务要求以及系统各方向动态范围。

2）在实际运行阶段，为尽量补偿故障带来的影响，系统的期望重构能力应至少满足：在时间 t_{mis} 内，能够以可用能耗 E^* 从故障状态 x_f 恢复至原点。因此，可取 $\boldsymbol{x}_{di}^{\min}=\mu\boldsymbol{x}_{fi}(i=1,2,\cdots,n)$。$\mu\geqslant 1$ 是考虑故障诊断与重构延时造成的故障扩散及资源浪费等实际情况，为保证系统具备一定的安全裕度而引入的比例系数。

（4）评价指标的计算

在给出可重构性评价指标的基础上，本节基于上述同等重构空间内可恢复状态域的广义体积，给出了能量及时间约束下可重构性评价指标的具体计算方法，如下所示。

定义 6-6　若 V_E，V_S 分别是式（6-39）所示故障系统［式（6-16）］在同等重构空间内可恢复状态域及其最大内切球的 n 维广义体积，则定义式（6-40）为该故障系统的可重构性评价指标

$$
\begin{aligned}
&\rho=\delta(\boldsymbol{U})\cdot\left[V_S+\frac{V_S}{V_E}(V_E-V_S)\right]^{1/n}\\
&\delta(\boldsymbol{U})=\begin{cases}0 & \eta_{\min}<1\\ 1 & \eta_{\min}\geqslant 1\end{cases}
\end{aligned}
\tag{6-40}
$$

其中

$$
\eta_{\min}=\min\{\eta_i\}=\sqrt{2E^*\lambda_{\boldsymbol{U}}^{\min}}
$$

式中　$\eta_{\min}$——同等重构空间内可恢复状态椭球的最小半轴长，即系统的最小重构分布度；

$\lambda_{\boldsymbol{U}}^{\min}$——矩阵 $\boldsymbol{U}$ 的最小特征值。

注 6-2　上述定义取广义体积的 n 次根，是为了保证不同维度系统的可重构性评价指标都具有一维状态范数的量纲。

定义中引入 $\delta(\boldsymbol{U})$，是为了对系统可重构性的有无进行二值判定。若 $\eta_{\min}<1$，说明系统在某些方向的重构能力不满足最低的期望重构水平，此时在该方向上不可重构，$\rho=0$。若 $\eta_{\min}\geqslant 1$，说明系统在各个方向均满足最低的期望重构水平，此时可重构，需进一步描述其重构能力大小。

定义里中括号内的第一项 V_S 为主导项，表示实际故障系统能够在时间 t_{mis} 内，以给定能耗 E^* 恢复至原点的最大状态偏差在同等重构空间所有方向上的最小范围。第二项 $V_S/V_E\cdot(V_E-V_S)$ 为附加项，反映了系统重构能力的实际分布相对理想分布的偏离程度。这种偏离期望分布的重构能力只能提高系统部分方向上的重构潜力，某些方向依然薄弱，(V_E-V_S) 的增大并不能使整个系统的综合重构潜能得到无限制提升。因此，用 V_S/V_E 对其进行比例缩放，使附加项的值不超过 V_S。综上所述，系统可重构性评价指标满足 $\rho\in[0,2V_S]$。

由文献［4］可知，域 $\Omega=\{\boldsymbol{z}\in\mathrm{R}^n\mid\boldsymbol{z}^{\mathrm{T}}\boldsymbol{U}^{-1}\boldsymbol{z}\leqslant E^*\}$ 的体积为 $V_n=$

$\frac{2(\pi E^*)^{n/2}}{n\Gamma(n/2)}\left(\prod_{i=1}^{n}\sqrt{\lambda_{Ui}}\right)$，$\lambda_{Ui}(i=1,\cdots,n)$ 为 $\boldsymbol{U}$ 的特征值，$\Gamma(x)=\int_0^{+\infty}\mathrm{e}^{-\tau}\tau^{x-1}\mathrm{d}\tau$ 为 Gamma 函数。当系统维度 n 与可用能量上限 E^* 一定时，$V_n\propto\prod_{i=1}^{n}\sqrt{\lambda_{\boldsymbol{U}i}}$ 。由于高维空间的体积不如三维空间具有直观意义，为简单起见，不妨舍去比例因子，得到同等重构空间内椭球体广义体积 V_E 及其最大内切球体广义体积 V_S 分别为

$$V_E=\prod_{i=1}^{n}\sqrt{\lambda_{Ui}},V_S=\left(\sqrt{\lambda_{U}^{\min}}\right)^n \tag{6-41}$$

综上，通过式（6－40）、式（6－41），可以计算控制系统的可重构性评价指标 ρ 。

（5）基于精细积分的指标求解

由定义 6－5、定义 6－6 可知，计算可重构性评价指标的关键在于求解矩阵微分方程（6－20）。在设计阶段优化系统构型时，该方程的求解过程离线进行，对算法要求相对较低。然而，一旦系统投入运行并发生故障，则需要对当前性能进行在线评估以及时采取有效措施。对于航天器等复杂系统而言，由于任务的重要性与特殊性，加上运行环境恶劣、星载计算机性能有限等，对求解算法提出了高稳定、高精度以及高速率等要求，以便能够实现在轨应用。

MATLAB 等软件的现有程序包尚未涉及此类时变矩阵方程的求解，而传统的基于 Runge－Kutta 法、Adams 法的求解方式又无法保证结果的数值稳定性与精确性。由此可见，求解上述矩阵微分方程是一项艰难的工作。文献［5］在矩阵积分问题中基于加法定理和增量存储等思想提出了精细积分方法，该方法运算速率快、数值稳定性高、精度已在计算机字长之外。因此，本章基于该方法对式（6－20）所示的矩阵微分方程进行求解。

由于篇幅原因，这里不再详细论述推导过程，只给出方程（6－20）的求解算法。

算法 6－1

1）给定 $\boldsymbol{A}$，$\boldsymbol{D}$ 和步长 h ，取 $N=20$，$\tau=h/2^N$ ；

2）计算 $\boldsymbol{G}(\tau)$，$\boldsymbol{F}'(\tau)$ ，并存送 $\boldsymbol{G}_c$，$\boldsymbol{F}'_c$ ：

$$\boldsymbol{G}(\tau)=\boldsymbol{g}_1\tau+\boldsymbol{g}_2\tau^2+\boldsymbol{g}_3\tau^3+\boldsymbol{g}_4\tau^4$$

$$\boldsymbol{F}'(\tau)=\boldsymbol{f}_1\tau+\boldsymbol{f}_2\tau^2+\boldsymbol{f}_3\tau^3+\boldsymbol{f}_4\tau^4$$

$$\boldsymbol{g}_1=\boldsymbol{D},\boldsymbol{f}_1=-\boldsymbol{A}^{\mathrm{T}},\boldsymbol{g}_2=(\boldsymbol{f}_1^{\mathrm{T}}\boldsymbol{g}_1+\boldsymbol{g}_1\boldsymbol{f}_1)/2,\boldsymbol{f}_2=\boldsymbol{f}_1^2/2$$

$$\boldsymbol{g}_3=(\boldsymbol{f}_2^{\mathrm{T}}\boldsymbol{g}_1+\boldsymbol{g}_1\boldsymbol{f}_2+\boldsymbol{f}_1^{\mathrm{T}}\boldsymbol{g}_1\boldsymbol{f}_1)/3,\boldsymbol{f}_3=\boldsymbol{f}_1\boldsymbol{f}_2/3$$

$$\boldsymbol{g}_4=(\boldsymbol{f}_3^{\mathrm{T}}\boldsymbol{g}_1+\boldsymbol{g}_1\boldsymbol{f}_3+\boldsymbol{f}_1^{\mathrm{T}}\boldsymbol{g}_1\boldsymbol{f}_2+\boldsymbol{f}_2^{\mathrm{T}}\boldsymbol{g}_1\boldsymbol{f}_1)/4,\boldsymbol{f}_4=\boldsymbol{f}_1\boldsymbol{f}_3/4$$

3）计算 $\boldsymbol{G}(h)$，$\boldsymbol{F}(h)$ ，存送 $\boldsymbol{G}_1$，$\boldsymbol{G}_2$，$\boldsymbol{F}_1$，$\boldsymbol{F}_2$：

｛For $i=1:N$，$\boldsymbol{G}_1=\boldsymbol{G}_2=\boldsymbol{G}_c$，$\boldsymbol{F}'_1=\boldsymbol{F}'_2=\boldsymbol{F}'_c$，$\boldsymbol{G}_c=\boldsymbol{G}_1+(\boldsymbol{I}+\boldsymbol{F}'_1)^{\mathrm{T}}\boldsymbol{G}_2(I+\boldsymbol{F}'_1)$ ，$\boldsymbol{F}'_c=\boldsymbol{F}'_1+\boldsymbol{F}'_2+\boldsymbol{F}'_2\boldsymbol{F}'_1$｝，$\boldsymbol{F}_c=(\boldsymbol{I}+\boldsymbol{F}_c{}')$ ，由此得 $\boldsymbol{G}(h)=\boldsymbol{G}_c$，$\boldsymbol{F}(h)=\boldsymbol{F}_c$ ；

4）计算 $\mathbf{V}(t)$

｛For $k=t_f/\tau:1$，$\boldsymbol{G}_c=\boldsymbol{G}_1+\boldsymbol{F}_1^{\mathrm{T}}\boldsymbol{G}_2\boldsymbol{F}_1$，$\boldsymbol{F}_c=\boldsymbol{F}_2\boldsymbol{F}_1$，对 k 站保存当前 $\boldsymbol{G}_c$，$\boldsymbol{F}_c$ ，记为 $\boldsymbol{G}(t)$，$\boldsymbol{F}(t)$ ，计算 $\mathbf{V}(t)=\boldsymbol{G}(t)+\boldsymbol{F}^{\mathrm{T}}(t)\mathbf{V}(t_{mis})\boldsymbol{F}(t)$，$(t=kh)$ ，存于 k 站，$\boldsymbol{G}_2=\boldsymbol{G}_c$，$\boldsymbol{F}_2=\boldsymbol{F}_c$ ，$\boldsymbol{G}_1$，$\boldsymbol{F}_1$ 保持不变｝。

考虑到算法的精度已经超出计算机字长，因此由该算法做辅助，可以计算出系统可重构性评价指标的计算机“精确解”。

注 6－3　本章设计的指标与具体任务要求有关，主要针对能量及时间受限的线性系统，可用于像航天器这样推进剂与电池发电量有限、时间窗口受限的多约束系统。

6.3.3　受扰及时间受限系统的可重构性评价

航天器在实际运行过程中不可避免地会受到各种干扰，如重力梯度力矩、太阳辐射力矩、气动力矩、地磁力矩等环境干扰，以及过程噪声、飞轮内部摩擦、活动部件转动力矩、太阳能电池阵驱动力矩、挠性结构耦合力矩等非环境干扰。干扰的存在会加速故障的恶化、引起控制偏差的扩散并造成有限资源的浪费，进而降低系统的实际重构潜能。因此，在对控制系统进行可重构性设计时，不仅要保证系统能够在故障情况下具备充分的剩余控制能力，还需要保证系统具备良好的干扰抑制能力。目前，在控制系统可重构性的研究领域，尚未出现考虑干扰影响的可重构性评价与设计方法，因此有必要对其展开深入的研究。

下面对考虑时间约束的受扰系统进行可重构性研究。首先，考虑干扰能量已知与未知两种情况，建立可重构性评价指标与系统构型及干扰分布参数的数学联系，将指标计算问题转化为一个终端受约束的矩阵微分方程求解问题，并利用精细积分算法对该微分方程进行高精度解算实现可重构性评价。

6.3.3.1　问题描述

考虑如下包含时间约束与干扰的故障系统模型

$$\begin{cases}\dot{\boldsymbol{x}}(t)=\boldsymbol{A}\boldsymbol{x}(t)+\boldsymbol{B}_u\boldsymbol{\Lambda}\boldsymbol{u}(t)+\boldsymbol{B}_d\boldsymbol{d}(t)\\ \boldsymbol{x}(t_f)=\boldsymbol{x}_f,\boldsymbol{x}(t_{mis})=0\end{cases}\quad t_f\leqslant t\leqslant t_{mis}\tag{6-42}$$

其中

$$\boldsymbol{x}\in\mathrm{R}^n,\boldsymbol{u}\in\mathrm{R}^m,\boldsymbol{d}\in\mathrm{R}^{m_d}$$

$$\boldsymbol{\Lambda}=\mathrm{diag}\{\alpha_1,\alpha_2,\cdots,\alpha_m\}$$

$$\alpha_i\in[0,1],i=1,2,\cdots,m$$

式中　$\boldsymbol{x}$，$\boldsymbol{u}$，$\boldsymbol{d}$ ——系统的状态向量、控制输入向量以及外部干扰；

$\boldsymbol{A}$，$\boldsymbol{B}_u$，$\boldsymbol{B}_d$ ——相应维度的常量矩阵；

$\boldsymbol{\Lambda}$ ——执行机构的失效因子矩阵。

令 $\boldsymbol{B}_f=\boldsymbol{B}_u\boldsymbol{\Lambda}$，它是执行机构发生失效故障以后的等效控制矩阵，分析可知 $\boldsymbol{B}_f$ 是一个关于执行机构安装参数 $L(\alpha,\beta)$ 以及故障程度 $\boldsymbol{\Lambda}$ 的矩阵函数 $\boldsymbol{B}_f(L,\boldsymbol{\Lambda})$。

6.3.3.2　评价指标的设计与求解

本节采用式（6－1）、式（6－2）、式（6－3）、式（6－7）联合确定的可重构性评价指标，对故障系统［式（6－42）］进行可重构性研究。首先，基于鲁棒控制思想，推导可重构性评价指标的理论表达式；然后，基于精细积分算法，对评价指标的理论表达式进行数值求解，得到可重构性评价指标。

（1）评价指标的理论求解

式（6－2）只给出了可重构性评价指标的定义形式，并未给出其具体的表达式，因此本节重点针对受扰及时间受限的情况，研究可重构性度量指标的理论求解问题。首先进行如下处理：

取 $\boldsymbol{C}=\begin{bmatrix}\boldsymbol{Q}^{1/2}\\ \boldsymbol{0}_{m\times n}\end{bmatrix}$，$\boldsymbol{D}=\begin{bmatrix}\boldsymbol{0}_{n\times m}\\ \boldsymbol{R}^{1/2}\end{bmatrix}$，则有

$$\boldsymbol{C}^{\mathrm{T}}\boldsymbol{C}=\boldsymbol{Q},\boldsymbol{D}^{\mathrm{T}}\boldsymbol{D}=\boldsymbol{R},\boldsymbol{D}^{\mathrm{T}}\boldsymbol{C}=\boldsymbol{0},\boldsymbol{C}^{\mathrm{T}}\boldsymbol{D}=\boldsymbol{0} \tag{6-43}$$

在此基础之上，二次性能指标［式（6－1）］可以转换为

$$J=\|\boldsymbol{y}\|_{2,[t_f,t_{mis}]}^{2}=\int_{t_f}^{t_{mis}}\boldsymbol{y}^{\mathrm{T}}\boldsymbol{y}\,\mathrm{d}t \tag{6-44}$$

$$\boldsymbol{y}(t)=\boldsymbol{Cx}(t)+\boldsymbol{Du}(t) \tag{6-45}$$

基于上述处理，指标［式（6－1）］由积分二次型的形式转化成式（6－44）所示输出信号 $\boldsymbol{y}$ 的 L_2 范数平方的形式，由此可以借助鲁棒控制理论对其进行最小值分析。

①基于 H_2 控制的指标求解

若系统所受干扰的能量已知，则可以借助鲁棒控制当中的 H_2 鲁棒控制理论对其进行可重构性量化研究。

定理 6－2　对于故障系统［式（6－42）］，在时间 $[t_f,\ t_{mis}]$ 内，若 $(\boldsymbol{A},\boldsymbol{B}_f(L,\boldsymbol{\Lambda}))$ 可镇定，且所受干扰能量已知，满足 $\|\boldsymbol{d}\|_{2,[t_f,t_{mis}]}^{2}=\int_{t_f}^{t_{mis}}\boldsymbol{d}^{\mathrm{T}}\boldsymbol{d}\,\mathrm{d}t=1$，则该系统的可重构性度量指标［式（6－2）］可以表示为

$$\rho=\max\left\{1-\frac{\mathrm{trace}(\boldsymbol{B}_d\boldsymbol{P}^{-1}(t_0)\boldsymbol{B}_d)}{\eta},0\right\} \tag{6-46}$$

其中，$\boldsymbol{P}(t)$ 是满足如下矩阵微分方程的正定对称时变矩阵

$$\begin{cases}\dot{\boldsymbol{P}}=\boldsymbol{PA}^{\mathrm{T}}+\boldsymbol{AP}-\boldsymbol{B}_f\boldsymbol{R}^{-1}\boldsymbol{B}_f+\boldsymbol{PQP}\\ \boldsymbol{P}(t_{mis})=\boldsymbol{0}\end{cases} \tag{6-47}$$

证明：假设系统的控制输入为

$$\boldsymbol{u}(t)=\boldsymbol{K}(t)\boldsymbol{x}(t)+\boldsymbol{v}(t) \tag{6-48}$$

其中

$$\boldsymbol{K}(t)=-\boldsymbol{R}^{-1}\boldsymbol{B}_f^{\mathrm{T}}\boldsymbol{P}^{-1}(t)$$

则系统的状态方程可以转换为

$$\begin{cases}\dot{\boldsymbol{x}}(t)=\boldsymbol{A}_K\boldsymbol{x}(t)+\boldsymbol{B}_f\boldsymbol{v}(t)+\boldsymbol{B}_d\boldsymbol{d}(t)\\ \boldsymbol{y}(t)=\boldsymbol{C}_K\boldsymbol{x}(t)+\boldsymbol{Dv}(t)\end{cases} \tag{6-49}$$

其中

$$\boldsymbol{A}_K=\boldsymbol{A}-\boldsymbol{B}_f\boldsymbol{R}^{-1}\boldsymbol{B}_f^{\mathrm{T}}\boldsymbol{P}^{-1}$$

$$\boldsymbol{C}_K=\boldsymbol{C}-\boldsymbol{DR}^{-1}\boldsymbol{B}_f^{\mathrm{T}}\boldsymbol{P}^{-1}$$

由式（6－49）可知，外部干扰 $\boldsymbol{d}$ 与控制分量 $\boldsymbol{v}$ 到系统输出 $\boldsymbol{y}$ 的传递函数 $\boldsymbol{T}_{yd}$，$\boldsymbol{T}_{yv}$ 的状态空间实现可以表示为

$$\boldsymbol{T}_{yd}=\left[\begin{array}{c|c}\boldsymbol{A}_K & \boldsymbol{B}_d\\ \hline \boldsymbol{C}_K & \boldsymbol{0}\end{array}\right],\boldsymbol{T}_{yv}=\left[\begin{array}{c|c}\boldsymbol{A}_K & \boldsymbol{B}_f\\ \hline \boldsymbol{C}_K & \boldsymbol{D}\end{array}\right] \tag{6-50}$$

因为 $\boldsymbol{A}_K$ 稳定，所以由文献［8］的定理 4－6、定理 4－7 可知 $\boldsymbol{T}_{yd}\in RH_2$，$\boldsymbol{T}_{yv}\in RH_\infty$。其中 RH_2，RH_∞ 分别表示 H_2，H_∞ 范数有界且在右半开平面解析（即极点均在左半开平面）的严格真有理实矩阵函数集合。

系统输出可以表示为

$$\boldsymbol{y}=\boldsymbol{T}_{yd}\boldsymbol{d}+\boldsymbol{T}_{yv}\boldsymbol{v}=(\boldsymbol{T}_{yd}+\boldsymbol{T}_{yv}\boldsymbol{T}_{vd})\boldsymbol{d} \tag{6-51}$$

当 $\|\boldsymbol{d}\|_{2,[t_f,t_{mis}]}=1$ 时，有

$$\|\boldsymbol{y}\|_{2,[t_f,t_{mis}]}^2=\|\boldsymbol{T}_{yd}+\boldsymbol{T}_{yv}\boldsymbol{T}_{vd}\|_{2,[t_f,t_{mis}]}^2 \tag{6-52}$$

$\boldsymbol{T}_{yv}$ 共轭系统的状态空间实现为

$$\tilde{\boldsymbol{T}}_{yv}=\left[\begin{array}{c|c}-\boldsymbol{A}_K^{\mathrm{T}} & -\boldsymbol{C}_K^{\mathrm{T}}\\ \hline \boldsymbol{B}_f^{\mathrm{T}} & \boldsymbol{D}^{\mathrm{T}}\end{array}\right]\in RH_\infty \tag{6-53}$$

根据控制系统的串联特性可得

$$\tilde{\boldsymbol{T}}_{yv}\boldsymbol{T}_{yv}=\left[\begin{array}{cc|c}-\boldsymbol{A}_K^{\mathrm{T}} & -\boldsymbol{C}_K^{\mathrm{T}}\boldsymbol{C}_K & -\boldsymbol{C}_K^{\mathrm{T}}\boldsymbol{D}\\ & \boldsymbol{A}_K & \boldsymbol{B}_f\\ \hline \boldsymbol{B}_f^{\mathrm{T}} & \boldsymbol{D}^{\mathrm{T}}\boldsymbol{C}_K & \boldsymbol{R}\end{array}\right] \tag{6-54}$$

$$\tilde{\boldsymbol{T}}_{yv}\boldsymbol{T}_{yd}=\left[\begin{array}{cc|c}-\boldsymbol{A}_K^{\mathrm{T}} & -\boldsymbol{C}_K^{\mathrm{T}}\boldsymbol{C}_K & \boldsymbol{0}\\ & \boldsymbol{A}_K & \boldsymbol{B}_d\\ \hline \boldsymbol{B}_f^{\mathrm{T}} & \boldsymbol{D}^{\mathrm{T}}\boldsymbol{C}_K & \boldsymbol{0}\end{array}\right] \tag{6-55}$$

取新的状态量

$$\begin{bmatrix}\tilde{\boldsymbol{z}}\\ \boldsymbol{z}\end{bmatrix}=\begin{bmatrix}\boldsymbol{I} & -\boldsymbol{P}^{-1}\\ \boldsymbol{0} & \boldsymbol{I}\end{bmatrix}\begin{bmatrix}\tilde{\boldsymbol{x}}\\ \boldsymbol{x}\end{bmatrix} \tag{6-56}$$

则有

$$\begin{aligned}\dot{\tilde{\boldsymbol{z}}}(t)&=\dot{\tilde{\boldsymbol{x}}}(t)-\boldsymbol{P}^{-1}\dot{\boldsymbol{x}}(t)+\boldsymbol{P}^{-1}\dot{\boldsymbol{P}}\boldsymbol{P}^{-1}\boldsymbol{x}(t)\\&=-\boldsymbol{A}_K^{\mathrm{T}}\tilde{\boldsymbol{x}}(t)-\boldsymbol{C}_K^{\mathrm{T}}\boldsymbol{y}(t)-\boldsymbol{P}^{-1}[\boldsymbol{A}_K\boldsymbol{x}(t)+\boldsymbol{B}_f\boldsymbol{v}(t)]+\boldsymbol{P}^{-1}\dot{\boldsymbol{P}}\boldsymbol{P}^{-1}\boldsymbol{x}(t)\\&=-\boldsymbol{A}_K^{\mathrm{T}}\tilde{\boldsymbol{z}}(t)-\boldsymbol{P}^{-1}(\boldsymbol{P}\boldsymbol{A}_K^{\mathrm{T}}+\boldsymbol{A}_K\boldsymbol{P}+\boldsymbol{P}\boldsymbol{C}_K^{\mathrm{T}}\boldsymbol{C}_K\boldsymbol{P}-\dot{\boldsymbol{P}})\boldsymbol{P}^{-1}\boldsymbol{z}(t)-(\boldsymbol{C}_K^{\mathrm{T}}\boldsymbol{D}+\boldsymbol{P}^{-1}\boldsymbol{B}_f)\boldsymbol{v}(t)\end{aligned} \tag{6-57}$$

$$\begin{aligned}\tilde{\boldsymbol{y}}(t)&=\boldsymbol{B}_f^{\mathrm{T}}\tilde{\boldsymbol{x}}(t)+\boldsymbol{D}^{\mathrm{T}}\boldsymbol{y}(t)=\boldsymbol{B}_f^{\mathrm{T}}\tilde{\boldsymbol{z}}(t)+\boldsymbol{B}_f^{\mathrm{T}}\boldsymbol{P}^{-1}\boldsymbol{z}(t)+\boldsymbol{D}^{\mathrm{T}}[\boldsymbol{C}_K\boldsymbol{z}(t)+\boldsymbol{D}\boldsymbol{v}(t)]\\&=\boldsymbol{B}_f^{\mathrm{T}}\tilde{\boldsymbol{z}}(t)+(\boldsymbol{B}_f^{\mathrm{T}}\boldsymbol{P}^{-1}+\boldsymbol{D}^{\mathrm{T}}\boldsymbol{C}_K)\boldsymbol{z}(t)+\boldsymbol{R}\boldsymbol{v}(t)\end{aligned} \tag{6-58}$$

将 $\boldsymbol{A}_K$，$\boldsymbol{C}_K$ 展开，结合式（6－47）易证

$$\boldsymbol{P}\boldsymbol{A}_K^{\mathrm{T}}+\boldsymbol{A}_K\boldsymbol{P}+\boldsymbol{P}\boldsymbol{C}_K^{\mathrm{T}}\boldsymbol{C}_K\boldsymbol{P}-\dot{\boldsymbol{P}}=\boldsymbol{P}\boldsymbol{A}^{\mathrm{T}}+\boldsymbol{A}\boldsymbol{P}-\boldsymbol{B}_f\boldsymbol{R}^{-1}\boldsymbol{B}_f^{\mathrm{T}}+\boldsymbol{P}\boldsymbol{Q}\boldsymbol{P}-\dot{\boldsymbol{P}}=\boldsymbol{0} \tag{6-59}$$

$$\boldsymbol{B}_f^{\mathrm{T}}\boldsymbol{P}^{-1}+\boldsymbol{D}^{\mathrm{T}}\boldsymbol{C}_K=\boldsymbol{0},(\boldsymbol{C}_K^{\mathrm{T}}\boldsymbol{D}+\boldsymbol{P}^{-1}\boldsymbol{B}_f)=\boldsymbol{0} \tag{6-60}$$

因此在新状态量的描述下，式（6－54）、式（6－55）转换如下

$$\widetilde{\boldsymbol{T}}_{yv}\boldsymbol{T}_{yv}=\left[\begin{array}{cc|c}-\boldsymbol{A}_K^{\mathrm{T}} & \mathbf{0} & \mathbf{0}\\ \mathbf{0} & \boldsymbol{A}_K & \boldsymbol{B}_f\\ \hline \boldsymbol{B}_f^{\mathrm{T}} & \mathbf{0} & \boldsymbol{R}\end{array}\right]=\boldsymbol{R} \tag{6-61}$$

$$\widetilde{\boldsymbol{T}}_{yv}\boldsymbol{T}_{yd}=\left[\begin{array}{cc|c}-\boldsymbol{A}_K^{\mathrm{T}} & \mathbf{0} & -\boldsymbol{P}\boldsymbol{B}_d\\ \mathbf{0} & \boldsymbol{A}_K & \boldsymbol{B}_d\\ \hline \boldsymbol{B}_f^{\mathrm{T}} & \mathbf{0} & \mathbf{0}\end{array}\right]=\left[\begin{array}{c|c}-\boldsymbol{A}_K^{\mathrm{T}} & -\boldsymbol{P}\boldsymbol{B}_d\\ \hline \boldsymbol{B}_f^{\mathrm{T}} & \mathbf{0}\end{array}\right] \tag{6-62}$$

因为 $-\boldsymbol{A}_K^{\mathrm{T}}$ 不稳定，由文献［8］可知 $\widetilde{\boldsymbol{T}}_{yv}\boldsymbol{T}_{yd}\in RH_2^{\perp}$（其中 $RH_2^{\perp}$ 为 RH_2 的正交补），则式（6-52）可以进一步表示为

$$\|\boldsymbol{y}\|_{2,[t_f,t_{mis}]}^2=\|\boldsymbol{T}_{yd}+\boldsymbol{T}_{yv}\boldsymbol{T}_{vd}\|_{2,[t_f,t_{mis}]}^2=\|\boldsymbol{T}_{yd}\|_{2,[t_f,t_{mis}]}^2+\|\boldsymbol{T}_{yv}\boldsymbol{T}_{vd}\|_{2,[t_f,t_{mis}]}^2 \tag{6-63}$$

由文献［8］中的引理 4-6 可知，若 $\boldsymbol{T}_c=\left[\begin{array}{c|c}\boldsymbol{A} & \boldsymbol{B}\\ \hline \boldsymbol{C} & \mathbf{0}\end{array}\right]$ 稳定，则有 $\|\boldsymbol{T}_c\|_{2,[t_f,t_{mis}]}^2=\mathrm{trace}[\boldsymbol{B}^{\mathrm{T}}\boldsymbol{L}_o(t_0)\boldsymbol{B}]$，$\boldsymbol{L}_o(t_0)$ 是系统 $\boldsymbol{T}_c$ 的能观性 Gramian 矩阵，即 Lyapunov 方程 $\dot{\boldsymbol{L}}_o+\boldsymbol{A}^{\mathrm{T}}\boldsymbol{L}_o+\boldsymbol{L}_o\boldsymbol{A}+\boldsymbol{C}^{\mathrm{T}}C=\mathbf{0}$ 的解，因此，结合该引理与式（6-59）可知

$$\|\boldsymbol{T}_{yd}\|_{2,[t_f,t_{mis}]}^2=\mathrm{trace}\,[\boldsymbol{B}_d^{\mathrm{T}}\boldsymbol{P}^{-1}(t_0)\boldsymbol{B}_d] \tag{6-64}$$

所以有

$$J=\|\boldsymbol{T}_{yd}\|_{2,[t_f,t_{mis}]}^2+\|\boldsymbol{T}_{yv}\boldsymbol{T}_{vd}\|_{2,[t_f,t_{mis}]}^2\geqslant\|\boldsymbol{T}_{yd}\|_{2,[t_f,t_{mis}]}^2=\mathrm{trace}\,[\boldsymbol{B}_d\boldsymbol{P}^{-1}(t_0)\boldsymbol{B}_d] \tag{6-65}$$

当 $\boldsymbol{T}_{vd}=\mathbf{0}$ 时，J 可取最小值 $J_{\min}=\min\limits_{u}\|\boldsymbol{y}\|_{2,[t_f,t_{mis}]}^2=\|\boldsymbol{T}_{yd}\|_{2,[t_f,t_{mis}]}^2$，$\boldsymbol{v}(t)=\mathbf{0}$ 即 $\boldsymbol{u}(t)=-\boldsymbol{R}^{-1}\boldsymbol{B}_f^{\mathrm{T}}\boldsymbol{P}^{-1}\boldsymbol{x}(t)$ 是最优解之一。

由可重构性度量指标定义可得

$$\rho=\max\left\{1-\frac{J_{\min}}{\eta},0\right\}=\max\left\{1-\frac{\mathrm{trace}\,[\boldsymbol{B}_d\boldsymbol{P}^{-1}(t_0)\boldsymbol{B}_d]}{\eta},0\right\}$$

基于最优控制理论可知

$$\boldsymbol{x}(t)=-\boldsymbol{P}\boldsymbol{\lambda}(t) \tag{6-66}$$

其中，$\boldsymbol{\lambda}(t)\in\mathrm{R}^n$，为拉格朗日乘子向量。为满足边界条件，应有 $\boldsymbol{P}(t_{mis})\boldsymbol{\lambda}(t_{mis})=0$，通常情况下 $\boldsymbol{\lambda}(t_{mis})\neq\mathbf{0}$，因此 $\boldsymbol{P}(t_{mis})=\mathbf{0}$。

由此，定理 6-2 得证。

定理 6-2 给出了时间受限的故障系统可重构性度量指标的具体表达式，当系统不受时间约束时，可令 $t_{mis}\rightarrow\infty$，此时 $\boldsymbol{P}(t)$ 具有极限 $\lim\limits_{t\rightarrow\infty}\boldsymbol{P}(t)\rightarrow\boldsymbol{P}_{\infty}$，满足如下矩阵代数方程

$$\boldsymbol{P}\boldsymbol{A}^{\mathrm{T}}+\boldsymbol{A}\boldsymbol{P}-\boldsymbol{B}_f\boldsymbol{R}^{-1}\boldsymbol{B}_f+\boldsymbol{P}\boldsymbol{Q}\boldsymbol{P}=\mathbf{0} \tag{6-67}$$

由此可将定理 6-2 推广到无时间约束的故障系统，得到推论 6-1。

推论 6-1 若故障系统［式（6-42）］不受时间约束，即 $t_{mis}\rightarrow\infty$，且 $[\boldsymbol{A},\boldsymbol{B}_f(L,\boldsymbol{\Lambda})]$ 可镇定，所受干扰能量已知，满足 $\|\boldsymbol{d}\|_{2,[t_f,t_{mis}]}^2=\int_{t_f}^{t_{mis}}\boldsymbol{d}^{\mathrm{T}}\boldsymbol{d}\,\mathrm{d}t=1$，则系统可重构性度量指标为

$$\rho = \max\left\{1 - \frac{\mathrm{trace}(\boldsymbol{B}_d\boldsymbol{P}^{-1}\boldsymbol{B}_d)}{\eta}, 0\right\} \tag{6-68}$$

其中，$\boldsymbol{P}$ 是满足矩阵代数方程（6－67）的唯一正定对称解。

推论 6－1 的证明过程与定理 6－2 类似，这里不再赘述

定理 6－2 与推论 6－1 给出了干扰能量已知情况下可重构性度量指标的具体表达式，因此可知系统的重构潜力只与其固有参数特性以及故障分布度有关，不依赖于具体的控制方案。

②基于 H_∞ 控制的指标求解

系统在工程实践中受到的干扰 $\boldsymbol{d}$ 往往是不确定或不可测量的信号，这就给可重构性的量化评估工作带来了困难。但是从自然界任何一种信号能量有限的观点来看，这些干扰信号尽管是时间的未知函数或随机函数，但这一函数必定是有界的，如果事先能够获取干扰信号的相关特征，获知信号的能量上界，则可以利用该上界对控制系统的可重构性展开研究。

当干扰能量未知时，可重构性度量指标［式（6－2）］的求解问题可以转化为求解最坏干扰作用下，式（6－1）、式（6－44）所示的系统性能下降指标的最小值 $J_{\min}$，即求解

$$J_{\min} = \sup_{d}\min_{u} J \tag{6-69}$$

根据鲁棒控制理论，该问题可利用 H_∞ 鲁棒控制的相关知识进行求解。

引理 6－1　对由式（6－42）、式（6－43）及式（6－45）描述的故障系统，若 $(\boldsymbol{A}, \boldsymbol{B}_f(L, \boldsymbol{\Lambda}))$ 可镇定，$(\boldsymbol{A}, \boldsymbol{C})$ 可检测，则在时间 $[t_f, t_{mis}]$ 内存在状态反馈控制器 $\boldsymbol{u} = -\boldsymbol{K}\boldsymbol{x}$，使闭环系统由干扰 $\boldsymbol{d}$ 到输出 $\boldsymbol{y}$ 的传递函数 $\boldsymbol{T}_{yd}$ 满足 $\|\boldsymbol{T}_{yd}\|_\infty < \gamma$ 的充分必要条件为下列 Riccati 微分方程

$$\begin{cases} -\dot{\boldsymbol{P}} = \boldsymbol{A}^{\mathrm{T}}\boldsymbol{P} + \boldsymbol{P}\boldsymbol{A} - \boldsymbol{P}(\boldsymbol{B}_f\boldsymbol{R}^{-1}\boldsymbol{B}_f^{T} - \boldsymbol{\gamma}^{-2}\boldsymbol{B}_d\boldsymbol{B}_d^{T})\boldsymbol{P} + \boldsymbol{Q} \\ \boldsymbol{P}(t_{mis}) = \boldsymbol{P}_f \end{cases} \tag{6-70}$$

具有一个使 $\boldsymbol{A} + \gamma^{-2}\boldsymbol{B}_d\boldsymbol{B}_d^{\mathrm{T}}\boldsymbol{P} - \boldsymbol{B}_f\boldsymbol{R}^{-1}\boldsymbol{B}_f^{\mathrm{T}}\boldsymbol{P}$ 稳定的半正定矩阵解 $\boldsymbol{P}$，且状态反馈增益

$$\boldsymbol{K}(t) = -(\boldsymbol{B}_u\boldsymbol{\Lambda})^{\mathrm{T}}\boldsymbol{P}(t) = -\boldsymbol{B}_f^{\mathrm{T}}(\theta)\boldsymbol{P}(t) \tag{6-71}$$

可以使 $\boldsymbol{A} + \boldsymbol{B}_u\boldsymbol{K}$ 稳定，并满足 $\|\boldsymbol{T}_{yd}\|_\infty < \gamma$。

引理 6－1 的具体证明过程可参考文献［5］，这里不再赘述。

定理 6－3　对由式（6－42）、式（6－43）及式（6－45）描述的故障系统，在时间 $[t_f, t_{mis}]$ 内，若 $(\boldsymbol{A}, \boldsymbol{B}_f(L, \boldsymbol{\Lambda}))$ 可镇定，$(\boldsymbol{A}, \boldsymbol{C})$ 可检测，干扰 $\|\boldsymbol{d}\|_{2,[t_f, t_{mis}]} \leqslant 1$，则该系统的可重构性评价指标［式（6－2）］为

$$\rho = \max\left\{1 - \frac{\gamma^{*2}}{\eta}, 0\right\} \tag{6-72}$$

其中，$\gamma^* > 0$，是使 Riccati 微分方程（6－70）存在半正定矩阵解 $\boldsymbol{P}$ 的 γ 最小值。

证明： 因为在时域中，$\boldsymbol{T}_{yd}$ 的 H_∞ 范数可由 H_2 范数诱导得到

$$\|\boldsymbol{T}_{yd}\|_{\infty,[t_f,t_{mis}]} = \sup_{\|\boldsymbol{d}\|_{2,[t_f,t_{mis}]}\neq 0} \frac{\|\boldsymbol{y}\|_{2,[t_f,t_{mis}]}}{\|\boldsymbol{d}\|_{2,[t_f,t_{mis}]}} = \sup_{\|\boldsymbol{d}\|_{2,[t_f,t_{mis}]}=1} \|\boldsymbol{y}\|_{2,[t_f,t_{mis}]} \tag{6-73}$$

因此有

$$
\begin{aligned}
J_{\min} &= \sup_{d} \min_{u} J \\
&= \min_{u}\{\sup\{\|\boldsymbol{y}\|^2_{2,[t_f,t_{mis}]} \mid \boldsymbol{d}\in H_2,\|\boldsymbol{d}\|_{2,[t_f,t_{mis}]}\leqslant 1\}\} \\
&= \min_{u}\{\sup\{\|(\boldsymbol{T}_{yd}+\boldsymbol{T}_{yv}\boldsymbol{T}_{vd})\boldsymbol{d}\|^2_{2,[t_f,t_{mis}]} \mid \boldsymbol{d}\in H_2,\|\boldsymbol{d}\|_{2,[t_f,t_{mis}]}\leqslant 1\}\} \\
&= \min_{u}\{\sup\{\|(\boldsymbol{T}_{yd}+\boldsymbol{T}_{yv}\boldsymbol{T}_{vd})\boldsymbol{d}\|^2_{2,[t_f,t_{mis}]} \mid \boldsymbol{d}\in H_2,\|\boldsymbol{d}\|_{2,[t_f,t_{mis}]}= 1\}\} \\
&= \min_{u}\|\boldsymbol{T}_{yd}+\boldsymbol{T}_{yv}\boldsymbol{T}_{vd}\|^2_{\infty,[t_f,t_{mis}]} \\
&\geqslant \min_{u}\|\boldsymbol{T}_{yd}\|^2_{\infty,[t_f,t_{mis}]}
\end{aligned}
\tag{6-74}
$$

当 $\boldsymbol{T}_{vd}=\boldsymbol{0}$ 时，J 可取最小值 $J_{\min}=\min\limits_{u}\|\boldsymbol{T}_{yd}\|^2_{\infty,[t_f,t_{mis}]}$。由此可见，对于给定集合中的任意干扰 $\boldsymbol{d}$，求性能指标 J 极小值的问题，可以转化为求干扰取峰值（即 $\|\boldsymbol{d}\|_{2,[t_f,t_{mis}]}=1$）时传递函数 $\boldsymbol{T}_{yd}$ 的 H_∞ 范数极小值的问题。

又因为 $\|\boldsymbol{T}_{yd}\|_\infty<\gamma$，所以有

$$
J_{\min}=\min_{u}\|\boldsymbol{T}_{yd}\|^2_{\infty,[t_f,t_{mis}]}=\inf_{P\geqslant 0}\gamma^2=\gamma^{*2} \tag{6-75}
$$

可得

$$
\rho=\max\left\{1-\frac{J_{\min}}{\eta},0\right\}=\max\left\{1-\frac{\gamma^{*2}}{\eta},0\right\} \tag{6-76}
$$

由此，定理 6-3 得证。

定理 6-3 给出了故障能量未知情况下的时间受限系统可重构性度量指标的具体表达式，与前文干扰能量已知的情况类似，由定理 6-3 易得无限时间系统的可重构性度量指标表达式，得推论6-2。

推论 6-2 若由式（6-42）、式（6-43）及式（6-45）描述的故障系统不受时间约束，即 $t_{mis}\rightarrow\infty$，且 $(\boldsymbol{A},\boldsymbol{B}_f(L,\boldsymbol{\Lambda}))$ 可镇定，$(\boldsymbol{A},\boldsymbol{C})$ 可检测，干扰 $\|\boldsymbol{d}\|_{2,[t_f,t_{mis}]}\leqslant 1$，则该系统的可重构性度量指标为

$$
\rho=\max\left\{1-\frac{\gamma^{*2}}{\eta},0\right\} \tag{6-77}
$$

其中，$\gamma^*>0$ 是使 Riccatti 代数方程（6-78）存在半正定矩阵解 $\boldsymbol{P}$ 的 γ 最小值。

$$
\boldsymbol{A}^{\mathrm{T}}\boldsymbol{P}+\boldsymbol{P}\boldsymbol{A}-\boldsymbol{P}(\boldsymbol{B}_f\boldsymbol{R}^{-1}\boldsymbol{B}_f^{\mathrm{T}}-\gamma^{-2}\boldsymbol{B}_d\boldsymbol{B}_d^{\mathrm{T}})\boldsymbol{P}+\boldsymbol{Q}=\boldsymbol{0} \tag{6-78}
$$

定理 6-3 与推论 6-2 给出了干扰能量未知情况下系统可重构性度量指标的具体表达式。同样，从表达式可以看出系统的重构潜力只与其固有参数特性以及故障分布有关，不依赖于具体的控制方案。

（2）基于精细积分的数值求解

定理 6-2、定理 6-3（推论 6-1、推论 6-2）将积分形式的可重构性评价指标计算问题转化为 Riccatti 矩阵微分（代数）方程的求解问题。同 6.3.2.2 节，这里基于精细积分思想求解式（6-47）、式（6-70）所示矩阵微分方程的计算机“精确”解。由于篇幅

原因，不再详细论述推导过程，只给出方程（6－47）和式（6－70）的具体求解算法。

① H_2 指标求解

对于干扰能量已知的系统，求解可重构性评价指标的关键就是求解矩阵 $\boldsymbol{P}(t)$，即求解 Riccatti 微分方程（6－47）［或 Riccatti 代数方程（6－67）］，这里基于精细积分思想给出求解方程（6－47）的迭代算法如下。

算法 6－2

1）给定 $\boldsymbol{A}$，$\boldsymbol{B}$，$\boldsymbol{R}$，$\boldsymbol{Q}$ 和步长 h，取 $N=20$，$\tau=h/2^N$；

2）计算 $\boldsymbol{G}(\tau)$，$\boldsymbol{E}(\tau)$，$\boldsymbol{F}'(\tau)$，并存送 $\boldsymbol{G}$，$\boldsymbol{E}$，$\boldsymbol{F}'$

$$\boldsymbol{G}(\tau)=\boldsymbol{g}_1\tau+\boldsymbol{g}_2\tau^2+\boldsymbol{g}_3\tau^3+\boldsymbol{g}_4\tau^4$$

$$\boldsymbol{E}(\tau)=\boldsymbol{e}_1\tau+\boldsymbol{e}_2\tau^2+\boldsymbol{e}_3\tau^3+\boldsymbol{e}_4\tau^4$$

$$\boldsymbol{F}'(\tau)=\boldsymbol{f}_1\tau+\boldsymbol{f}_2\tau^2+\boldsymbol{f}_3\tau^3+\boldsymbol{f}_4\tau^4$$

其中

$$\boldsymbol{g}_1=\boldsymbol{B}_f\boldsymbol{R}^{-1}\boldsymbol{B}_f,\boldsymbol{e}_1=\boldsymbol{Q},\boldsymbol{f}_1=-\boldsymbol{A}^{\mathrm{T}}$$

$$\boldsymbol{g}_2=(\boldsymbol{f}_1^{\mathrm{T}}\boldsymbol{g}_1+\boldsymbol{g}_1\boldsymbol{f}_1)/2,\boldsymbol{e}_2=(\boldsymbol{f}_1\boldsymbol{e}_1+\boldsymbol{e}_1\boldsymbol{f}_1^{\mathrm{T}})/2,\boldsymbol{f}_2=(\boldsymbol{f}_1^2-\boldsymbol{e}_1\boldsymbol{g}_1)/2$$

$$\boldsymbol{g}_3=(\boldsymbol{f}_2^{\mathrm{T}}\boldsymbol{g}_1+\boldsymbol{g}_1\boldsymbol{f}_2+\boldsymbol{f}_1^{\mathrm{T}}\boldsymbol{g}_1\boldsymbol{f}_1)/3$$

$$\boldsymbol{e}_3=(\boldsymbol{f}_2\boldsymbol{e}_1+\boldsymbol{e}_1\boldsymbol{f}_2^{\mathrm{T}}+\boldsymbol{f}_1\boldsymbol{e}_1\boldsymbol{f}_1^{\mathrm{T}})/3$$

$$\boldsymbol{f}_3=(\boldsymbol{f}_1\boldsymbol{f}_2-\boldsymbol{e}_2\boldsymbol{g}_1-\boldsymbol{e}_1\boldsymbol{g}_1\boldsymbol{f}_1)/3$$

$$\boldsymbol{g}_4=(\boldsymbol{f}_3^{\mathrm{T}}\boldsymbol{g}_1+\boldsymbol{g}_1\boldsymbol{f}_3+\boldsymbol{f}_1^{\mathrm{T}}\boldsymbol{g}_1\boldsymbol{f}_2+\boldsymbol{f}_2^{\mathrm{T}}\boldsymbol{g}_1\boldsymbol{f}_1)/4$$

$$\boldsymbol{e}_4=(\boldsymbol{f}_3\boldsymbol{e}_1+\boldsymbol{e}_1\boldsymbol{f}_3^{\mathrm{T}}+\boldsymbol{f}_2\boldsymbol{e}_1\boldsymbol{f}_1^{\mathrm{T}}+\boldsymbol{f}_1\boldsymbol{e}_1\boldsymbol{f}_2^{\mathrm{T}})/4$$

$$\boldsymbol{f}_4=(\boldsymbol{f}_1\boldsymbol{f}_3-\boldsymbol{e}_3\boldsymbol{g}_1-\boldsymbol{e}_2\boldsymbol{g}_1\boldsymbol{f}_1-\boldsymbol{e}_1\boldsymbol{g}_1\boldsymbol{f}_2)/4$$

3）计算 $\boldsymbol{G}(h)$，$\boldsymbol{E}(h)$，$\boldsymbol{F}(h)$，存送 $\boldsymbol{G}_1$，$\boldsymbol{G}_2$，$\boldsymbol{E}_1$，$\boldsymbol{E}_2$，$\boldsymbol{F}_1$，$\boldsymbol{F}_2$：

For $i=1:N$，

{$\boldsymbol{G}_c=\boldsymbol{G}+(\boldsymbol{I}+\boldsymbol{F}')(\boldsymbol{G}^{-1}+\boldsymbol{E})^{-1}(\boldsymbol{I}+\boldsymbol{F}'_1)^{\mathrm{T}}$，

$\boldsymbol{E}_c=\boldsymbol{E}+(\boldsymbol{I}+\boldsymbol{F}')^{\mathrm{T}}(\boldsymbol{G}+\boldsymbol{E}^{-1})^{-1}(\boldsymbol{I}+\boldsymbol{F}'_1)$，

$\boldsymbol{F}'_c=2\boldsymbol{F}'+\boldsymbol{F}'_2\boldsymbol{F}'_1-(\boldsymbol{I}+\boldsymbol{F}')(\boldsymbol{G}^{-1}\boldsymbol{E}^{-1}+\boldsymbol{I})^{-1}(\boldsymbol{I}+\boldsymbol{F}')$，令 $\boldsymbol{G}=\boldsymbol{G}_c,\boldsymbol{E}=\boldsymbol{E}_c,\boldsymbol{F}'=\boldsymbol{F}'_c$}

由此得 $\boldsymbol{G}(h)=\boldsymbol{G}_c$，$\boldsymbol{E}(h)=\boldsymbol{E}_c$，$\boldsymbol{F}(h)=\boldsymbol{I}+\boldsymbol{F}'_c$；

4）计算 $\boldsymbol{P}(t)$：

For $k=(t_f/\tau-1):0$，

{$\boldsymbol{G}_c=\boldsymbol{G}_1+\boldsymbol{F}_1^{\mathrm{T}}(\boldsymbol{G}_2^{-1}+\boldsymbol{E}_1)^{-1}\boldsymbol{F}_1$，$\boldsymbol{E}_c=\boldsymbol{E}_2+\boldsymbol{F}_2(\boldsymbol{G}_2+\boldsymbol{E}_1^{-1})^{-1}\boldsymbol{F}_2$，

$\boldsymbol{F}_c=\boldsymbol{F}_2(\boldsymbol{G}_2\boldsymbol{E}_2+\boldsymbol{I})\boldsymbol{F}_1$，对 k 站保存当前 $\boldsymbol{G}_c$，$\boldsymbol{E}_c$，$\boldsymbol{F}_c$，记为 $\boldsymbol{G}(t)$，$\boldsymbol{E}(t)$，$\boldsymbol{F}(t)$，

计算 $\boldsymbol{P}(t)=\boldsymbol{G}(t)+\boldsymbol{F}^{\mathrm{T}}(t)(\boldsymbol{P}^{-1}(\boldsymbol{t}_{mis})+\boldsymbol{G}(t))^{-1}\boldsymbol{F}(t)$，$(t=kh)$，存于 k 站，

$\boldsymbol{G}_2=\boldsymbol{G}_c$，$\boldsymbol{E}_2=\boldsymbol{E}_c$，$\boldsymbol{F}_2=\boldsymbol{F}_c$，$\boldsymbol{G}_1$，$\boldsymbol{E}_1$，$\boldsymbol{F}_1$ 保持不变}。

② H_∞ 指标求解

对于干扰能量未知的系统，求解可重构性度量指标的关键是求解 γ 的最小值 γ^*，求解 γ^* 的算法为：给定一个 γ，求解 Riccatti 微分方程（6－70）［或 Riccatti 代数方程（6－78）］，根据求解结果适当调整 γ 数值，再次进行迭代，直至精度满足为止。这里基

于精细积分思想给出求解 γ^* 的迭代算法如下。

算法 6-3

1）给定 $\boldsymbol{A}$，$\boldsymbol{B}_u$，$\boldsymbol{B}_d$，$\boldsymbol{R}$，$\boldsymbol{Q}$ 以及边界阵 $\boldsymbol{B}_f$，确定时间区段 $(0,\ t_f]$，选择一个 γ，选择步长 h，取 $N=20$，令 $\tau=h/2^N$；

2）计算 $\boldsymbol{G}(\tau)$，$\boldsymbol{E}(\tau)$，$\boldsymbol{F}'(\tau)$，并存送 $\boldsymbol{G}$，$\boldsymbol{E}$，$\boldsymbol{F}'$：

$$\boldsymbol{G}(\tau)=\boldsymbol{g}_1\tau+\boldsymbol{g}_2\tau^2+\boldsymbol{g}_3\tau^3+\boldsymbol{g}_4\tau^4$$

$$\boldsymbol{E}(\tau)=\boldsymbol{e}_1\tau+\boldsymbol{e}_2\tau^2+\boldsymbol{e}_3\tau^3+\boldsymbol{e}_4\tau^4$$

$$\boldsymbol{F}'(\tau)=\boldsymbol{f}_1\tau+\boldsymbol{f}_2\tau^2+\boldsymbol{f}_3\tau^3+\boldsymbol{f}_4\tau^4$$

其中

$$\boldsymbol{g}_1=(\boldsymbol{B}_f\boldsymbol{R}^{-1}\boldsymbol{B}_f^{\mathrm{T}}-\gamma^{-2}\boldsymbol{B}_d\boldsymbol{B}_d^{\mathrm{T}}),\boldsymbol{e}_1=\boldsymbol{Q},\boldsymbol{f}_1=\boldsymbol{A}$$

$$\boldsymbol{g}_2=(\boldsymbol{f}_1\boldsymbol{g}_1+\boldsymbol{g}_1\boldsymbol{f}_1^{\mathrm{T}})/2,\boldsymbol{e}_2=(\boldsymbol{f}_1^{\mathrm{T}}\boldsymbol{e}_1+\boldsymbol{e}_1\boldsymbol{f}_1)/2,\boldsymbol{f}_2=(\boldsymbol{f}_1^2-\boldsymbol{g}_1\boldsymbol{e}_1)/2$$

$$\boldsymbol{g}_3=(\boldsymbol{f}_1\boldsymbol{g}_2+\boldsymbol{g}_2\boldsymbol{f}_1^{\mathrm{T}}-\boldsymbol{g}_1\boldsymbol{e}_1\boldsymbol{g}_1)/3,\boldsymbol{e}_3=(\boldsymbol{f}_2^{\mathrm{T}}\boldsymbol{e}_1+\boldsymbol{e}_1\boldsymbol{f}_2+\boldsymbol{f}_1^{\mathrm{T}}\boldsymbol{e}_1\boldsymbol{f}_1)/3$$

$$\boldsymbol{f}_3=(\boldsymbol{f}_1\boldsymbol{f}_2-\boldsymbol{g}_2\boldsymbol{e}_1-\boldsymbol{g}_1\boldsymbol{e}_1\boldsymbol{f}_1)/3$$

$$\boldsymbol{g}_4=(\boldsymbol{f}_1\boldsymbol{g}_3+\boldsymbol{g}_3\boldsymbol{f}_1^{\mathrm{T}}-\boldsymbol{g}_1\boldsymbol{e}_1\boldsymbol{g}_1-\boldsymbol{g}_1\boldsymbol{e}_1\boldsymbol{g}_2)/4,\boldsymbol{e}_4=(\boldsymbol{f}_3^{\mathrm{T}}\boldsymbol{e}_1+\boldsymbol{e}_1\boldsymbol{f}_3+\boldsymbol{f}_2^{\mathrm{T}}\boldsymbol{e}_1 f_1+\boldsymbol{f}_1^{\mathrm{T}}\boldsymbol{e}_1\boldsymbol{f}_2)/4$$

$$\boldsymbol{f}_4=(\boldsymbol{f}_1\boldsymbol{f}_3-\boldsymbol{g}_3\boldsymbol{e}_1-\boldsymbol{g}_2\boldsymbol{e}_1\boldsymbol{f}_1-\boldsymbol{g}_1\boldsymbol{e}_1\boldsymbol{f}_2)/4$$

3）取 $J_R=0$，计算 $\boldsymbol{G}(h)$，$\boldsymbol{E}(h)$，$\boldsymbol{F}(h)$，$\boldsymbol{J}_R(h)$，存送 $\boldsymbol{G}_1$，$\boldsymbol{G}_2$，$\boldsymbol{E}_1$，$\boldsymbol{E}_2$，$\boldsymbol{F}_1$，$\boldsymbol{F}_2$，J_{R1}，J_{R2}：

For $i=1:N$，

$\{\boldsymbol{G}_c=\boldsymbol{G}+(\boldsymbol{I}+\boldsymbol{F}')(\boldsymbol{G}^{-1}+\boldsymbol{E})^{-1}(\boldsymbol{I}+\boldsymbol{F}_1')^{\mathrm{T}}$，

$\boldsymbol{E}_c=\boldsymbol{E}+(\boldsymbol{I}+\boldsymbol{F}')^{\mathrm{T}}(\boldsymbol{G}+\boldsymbol{E}^{-1})^{-1}(\boldsymbol{I}+\boldsymbol{F}_1')$，

$\boldsymbol{F}_c'=2\boldsymbol{F}'+\boldsymbol{F}_2'\boldsymbol{F}_1'-(\boldsymbol{I}+\boldsymbol{F}')(\boldsymbol{G}^{-1}\boldsymbol{E}^{-1}+\boldsymbol{I})^{-1}(\boldsymbol{I}+\boldsymbol{F}')$，对 $\boldsymbol{E}$ 和 $\boldsymbol{G}+\boldsymbol{E}^{-1}$ 进行 LDL 三角分解，$J_{Rc}=2J_R-s\{\boldsymbol{E}\}+s\{\boldsymbol{G}+\boldsymbol{E}^{-1}\}$，令 $\boldsymbol{G}=\boldsymbol{G}_c$，$\boldsymbol{E}=\boldsymbol{E}_c$，$\boldsymbol{F}'=\boldsymbol{F}_c'$，$J_R=J_{Rc}\}$。

由此得 $\boldsymbol{G}(h)=\boldsymbol{G}_c$，$\boldsymbol{E}(h)=\boldsymbol{E}_c$，$\boldsymbol{F}(h)=\boldsymbol{I}+\boldsymbol{F}_c'$；

4）计算 $\boldsymbol{P}(t)$：

For $k=(t_f/\tau-1):0$，

$\{\boldsymbol{G}_c=\boldsymbol{G}_2+\boldsymbol{F}_2(\boldsymbol{G}_1^{-1}+\boldsymbol{E}_2)^{-1}\boldsymbol{F}_2^{\mathrm{T}}$，$\boldsymbol{E}_c=\boldsymbol{E}_1+\boldsymbol{F}_1^{\mathrm{T}}(\boldsymbol{E}_2^{-1}+\boldsymbol{G}_1)^{-1}\boldsymbol{F}_1$，

$\boldsymbol{F}_c=\boldsymbol{F}_2(\boldsymbol{I}+\boldsymbol{G}_1\boldsymbol{E}_2)^{-1}\boldsymbol{F}_1$，对矩阵 $\boldsymbol{E}_2$ 和 $\boldsymbol{G}_1+\boldsymbol{E}_2^{-1}$ 进行 LDL 三角分解，$J_{Rc}=J_{R1}+J_{R2}-s\{\boldsymbol{E}_2\}+s\{\boldsymbol{G}_1+\boldsymbol{E}_2^{-1}\}$，对 k 站保存当前 $\boldsymbol{G}_c$，$\boldsymbol{E}_c$，$\boldsymbol{F}_c$，记为 $\boldsymbol{G}(t)$，$\boldsymbol{E}(t)$，$\boldsymbol{F}(t)$，计算 $\boldsymbol{P}(t)=\boldsymbol{G}(t)+\boldsymbol{F}^{\mathrm{T}}(t)[\boldsymbol{P}_f^{-1}+\boldsymbol{G}(t)]^{-1}\boldsymbol{F}(t)$，$(t=kh)$，存于 k 站，$\boldsymbol{G}_2=\boldsymbol{G}_c$，$\boldsymbol{E}_2=\boldsymbol{E}_c$，$\boldsymbol{F}_2=\boldsymbol{F}_c$，$\boldsymbol{J}_{R2}=\boldsymbol{J}_{Rc}$，$\boldsymbol{G}_1$，$\boldsymbol{E}_1$，$\boldsymbol{F}_1$，$\boldsymbol{J}_{R1}$ 保持不变$\}$；

5）计算 J_{Rf}：

令 $\boldsymbol{G}=\boldsymbol{G}_c$，$\boldsymbol{E}=\boldsymbol{E}_c$，$\boldsymbol{F}=\boldsymbol{F}_c$，$J_R=J_{Rc}$，计算 $J_{Rf}=J_R-s\{\boldsymbol{P}_f\}+s\{\boldsymbol{P}_f^{-1}+\boldsymbol{G}\}$；

If $(J_{Rf}==0)$

{Riccatti 微分方程存在半正定矩阵解 $\boldsymbol{P}(t)$，γ 是次优解，适当减小数值再算，若精度足够，停止迭代}

Else

{ γ 选择数值太小，不是次优解，Riccatti 微分方程不存在半正定矩阵解 $\boldsymbol{P}(t)$，应适当增大 γ 数值再算}

用适当方法（如对分法）对 γ 进行迭代，直至满足精度要求为止。

注 6-4　上述算法中，$s\{\boldsymbol{M}\}$ 表示将矩阵 $\boldsymbol{M}$ 分解为 $\boldsymbol{M}=\boldsymbol{LDL}^{\mathrm{T}}$ 扩展三角化形式后，$\boldsymbol{D}$ 阵对角线元素中出现负值的个数。

由于精细积分算法的精度已经超出计算机字长，因此由该算法做辅助，可以通过算法 6-2、算法 6-3 计算出系统可重构性度量指标的计算机“精确解”。

6.3.4　评价指标的应用

在系统设计阶段，可重构性的主要作用在于评价系统功能冗余的设计水平并指导系统的反优化设计。具体应用方式为：以可重构性评价指标为依据，通过优化系统构型与标称控制律，科学分配冗余度，从而以尽可能少的资源配置获得尽可能高的冗余水平，即优化可重构性，以提高系统对故障的自主处理潜能。

在运行监测阶段，可重构性的主要作用在于评估故障系统的性能状态并指导重构策略的实时优化。具体应用方式为：基于故障诊断结果，对系统的性能状态进行实时评估，并以其为指导，通过对重构方案（变控制律或变构型）与重构时间等方面进行决策优化，充分调用系统的冗余度，以尽可能少的资源降低故障对系统的影响，即深入挖掘系统的自主故障处理潜能。

为进一步了解可重构性的具体应用方式，下面从系统的构型优化设计和在线性能状态评估两个方面，对上述两个阶段进行简要说明。

6.3.4.1　构型优化设计

由上述可重构性评价指标的计算公式可知，执行机构故障下的控制系统可重构性度量指标与控制矩阵 $\boldsymbol{B}$ 有关，而 $\boldsymbol{B}$ 又受执行机构个数 m 、位置 l 以及安装角度 α、β 等构型参数的影响。因此，可以建立可重构性度量指标关于系统构型参数的函数表达式 $\rho(m, l, \alpha, \beta)$ ，该表达式可在系统设计阶段用来指导执行机构的构型优化。

以航天机构零动量轮控系统的四斜装构型方案为例，分析可重构性与执行机构安装构型之间的关系。在该构型方案中，四个飞轮全部斜装并互为备份，安装方式如图 6-2 所示。四个飞轮的角动量矢量相对俯仰轴成 β 角对称斜装，$\boldsymbol{h}_1\boldsymbol{h}_2$ 平面和 $\boldsymbol{h}_2\boldsymbol{h}_4$ 平面相互垂直，$\boldsymbol{h}_1\boldsymbol{h}_3$ 平面与 x_b 轴，$\boldsymbol{h}_2\boldsymbol{h}_4$ 平面与 z_b 轴均成 α 角，该构型的安装矩阵为

$$\boldsymbol{\Phi}=\begin{bmatrix}\sin\beta\cos\alpha & \sin\beta\sin\alpha & -\sin\beta\cos\alpha & -\sin\beta\sin\alpha\\ \cos\beta & \cos\beta & \cos\beta & \cos\beta\\ -\sin\beta\sin\alpha & \sin\beta\cos\alpha & \sin\beta\sin\alpha & -\sin\beta\cos\alpha\end{bmatrix} \tag{6-79}$$

可见，安装矩阵 $\boldsymbol{\Phi}$ 是关于飞轮安装角 α，β 的函数。系统的控制矩阵 $\boldsymbol{B}=[\boldsymbol{0}_{3\times3};\ \mathrm{diag}(\boldsymbol{I}_x^{-1}, \boldsymbol{I}_y^{-1}, \boldsymbol{I}_z^{-1})]\boldsymbol{\Phi}(\alpha, \beta)$，$\boldsymbol{I}_x$，$\boldsymbol{I}_y$，$\boldsymbol{I}_z$ 为航天机构主惯量。为提高系统可重构性，可以将可重构性度量指标作为目标函数，对飞轮安装角度进行优化，将系统的构型设计问题转化为如下优化问题

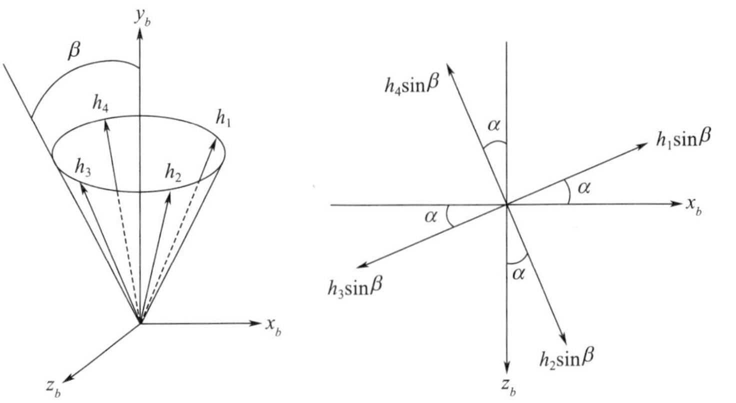

图 6-2　四斜装飞轮构型方案

$$
\max_{\alpha,\beta} \rho(m, l, \alpha, \beta)
$$

$$
s.t.\begin{cases}
\rho = f(\boldsymbol{A}, \boldsymbol{B}) \\
\boldsymbol{B} = [\boldsymbol{0}_{3\times 3}; \mathrm{diag}(\boldsymbol{I}_x^{-1}, \boldsymbol{I}_y^{-1}, \boldsymbol{I}_z^{-1})]\boldsymbol{\Phi}(\alpha, \beta) \\
0 < m \leqslant M, \\
l \in D_l \\
0 \leqslant \alpha \leqslant \dfrac{\pi}{2} \\
0 < \beta < \dfrac{\pi}{2}
\end{cases} \tag{6-80}
$$

式中　M ——可装载的执行机构最大个数；

D_l ——容许的安装位置区域。

基于上述优化思想，可以在系统的地面研制阶段，对执行机构的空间构型进行优化设计，从而使系统能够在有限资源下具备尽可能大的重构潜能。如何基于可重构性评价指标进行可重构性设计，将在下一章详细介绍。

6.3.4.2　在线性能状态评估

上述构型优化问题主要从空间维度分析了系统可重构性的影响因素，是一个静态设计问题。然而，系统故障后，受故障诊断延时以及计算机运算速率等因素影响，并不能立即进行重构。随着时间的推移，故障状态随之扩散，并造成有限资源的大量浪费，导致系统可重构性发生变化。因此，在运行阶段，需要对系统可重构性进行在线评估，进而以此为指导，优化系统的容错方案。下面以 6.3.2 节能量及受限系统的可重构性评价为例，进行说明。

针对故障状态扩散问题，可在坐标缩放部分，以观测到的实时状态偏差 $\boldsymbol{x}_r$ 为依据，设计坐标缩放矩阵 $\boldsymbol{D}_r = \mathrm{diag}(1/|\boldsymbol{x}_{di}^{\min}|)$ $(\boldsymbol{x}_d^{\min} = \mu \boldsymbol{x}_r)$ ，并以当前重构时刻 t_r 替换式(6-39)中的 t_f ，得到该时刻同等重构空间的椭球体方程，即

$$E^{*}=\frac{1}{2}\boldsymbol{z}^{\mathrm{T}}\left[\boldsymbol{D}_{r}\boldsymbol{V}(t_{r})\boldsymbol{D}_{r}\right]^{-1}\boldsymbol{z} \tag{6-81}$$

针对资源浪费问题，可以引入能量剩余因子，以描述故障系统剩余可用能量随时间的变化趋势

$$E^{*}(t)=a^{2}(t)E_{0}^{*} \tag{6-82}$$

式中 E_{0}^{*}——初始时刻系统可消耗的控制能量上限；

$a^{2}(t)$——能量剩余因子，反映了系统的能量剩余程度，与标称控制器以及储能系统有关。

将下列状态反馈控制器作为系统的标称控制器，并以此为例介绍能量剩余因子的求解过程，其他控制器可以此为参考

$$\boldsymbol{u}_{n}(t)=-\boldsymbol{K}_{n}\boldsymbol{x}(t) \tag{6-83}$$

若期望系统矩阵为 $\boldsymbol{M}_{n}$ ，则基于经典的伪逆法可以得到控制器增益 $\boldsymbol{K}_{n}$ 为

$$\boldsymbol{K}_{n}=\boldsymbol{B}_{u}^{+}(\boldsymbol{A}-\boldsymbol{M}_{n}) \tag{6-84}$$

式中 $\boldsymbol{B}_{u}^{+}$ —— $\boldsymbol{B}_{u}$ 的左伪逆矩阵。

故障后的闭环系统矩阵为 $\boldsymbol{M}_{f}=\boldsymbol{A}-\boldsymbol{B}_{f}\boldsymbol{K}_{n}$ ，若系统故障后虽然偏离预期轨迹但是仍然能够保持稳定，则根据 Lyapunov 稳定性理论可知，以下方程具有唯一负定对称矩阵解 $\boldsymbol{P}$

$$\boldsymbol{M}_{f}^{\mathrm{T}}\boldsymbol{P}+\boldsymbol{P}\boldsymbol{M}_{f}=\boldsymbol{K}_{n}^{\mathrm{T}}\boldsymbol{K}_{n} \tag{6-85}$$

因此

$$\boldsymbol{x}^{\mathrm{T}}(\boldsymbol{M}_{f}^{\mathrm{T}}\boldsymbol{P}+\boldsymbol{P}\boldsymbol{M}_{f})\boldsymbol{x}=\boldsymbol{x}^{\mathrm{T}}\boldsymbol{K}_{n}^{\mathrm{T}}\boldsymbol{K}_{n}\boldsymbol{x}$$

由于 $\boldsymbol{x}^{\mathrm{T}}(\boldsymbol{M}_{f}^{\mathrm{T}}\boldsymbol{P}+\boldsymbol{P}\boldsymbol{M}_{f})\boldsymbol{x}=\frac{\mathrm{d}}{\mathrm{d}t}\boldsymbol{x}^{\mathrm{T}}\boldsymbol{P}\boldsymbol{x}$ ，系统以原控制器将任意状态 $\boldsymbol{x}(t)$ 恢复至原点所需的能量为

$$\begin{aligned}E_{n}(t)&=\int_{t}^{+\infty}\boldsymbol{x}^{\mathrm{T}}(\tau)\boldsymbol{K}_{n}^{\mathrm{T}}\boldsymbol{K}_{n}\boldsymbol{x}(\tau)\mathrm{d}\tau\\&=\int_{t}^{+\infty}\left\{\frac{\mathrm{d}}{\mathrm{d}\tau}\left[\boldsymbol{x}^{\mathrm{T}}(\tau)\boldsymbol{P}\boldsymbol{x}(\tau)\right]\right\}\mathrm{d}\tau=-\boldsymbol{x}^{\mathrm{T}}(t)\boldsymbol{P}\boldsymbol{x}(t)\end{aligned} \tag{6-86}$$

因此，在重构延时 $t_{f}\sim t(t>t_{f})$ 时间内系统消耗的能量为

$$\Delta E_{n}=E_{n}(t_{f})-E_{n}(t)=\boldsymbol{x}_{f}^{\mathrm{T}}(\mathrm{e}^{\boldsymbol{M}_{f}^{\mathrm{T}}\Delta t_{1}}\boldsymbol{P}\mathrm{e}^{\boldsymbol{M}_{f}\Delta t_{1}}-\boldsymbol{P})\boldsymbol{x}_{f} \tag{6-87}$$

其中

$$\Delta t_{1}=t-t_{f}$$

由此，可得能量剩余因子

$$a^{2}(t)=\frac{E_{0}^{*}-\Delta E_{n}}{E_{0}^{*}}=1-\frac{\boldsymbol{x}_{f}^{\mathrm{T}}(\mathrm{e}^{\boldsymbol{M}_{f}^{\mathrm{T}}\Delta t_{1}}\boldsymbol{P}\mathrm{e}^{\boldsymbol{M}_{f}\Delta t_{1}}-\boldsymbol{P})\boldsymbol{x}_{f}}{E_{0}^{*}} \tag{6-88}$$

基于上述分析，结合式（6-41），可得 t_{r} 时刻可恢复状态域的广义体积 V_{E}，V_{S}

$$\begin{aligned}V_{E}(t_{r})&=a(t_{r})\prod_{i=1}^{n}\sqrt{\lambda_{Ui}(t_{r})}\\V_{S}(t_{r})&=a(t_{r})\left[\sqrt{\lambda_{U}^{\min}(t_{r})}\right]^{n}\end{aligned} \tag{6-89}$$

综上，通过求解式（6－40）、式（6－89），可以计算故障系统的实时可重构性度量指标 $\rho(t_r)$ ，它是关于当前重构时刻 t_r 的函数。

注6－5 1）实时可重构性度量指标 ρ 与能量剩余因子 a^2 有关，而 a^2 受具体控制器的影响，因此可重构性度量指标可以用于指导控制律的优化设计；2）ρ 也与重构时刻 t_r 有关，因此可以根据系统可重构性度量指标的实时估计，指导控制重构策略的时间规划。

6.4 复杂系统的可重构性评价

6.3 节从控制特性的角度给出了可重构性评价方法，但由于数学模型不能够完全反映控制系统的组成，包括敏感器、控制器和执行机构的类型和构型等信息，因此对于像航天器这种复杂系统，需要在上述理论成果的基础上，进一步建立系统组成、构型和可重构性的本质关系，综合考虑重构的覆盖性，给出可重构性定量度量指标，实现对复杂系统可重构性的综合评价[9-13]。

6.4.1 结构分解相关概念

结构分解是工程上常用的方法，可以按照系统→分系统→…→重构单元→最小重构单元的顺序从顶向下对系统进行分解。

重构单元（Reconfigurable Unit，RU）：当系统中多个单元组合实现某一功能时，该组合即为一个重构单元。例如，航天器控制系统中的所有陀螺组合，由于其在功能上可以实现航天器三轴方向上的姿态角及姿态角速度的测量，故将所有陀螺组合作为一个重构单元。当该重构单元发生某一故障时，可以通过对陀螺组合的重构实现对该故障的处理，使其不影响系统姿态角及姿态角速度的正确输出。

最小重构单元（Minimal Reconfigurable Unit，MRU）：不能利用自身资源进行重构，而只能通过其他单元替换来恢复系统功能的单元。

此时包含 n_p 个最小重构单元的重构单元为

$$RU_j = \sum MRU_i \quad i = 1, \cdots, n_p \tag{6-90}$$

包含 n 个最小重构单元的系统为

$$S = \sum MRU_i \quad i = 1, \cdots, n \tag{6-91}$$

每个最小重构单元可以有几种不同的状态，比如未启动、正常、完全失效故障、比例故障等，系统在线运行时，需要实时诊断出各个最小重构单元的状态。将系统的各个状态定义为最小重构单元状态（Minimal Reconfigurable Unit Condition，MRUC）。

对于包含多个功能的最小重构单元，其故障形式可能是某个或者某几个功能受限，此时，为了更清晰地表明系统的可行配置，需要分析所有的最小重构单元状态，多种状态之间的逻辑关系为异或门。异或门如图 6－3 所示，Y 的实现要求有且只有一个 x 实现，x_i 与 x_j 不能同时实现，数学表达式为 $Y = x_p (1 \leqslant p \leqslant n)$。

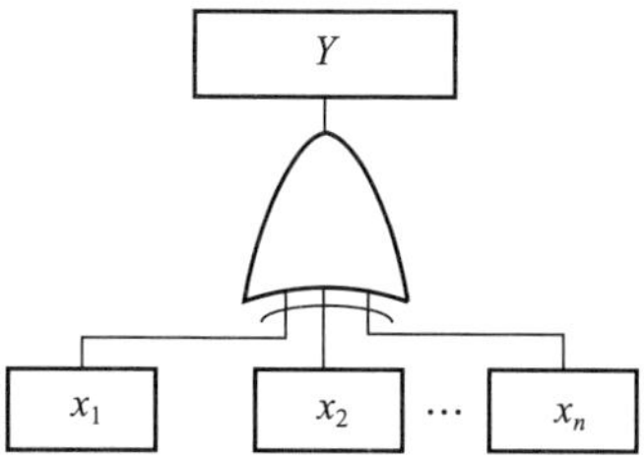

图 6-3　异或门

以一个动量轮（MRU_j）为例，预设以下四种状态：关机（$C1$）、正常（$C2$）、完全失效故障（$C3$）、比例故障（$C4$）。将四种状态划分为四个虚单元，其逻辑关系为异或，如图 6-4 所示。在线工作的动量轮状态为四种虚单元中的一个。如果 $C1\sim C4$ 都不能描述此动量轮的状态，则该状态为非预期状态，可以根据在线诊断的情况按照 $C3$ 或者 $C4$ 处理。

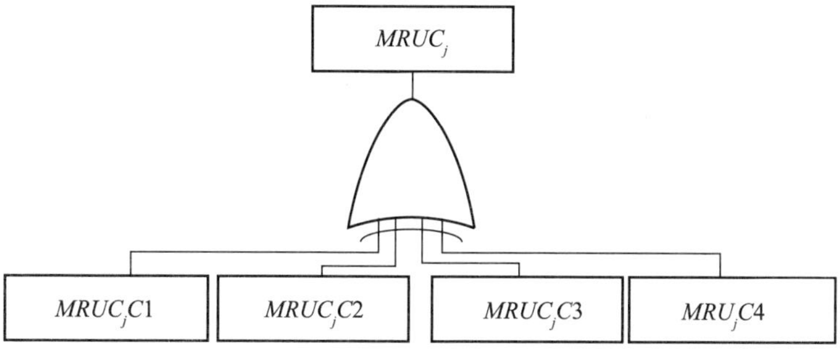

图 6-4　动量轮虚单元示意图

对于一个包含 n 个最小重构单元的在轨航天器，在 t 时刻，在线诊断得到的系统可以表示为

$$S_t=\sum MRUC_i(t),i=1,\cdots,n \tag{6-92}$$

系统所有的最小重构单元故障模式成集合，称为故障模式集（Fault Set，FauS）。假设第 j 个最小重构单元 MRU_j 的故障模式数为 $p_{f,j}$，则

$$FauS=\{fau_{j,i}\mid i=1,\cdots,p_{f,j};j=1,\cdots,n\} \tag{6-93}$$

6.4.2　功能分解相关概念

航天器控制系统能够实现多种功能，如三轴稳定控制、机动控制、对日定向、全姿态捕获、轨道控制等。这些功能与系统配置和构型有紧密联系，当发生故障后，有些功能可能会丧失，有些功能会降级，有些功能则仍可实现。为了对航天器控制系统的可重构性进行分析，首先需要建立系统的功能目标模型，用于描述系统功能与系统配置和构型之间的联系。

功能目标模型的最上层是功能层，用于描述系统所应具备的功能；功能层下为目标层，将功能按照精度、性能或可靠性等指标划分为不同目标；再往下以最小重构单元状态为元素建立各个目标的可行集。应用该模型的优点是可以清晰表明不同的目标下的可行配置和多种故障后系统能实现的目标，进而选择各种故障后的可重构控制方案。

搭建功能目标模型之前，给出以下概念。

（1）功能中的逻辑关系

不同的功能模块之间的逻辑关系主要有与门、或门和异或门。与门如图 6－5（a）所示，当所有子功能 x_i 实现时，上层功能 Y 才实现，其数学表达式为 $Y=x_1 \cap x_2 \cap \cdots \cap x_n$，串联模型是一种典型的与门关系。或门如图 6－5（b）所示，当任一子功能 x_i 实现时，上层功能 Y 就能够实现，其表达式为 $Y=x_1 \cup x_2 \cup \cdots \cup x_n$，代表模型是并联模型，并联模型是一种典型的或门关系。

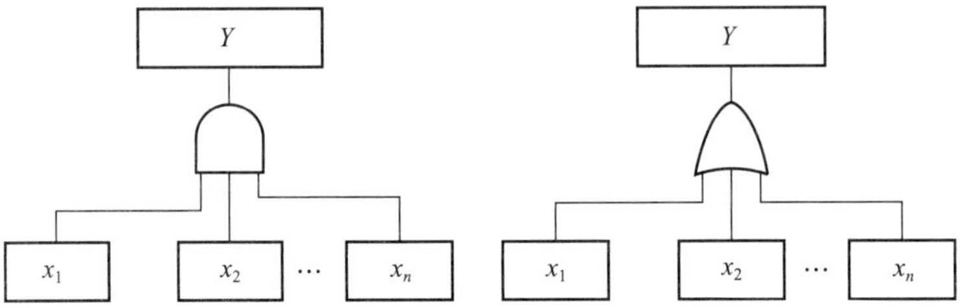

(a) 与门图　　(b) 或门图

图 6－5　与门和或门

（2）功能（F）与目标（O）

功能（Function）：部件或者系统实现的作用效果。最小重构单元实现的功能称为最小功能（Minimal Function，MF）。一个最小重构单元可以有多个最小功能，最小重构单元 MRU_j 的第 k 个最小功能 $F_{j,k}$ 可以由输入（$inpt_{j,k}$）、输出（$outp_{j,k}$）和部件（MRU_j）表示，即

$$F_{j,k}:outp_{j,k}=f_{j,k}(inpt_{j,k},MRU_j) \tag{6-94}$$

其中，$f_{j,k}$ 是逻辑关系，没有表达式。所有功能（包括系统总功能和重构单元功能）都包含输入、输出和部件三个参数。

功能域（F）：针对系统所有的最小重构单元，依次分析其功能，得到的最小功能集如下所示

$$F=\{F_i \mid i=1,2,\cdots,p_F\} \tag{6-95}$$

其中，每个元素被称为一个最小功能，F_i 为系统中的第 i 个最小功能，p_F 为系统功能包含的最小功能数。当两个最小功能的作用效果相同时，即输出相同时，两个最小功能视为相同功能。

目标（O）：将最小功能 F_j 按照用户需求所划分的性能、精度、时间、能耗、可靠性等指标，定义为 p_j 个目标 $\{O_{F_j,1},O_{F_j,2},\cdots,O_{F_j,p_j}\}$。$F_j$ 的第 i 个目标可以表示为

$$O_{F_j,i}:g_{F_j,i}\left(inpt_{F_j},outp_{F_j},\sum MRU_i\right) \geqslant l_{F_j,i} \tag{6-96}$$

其中，$g_{F_j,i}$ 为用户和系统要求的指标，$l_{F_j,i}$ 为下界。每个目标的实现都能保证该层功能的实现，同一层的目标可以为并列关系，也可以为包含关系，可以分为不同的级别。可将功能 F_j 划分为如下目标

$$\{\{O_{F_j,1},\cdots,O_{F_j,p_1}\},\{O_{F_j,p_1+1},\cdots,O_{F_j,p_1+p_2}\}\} \tag{6-97}$$

高级目标：$\{O_{F_j,1},\cdots,O_{F_j,p_1}\}$ 中任何一个目标的实现都能保证 $\{O_{F_j,p_1+1},\cdots,O_{F_j,p_1+p_2}\}$ 的实现，则称 $\{O_{F_j,1},\cdots,O_{F_j,p_1}\}$ 为 $\{O_{F_j,p_1+1},\cdots,O_{F_j,p_1+p_2}\}$ 的高级目标。两者具有如下包含关系

$$\{O_{F_j,1},\cdots,O_{F_j,p_1}\} \subset \{O_{F_j,p_1+1},\cdots,O_{F_j,p_1+p_2}\} \tag{6-98}$$

（3）可行配置（FC）与可行集（FS）

可行配置（Feasible Configuration，FC）：$O_{F_j,i}$ 的第 k 个可行配置是使 $F_{j,i}$ 实现的第 k 个最小重构单元状态组合，记为

$$FC_{O_{F_j,i},k} = \sum MRES_p \tag{6-99}$$

可行配置的确定需要通过可重构性判定条件给出。

可行集（Feasible Set，FS）：$O_{F_j,i}$ 的可行集是所有使 $O_{F_j,i}$ 成立的 $p_{F_j,i}$ 个可行配置的集合，记为

$$FS_{F_j,i} = \{FC_{O_{F_j,i},k} \mid k=1,\cdots,p_{F_j,i}\} \tag{6-100}$$

继承（Inheriting）：当 $O_{F_j,i} \subset O_{F_j,k}$ 时，可行集之间存在下列包含关系

$$FS_{F_j,i} \subset FS_{F_j,k} \tag{6-101}$$

称 $FS_{F_j,k}$ 继承了 $FS_{F_j,i}$ 的全部可行配置。

对于图 6-3 和图 6-5 所示的几种逻辑关系，假设 $n=2$，每个 x_j 有成立和不成立两种状态，表示为 $x_{j,1}$ 和 $x_{j,0}$。对于与门，或门和异或门，Y 的可行集分别为式（6-102）～式（6-104）

$$FS_Y = \{\{x_{1,1},x_{2,1}\}\} \tag{6-102}$$

$$FS_Y = \{\{x_{1,1},x_{2,1}\},\{x_{1,1},x_{2,0}\},\{x_{1,0},x_{2,1}\}\} \tag{6-103}$$

$$FS_Y = \{\{x_{1,1},x_{2,0}\},\{x_{1,0},x_{2,1}\}\} \tag{6-104}$$

6.4.3　功能目标模型建立

在定义了最小重构单元状态、功能、目标等基本概念的基础上，进一步建立系统的功能目标模型（Function Objective Model，FOM），主要分为以下四步。

6.4.3.1　结构分解

结构分解是建立功能目标模型的第一步，主要分为下列三步：

1）首先将系统结构分解，得到最小重构单元；

2）依次确定每个最小重构单元的故障模式，建立故障模式集；

3）依次分析每个最小重构单元，列出所有可能的最小重构单元状态。

6.4.3.2　功能逻辑关系建立

最小功能是绘制功能逻辑关系图（Function Map，FM）的最底层。为了建立功能逻

辑关系，还需在最小重构单元、最小功能等概念的基础上，定义系统的总功能和 K 级子功能。

总功能（M_0）：FM 的顶层功能，是功能逻辑关系中的最顶层功能，它的实现依赖于底层功能的实现。

$$M_0 : outp_0 = f_0(inpt_0, S) \tag{6-105}$$

k 级子功能（$M_{k,j}$）：功能逻辑关系中第 k 层子功能的第 j 个功能

$$M_{k,j} : outp_{M_{k,j}} = f_{M_{k,j}}\left(inpt_{M_{k,j}}, \sum MRU_j\right) \tag{6-106}$$

$\sum MRU_j$ 为该功能相关的所有最小重构单元。

功能逻辑关系的建立主要可以通过以下几步：

（1）建立功能域 F

依次分析每个最小重构单元的功能，确定最小功能集合，得到系统功能域 F 。

（2）建立最小功能的有向图

根据最小重构单元的输入输出关系，建立最小功能的有向图。绘制有向图过程如下：

1）分析所有最小功能的输入输出关系。

2）根据输入输出关系，采用有向线段连接所有最小功能。其中，箭头表示信息传递的方向。

3）将输入输出连线相同的最小功能进行合并。

下面结合实例说明有向图的建立步骤。例如，一个控制系统的功能域为 $\{F_1, F_2, F_3, F_4, F_5\}$，首先给出表 6-1 所示的输入输出关系，& 表示与门，Or 表示或门。其中 CB 代表被控对象。根据输入输出关系，得到最小功能有向图（图 6-6）。由于 F_1 和 F_2 的输入输出关系相同，可以画在一个框内。由最小功能的定义可得到一个框内的最小功能之间的逻辑关系（与门、或门等）。

表 6-1　输入输出表

	$inpt$	$outp$
F_1	$x_1 \& x_2$	y_1
F_2	$x_1 \& x_2$	y_2
F_3	y_1 Or y_2 Or y_5	y_3
F_4	$y_1 \& y_2 \& y_3$	y_4
F_5	$x_1 \& x_2$	y_5
CB	y_4	$x_1 \& x_2$

（3）建立系统的功能逻辑关系图

如图 6-7 中的 F_1 和 F_2，它们存在与门关系，可以进一步定义重构单元功能 $M_{1,1}$ 。对于复杂的系统，也要逐步合并和归纳，分析结果可能不唯一，便于分析即可。

系统的功能逻辑关系图可以通过最小功能的有向图得到，并进行功能合并。

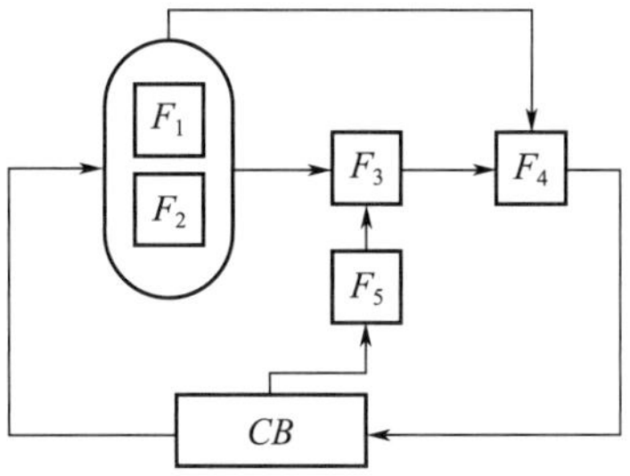

图 6-6　最小功能的有向图关系

功能逻辑关系的层数由功能间的逻辑关系决定，逻辑关系的增加导致功能层数的增加。总功能反映了控制输入对系统的作用效果，总功能的实现依赖于功能层次中低级功能的逐层实现。

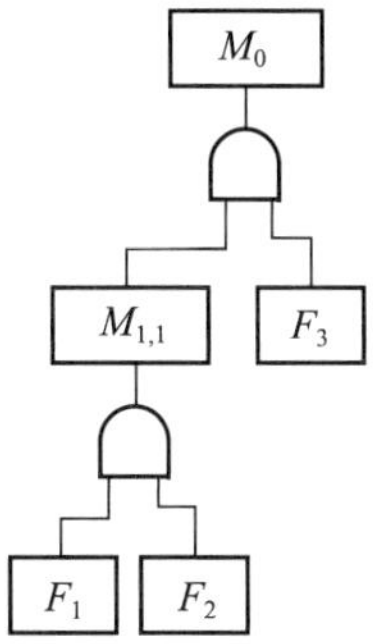

图 6-7　功能逻辑关系图

6.4.3.3　功能目标关系建立

式（6-96）、式（6-97）定义了最小功能的目标以及高级目标的概念。与此类似，我们可以定义功能 $M_{k,j}$ 的第 i 个目标为

$$O_{M_{k,j},i}: g_{M_{k,j},i}\left(inpt_{M_{k,j}}, outp_{M_{k,j}}, \sum MRU_i\right) \geqslant l_{M_{k,j},i} \tag{6-107}$$

根据具体的指标要求，每层功能至少建立一个目标，然后将制定的目标加入 FM 中，即可得到功能目标关系图，如图 6-8 所示，其中 M_0 为系统顶层目标。

通过式（6-96）和式（6-97）可知，本文目标的意义是功能的约束。目标的制定与系统指标明细相关，以便于分析系统的逻辑关系和用户明细要求。目标的制定需根据具体的系统、功能和需求明细而定。

有时同一层功能之间具有某些逻辑关系，此时需要将其转化为约束条件，加入连接这些功能的目标中。例如，某个控制系统中，控制器 A_1 和敏感器 B_1 要配套使用，此时就在目标中加入逻辑约束：A_1 和 B_1 配套使用。

目标制定的要求为：能满足该层功能，且能覆盖所有可能的情况，以避免非预期目标；高级目标的实现能保证低级目标的实现，图 6-8 中的 $O_{M_0,1}$ 是 $O_{M_0,2}$ 的高级目标。

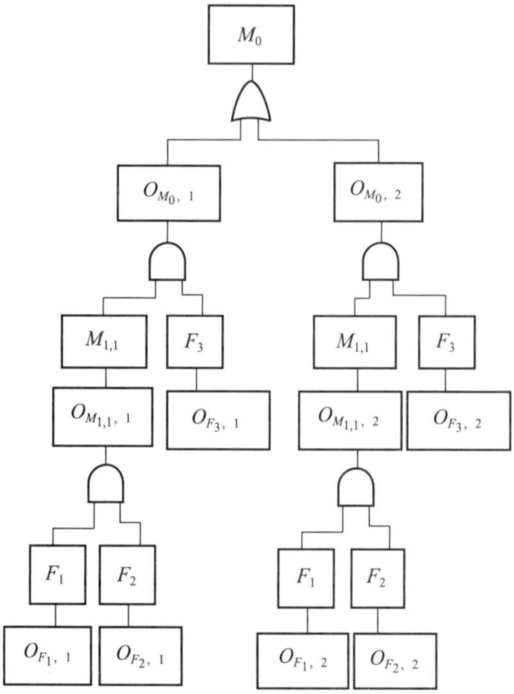

图 6-8 功能目标关系示意图

6.4.3.4 可行集建立

底层目标的可行集：通过遍历最小重构单元，找到包含该最小功能的最小重构单元，然后组合所有可行的最小重构单元状态得到底层目标的可行集。高层目标的可行集是通过底层可行集的逻辑合并运算得到，如式（6-102）～式（6-104）所示。顶层目标的可行集称为顶层可行集。

可行配置的判断准则为：

1）满足逻辑关系。

2）系统顶层可行集中的每个可行配置能使系统满足能观能控性、稳定性和镇定性等要求，即需要满足 3.3.2 节给出的控制系统可重构性判据。

3）满足目标中的所有约束条件。

需要说明的是，当控制系统的组件特别多的时候，多故障分析是非常复杂的，应用我们的分析方法并不能减少计算量，但是可以提供一个分析思路。

6.4.4 可重构性评价

复杂系统的可重构性评价主要解决以下问题：

问题Ⅰ：发生故障后系统是否可重构，系统的重构能力有多大；

问题Ⅱ：采用哪些组件进行重构；

问题Ⅲ：哪些组件的故障风险高。

本章中组件定义为控制系统的任意部件或算法，即执行器、敏感器、控制器、故障诊断等都统称为组件。

对于问题Ⅰ，针对故障模式 i，只需在顶层可行集中寻找包含当前系统所有最小重构单元状态可行配置，若能找到，则进一步考虑系统当前的资源约束、时间约束及不确定影响等实际因素，采用6.3节给出的可重构性评价指标对故障模式 i 的可重构性进行评价；若找不到可行配置，则故障模式 i 无法重构。最后，对所有故障模式进行统计，根据第3章的可重构度指标计算思路，最终计算得到复杂系统的可重构性评价结果。

对于问题Ⅱ，主要在顶层可行集中寻找相应的可行配置并确定与之相关的所有组件。

对于问题Ⅲ，需要给出重要度、风险度两个评价指标：

重要度（η_j）是在当前目标中，包含该最小重构单元的可行配置和所有可行配置重要程度的比值，描述某个最小重构单元的重要程度，主要采用最小二阶模态 λ_i 进行衡量。当 λ_i 较大时，可行配置 FC_i 性能较好

$$\eta_j = \sum_{i=1}^{p_M} g(\lambda_i) / \sum_{i=1}^{p_N} g(\lambda_i) \tag{6-108}$$

其中

$$g(\lambda_i) = \ln(\lambda_i + \mathrm{e})$$

式中　$g(\lambda_i)$ ——一个匹配函数；

p_M ——包含 MRU_j 的可行配置个数；

p_N ——当前目标可行集中可行配置的总数。

风险度（r_{sj}）是描述组件 MRU_j 的故障风险程度

$$r_{sj} = \eta_j \mathrm{e}^{a_{rs} \sum_{i=1}^{p_j} \lambda_{ai}} \tag{6-109}$$

式中　p_j —— MRU_j 的故障模式数量；

λ_{ai} —— MRU_j 的第 i 个故障模式的发生概率；

a_{rs} ——常数。

通过分析所有最小重构单元的风险度可以找到风险最高的部件，它是系统设计的薄弱环节，在研制中需要考虑给相应功能增加冗余。

6.4.5　航天器控制系统可重构性评价实例

航天器姿态控制系统由4个动量轮、3个陀螺、2个星敏感器、控制器和故障诊断部分组成。为了便于分析，动量轮1和动量轮2考虑比例故障和完全失效故障，其他组件则只考虑完全失效故障。

6.4.5.1　结构分解

将航天器控制系统分解为四个重构单元，分别为：执行机构、控制器、敏感器和故障诊断，进一步分解得到最小重构单元，如图6-9所示。其中，故障诊断1用于定位故障，故障诊断2用于估计故障参数，这两个算法之间互相补充，定义为一个最小重构单元 fdi。

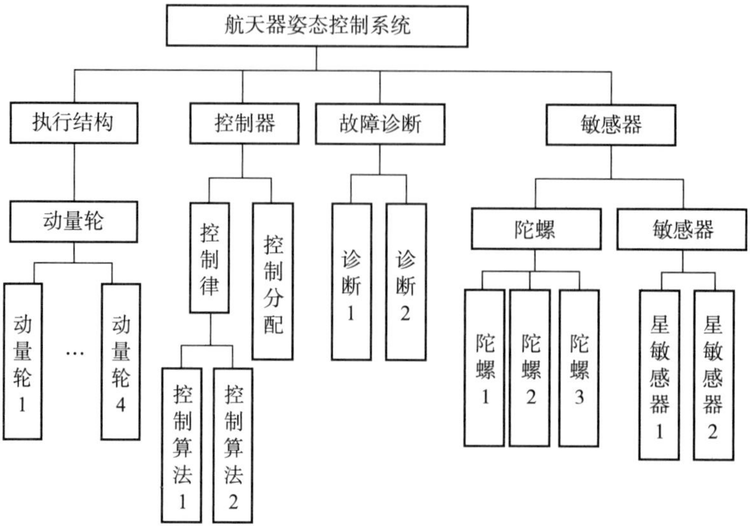

图 6-9　航天器控制系统结构分解图

依次分析每个最小重构单元的功能和状态，见表 6-2。

表 6-2　最小重构单元表

最小重构单元	功能	状态
星敏感器 1(*ss*1)	ϕ,φ 和 θ 测量(*phim*,*varphim*,*thetam*)	正常(*nor*) 完全失效故障(*faus*)
星敏感器 2(*ss*2)	ϕ,φ 和 θ 测量(*phim*,*varphim*,*thetam*)	正常(*nor*) 完全失效故障(*faus*)
陀螺 *x*(*gx*)	ω_x 测量(*wxm*)	正常(*nor*) 完全失效故障(*faus*)
陀螺 *y*(*gy*)	ω_y 测量(*wym*)	正常(*nor*) 完全失效故障(*faus*)
陀螺 *z*(*gz*)	ω_z 测量(*wzm*)	正常(*nor*) 完全失效故障(*faus*)
动量轮 1(*w*1)	提供力矩(*u*1)	正常(*nor*) 完全失效故障(*faus*) 比例故障(*faup*)
动量轮 2(*w*2)	提供力矩(*u*2)	正常(*nor*) 完全失效故障(*faus*) 比例故障(*faup*)
动量轮 3(*w*3)	提供力矩(*u*3)	正常(*nor*) 完全失效故障(*faus*)
动量轮 4(*w*4)	提供力矩(*u*4)	正常(*nor*) 完全失效故障(*faus*)
控制分配模块(*ca*)	将控制律分配到各个动量轮	正常(*nor*)

续表

最小重构单元	功能	状态
诊断(fdi)	诊断故障	正常(nor) 完全失效故障($faus$)
控制算法 1	控制算法(c)	正常(nor)
控制算法 2	欠驱动算法(uc)	正常(nor)

根据表 6－2，得到系统故障模式集为

$$FauS=\{ss1\_fau,ss2\_fau,gx\_fau,gy\_fau,gz\_fau,\omega1\_faus,\omega1\_faup,\omega2\_faus,\omega2\_faup,\omega3\_faus,\omega4\_faus,fdi\_faus\} \tag{6-110}$$

6.4.5.2　建立功能逻辑关系

依据下列步骤建立功能逻辑关系：

（1）建立功能域

由表 6－2 可得系统功能域为

$$F=\{phim,varphim,thetam,wxm,wym,wzm,u1,u2,u3,u4,ca,fdi,c,uc\};p_F=14$$

（2）建立输入输出有向图

各个最小功能的输入输出关系见表 6－3，相应的输入输出有向图如图 6－10 所示，其中 $\{phim,\ varphim,\ thetam,\ wxm,\ wym,\ wzm\}$ 之间为与门关系，c 和 uc 之间为或门关系，$\{u1,\ u2,\ u3,\ u4\}$ 之间为与门关系，v 表示诊断辨识得到的动量轮健康因子。

表 6－3　最小功能输入输出关系

MF	$inpt$	$outp$
$phim$	星图 & 航天器姿态	ϕ
$varhpim$	星图 & 航天器姿态	φ
$thetam$	星图 & 航天器姿态	θ
wxm	航天器姿态角速度	ω_x
wym	航天器姿态角速度	ω_y
wzm	航天器姿态角速度	ω_z
$u1$	$u1d$($w1$ 输入指令)	$u1$($w1$ 输出力矩)
$u2$	$u2d$($w2$ 输入指令)	$u2$($w2$ 输出力矩)
$u3$	$u3d$($w3$ 输入指令)	$u3$($w3$ 输出力矩)
$u4$	$u4d$($w4$ 输入指令)	$u4$($w4$ 输出力矩)
fdi	$\phi,\varphi,\theta,\omega_x,\omega_y,\omega_z,u1,u2,u3,u4,$ $u1d,u2d,u3d,u4d$	诊断结果
c	$\phi,\varphi,\theta,\omega_x,\omega_y,\omega_z$,诊断结果	v
uc	$\phi,\varphi,\theta,\omega_x,\omega_y,\omega_z$,诊断结果	v
ca	诊断结果、v	$u1d,u2d,u3d,u4d$

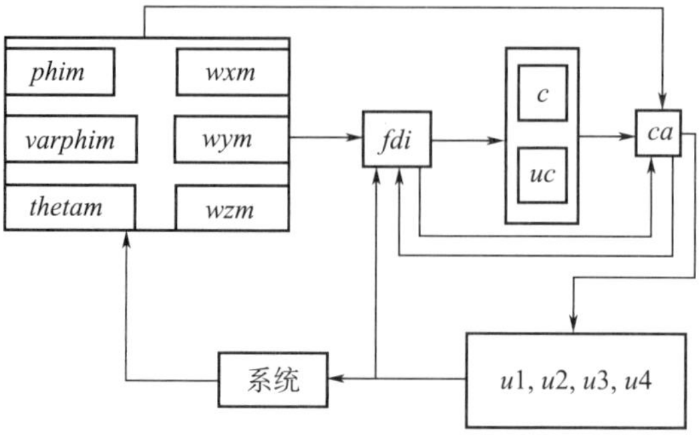

图 6-10 输入输出有向图

(3) 建立功能逻辑关系图

通过初步合并和深入分析，得到的功能逻辑关系图如图 6-11 所示。

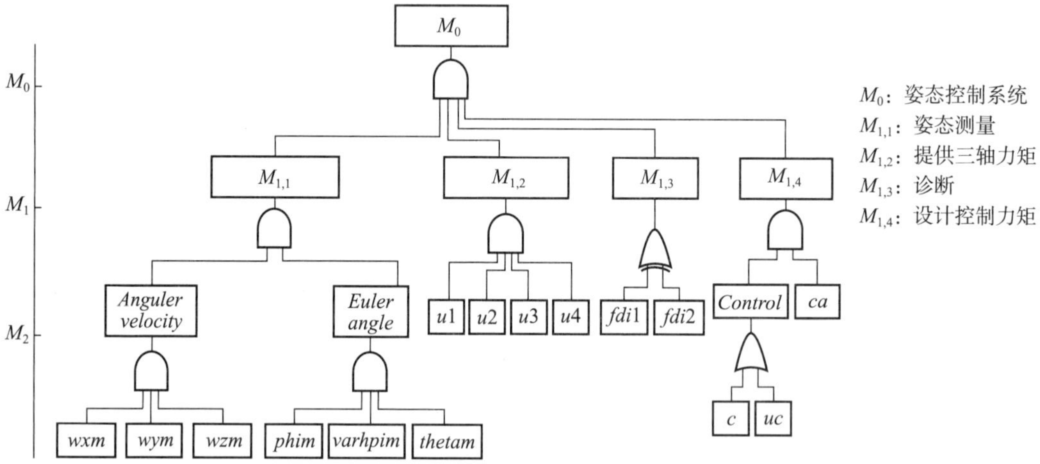

图 6-11 系统功能逻辑关系图

6.4.5.3 建立功能目标关系

逐层分析图 6-11 中各层的功能，制定表 6-4 所列的各层目标，建立如图 6-12 所示的功能图。

表 6-4 功能目标明细表

	用户要求明细	目标
M_0 层	按控制能力划分为较强控制能力及安全两个级别	$O_{M_0,1}$：至少有三个健康的动量轮；有姿态角和姿态角速度信息； $O_{M_0,2}$：至少有两个可用的动量轮；有姿态角和姿态角速度信息

续表

	用户要求明细	目标
M_1 层	姿态测量:有姿态角和姿态角速度信息; 驱动力矩:$O_{M_0,1}$ 时至少有三个健康的动量轮;$O_{M_0,2}$ 时至少有两个可用的动量轮; 控制算法:$O_{M_0,1}$ 时采用控制算法 1;$O_{M_0,2}$ 时根据具体的情况采用控制算法 2 或者控制算法 1	$O_{M_{1,1},1}$:有姿态角和姿态角速度信息; $O_{M_{1,2},1}$:至少有三个健康的动量轮; $O_{M_{1,3},1}$:fdi; $O_{M_{1,4},1}$:用控制算法 1 和控制分配; $O_{M_{1,1},2}$:$O_{M_{1,1},1}$; $O_{M_{1,2},2}$:用 3 个可用动量轮,用控制算法 1; $O_{M_{1,2},3}$:用 2 个可用动量轮,用控制算法 2; $O_{M_{1,3},2}$:fdi; $O_{M_{1,4},2}$:用控制算法 2 和控制分配

注:为了简便,正常则不注明状态。

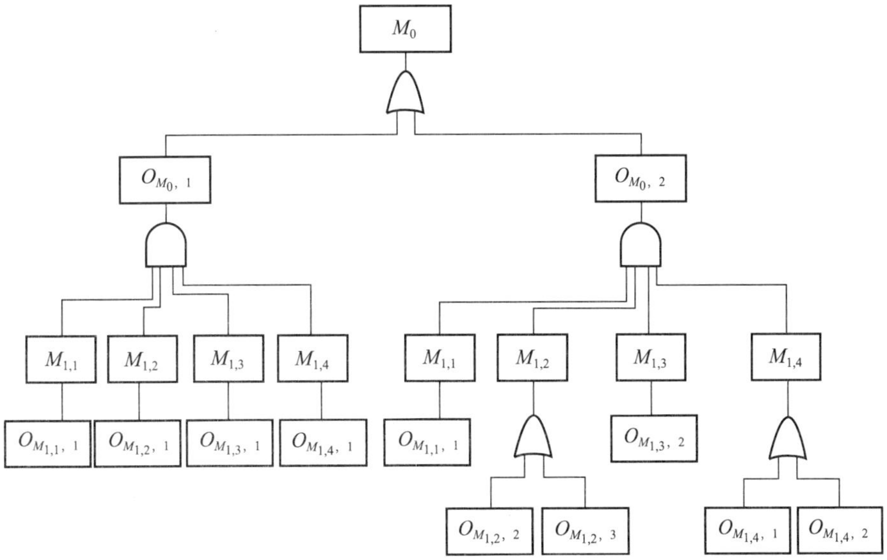

图 6-12　功能目标关系图

6.4.5.4　建立可行集

分析各个目标的可行集，通过可行集的合并，得到包含所有可能可行配置的顶层可行集，见表 6-5。表 6-5 中 $FC_{M_{1,2},2}$ 合并运算中，因为存在逻辑关系 $O_{M_{1,2},2} \subset O_{M_{1,2},3}$，所以 $FC_{M_{1,2},2} \subset FC_{M_{1,2},3}$，即 $FC_{M_{1,2},3}$ 继承 $FC_{M_{1,2},2}$ 的全部可行配置。此时 $FC_{M_{1,2},2}$ 的相应控制算法可以选择 c 或者 uc。为了便于分析，选择 c 或者 uc 时以健康因子高且满足可控性条件的两个飞轮作为执行机构，视为一种可行配置。

表 6-5 顶层可行集表

$O_{M_0,1}$	$FC_{M_0,1} = FS_{M_{1,1},1} \cup \cdots \cup FS_{M_{1,4},1}$ $p_{M_0,1} = 3 \times 7 \times 1 \times 1 = 21$
$O_{M_0,2}$	$FC_{M_0,2} = FS_{M_{1,1},2} \cup (FS_{M_{1,2},2} + FS_{M_{1,2},3})$ $\cup FS_{M_{1,3},2} \cup FS_{M_{1,4},2}$ $P_{M_0,2} = 3 \times 9 \times 1 \times 2 + 3 \times 8 \times 1 \times 1 = 78$

对于航天器控制系统，系统矩阵随着动量轮的角动量变化而变化。表 6-6 得到的可行集由逻辑运算得到，需要进一步判断是否满足可重构性判定条件。比例故障是航天器涉及的故障类型之一，这里分析动量轮 1 和动量轮 2 的比例故障时，健康因子分别取为 0.5 和 0.6。经过计算，动量轮状态 $\{\omega 1\_faup,\ \omega 2\_faus,\ \omega 3,\ \omega 4\_faus\}$ 不满足可重构性判定条件，所以 $p_{M_0,2} = 3 \times 9 \times 1 \times 2 + 3 \times 7 \times 1 \times 1 = 75$。

表 6-6 可行集表

$FS_{M_{1,1},1}$	$\{ss1, ss2, gx, gy, gz\}, \{ss1\_fau, ss2, gx, gy, gz\}, \{ss1, ss2\_fau, gx, gy, gz\}, p_{M_{1,1},1} = 3$
$FS_{M_{1,2},1}$	$\{w1, w2, w3, w4\}, \{(w1\_faup, w1\_faus), w2, w3, w4\}, \{w1, (w2\_faup, w2\_faus), w3, w4\},$ $\{w1, w2, w3\_faus, w4\}\ \{w1, w2, w3, w4\_faus\}, p_{M_{1,2},1} = 7$
$FS_{M_{1,3},1}$	$\{fdi\}, p_{M_{1,3},1} = 1$
$FS_{M_{1,4},1}$	$\{c \text{ Or } ca\}, p_{M_{1,4},1} = 1$
$FS_{M_{1,1},2}$	$\{ss1, ss2, gx, gy, gz\}, \{ss1\_fau, ss2, gx, gy, gz\}, \{ss1, ss2\_fau, gx, gy, gz\}, p_{M_{1,1},2} = 3$
$FS_{M_{1,2},2}$	$\{\{w1\_faup, w2\_faup\}, \{w1\_faus, w2\_faup\}, \{w1\_faup, w2\_faus\} \cup \{w3, w4\}\},$ $\{(w1\_faup, w1\_faus), w2, w3, w4\}, \{\{w1, w2\_faup\}, \{w1\_faup, w2\},$ $\{w1\_faup, w2\_faup\} \cup \{w3\_faus, w4\}, \{w3, w4\_faus\}\}, p_{M_{1,2},2} = 9$
$FS_{M_{1,2},3}$	$\{\{w1\_faup, w2\_faup\}, \{w1, w2\_faup\}, \{w1\_faup, w2\_faus\},$ $\{w1, w2\} \cup \{w3\_faus, w4\_faus\}\};\ \{\{w1\_faup, w2\_faus\},$ $\{w1\_faus, w2\_faup\} \cup \{w3, w4\_faus\}, \{w3, w4\_faus\}\}, p_{M_{1,2},3} = 8$
$FS_{M_{1,3},2}$	$\{fdi\}, p_{M_{1,3},2} = 1$
$FS_{M_{1,4},2}$	$\{c \text{ Or } ca\}, p_{M_{1,4},2} = 1$

6.4.5.5 可重构性评价

对于一个处于设计阶段的航天器控制系统，应用本章方法，可以离线评价系统多故障情况下的可重构性。

对于系统的可重构性评价问题Ⅰ，首先从顶层可行集中寻找包含当前系统所有最小重构单元状态可行配置，再针对能够找到可行配置的情况进一步计算可重构性评价指标。6.3 节给出了考虑资源约束、时间约束及不确定等影响下的可重构性指标计算方法，为了简单起见，这里不再对可重构性评价指标进行计算，认为只要找到可行配置就可以实现重构，则综合考虑所有可能故障模式，计算得到一重故障和二重故障情况下系统的可重构性评价结果，见表 6-7。

表 6-7　一重故障和二重故障情况下系统的可重构性评价结果

目标	可重构性评价结果
$O_{M_0,1}$	一重故障：0.666 7 二重故障：0.187 5
$O_{M_0,2}$	一重故障：0.666 7 二重故障：0.390 6

对于系统的可重构性评价问题Ⅱ，在顶层可行集中寻找含有该故障部件的可行配置，如果能够找到，则可利用该可行配置中的其他部件进行重构。

对于系统的可重构性评价问题Ⅲ，首先计算最小重构单元的重要度和风险度。根据式(6-110)定义故障概率集合

$$\lambda_a = \{1\%, 1\%, 0.1\%, 0.1\%, 0.1\%, 1\%, 0.01\%, 1\%, 0.01\%, 1\%, 1\%, 2\%\}$$

针对目标Ⅰ和目标Ⅱ每个最小重构单元的重要度和风险度分别采用 η_{j_I}，η_{j_II}，r_{sj_I}，r_{sj_II} 表示，按照式(6-108)和式(6-109)计算得到的结果见表 6-8。

表 6-8　最小重构单元的重要度和风险度

MRU	η_{j_I}	η_{j_II}	r_{sj_I}	r_{sj_II}
*ss*1	2/3	2/3	1.812 0	1.812 0
*ss*2	2/3	2/3	1.812 0	1.812 0
gx	1	1	1.105 1	1.105 1
gy	1	1	1.105 1	1.105 1
gz	1	1	1.105 1	1.105 1
*w*1	0.730 1	0.826 3	2.004 5	2.268 6
*w*2	0.704 8	0.860 3	1.935 0	2.362 0
*w*3	0.867 8	0.639 6	2.358 9	1.738 6
*w*4	0.849 2	0.625 6	2.308 3	1.700 5
ca	1	1	1	1
fdi	1	1	2.718 2	2.718 2
c	1	0.852 1	1	0.852 1
uc	—	0.1479	—	0.147 9

注："—"表示不涉及。参数取值 $a_{rs}=100$。

由表 6-8 可知，对于目标 1 和目标 2，风险度最高的是故障诊断（*fdi*）和动量轮。虽然陀螺和控制分配的重要度很高，但是因为它们的故障概率低，所以风险度低。最小重构单元 *fdi* 的风险度最高，因此我们应该设计更可靠的故障诊断算法作为故障诊断功能的冗余。

6.5　小结

在第 3 章给出一般性可重构性量化指标的基础上，本章针对航天器控制系统的特点，

首先从控制特性方面，提出了能够反映恢复性和资源约束性的可重构性评价指标及计算求解方法；在此基础上，从功能特性方面，面向具有多冗余、多功能的复杂系统，进一步考虑系统的重构覆盖性，基于功能目标模型建立了复杂系统的可重构性评价方法。上述方法综合考虑航天器控制系统的资源约束、时间约束、不确定干扰以及复杂的配置构型，从“全”“强”“省”三个方面对重构覆盖性、系统恢复性及资源约束性进行了全面度量，实现了航天器控制系统重构能力的准确评价。

参考文献

[1] 胡宇桑，王大轶，刘成瑞．基于能耗与可靠性约束的动量轮可重构性评价［J］．中国空间科学技术，2014，34（5）：10－17.

[2] 徐赫屿，王大轶，李文博．航天器控制系统可重构性评价［C］．第37届中国控制会议，武汉，2018.

[3] 屠园园，王大轶，李文博．考虑可靠性影响的受限系统可重构性量化评价［J］．控制理论与应用，2017，34（7）：875－884.

[4] 粟涓，全宏跃．关于高维欧氏空间某些区域的体积计算［J］．交通科学与工程，2004，20（1）：41－44.

[5] 钟万勰．状态空间控制理论与计算［M］．北京：科学出版社，2007.

[6] 屠园园，王大轶，李文博．考虑时间特性影响的控制系统可重构性定量评价方法研究［J］．自动化学报，2018，44（7）：1260－1270.

[7] 屠园园，王大轶，李文博．时间对控制系统可重构性影响的量化分析［C］．第37届中国控制会议，武汉，2018.

[8] ZHOU K，DOYLE J C，GLOVER K. Robust and Optimal Control［M］. Englewood Cliffs，NJ：Prentice－Hall，1996.

[9] 段文杰，王大轶，刘成瑞．一种线性系统可重构控制分析方法［J］．自动化学报，2014，12：2726－2736.

[10] WANG，D Y，DUAN W J，LIU C R. An Analysis Method for Control Reconfigurability of Linear Systems［J］. Advance in Space Research，2016，57（1）：329－339.

[11] WANG D Y，LIU C R. Reconfiguration Analysis Method for Spacecraft Autonomous Control，Mathematical Problem in Engineering，Volume 2014，2014.4.

[12] 胡宇桑，王大轶，刘成瑞．卫星混合执行机构的可重构性研究［J］．航天控制，2014，3：44－50.

[13] 胡宇桑，王大轶，刘成瑞．卫星姿控系统可重构性综合评价方法研究［J］．宇航学报，2015，5：549－556.

第 7 章　可重构性设计方法

7.1　引言

对于航天器控制系统而言，可重构性设计能够在地面研制和在轨管理两个阶段发挥作用。在航天器地面研制阶段，可通过可重构性设计科学地分配系统冗余度，以尽可能少的配置使控制系统具备尽可能大的重构能力。由于航天器难以在轨维护，系统一旦设计完成，其故障诊断与处理能力就已确定。因此，将可重构性引入航天器研制过程，能够从根本上提升系统的故障处理水平。

在航天器的在轨管理阶段，可重构性设计主要体现在通过对诊断算法和重构时机等方面的优化，充分利用系统既有冗余度，在尽可能减少故障对系统影响的同时，以尽可能少的能源消耗恢复系统功能，即通过深入挖掘系统进行故障自主处理的潜能，为系统健康管理和重构策略提供支持。

针对目前可重构性设计缺乏理论指导的问题，本章首先基于加权理论和优化理论提出了可重构性指标分配方法，在此基础上，从两个方面提出了可重构性设计方法：一方面，从构型优化和时间优化的角度，按照空间和时间两个维度给出了控制系统的可重构性设计方法；另一方面，针对航天器控制系统这种典型的复杂系统，基于功能目标模型，综合考虑了系统的功能目标、可重构性和故障率等因素，从大系统设计的角度给出了复杂系统可重构性的设计思路与流程。

7.2　可重构性指标分配

可重构性指标分配是在系统设计时将系统总的可重构性指标分配给各个重构单元或子功能的过程，从而为产品的生产制造过程提出可重构性要求，保证产品达到总的可重构性指标，该过程是可重构性评价的逆过程[1,2]。

7.2.1　可重构性分配原则

由于分配过程是一个已知参数少、求解参数多的分析过程，因此是一个不确定性的问题，对于控制系统这种复杂系统，如果没有约束条件，则有无穷多解。为了得到唯一的合理的分配结果，需要规定一些准则，以便可重构度合理地分配下去。分配时遵循以下几种原则：

1）对于重要性高的功能，应分配较高的可重构性指标，功能的重要性越高，越要保证系统故障情况下该功能能够实现重构。

2）对于失效率高的重构单元应分配较高的可重构性指标，失效率越高，重构单元越容易发生故障，其功能越容易丧失。

3）对于重构难度大的功能，可分配较低的可重构性指标，如像航天器推进剂储箱这种发生故障概率小、难以重构的部件对应的功能，需降低其可重构度以降低成本、减轻重量等。

4）对于技术不成熟产品对应的功能，应分配较高的可重构性指标，由于技术不成熟产品容易发生故障或出现提供的功能不完全满足需求的情况，因此需要分配较高的可重构性指标，以保证实现其功能。

5）对于恶劣环境条件下实现的功能，应分配较高的可重构性指标，恶劣环境会增加产品的故障率，从而导致相应功能丧失。

7.2.2　基于加权理论的可重构性分配

7.2.2.1　影响可重构性分配的因素及量化

可重构性指标分配相关的因素包括重要性、可靠性、重构难度、技术成熟度、环境条件等。在分配过程中需要考虑这些因素所占的权重，因此，首先需要对这些因素进行评估和量化，从而得到每种因素的加权因子。

（1）重要性

系统中各子功能的重要作用可能不相同。例如，为了保证航天器安全、正常运行的重要功能，如姿态控制功能、供配电功能等，这些功能的丧失将导致航天器发生姿态翻滚甚至丢失，而对于一些附加功能或实验性功能，这些功能丧失不会影响航天器安全和主功能的实现，因此重要性相对低一些。为了描述不同功能的重要程度，需要根据功能丧失所产生后果的严重程度进行分级，并根据级别进行量化。

功能的重要性一般可分为五级，其相应的量化结果为：

第一级的功能重要性为非常高，即功能丧失后将导致灾难的后果，如人员死亡、系统毁坏等，量化取值在 8.5～10 之间。

第二级的功能重要性为高，即功能丧失后将导致致命的后果，如人员严重伤害、重大经济损失或系统严重损坏等，量化取值在 7～8.5 之间。

第三级的功能重要性为中等，即功能丧失后将导致中等程度的后果，如人员轻度伤害、一定的经济损失、任务延时、任务降级或系统轻度损坏等，量化取值在 5～7 之间。

第四级的功能重要性为低，即功能丧失后将导致轻度的后果，如非计划内的人员参与的排查故障和修复，对正常任务无影响、系统无损坏，但对系统性能有轻微的影响，如软件自动排查和修复故障等，量化取值在 3～5 之间。

第五级的功能重要性为很低，即功能丧失后将导致微小的后果，如对系统性能不会产生影响，人员可以发现的轻微故障，量化取值在 0～3 之间。

（2）可靠性

系统中部件或功能模块的可靠性可用可靠度、故障概率等指标度量。可靠度是产品在规定的条件下和规定的时间内，完成规定功能的概率。故障概率是工作到某时刻尚未发生故障的产品，在该时刻之后单位时间内发生故障的概率。

由于可靠度和故障概率成反比关系，在可重构性分配的加权分析时只需选其中一个即可，为了与其他影响因素的打分规则一致，选择故障概率进行加权分析，即当部件或功能模块的故障概率高时，相应功能的可重构度高，当部件或功能模块的故障概率低时，相应功能的可重构度低。为了体现不同最小重构单元可靠性之间的差异，可用如下无量纲化指标进行度量

$$F_i = \frac{f_i - f_{\min}}{f_{\max} - f_{\min}} \times 10 \tag{7-1}$$

式中 F_i ——第 i 个最小重构单元的故障概率打分结果；

f_i ——第 i 个最小重构单元的故障概率；

$f_{\min}$，$f_{\max}$ ——所有最小重构单元中的最小故障概率和最大故障概率；

×10——为了与其他影响因素一致，保证在对可靠性因素进行打分时，分值范围为[0，10]。

（3）重构难度

重构难度用于描述功能重构的复杂程度，为了便于工程实现，重构难度越大，分配的重构性指标应越低，反之，重构难度越小，分配的重构性指标应越高。

重构难度可用重构所需增加的最小重构单元数量、功耗、体积和质量来量化。

1）最小重构单元数量：是实现功能重构需要增加的最小重构单元个数，从结构的角度来体现复杂性，可用如下无量纲化指标进行度量

$$N_i = \frac{n_{\max}/n_i - 1}{n_{\max}/n_{\min} - 1} \times 10 \tag{7-2}$$

式中 N_i ——第 i 个功能重构所需的最小重构单元数量的打分结果；

n_i ——第 i 个功能重构所需的最小重构单元个数；

$n_{\min}$，$n_{\max}$ ——所有功能中，重构所需的最少的最小重构单元中个数和最多的最小重构单元个数。

2）功耗：是实现功能重构需要增加的最小重构单元的能量消耗，可用如下无量纲化指标进行度量

$$P_i = \frac{p_{\max}/p_i - 1}{p_{\max}/p_{\min} - 1} \times 10 \tag{7-3}$$

式中 P_i ——第 i 个功能重构所需增加功耗的打分结果；

p_i ——第 i 个功能重构所需增加的功耗；

$p_{\min}$，$p_{\max}$ ——在所有功能中重构所需增加功耗的最小值和最大值。

3）体积：是实现功能重构需要增加的最小重构单元占用空间的大小，可用如下无量纲化指标进行度量

$$V_i = \frac{v_{\max}/v_i - 1}{v_{\max}/v_{\min} - 1} \times 10$$

式中　V_i ——第 i 个功能重构所需增加体积的打分结果；

v_i ——第 i 个功能重构所需增加的体积；

$v_{\min}$，$v_{\max}$ ——在所有功能中重构所需增加体积的最小值和最大值。

4）质量：是实现功能重构需要增加的最小重构单元质量的大小，可用如下无量纲化指标进行度量

$$M_i = \frac{m_{\max}/m_i - 1}{m_{\max}/m_{\min} - 1} \times 10$$

式中　M_i ——第 i 个功能重构所需增加质量的打分结果；

m_i ——第 i 个功能重构所需增加的质量；

$m_{\min}$，$m_{\max}$ ——在所有功能中重构所需增加质量的最小值和最大值。

（4）技术成熟度

技术成熟度相关介绍见 5.2.1 节。

（5）环境条件

环境条件包括热环境、负荷环境、辐射环境和磁环境。

1）热环境主要衡量暴露在热变化剧烈环境中的子系统或单元的数量，以及它们对热环境的敏感度。用 0 到 10 来表示子系统或单元对热环境的适应度，10 表示不适应热环境，0 表示热环境恰到好处（或完全没有影响）。

2）负荷环境主要衡量子系统或单元所经受的力环境（如承受的振动、碰撞、章动等）和电环境（承受频繁的充电、放电等），以及它们对负荷环境的敏感度。用 0 到 10 表示子系统或单元对负荷环境的适应度，10 表示不适应负荷环境，0 表示负荷环境恰到好处（或完全没有影响）。

3）辐射环境主要衡量暴露在辐射环境中的子系统或单元的数量，以及它们对辐射环境的敏感度。用 0 到 10 来表示子系统或单元对辐射环境的适应度，10 表示不适应辐射环境，0 表示辐射环境恰到好处（或完全没有影响）。

4）磁环境主要衡量在磁环境中的子系统或单元的数量，以及它们对磁环境的敏感度。用 0 到 10 来表示子系统或单元对磁环境的适应度，10 表示不适应磁环境，0 表示磁环境恰到好处（或完全没有影响）。

7.2.2.2　可重构性指标分配的权值计算

考虑影响可重构性分配的因素，在对这些因素进行量化的基础上，为了分配的合理性和正确性，需要把量化后的影响因素归一化处理为无量纲的数值

$$s_{i,j} = \sum_{k=1}^{l} r_{i,j,k} \quad i = 1,2,\cdots,m;j = 1,2,\cdots,n;k = 1,2,\cdots,l \tag{7-4}$$

$$w_{i,j,k} = r_{i,j,k}/s_{i,j} \tag{7-5}$$

式中　$r_{i,j,k}$ ——第 k 个子功能的第 i 个影响因素的第 j 个因子的取值；

l ——子功能个数；

m ——影响因素的个数，本书考虑 5 种因素，即重要性、可靠性、重构难度、技术成熟度和环境条件；

n ——在影响因素中包含因子的个数（如重构难度包含 4 个），不同的影响因素包含因子的个数 n 可能不同。

进而，在式（7-5）的基础上，将多种影响因素的权重 $w_{i,j,k}$ 进行整合，从而得到综合考虑多种影响因素的各子功能的分配权值

$$C_{i,k} = \sum_{j=1}^{n} w_{i,j,k} \tag{7-6}$$

$$Q_i = \sum_{k=1}^{l} C_{i,k} \tag{7-7}$$

$$\eta_{i,k} = C_{i,k}/Q_i \tag{7-8}$$

$$S_k = \sum_{i=1}^{m} \eta_{i,k} \tag{7-9}$$

$$\phi = \sum_{k=1}^{l} S_k \tag{7-10}$$

$$\beta_k = S_k/\phi \tag{7-11}$$

式中 β_k ——第 k 个子功能的分配权值；

l ——子功能的个数。

7.2.2.3 基于功能目标模型的可重构性指标分配

（1）子功能相“与”情况的可重构性指标分配

在功能树分析中，子功能相“与”表示只有当所有子功能均实现的情况下，总功能才能够实现，如图 7-1 所示。

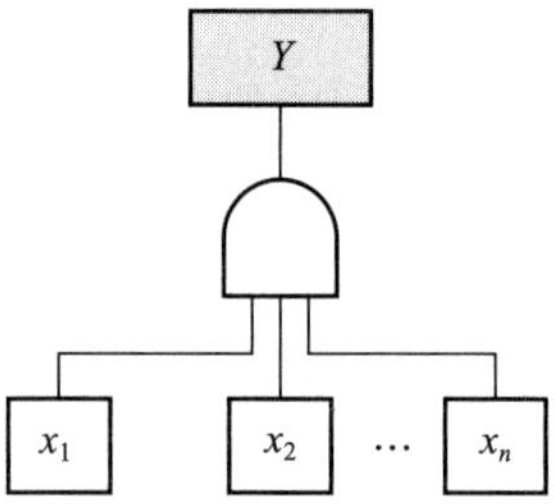

图 7-1 “与门”结构

对于图 7-1 所示的与门，只有当子功能 x_1，x_2，…，x_n 都能够重构时，总功能 Y 才能够重构，设总功能 Y 的可重构度指标为 ρ_s，子功能的可重构度指标为 $\rho_k(k=1, 2, \cdots, n)$，则

$$\rho_s = \prod_{k=1}^{n} \rho_k \tag{7-12}$$

当不考虑重要度、可靠性、重构难度、技术成熟度和环境条件等因素对子功能的影响时，可通过等价分配方法实现可重构度的分配，即

$$\rho_1 = \rho_2 = \cdots = \rho_k = \cdots = \rho_n \tag{7-13}$$

$$\rho_k = \sqrt[n]{\rho_s} \quad k = 1,2,\cdots,n \tag{7-14}$$

当考虑重要度、可靠性、重构难度、技术成熟度和环境条件等因素对子功能的影响时，可认为加权后通过等价分配方法实现可重构度的分配，即

$$\frac{\rho_1}{\beta_1} = \frac{\rho_2}{\beta_2} = \cdots = \frac{\rho_k}{\beta_k} = \cdots = \frac{\rho_n}{\beta_n} \tag{7-15}$$

$$\rho_k = \beta_k \sqrt[n]{\frac{\rho_s}{\beta_1 \beta_2 \cdots \beta_n}} \quad k = 1,2,\cdots,n \tag{7-16}$$

通过式（7-16）进行可重构性指标分配时，当 $\beta_k(k=1,2,\cdots,n)$ 相差较大时，会出现 $\rho_k > 1$ 的情况，从而导致分配结果不合理。例如，当 $n=2$，$\beta_1=0.2$，$\beta_2=0.8$，$\rho_s=0.9$ 时，通过式（7-16）计算得到 $\rho_1=0.474\ 3$，$\rho_2=1.897\ 4$。对于这种情况，需要对分配结果进行调整，可采用如下调整方法：

1）针对 $\rho_k > 1(k=1,2,\cdots,n)$ 的情况，当能够实现子功能 k 重构时，令 $\rho_k=1$；当子功能 k 无法完全重构时（在实际工程中，无法实现个别最小重构单元的硬件冗余或解析冗余，如储箱等），应使 ρ_k 尽可能接近 1。

2）当工程中无法实现 $\rho_k=1$ 或 ρ_k 接近 1 时，可降低功能 Y 的可重构度，但为了保证系统的可重构性指标能够满足，需考虑对功能 Y 进行冗余备份。

（2）子功能相“或”情况的可重构性指标分配

在功能树分析中，子功能相“或”表示当任意一个子功能实现的情况下，总功能就能够实现，如图 7-2 所示。

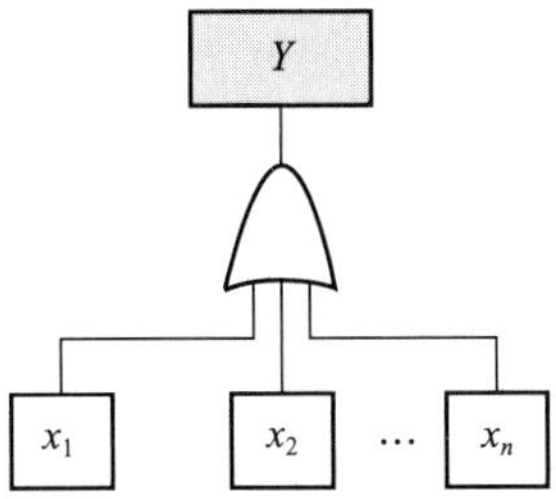

图 7-2　“或门”结构

对于图 7-2 所示的或门，只要子功能 x_1，x_2，…，x_n 中任意一个能够重构时，功能 Y 就能够重构，设功能 Y 的可重构度指标为 ρ_s，子功能 x_k 的可重构度指标为 ρ_k（$k=1,2,\cdots,n$），则功能 Y 的不可重构度为 $1-\rho_s$，子功能 x_k 的不可重构度为 $1-\rho_k$（$k=1,2,\cdots,n$）。根据或门的含义，当功能 Y 不可重构时，则子功能 x_1，x_2，…，x_n 均不可重构，因此

$$1-\rho_s = \prod_{k=1}^{n}(1-\rho_k) \tag{7-17}$$

当不考虑重要度、可靠性、重构难度、技术成熟度和环境条件等因素对子功能的影响时，可通过等价分配方法实现可重构度的分配，即

$$\rho_1 = \rho_2 = \cdots = \rho_k = \cdots = \rho_n \tag{7-18}$$

$$\rho_k = 1 - \sqrt[n]{(1-\rho_s)} \quad k = 1,2,\cdots,n \tag{7-19}$$

当考虑重要度、可靠性、重构难度、技术成熟度和环境条件等因素对子功能的影响时，令第 k 个子功能的不可重构度的分配权值为 $1/\beta_k(k=1,2,\cdots,n)$，可认为加权后通过等价分配方法实现可重构度的分配，即

$$\frac{1-\rho_1}{1/\beta_1} = \frac{1-\rho_2}{1/\beta_2} = \cdots = \frac{1-\rho_k}{1/\beta_k} = \cdots = \frac{1-\rho_n}{1/\beta_n} \tag{7-20}$$

$$\rho_k = 1 - \frac{\sqrt[n]{(1-\rho_s)\beta_1\beta_2\cdots\beta_n}}{\beta_k} \quad k = 1,2,\cdots,n \tag{7-21}$$

通过式（7-21）进行可重构性指标分配时，当 $\beta_k(k=1,2,\cdots,n)$ 相差较大时，会出现 $\rho_k < 0$ 的情况，从而导致分配结果不合理。例如，当 $n=2$，$\beta_1=0.2$，$\beta_2=0.8$，$\rho_s=0.7$ 时，通过式（7-21）计算得到 $\rho_1=-0.095\,4$，$\rho_2=0.726\,1$。对于这种情况，需要对分配结果进行调整，可采用如下调整方法：

1）针对 $\rho_k < 0(k=1,2,\cdots,n)$ 的情况，令 $r_k=0$。

2）重新利用式（7-21）进行可重构性指标分配，如果仍存在其他子功能的可重构性指标小于 0 的情况，则返回步骤 1)，直到所有子功能分配到的可重构性指标均大于或等于 0 为止。

7.2.3 基于优化理论的可重构性分配

上节给出的可重构性分配方法是将系统总的可重构性指标分配到了各子功能，这个过程不涉及系统的具体配置，也不必考虑系统受到的各种约束条件。然而，控制系统是由敏感器、控制器和执行机构组成的，在实际中受到多种约束的限制，如系统研制成本、重量和功耗等。基于优化理论的可重构性分配，就是在考虑约束条件下确定实现各子功能的最小重构单元配置，可以归纳为求解下面的不等式

$$\rho(\rho_1,\rho_2,\cdots,\rho_i,\cdots,\rho_k) \geqslant \rho^* \tag{7-22}$$

$$g(\rho_1,\rho_2,\cdots,\rho_i,\cdots,\rho_k) \leqslant b \tag{7-23}$$

式中　ρ_i ——第 i 个子功能的可重构度；

$\rho(\cdot)$ ——系统可重构度实际值；

ρ^* ——可重构度目标值；

$g(\cdot)$ ——系统约束条件，

b ——约束上限。

由于系统配置、约束条件以及可重构性改进方案的多样性，于是形成了不同的最优化模型结构和分析方法。结合指标分配模型以及可重构性指标定义，可以将可重构性指标分配的最优化模型纳入下面两种通用框架。

（1）可重构度最大化的冗余分配

通过对最小重构单元冗余设计来提高系统可重构度是常用的方法：在资源约束条件

下，寻找最优的最小重构单元数量 x_1，…，x_k，使系统可重构度最大化的模型为

$$\max \rho = f(x_1,\cdots,x_k)$$

$$s.t.\begin{cases} g_t(x_1,\cdots,x_k) \leqslant b_t & t=1,\cdots,z \\ l_i \leqslant x_i \leqslant u_i & i=1,\cdots,k \end{cases} \tag{7-24}$$

式中 $g_t(\cdot)$ ——第 t 种约束条件；

b_t ——第 t 种约束上限；

x_i ——第 i 个最小重构单元的实际冗余数；

l_i，u_i ——第 i 个最小重构单元的冗余下限和上限，且 x_i，l_i 和 u_i 均为正整数。

对于考虑最小重构单元故障的系统可重构性设计，假设 $g_t(x_1,\cdots,x_k)=\sum_{i=1}^{k} g_{ti}(x_i)$ 是成立的，其中 $g_{ti}(x_i)$ 为第 i 个分系统第 t 种资源的消耗。

(2) 成本最小化的冗余分配

成本最小化是系统可重构度冗余分配的重要目标。这类问题可以表述为求最小成本

$$\min C = \sum_{i=1}^{k} c_i(x_i)$$

$$s.t.\begin{cases} g_t(x_1,\cdots,x_k) \geqslant b_t & t=1,\cdots,z \\ l_i \leqslant x_i \leqslant u_i & i=1,\cdots,k \end{cases} \tag{7-25}$$

式中 C ——系统的总成本；

$c_i(x_i)$ ——第 i 个功能 x_i 个最小重构单元的成本。

系统可重构度的下限通常是一个约束指标。如果目标是设计一个系统，使其成本最小，只需使得 C 最小。成本可作为解析或经验函数中的任何参数。

对上述优化问题求解时，可以选择直接搜索算法或启发式搜索算法，但当最小重构单元不确定时，系统的自由度较大，特别是对于像航天器控制系统这种大型系统来说，搜索空间呈指数上升，产生“组合爆炸”问题，直接搜索有时变得不现实，针对这种情况，可采用遗传算法或粒子群算法实现上述优化问题的求解。

7.3 基于优化理论的可重构性设计

7.3.1 系统构型的优化设计

7.3.1.1 基于优化理论的设计思路

通过分析系统可重构性的影响因素，可以从提升可重构性的角度对系统进行优化设计。从第5章可重构性评价指标与系统参数之间的数量关系可知，系统可重构性与故障程度、干扰分布、性能阈值以及系统结构密切相关。其中，故障程度、干扰分布均为不可控因素，性能阈值取决于任务需求和资源约束等因素，一般难以放松。鉴于此，可以从优化系统结构的角度来提高系统的可重构性[3,4]。具体思路为：通过对执行机构和敏感器等系统部件的安装个数、安装位置以及安装角度等参数进行优化，使系统性能指标 f 达到

最大。

设部件的安装个数为 m ，相应的位置为 $L=\{L_1, L_2, \cdots, L_m\}$ 、安装角度为 $A=\{(\alpha_1, \beta_1), (\alpha_2, \beta_2), \cdots, (\alpha_m, \beta_m)\}$ ，其中 α_i 和 β_i 表示第 i 个部件的方位角和俯仰角。可以通过调整上述部件的安装参数来优化系统构型，进而提高系统的可重构性。相应的优化问题可以描述为

$$
\max_{m,L,A} f
$$

$$
s.t.\begin{cases}
f=F(A,B,C) \\
A=F_A(N,L,A) \\
B=F_B(N,L,A) \\
C=F_C(N,L,A) \\
m\in[\underline{m},\bar{m}] \\
L_i\in[\underline{L}_i,\bar{L}_i] \quad i=1,2,\cdots,m \\
\alpha_i\in[\underline{\alpha}_i,\bar{\alpha}_i] \quad i=1,2,\cdots,m \\
\beta_i\in[\underline{\beta}_i,\bar{\beta}_i] \quad i=1,2,\cdots,m
\end{cases}
\tag{7-26}
$$

式中 A，B，C ——状态矩阵、输入矩阵和测量矩阵；

$\underline{\cdot}$，$\bar{\cdot}$ ——物理量的下界和上界。

基于上述优化思想，可以在地面研制阶段，对航天器的系统结构进行优化设计，合理分配有限资源，使航天器能够以优越性能来执行正常任务的同时，也具备充分的重构潜力以应对在轨故障。若以后技术允许，也可以在空间运行阶段，根据系统的实时故障状态评估，对部件构型进行在线重新调整，使系统在新的状态下也能够充分利用有限资源，具备最佳的重构性能。

7.3.1.2 执行机构的构型优化设计

面向航天器控制系统组件性能的优化设计已经有较多研究，主要有动量轮的构型优化设计及推力器的构型优化设计。但可重构性主要分析故障情况下的系统恢复能力，即故障后系统能否恢复预定的功能和目标。故障前性能最优不能代表故障后系统仍然具有良好的使用性能，如何在设计阶段考虑到执行机构故障后的使用性能并进行优化，仍是一个难点。如何设计构型使故障后执行机构系统还具有良好的使用性能，是可重构性设计的研究要点。

设第 i 个执行机构的安装角为 (α_i, β_i) ，如图 7－3 所示，则该执行机构的输出方向向量为

$$
\boldsymbol{d}_i=\begin{bmatrix}\sin\alpha_i\cos\beta_i \\ \sin\alpha_i\sin\beta_i \\ \cos\alpha_i\end{bmatrix}
\tag{7-27}
$$

当执行机构为动量轮时，第 i 个执行机构的输出力矩大小为 u_i，$\boldsymbol{u}=\{u_i\}$ ，则安装矩

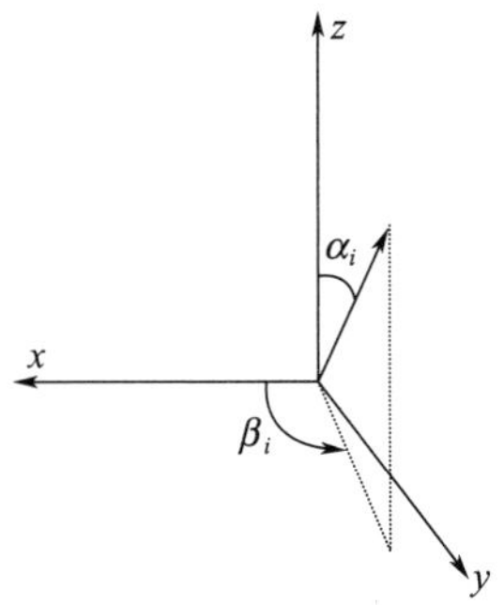

图7-3 推力器安装角

阵为

$$\boldsymbol{B}_0=\{\boldsymbol{d}_i\} \tag{7-28}$$

当执行机构为推力器时，第 i 个推力器的位置向量为 $\boldsymbol{r}_i$，推力为 $\boldsymbol{u}_i=u_i\boldsymbol{d}_i$，其中 u_i 为第 i 个推力器产生的推力大小。此推力器单位推力下产生的控制力矩为

$$\boldsymbol{b}_i=\boldsymbol{r}_i\times\boldsymbol{d}_i \tag{7-29}$$

所以，推力器子系统的安装矩阵为

$$\boldsymbol{B}_0=\{\boldsymbol{b}_i\} \tag{7-30}$$

若控制子系统含 m 个执行机构，令待设计的安装角为 $\boldsymbol{\theta}=(\alpha_1,\beta_1,\cdots,\alpha_p,\beta_p)$，根据式（7-26），其设计问题可以转化为如下的优化问题

$$\min y=f(\boldsymbol{\theta})$$
$$s.t.\begin{cases}\boldsymbol{\theta}\in[\boldsymbol{\theta}_{\min},\boldsymbol{\theta}_{\max}]\\ g(\boldsymbol{\theta})\leqslant\varepsilon\end{cases} \tag{7-31}$$

式中 $f(\boldsymbol{\theta})$ ——性能指标函数；

$g(\boldsymbol{\theta})$ ——约束条件。

优化问题［式（7-31）］中需要解决的问题是：

1）如何设计并表述系统性能指标函数 $f(\boldsymbol{\theta})$；

2）如何判断 $\boldsymbol{\theta}$ 可行。

可见，可重构性设计问题的难点在于如何将设计问题转化为优化问题，并判断某一个构型是否可行。

（1）可行性判断

执行机构的设计，首先需要判断执行机构输出力矩是否能够满足要求。对于以推力器作为执行机构的情况，文献［5］通过可负性判断配置矩阵是否可行，但是该判断方法适用于无约束的判断。即只要该配置能在空间任意方向输出力矩，就是可行的，不限制力矩的大小。但航天器控制系统执行机构的实际输出必须能够满足给定控制域约束，也就是说在进行执行机构设计时，要求设计结果是约束可行的。约束可行不仅要任意方向能输出力矩，还要使可行域包含控制域。目前的无约束可行性判断方法较难扩展到约束条件下的可行性判断。为此，本章在可重构性设计中，首先提出了一种基于力矩可达集的可行性判断方法，该方法既可以用于约束优化，也可以用于无约束优化。

可达集（Attainable Moment Space，AMS）是执行机构输出力矩的最大包络封闭空间。可达集的体积大小表示总的控制能力，而可达集在空间的分布表示系统可提供的力矩取值范围。

设控制力矩的分配方程为

$$\boldsymbol{v}(t)=\boldsymbol{B}_0\boldsymbol{u}(t) \tag{7-32}$$

式中 $\boldsymbol{v}(t)$——控制器设计的虚拟控制律；

$\boldsymbol{u}(t)$——各个执行机构的目标控制量。

控制分配的作用是通过 $\boldsymbol{v}(t)$ 求解 $\boldsymbol{u}(t)$。

可达集计算过程如下。

①计算可达集顶点坐标

安装矩阵 $\boldsymbol{B}_0\in \mathrm{R}^{3\times m}$，对于任意的 i，j，$\boldsymbol{B}_{0,i}$ 和 $\boldsymbol{B}_{0,j}$ 分别为矩阵 $\boldsymbol{B}_0$ 的第 i 列和第 j 列。$m_i=\boldsymbol{B}_{0,i}\boldsymbol{u}_i$，$m_j=\boldsymbol{B}_{0,j}\boldsymbol{u}_j$，计算 $\boldsymbol{B}_{0,i}$ 和 $\boldsymbol{B}_{0,j}$ 组成的平面的法向量 $\boldsymbol{n}_{ij}$（$\boldsymbol{n}_{ij}=\boldsymbol{B}_{0,i}\times\boldsymbol{B}_{0,j}$）。则 $\boldsymbol{n}_{ij}$ 方向的可达集顶点为

$$m_{\max}=\sum_{k\neq i,j}^{n}m_{k,\max} \tag{7-33}$$

其中

$$m_{k,\max}=\begin{cases}\boldsymbol{B}_{0,k}\boldsymbol{u}_{k,\max} & \boldsymbol{B}_{0,k}^{\mathrm{T}}\boldsymbol{n}_{ij}>0\\ \boldsymbol{B}_{0,k}\boldsymbol{u}_{k,\min} & \boldsymbol{B}_{0,k}^{\mathrm{T}}\boldsymbol{n}_{ij}<0\end{cases}$$

同理，$\boldsymbol{n}_{ij}$ 反方向的可达集顶点为

$$m_{\min}=\sum_{k\neq i,j}^{n}m_{k,\min} \tag{7-34}$$

其中

$$m_{k,\min}=\begin{cases}\boldsymbol{B}_{0,k}\boldsymbol{u}_{k,\max} & \boldsymbol{B}_{0,k}^{\mathrm{T}}\boldsymbol{n}_{ij}<0\\ \boldsymbol{B}_{0,k}\boldsymbol{u}_{k,\min} & \boldsymbol{B}_{0,k}^{\mathrm{T}}\boldsymbol{n}_{ij}>0\end{cases}$$

进而生成 8 个顶点，即

$$m_i=m_{\max,\min}+\boldsymbol{B}_{0,i}\boldsymbol{u}_{i,\{\max,\min\}}+B_{0,j}u_{j,\{\max,\min\}} \tag{7-35}$$

所以，组成可达集的平面共有 $n(n-1)$ 个，顶点共有 $4n(n-1)$ 个（不考虑重合）。

②确定可达集包络面表面

利用式（7-35）计算所有组合生成的可达集空间，分析所有的顶点，可以得到可达集包络面。可达集为包络面包围的空间，即为可达集，用 Φ 表示。

准则 1：配置矩阵无约束可行等价于原点位于配置矩阵可达集内部。

证明：可达集为执行机构提供的最大推力包络，原点包含在可达集内部，则系统输出力矩可以指向空间任意方向，所以配置矩阵无约束可行。

具体的判断过程按照如下步骤。

1）计算包络中心点的坐标

$$p_{center}=\frac{1}{n}\left[\sum x_i,\sum y_i,\sum z_i\right] \tag{7-36}$$

式中　n ——包络顶点的个数；

$(x_i,\ y_i,\ z_i)$ ——可达集第 i 个顶点的坐标。

2）计算各个包络面指向外的法向量。

计算平面 S_j 的中心点 C_j；然后计算出 $\overrightarrow{P_{center}C_j}$；接着根据 S_j 上面的三个点 $P_{j,1}$，$P_{j,2}$ 和 $P_{j,3}$，按照公式（7-37）计算该平面的法向量 $\boldsymbol{n}_j$

$$\boldsymbol{n}_j=\overrightarrow{P_{j,1}P_{j,2}}\times\overrightarrow{P_{j,1}P_{j,3}} \tag{7-37}$$

基于余弦公式，计算夹角 $\alpha_j=\left\langle\overrightarrow{P_{center}C_j},\ \boldsymbol{n}_j\right\rangle$。当 α_j 为锐角时，$\boldsymbol{n}_j$ 为指向可达集表面外的法向量；当 α_j 为直角时，可达集包络在一个平面内，此时配置矩阵不可行；当 α_j 为钝角时，$\boldsymbol{n}_j$ 为指向可达集内部的法向量，令 $\boldsymbol{n}_j=-\boldsymbol{n}_j$，可得到所需的法向量。后续用到的法向量都为指向包络面外的法向量。

3）判断该配置是否无约束可行。

首先计算出所有可达集表面中心点向量 $\{\overrightarrow{OC_j}\}$；然后计算 $\{\beta_j=\langle\overrightarrow{OC_j},\ \boldsymbol{n}_j\rangle\}$。当 $\{\beta_j\}$ 都为锐角时，可达集包含原点，该配置无约束可行；当某个 β_j 为直角时，原点在可达集表面上，该配置无约束不可行；当存在 β_j 为钝角时，原点在可达集外，该配置无约束不可行。

准则 2： 配置矩阵约束可行等价于原点位于配置矩阵的可达集内部，且可达集包含控制域。

证明： 可达集是控制力矩的可行域，所以可达集包含控制域时，该配置约束可行。

为了在实际中判断一个配置是否约束可行，我们给可达集设定一个指标：$r_{\min}\geqslant\eta$，其中 $r_{\min}$ 为原点到可达集所有包络面的最小距离（图 7-4）。

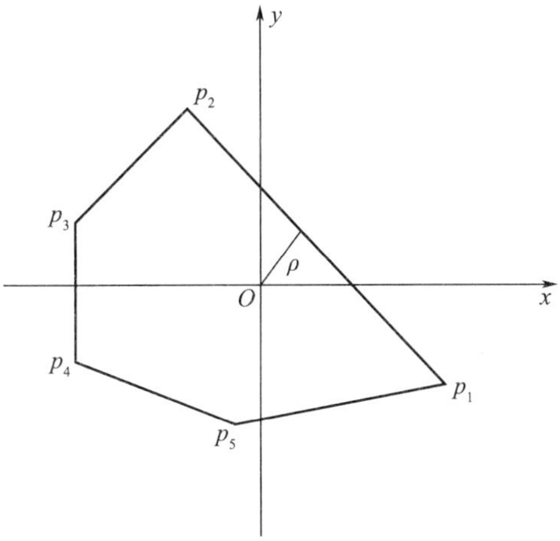

图 7-4　可达集最小半径

准则 3： 可达集的最小半径可以作为系统约束可行的判断指标，实际物理意义是执行机构全空间最小的输出力矩。

对于某些特殊控制域，设计可行性指标时则可以根据解析几何，设计某个方向上的最小力矩指标和计算方法。

系统约束可行的判断过程如下：

步骤一：判断该配置是否无约束可行。若无约束可行，则转步骤二；否则，该配置约束不可行。

步骤二：对任意可达集表面，计算原点到 S_j 的距离 d_j 。计算方法为：连接原点到 S_j 上的任意一点 P_0，得到向量 $\overrightarrow{OP_0}$ ；通过式（7－37）计算 $\boldsymbol{n}_j$ ；计算 $\overrightarrow{OP_0}$ 到 $\boldsymbol{n}_j$ 的投影，可得

$$d_j = |\overrightarrow{OP_0}| \cos\langle \overrightarrow{OP_0}, \boldsymbol{n}_j \rangle \tag{7-38}$$

步骤三：遍历所有的可达集表面，得到 $r_{\min}$

$$r_{\min} = \min\{d_j\} \tag{7-39}$$

并判断 $r_{\min} \geqslant \eta$ 是否成立：$r_{\min} \geqslant \eta$ 成立，则该配置约束可行；否则该配置约束不可行。

（2）优化目标

在第 6 章给出可重构性评价指标的基础上，本章综合可重构性指标 ρ 、可达集最小半径 r 和可达集体积 V_{ams} 来评价执行机构的性能。

可重构性指标 ρ ：用于评价执行机构具备的重构能力，可参见第 6 章。

可达集最小半径 r ：表示整个可达集最小的输出力矩方向及大小，描述了执行机构的最小控制能力。

可达集体积 V_{ams} ：表示姿态控制子系统总力矩输出能力，V_{ams} 越大，控制能力越强。

可重构性指标 ρ 用于分析执行机构系统的重构，该指标越大，系统故障后重构能力越强。最小半径 r 和可达集体积 V_{ams} 表示执行机构系统总的控制能力，这两个指标越大，执行机构系统的控制能力越强。所以，对于确定配置，性能优化目标可以表示为

$$y = -a_1\rho - a_2 r - a_3 V_{ams} \tag{7-40}$$

其中，a_1，a_2 和 a_3 为常系数。

对于多个执行机构组成的冗余控制系统，一般的设计目标是考虑所有的执行机构使得整个系统的性能最强，性能指标见式（7－40）。

按照式（7－40）设计出的系统，某个部件故障后，可能导致整体性能难以达到要求。为了克服这个问题，提出一种基于方差的可重构性指标，该指标考虑到任意组件故障后系统的性能，使得任意部件损坏对整个系统的影响有限。

一个由 m 个部件组成的系统，单故障后的剩余系统共 m 种情况，记为集合 $\boldsymbol{\Psi}_1$

$$\boldsymbol{\Psi}_1 = \{\widetilde{\boldsymbol{B}}_{0,i}\} \quad i = 1,\cdots,m \tag{7-41}$$

式中 $\widetilde{\boldsymbol{B}}_{0,i}$ —— $\boldsymbol{B}_0$ 中去掉第 i 列后的安装矩阵，即表示第 i 个执行机构发生故障。

对于配置 $\widetilde{\boldsymbol{B}}_{0,i}$ ，通过式（7－40），可以计算出其性能指标 y_i 。定义集合 $Y(\boldsymbol{\theta}) = \{y_i(\boldsymbol{\theta})\}$ ，以故障后剩余系统性能指标集合的方差 σ 作为可重构性设计优化指标

$$\sigma(\boldsymbol{\theta}) = \mathrm{var}(Y(\boldsymbol{\theta})) \tag{7-42}$$

如果以可重构性设计的优化指标 σ 最小为优化目标，则所设计的执行机构可在任意故障情况下对系统的影响最小。

因此，综合考虑航天器控制系统性能和故障对系统的影响，执行机构的设计可通过如下过程实现。

①优化问题的建立

式（7-31）给出了优化问题的表达式，将设计问题转化为优化问题，首先要确定执行机构个数，然后建立优化目标、约束、自变量取值范围等。

具体的过程如下：

1）根据冗余度需求确定执行机构个数。

2）确定自变量 $\boldsymbol{\theta} = (\alpha_1, \beta_1, \cdots, \alpha_p, \beta_p)$ ，根据式（7-27）～式（7-30）计算出执行机构安装矩阵。

3）确定所有约束 $g(\boldsymbol{\theta})$ 。例如，自变量的取值范围，给定配置下的可重构度指标、可达集的最小半径、可达集的最小体积约束等。

4）构建优化函数。

构建考虑故障前后系统性能的优化目标，即

$$\min f(\boldsymbol{\theta}) = \beta_1 \sigma(\boldsymbol{\theta}) + \beta_2 y(\boldsymbol{\theta}) \tag{7-43}$$

其中，β_1 和 β_2 为比例系数。

通过上述四步建立下列优化问题

$$\begin{gathered} \min f(\boldsymbol{\theta}) = \beta_1 \sigma(\boldsymbol{\theta}) + \beta_2 y(\boldsymbol{\theta}) \\ s.t. \begin{cases} \boldsymbol{\theta} \in [\boldsymbol{\theta}_{\min}, \boldsymbol{\theta}_{\max}] \\ g(\boldsymbol{\theta}) \leqslant \varepsilon \end{cases} \end{gathered} \tag{7-44}$$

②优化问题的求解

优化问题求解流程如图 7-5 所示，其中计算最优值可通过遗传算法实现。

（3）执行机构可重构性优化设计实例

执行机构一般包括动量轮和推力器，这一节分别给出了动量轮和推力器的可重构性设计算例。设航天器参数为 $I_x = 200\ \mathrm{kg \cdot m^2}$，$I_y = 100\ \mathrm{kg \cdot m^2}$，$I_z = 180\ \mathrm{kg \cdot m^2}$，$T_{orbit} = 10\ \mathrm{h}$，$\omega_0 = 2\pi/3\,600\ T_{orbit}\ \mathrm{rad/s}$。

①动量轮可重构设计

设计四个动量轮中两个的安装角，使单故障后系统可重构能力最大且满足最小力矩要求。动量轮 1 和动量轮 2 分别安装在 x 轴和 y 轴上（图 7-6），目标是优化设计动量轮 3 和动量轮 4 的安装角。动量轮单机最大输出为 1 N·m。设计要求为冗余度为 1，且空间任何方向的最小输出能力是 0.5 N·m。

首先，由冗余度为 1，可知，最小的动量轮数量为 4，在此基础上建立优化问题。

自变量为 $\boldsymbol{\theta} = (\alpha_3, \beta_3, \alpha_4, \beta_4)$ ，安装矩阵为

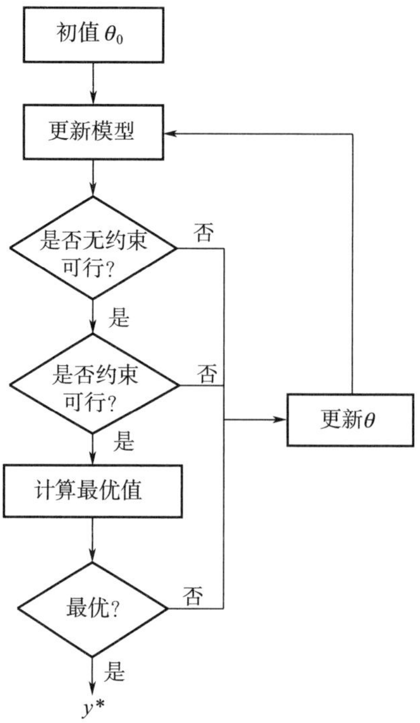

图 7-5　优化问题求解流程

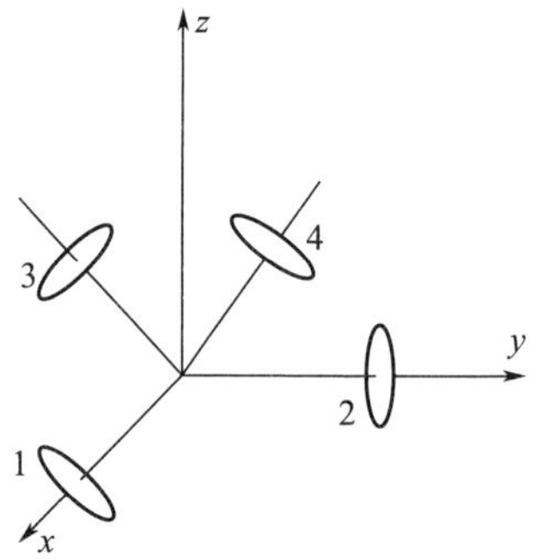

图 7-6　轮控子系统示意图

$$\boldsymbol{B}_0=\begin{bmatrix}1 & 0 & \sin\alpha_3\cos\beta_3 & \sin\alpha_4\cos\beta_4\\0 & 1 & \sin\alpha_3\sin\beta_3 & \sin\alpha_4\sin\beta_4\\0 & 0 & \cos\alpha_3 & \cos\alpha_4\end{bmatrix}\tag{7-45}$$

约束条件为任意三个动量轮组成的可达集最小半径需满足

$$r\geqslant 0.5\tag{7-46}$$

式（7-40）优化指标中的匹配参数选取为 $a_1=1\ 000$，$a_2=1$，$a_3=0.1$。将设计问题转化为如下优化问题

$$
\min f(\boldsymbol{\theta}) = \sigma(\boldsymbol{\theta}) - r(\boldsymbol{\theta})
$$
$$
s.t. \begin{cases} \boldsymbol{\theta} \in [0, \pi] \\ r(\boldsymbol{\theta}) \geqslant 0.5 \quad \boldsymbol{\theta} \in \Psi_1 \end{cases} \tag{7-47}
$$

其中

$$
\Psi_1 = \{\widetilde{\boldsymbol{B}}_{0,k}\} \quad k = 1, \cdots, 4
$$

式中　$\widetilde{\boldsymbol{B}}_{0,k}$ —— $\boldsymbol{B}_0$ 中去掉第 k 列后的矩阵。

采用遗传算法求解式（7-47）所示优化问题，可得解为 $\boldsymbol{\theta}^* = [0.7303\quad 0.7550\quad 2.3338\quad 0.7550]$，$y(\boldsymbol{\theta}^*) = -1.4127$，$r(\boldsymbol{\theta}^*) = 1.4136$，$V_{ams}(\boldsymbol{\theta}^*) = 22.7908$。四个动量轮分别故障后，系统的可达集最小半径分别为 0.728 3，0.685 3，0.691 1，0.744 9，都满足设计需求。

对于传统的三正装一斜装设计，其安装矩阵为

$$
\boldsymbol{B}_0 = \begin{bmatrix} 1 & 0 & 0 & 1/\sqrt{3} \\ 0 & 1 & 0 & 1/\sqrt{3} \\ 0 & 0 & 1 & 1/\sqrt{3} \end{bmatrix} \tag{7-48}
$$

此时的 $\rho = 1.4142$，$V_{ams} = 21.8564$，单故障后，四种情况的可达集最小半径分别为 0.577 4，0.577 4，0.577 4，1。两种设计对比，故障前传统三正一斜安装方式比文中设计结果的最小半径高了 1%。但是，在动量轮 1 或动量轮 2 或动量轮 3 发生单故障后，本方法设计的动量轮输出能力要明显强于传统设计，可达集最小半径提高 25%以上。

②推力器可重构性设计

对于由六个推力器所构成的控制系统中，设计四个推力器的安装角，以使得系统能兼顾输出能力及单故障后系统的可重构性。单推力器输出为 5 N，如图 7-7 所示，六个推力器分别安装在六边形的六个顶点，推力器 i 方向位于过圆心到顶点连线的 xy 平面的垂面，和 xy 平面的夹角为 φ_i。已知 $\varphi_5 = 2.5$ rad，$\varphi_6 = 0.8$ rad，设计推力器 1～4 的安装角。设计要求为任意推力器故障后空间任何方向的最小输出力矩是 0.2 N·m。

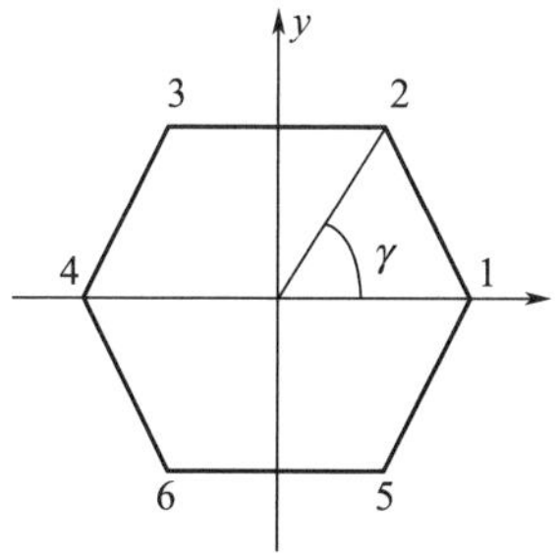

图 7-7　推力器位置示意图

首先，建立优化问题。由安装位置可知

$$
\boldsymbol{r}_i = \left[\cos\left[\frac{2\pi}{6} \times (i-1)\right] \quad \sin\left[\frac{2\pi}{6} \times (i-1)\right] \quad 0\right]^{\mathrm{T}} \tag{7-49}
$$

自变量为 $\boldsymbol{\theta}=(\varphi_1, \varphi_2, \varphi_3, \varphi_4)$ ，安装矩阵为

$$\boldsymbol{B}_0=[\boldsymbol{w}_1 \quad \boldsymbol{w}_2 \quad \boldsymbol{w}_3 \quad \boldsymbol{w}_4 \quad \boldsymbol{w}_5 \quad \boldsymbol{w}_6] \tag{7-50}$$

其中

$\boldsymbol{w}_1=[0 \quad -\sin\varphi_1 \quad \cos\varphi_1]^{\mathrm{T}}$；$\boldsymbol{w}_2=[0.866\sin\varphi_2 \quad -0.5\sin\varphi_2 \quad \cos\varphi_2]^{\mathrm{T}}$

$\boldsymbol{w}_3=[0.866\sin\varphi_3 \quad 0.5\sin\varphi_3 \quad \cos\varphi_3]^{\mathrm{T}}$；$\boldsymbol{w}_4=[0 \quad \sin\varphi_4 \quad \cos\varphi_4]^{\mathrm{T}}$

$\boldsymbol{w}_5=[-0.518\,3 \quad 0.299\,2 \quad -0.801\,1]^{\mathrm{T}}$；$\boldsymbol{w}_6=[-0.621\,2 \quad -0.358\,7 \quad 0.696\,7]^{\mathrm{T}}$

设计约束为

$$r \geqslant 0.2 \tag{7-51}$$

在式（7-40）所示的性能优化目标中，参数选取为 $a_1=1\,000$，$a_2=1$，$a_3=0$。建立优化问题

$$\begin{aligned}&\min\sigma(\boldsymbol{\theta})=\operatorname{var}(Y(\boldsymbol{\theta}))-r(\boldsymbol{\theta})\\&s.t.\begin{cases}\boldsymbol{\theta}\in[0,\pi]\\r(\boldsymbol{\theta})\geqslant 0.2\end{cases}\end{aligned} \tag{7-52}$$

利用遗传算法求解该问题，得到的结果为 $\boldsymbol{\theta}^*=[1.870\,4 \quad 1.659\,3 \quad 0.292\,0 \quad 2.070\,9]$，$y(\boldsymbol{\theta}^*)=-3.551\,5$，$r(\boldsymbol{\theta}^*)=5.046\,2$，$V_{ams}(\boldsymbol{\theta}^*)=1\,363$，推力器1～6分别故障后系统的可达集最小半径分别为2.814 5，0.948 0，0.993 0，1.062 2，2.248 8，1.198 5，都满足设计需求。

7.3.2 重构时机的优化设计

事实上，系统发生故障以后，需要花费一定的时间进行故障诊断，才能够“对症下药”，采取有效的重构措施，即重构存在一定的“延时”。如果这段“延时”过短，则诊断模块没有充足的时间对故障进行精确认知，无法为重构控制器提供准确的故障信息，从而导致控制系统的重构性能低下，甚至重构失败；反之，如果这段“延时”过长，则会造成有限资源的大量浪费，并引起故障偏差的过分扩散，使得后续重构代价过大，超出系统剩余资源可以提供的范围，从而导致系统在实际意义下不可重构。除此之外，很多特定任务需要在规定的时间内完成，系统故障后，为继续完成这类既定任务，必须在一定的时间窗口内进行重构，这个窗口越小，说明系统的时间冗余度越小，相应的重构难度会越大。综上所述，系统是否可重构，除了取决于各种空间因素以外，一定程度上还受故障诊断时长、重构时延以及前文所提任务窗口等时间因素的影响。

鉴于此，本节在对系统资源配置以及部件构型等空间因素进行优化的基础上，进一步针对航天器在轨重构的时间规划问题，以执行机构失效故障为对象，研究了重构时机的优化设计问题[6,7]

7.3.2.1 问题描述

考虑如下标称系统模型

$$\begin{cases}\dot{\boldsymbol{x}}_n(t)=\boldsymbol{A}\boldsymbol{x}_n(t)+\boldsymbol{B}_u\boldsymbol{u}_n(t)+\boldsymbol{B}_d\boldsymbol{d}(t)\\\boldsymbol{y}_n(t)=\boldsymbol{C}\boldsymbol{x}_n(t)\end{cases} \tag{7-53}$$

式中，$\boldsymbol{x}_n \in \mathrm{R}^n$，$\boldsymbol{u}_n \in \mathrm{R}^m$，$\boldsymbol{y}_n \in \mathrm{R}^q$，$\boldsymbol{d} \in \mathrm{R}^{m_d}$，分别为标称系统的状态向量、控制输入向量、输出向量以及外部干扰；$\boldsymbol{A}$，$\boldsymbol{B}_u$，$\boldsymbol{C}$，$\boldsymbol{B}_d$ 为相应维度的常量矩阵。

若 m 个执行机构中有 m_k 个受偏差故障影响，则故障系统模型可表示为

$$\begin{cases}\dot{\boldsymbol{x}}(t)=\boldsymbol{A}\boldsymbol{x}(t)+\boldsymbol{B}_u\boldsymbol{u}(t)+\sum\limits_{i\in F_a} b_i f_i(t)+\boldsymbol{B}_d\boldsymbol{d}(t)\\ \qquad\;=\boldsymbol{A}\boldsymbol{x}(t)+\boldsymbol{B}_u\boldsymbol{u}(t)+\boldsymbol{F}\boldsymbol{f}(t)+\boldsymbol{B}_d\boldsymbol{d}(t)\\ \boldsymbol{y}(t)=\boldsymbol{C}\boldsymbol{x}(t)\end{cases} \tag{7-54}$$

式中，$\boldsymbol{f} \in \mathrm{R}^{m_k}$，为执行机构的故障信号，不可直接测量；$f_i$ 是 $\boldsymbol{f}$ 的第 i 个分量，b_i 代表 $\boldsymbol{B}_u$ 的第 i 列；F_a 是故障执行机构编号的集合；$\boldsymbol{F}=[b_i]\in \mathrm{R}^{n\times m_k}$ $(i\in F_a)$。

本节基于第 2 章介绍的故障描述方法，对一类重要的快时变故障进行建模

$$\begin{cases}\dot{\boldsymbol{\varphi}}(t)=0 \quad 0\leqslant t<t_f\\ \boldsymbol{\varphi}(t_f)=\boldsymbol{\varphi}_0\\ \dot{\boldsymbol{\varphi}}(t)=\boldsymbol{A}_f\boldsymbol{\varphi}(t) \quad t>t_f\\ \boldsymbol{f}(t)=\boldsymbol{C}_f\boldsymbol{\varphi}(t)\end{cases} \tag{7-55}$$

式中，$\boldsymbol{\varphi} \in \mathrm{R}^r$，是故障的状态向量；$\boldsymbol{A}_f$ 和 $\boldsymbol{C}_f$ 是适当维数的常量矩阵，故障的初始状态 $\boldsymbol{\varphi}_0$ 和发生时刻 t_f 未知。上述故障描述方法可广泛应用于周期型故障、指数发散/收敛型故障、常值或慢时变故障以及其他更一般的持续型故障。通过数学转化，执行机构部分失效故障也可以表示成该类故障的形式。

考虑故障诊断与重构模块，建立式（7－56）所示完整的重构系统模型

$$\begin{cases}\begin{cases}\dot{\boldsymbol{x}}(t)=\boldsymbol{A}\boldsymbol{x}(t)+\boldsymbol{B}_u\boldsymbol{u}_r(t)+\boldsymbol{F}\boldsymbol{f}(t)+\boldsymbol{B}_d\boldsymbol{d}(t)\\ \boldsymbol{y}(t)=\boldsymbol{C}\boldsymbol{x}(t)\end{cases} & \text{(a)}\\ \boldsymbol{u}_r(t)=\boldsymbol{u}_n(t)+\boldsymbol{u}_\xi(\hat{\boldsymbol{f}},t) & \text{(b)}\\ \begin{cases}\dot{\boldsymbol{z}}(t)=\boldsymbol{A}_z\boldsymbol{z}(t)+\boldsymbol{B}_z\boldsymbol{u}(t)+\boldsymbol{F}\hat{\boldsymbol{f}}(t)+\boldsymbol{L}\boldsymbol{y}(t)\\ \dot{\hat{\boldsymbol{f}}}=\boldsymbol{K}_1\boldsymbol{z}(t)+\boldsymbol{K}_2\dot{\boldsymbol{z}}(t)+\boldsymbol{L}_1\boldsymbol{y}(t)+\boldsymbol{L}_2\dot{\boldsymbol{y}}(t)\end{cases} & \text{(c)}\end{cases} \tag{7-56}$$

其中，式（b）为基于故障补偿思想的重构控制律，$\boldsymbol{u}_\xi(\hat{\boldsymbol{f}},t)$ 为故障补偿项；式（c）为基于观测器故障诊断算法的统一描述，广泛适用于未知输入观测器法（UIO）、自适应观测器法以及 H_2/H_∞ 观测器法等多种故障诊断算法。由于该类诊断算法均以系统输入输出信号 $\boldsymbol{u}$，$\boldsymbol{y}$ 为诊断器输入，以故障估计值 $\hat{\boldsymbol{f}}(t)$ 为诊断器输出，中间的系统输出估计 $\hat{\boldsymbol{y}}$ 由观测器状态量 $\boldsymbol{z}\in \mathrm{R}^l$ 得到，因此可用通用数学框架式（c）对其进行统一描述。

需要强调的是，本节的重点讨论对象是系统可重构性的时间特性，并非具体的诊断与重构方案。这里仅以经典的基于观测器的故障诊断算法和重构方案为例，对系统故障后的时域特性进行相关分析，具体的分析方法可以推广到其他形式的诊断与重构方案。

7.3.2.2　性能下降描述

本节以式（7－56）所示的重构系统模型为对象，对系统故障后的性能状态进行分析。

首先，根据四个关键时刻：故障发生时刻 t_f 、故障诊断时刻 t_d 、故障重构时刻 t_r 、故障完成时刻 t_{mis} 对系统的整个重构过程进行阶段划分；然后，综合考虑状态偏差、资源浪费以及诊断误差三方面因素，设计用于描述故障系统性能下降程度的二次型性能指标，为研究系统［式（7－56）］的可重构性提供指标依据。

（1）系统性能分析

这里以基于状态反馈的标称控制律为例，对重构系统［式（7－56）］进行性能分析

$$\boldsymbol{u}_n(t) = -\boldsymbol{K}\boldsymbol{x}_n(t) + \boldsymbol{u}_d(t) \tag{7-57}$$

式中　$\boldsymbol{u}_d(t)$——干扰抑制项。

由于 $\boldsymbol{F} = [b_i]\ (i \in F_a)$ ，所以存在一个矩阵 $\boldsymbol{N}_a$ ，使得 $\boldsymbol{F} = \boldsymbol{B}_u\boldsymbol{N}_a$ ，因此重构控制律的故障补偿项 $\boldsymbol{u}_\xi(t)$ 可以设计为

$$\boldsymbol{u}_\xi(t) = \begin{cases} 0 & 0 \leqslant t < t_r \\ -\boldsymbol{N}_a\hat{\boldsymbol{f}}(t) & t_r \leqslant t < t_{mis} \end{cases} \tag{7-58}$$

基于此，整个重构过程中的控制律可以表示成如下分段函数

$$\boldsymbol{u}(t) = \begin{cases} \boldsymbol{u}_n(t) = -\boldsymbol{K}\boldsymbol{x}_n(t) + \boldsymbol{u}_d(t) & 0 \leqslant t < t_f \\ \boldsymbol{u}_f(t) = -\boldsymbol{K}\boldsymbol{x}_f(t) + \boldsymbol{u}_d(t) & t_f \leqslant t < t_r \\ \boldsymbol{u}_r(t) = -\boldsymbol{K}\boldsymbol{x}_r(t) + \boldsymbol{u}_d(t) - \boldsymbol{N}_a\hat{\boldsymbol{f}}(t) & t_r \leqslant t < t_{mis} \end{cases} \tag{7-59}$$

式中　$\boldsymbol{u}_f$ ，$\boldsymbol{u}_r$ ，$\boldsymbol{x}_f$ ，$\boldsymbol{x}_r$——故障系统重构前后的控制输入与状态向量。

重点研究故障对系统性能状态的影响，若控制分量 $\boldsymbol{u}_d(t)$ 具有良好的干扰抑制作用，则外部扰动对系统性能状态的影响相比于故障可以被忽略。基于此，将各阶段的控制律代入系统方程，得到整个重构过程的系统状态空间模型如下

$$\dot{\boldsymbol{x}}(t) = \begin{cases} \dot{\boldsymbol{x}}_n(t) = (\boldsymbol{A} - \boldsymbol{B}_u\boldsymbol{K})\boldsymbol{x}_n(t) & 0 \leqslant t < t_f \\ \dot{\boldsymbol{x}}_f(t) = (\boldsymbol{A} - \boldsymbol{B}_u\boldsymbol{K})\boldsymbol{x}_f(t) + \boldsymbol{F}\boldsymbol{f}(t) & t_f \leqslant t < t_r \\ \dot{\boldsymbol{x}}_r(t) = (\boldsymbol{A} - \boldsymbol{B}_u\boldsymbol{K})\boldsymbol{x}_r(t) + \boldsymbol{F}\boldsymbol{e}_f & t_r \leqslant t < t_{mis} \end{cases} \tag{7-60}$$

其中

$$\boldsymbol{e}_f = \boldsymbol{f} - \hat{\boldsymbol{f}}$$

式中　$\boldsymbol{e}_f$——故障诊断误差。

（2）性能指标设计

故障会导致系统性能的下降，主要表现为两方面：其一为控制精度的下降，其二为系统资源的浪费。除此之外，诊断精度也会严重影响系统的重构性能。因此，需综合考虑重构系统相对标称系统的状态偏差、控制输入偏差以及故障诊断偏差，设计用于描述重构系统性能下降程度的量化指标。

定义 7－1　若实际系统相对式（7－53）所示的标称系统的状态偏差、控制输入偏差以及故障诊断偏差分别为 $\boldsymbol{e}_x$，$\boldsymbol{e}_u$，$\boldsymbol{e}_f$ ，则定义式（7－61）所示的积分二次型函数为系统的综合性能下降指标

$$J_s = \int_{t_f}^{t_{mis}} (\boldsymbol{e}_x^{\mathrm{T}}\boldsymbol{Q}\boldsymbol{e}_x + \boldsymbol{e}_u^{\mathrm{T}}\boldsymbol{R}\boldsymbol{e}_u)\mathrm{d}t + \int_{t_d}^{t_{mis}} \boldsymbol{e}_f^{\mathrm{T}}\boldsymbol{P}\boldsymbol{e}_f\,\mathrm{d}t \tag{7-61}$$

其中，$e_x = x_n - x$，$e_u = u_n - u$，Q，R 为对称矩阵，且满足：$Q = Q^T$ 为正定矩阵，$R = R^T$ 为正定对称矩阵。

注 7-1　该性能指标中对故障诊断误差的积分从 t_d 开始，而不是 t_f，原因在于：诊断误差对系统性能的影响并非从故障发生时刻就立即开始，而是从提取诊断结果的时刻开始。

定义 7-1 提供了一种综合考虑控制精度、资源消耗以及故障诊断精度三方面因素，对系统重构性能进行定量分析的参考依据。

7.3.2.3　性能指标求解

式（7-61）以积分形式表示的性能下降指标无法直观反映各个关键时刻对系统重构性能的影响，因此，本节重点研究该性能指标的定量求解问题。首先，分析整个重构过程中的系统稳定性；然后，基于 Lyapunov 稳定性理论，定量推导性能指标关于四个关键时刻的具体表达式；最后，以该指标为依据，给出重构方案的时间优化描述，并分析系统可重构的时间条件。

（1）稳定性分析

若系统采用线性控制器，即控制输入由系统状态及其导数线性表示，则可以消去诊断算法通用表达式［7-56（c）］中的 $\boldsymbol{u}$，$\boldsymbol{y}$，得到

$$\begin{cases}\dot{\boldsymbol{z}}(t) = \boldsymbol{A}_1\boldsymbol{z}(t) + \boldsymbol{A}_2\boldsymbol{x}(t) + \boldsymbol{F}\hat{\boldsymbol{f}}(t) \\ \dot{\hat{\boldsymbol{f}}} = \boldsymbol{C}_1\boldsymbol{z}(t) + \boldsymbol{C}_2\boldsymbol{x}(t) + \boldsymbol{F}_1\hat{\boldsymbol{f}}(t) + \boldsymbol{F}_2\boldsymbol{f}(t)\end{cases} \tag{7-62}$$

为简化性能指标的计算，引入扩展状态变量 $\boldsymbol{X}(t) = [\boldsymbol{x}_n^T(t) \quad \boldsymbol{x}^T(t) \quad \boldsymbol{\varphi}^T(t) \quad \hat{\boldsymbol{f}}^T(t) \quad \boldsymbol{z}^T(t)]^T \in \mathrm{R}^N (N = 2n + r + m_k + l)$，得到扩展系统状态空间模型

$$\dot{\boldsymbol{X}}(t) = \boldsymbol{G}\boldsymbol{X}(t) \tag{7-63}$$

其中

$$\boldsymbol{G} = \begin{cases}\boldsymbol{G}_f & t_f \leqslant t \leqslant t_r \\ \boldsymbol{G}_r & t_r < t \leqslant t_{mis}\end{cases}$$

$$\boldsymbol{G}_f = \begin{bmatrix}\boldsymbol{A}-\boldsymbol{B}_u\boldsymbol{K} & \boldsymbol{0} & \boldsymbol{0} & \boldsymbol{0} & \boldsymbol{0} \\ \boldsymbol{0} & \boldsymbol{A}-\boldsymbol{B}_u\boldsymbol{K} & \boldsymbol{F}\boldsymbol{C}_f & \boldsymbol{0} & \boldsymbol{0} \\ \boldsymbol{0} & \boldsymbol{0} & \boldsymbol{A}_f & \boldsymbol{0} & \boldsymbol{0} \\ \boldsymbol{0} & \boldsymbol{C}_2 & \boldsymbol{F}_2\boldsymbol{C}_f & \boldsymbol{F}_1 & \boldsymbol{C}_1 \\ \boldsymbol{0} & \boldsymbol{A}_2 & \boldsymbol{0} & \boldsymbol{F} & \boldsymbol{A}_1\end{bmatrix}, \boldsymbol{G}_r = \begin{bmatrix}\boldsymbol{A}-\boldsymbol{B}_u\boldsymbol{K} & \boldsymbol{0} & \boldsymbol{0} & \boldsymbol{0} & \boldsymbol{0} \\ \boldsymbol{0} & \boldsymbol{A}-\boldsymbol{B}_u\boldsymbol{K} & \boldsymbol{F}\boldsymbol{C}_f & -\boldsymbol{B}_u\boldsymbol{N}_a & \boldsymbol{0} \\ \boldsymbol{0} & \boldsymbol{0} & \boldsymbol{A}_f & \boldsymbol{0} & \boldsymbol{0} \\ \boldsymbol{0} & \boldsymbol{C}_2 & \boldsymbol{F}_2\boldsymbol{C}_f & \boldsymbol{F}_1 & \boldsymbol{C}_1 \\ \boldsymbol{0} & \boldsymbol{A}_2 & \boldsymbol{0} & \boldsymbol{F} & \boldsymbol{A}_1\end{bmatrix}$$

定理 7-1　若重构系统［式（7-56）］的故障诊断器有效，且故障有界，则扩展系统［式（7-63）］在整个重构过程中保持稳定。

证明： 扩展系统的稳定性取决于其分量，因此下面对各个分量的稳定性依次进行分析。

① $\boldsymbol{x}_n(t)$ 的稳定性分析

因为 $\boldsymbol{A}-\boldsymbol{B}_u\boldsymbol{K}$ 稳定，所以标称系统［式（7－53）］稳定，即 $\boldsymbol{x}_n(t)$ 稳定。

② $\boldsymbol{\varphi}(t)$ 的稳定性分析

定理 7－1 中关于故障有界的假设是符合实际工程意义的。由于系统的剩余资源有限，所以故障并不能无限大，否则重构代价会超出系统的剩余能力范围，从而导致系统不可重构。因此，本书不研究发散型故障，故障模型［式（7－55）］稳定（包含临界稳定），即故障状态 $\boldsymbol{\varphi}(t)$ 稳定。

③ $\hat{\boldsymbol{f}}(t)$，$\boldsymbol{z}(t)$ 的稳定性分析

故障诊断器有效，意味着其诊断结果收敛于故障真实值，因此其观测量 $\boldsymbol{z}(t)$ 以及最后的故障估计输出 $\hat{\boldsymbol{f}}(t)$ 均稳定。

④ $\boldsymbol{x}(t)$ 的稳定性分析

这里分阶段对实际系统的稳定性进行分析。

（a）故障前阶段（$t_0 \sim t_f$）

该阶段系统状态 $\boldsymbol{x}(t)=\boldsymbol{x}_n(t)$，系统稳定。

（b）重构延时阶段（$t_f \sim t_r$）

由式（7－60）可知，该阶段的状态偏差 $\boldsymbol{e}_{x_f}$ 满足

$$\dot{\boldsymbol{e}}_{x_f}(t)=(\boldsymbol{A}-\boldsymbol{B}_u\boldsymbol{K})\boldsymbol{e}_{x_f}(t)-\boldsymbol{F}\boldsymbol{f}(t)=(\boldsymbol{A}-\boldsymbol{B}_u\boldsymbol{K})\boldsymbol{e}_{x_f}(t)-\boldsymbol{F}\boldsymbol{C}_f\boldsymbol{\varphi}(t) \tag{7-64}$$

令 $\boldsymbol{Z}(t)=\left[\boldsymbol{e}_{x_f}^{\mathrm{T}}(t) \quad \boldsymbol{\varphi}^{\mathrm{T}}(t)\right]^{\mathrm{T}}$，则有

$$\dot{\boldsymbol{Z}}(t)=\boldsymbol{G}_z\boldsymbol{Z}_1(t) \tag{7-65}$$

其中

$$\boldsymbol{G}_z=\begin{bmatrix}\boldsymbol{A}-\boldsymbol{B}\boldsymbol{K} & -\boldsymbol{F}\boldsymbol{C}_f\\ \boldsymbol{0} & \boldsymbol{A}_f\end{bmatrix}$$

因为 $\boldsymbol{A}-\boldsymbol{B}_u\boldsymbol{K}$ 与 $\boldsymbol{A}_f$ 均稳定，所以 $\boldsymbol{G}_z$ 稳定，则 $\boldsymbol{e}_{x_f}$ 稳定，该阶段的系统状态稳定。

（c）重构阶段（$t_r \sim t_{mis}$）

由式（7－60）可知，该阶段的状态偏差 $\boldsymbol{e}_{x_r}$ 满足

$$\dot{\boldsymbol{e}}_{x_r}(t)=(\boldsymbol{A}-\boldsymbol{B}_u\boldsymbol{K})\boldsymbol{e}_{x_r}(t)-\boldsymbol{F}\boldsymbol{e}_f(t) \tag{7-66}$$

参考重构延时阶段（$t_f \sim t_r$）的稳定性分析，可证该阶段的系统状态 $\boldsymbol{x}(t)=\boldsymbol{x}_r(t)$ 稳定。

综上所述，在整个重构过程中，扩展系统的所有分量均保持稳定，即扩展系统［式（7－63）］稳定。至此，定理 7－1 得证。

由定理 7－1 可知，系统在有界故障［式（7－55）］的作用下仅仅偏离了预定轨迹，在原定控制器以及重构方案的作用下仍然保持稳定。

（2）性能指标求解

在定理 7－1 成立的前提下，可利用 Lyapunov 稳定性理论，对系统的性能下降指标进行定量求解。

定理 7-2　若重构系统［式（7-56）］满足定理 7-1，即扩展系统 $\boldsymbol{G}$ 稳定，则系统的综合性能下降指标［式（7-61）］可以表示成如下形式

$$J_s = \boldsymbol{X}^{\mathrm{T}}(t_f)\boldsymbol{\Gamma}(t_f, t_d, t_r, t_{mis})\boldsymbol{X}(t_f) \tag{7-67}$$

式中　$\boldsymbol{\Gamma}(t_f,\ t_d,\ t_r,\ t_{mis})$ ——关于四个关键时刻的矩阵函数。

证明： 由式（7-61）所示的系统性能指标可得

$$\begin{aligned} J_s &= \int_{t_f}^{t_r}(\boldsymbol{e}_{x_f}^{\mathrm{T}}\boldsymbol{Q}\boldsymbol{e}_{x_f} + \boldsymbol{e}_{u_f}^{\mathrm{T}}\boldsymbol{R}\boldsymbol{e}_{u_f})\mathrm{d}t + \int_{t_r}^{t_{mis}}(\boldsymbol{e}_{x_r}^{\mathrm{T}}\boldsymbol{Q}\boldsymbol{e}_{x_r} + \boldsymbol{e}_{u_r}^{\mathrm{T}}\boldsymbol{R}\boldsymbol{e}_{u_r})\mathrm{d}t + \int_{t_d}^{t_{mis}}\boldsymbol{e}_f^{\mathrm{T}}\boldsymbol{P}\boldsymbol{e}_f\mathrm{d}t \\ &= \int_{t_f}^{t_r}(\boldsymbol{e}_{x_f}^{\mathrm{T}}\boldsymbol{Q}\boldsymbol{e}_{x_f} + \boldsymbol{e}_{u_f}^{\mathrm{T}}\boldsymbol{R}\boldsymbol{e}_{u_f} + \boldsymbol{e}_f^{\mathrm{T}}\boldsymbol{P}\boldsymbol{e}_f)\mathrm{d}t + \int_{t_r}^{t_{mis}}(\boldsymbol{e}_{x_r}^{\mathrm{T}}\boldsymbol{Q}\boldsymbol{e}_{x_r} + \boldsymbol{e}_{u_r}^{\mathrm{T}}\boldsymbol{R}\boldsymbol{e}_{u_r} + \boldsymbol{e}_f^{\mathrm{T}}\boldsymbol{P}\boldsymbol{e}_f)\mathrm{d}t - \int_{t_f}^{t_d}\boldsymbol{e}_f^{\mathrm{T}}\boldsymbol{P}\boldsymbol{e}_f\mathrm{d}t \\ &= \tilde{J}_f + \tilde{J}_r - \tilde{J}_d \end{aligned} \tag{7-68}$$

其中

$$\tilde{J}_f = \int_{t_f}^{t_r}(\boldsymbol{e}_{x_f}^{\mathrm{T}}\boldsymbol{Q}\boldsymbol{e}_{x_f} + \boldsymbol{e}_{u_f}^{\mathrm{T}}\boldsymbol{R}\boldsymbol{e}_{u_f} + \boldsymbol{e}_f^{\mathrm{T}}\boldsymbol{P}\boldsymbol{e}_f)\mathrm{d}t$$

$$\tilde{J}_r = \int_{t_r}^{t_{mis}}(\boldsymbol{e}_{x_r}^{\mathrm{T}}\boldsymbol{Q}\boldsymbol{e}_{x_r} + \boldsymbol{e}_{u_r}^{\mathrm{T}}\boldsymbol{R}\boldsymbol{e}_{u_r} + \boldsymbol{e}_f^{\mathrm{T}}\boldsymbol{P}\boldsymbol{e}_f)\mathrm{d}t$$

$$\tilde{J}_d = \int_{t_f}^{t_d}\boldsymbol{e}_f^{\mathrm{T}}\boldsymbol{P}\boldsymbol{e}_f\mathrm{d}t$$

基于扩展系统，性能指标分量 $\tilde{J}_f$ 可表示成

$$\tilde{J}_f = \int_{t_f}^{t_r}\boldsymbol{X}^{\mathrm{T}}(t)\boldsymbol{S}_f\boldsymbol{X}(t)\mathrm{d}t \tag{7-69}$$

其中

$$\boldsymbol{S}_f = \begin{pmatrix} \boldsymbol{Q}+\boldsymbol{K}^{\mathrm{T}}\boldsymbol{R}\boldsymbol{K} & -\boldsymbol{Q}-\boldsymbol{K}^{\mathrm{T}}\boldsymbol{R}\boldsymbol{K} & \boldsymbol{0} & \boldsymbol{0} & \boldsymbol{0} \\ -\boldsymbol{Q}-\boldsymbol{K}^{\mathrm{T}}\boldsymbol{R}\boldsymbol{K} & \boldsymbol{Q}+\boldsymbol{K}^{\mathrm{T}}\boldsymbol{R}\boldsymbol{K} & \boldsymbol{0} & \boldsymbol{0} & \boldsymbol{0} \\ \boldsymbol{0} & \boldsymbol{0} & \boldsymbol{C}_f^{\mathrm{T}}\boldsymbol{P}\boldsymbol{C}_f & -\boldsymbol{C}_f^{\mathrm{T}}\boldsymbol{P} & \boldsymbol{0} \\ \boldsymbol{0} & \boldsymbol{0} & -\boldsymbol{P}\boldsymbol{C}_f & \boldsymbol{P} & \boldsymbol{0} \\ \boldsymbol{0} & \boldsymbol{0} & \boldsymbol{0} & \boldsymbol{0} & \boldsymbol{0} \end{pmatrix}$$

式中　$\boldsymbol{S}_f$ ——半正定对称矩阵。

在 $t_f \sim t_r$ 阶段，由于扩展系统 $\boldsymbol{G}_f$ 稳定，根据 Lyapunov 稳定性理论可知，以下方程具有唯一负定对称矩阵解 $\boldsymbol{P}_f$

$$\boldsymbol{G}_f^{\mathrm{T}}\boldsymbol{P}_f + \boldsymbol{P}_f\boldsymbol{G}_f = \boldsymbol{S}_f \tag{7-70}$$

将该方程等号两边同时左乘 $\boldsymbol{X}^{\mathrm{T}}(t)$，右乘 $\boldsymbol{X}(t)$，得到

$$\boldsymbol{X}^{\mathrm{T}}(t)(\boldsymbol{G}_f^{\mathrm{T}}\boldsymbol{P}_f + \boldsymbol{P}_f\boldsymbol{G}_f)\boldsymbol{X}(t) = \boldsymbol{X}^{\mathrm{T}}(t)\boldsymbol{S}_f\boldsymbol{X}(t)$$

又因为

$$\boldsymbol{X}^{\mathrm{T}}(t)(\boldsymbol{G}_f^{\mathrm{T}}\boldsymbol{P}_f + \boldsymbol{P}_f\boldsymbol{G}_f)\boldsymbol{X}(t) = \frac{\mathrm{d}}{\mathrm{d}t}\boldsymbol{X}^{\mathrm{T}}(t)\boldsymbol{P}_f\boldsymbol{X}(t)$$

所以有

$$\begin{aligned}\tilde{\boldsymbol{J}}_f &= \int_{t_f}^{t_r} \left\{ \frac{\mathrm{d}}{\mathrm{d}t} [\boldsymbol{X}^{\mathrm{T}}(t)\boldsymbol{P}_f\boldsymbol{X}(t)] \right\} \mathrm{d}t \\ &= \boldsymbol{X}^{\mathrm{T}}(t_r)\boldsymbol{P}_f\boldsymbol{X}(t_r) - \boldsymbol{X}^{\mathrm{T}}(t_f)\boldsymbol{P}_f\boldsymbol{X}(t_f) \\ &= \boldsymbol{X}^{\mathrm{T}}(t_f)\,(\boldsymbol{e}^{G_f^{\mathrm{T}}\Delta t_1}\boldsymbol{P}_f\boldsymbol{e}^{G_f\Delta t_1} - \boldsymbol{P}_f)\boldsymbol{X}(t_f)\end{aligned} \tag{7-71}$$

其中，$\Delta t_1 = t_r - t_f$ ，表示系统重构延时。

借鉴 $\tilde{\boldsymbol{J}}_f$ 的计算思路，推导 $\tilde{\boldsymbol{J}}_r$ 的具体表达式，用到的中间矩阵有

$$\boldsymbol{S}_r = \begin{bmatrix} \boldsymbol{Q}+\boldsymbol{K}^{\mathrm{T}}\boldsymbol{R}\boldsymbol{K} & -\boldsymbol{Q}-\boldsymbol{K}^{\mathrm{T}}\boldsymbol{R}\boldsymbol{K} & \boldsymbol{0} & -\boldsymbol{K}^{\mathrm{T}}\boldsymbol{R}\boldsymbol{N}_a & \boldsymbol{0} \\ -\boldsymbol{Q}-\boldsymbol{K}^{\mathrm{T}}\boldsymbol{R}\boldsymbol{K} & \boldsymbol{Q}+\boldsymbol{K}^{\mathrm{T}}\boldsymbol{R}\boldsymbol{K} & \boldsymbol{0} & \boldsymbol{K}^{\mathrm{T}}\boldsymbol{R}\boldsymbol{N}_a & \boldsymbol{0} \\ \boldsymbol{0} & \boldsymbol{0} & \boldsymbol{C}_f^{\mathrm{T}}\boldsymbol{P}\boldsymbol{C}_f & -\boldsymbol{C}_f^{\mathrm{T}}\boldsymbol{P} & \boldsymbol{0} \\ -\boldsymbol{N}_a^{\mathrm{T}}\boldsymbol{R}\boldsymbol{K} & \boldsymbol{N}_a^{\mathrm{T}}\boldsymbol{R}\boldsymbol{K} & -\boldsymbol{P}\boldsymbol{C}_f & \boldsymbol{P}+\boldsymbol{N}_a^{\mathrm{T}}\boldsymbol{R}\boldsymbol{N}_a & \boldsymbol{0} \\ \boldsymbol{0} & \boldsymbol{0} & \boldsymbol{0} & \boldsymbol{0} & \boldsymbol{0} \end{bmatrix}$$

基于此，性能指标分量 $\tilde{\boldsymbol{J}}_r$ 可以表示为

$$\tilde{\boldsymbol{J}}_r = \int_{t_r}^{t_{mis}} \boldsymbol{X}^{\mathrm{T}}(t)\boldsymbol{S}_r\boldsymbol{X}(t)\mathrm{d}t \tag{7-72}$$

设 $\boldsymbol{P}_r$ 为以下方程的唯一负定对称矩阵解

$$\boldsymbol{G}_r^{\mathrm{T}}\boldsymbol{P}_r + \boldsymbol{P}_r\boldsymbol{G}_r = \boldsymbol{S}_r \tag{7-73}$$

则有

$$\begin{aligned}\tilde{\boldsymbol{J}}_r &= \int_{t_r}^{t_{mis}} \left\{ \left[\frac{\mathrm{d}}{\mathrm{d}t}(\boldsymbol{X}^{\mathrm{T}}(t)\boldsymbol{P}_r\boldsymbol{X}(t) \right] \right\} \mathrm{d}t \\ &= \boldsymbol{X}^{\mathrm{T}}(t_{mis})\boldsymbol{P}_r\boldsymbol{X}(t_{mis}) - \boldsymbol{X}^{\mathrm{T}}(t_r)\boldsymbol{P}_r\boldsymbol{X}(t_r) \\ &= \boldsymbol{X}^{\mathrm{T}}(t_f)\boldsymbol{e}^{\boldsymbol{G}_f^{\mathrm{T}}\Delta t_1}(\boldsymbol{e}^{G_r^{\mathrm{T}}\Delta t_2}\boldsymbol{P}_r\boldsymbol{e}^{G_r\Delta t_2} - \boldsymbol{P}_r)\boldsymbol{e}^{G_f\Delta t_1}\boldsymbol{X}(t_f)\end{aligned} \tag{7-74}$$

式中，$\Delta t_2 = t_{mis} - t_r$ ，表示系统重构时长。

取 $\boldsymbol{X}_d = [\boldsymbol{x}(t) \quad \boldsymbol{\varphi}(t) \quad \hat{\boldsymbol{f}}(t) \quad \boldsymbol{z}(t)]^{\mathrm{T}}$ ，同样借鉴上述计算思路，推导 $\tilde{\boldsymbol{J}}_d$ 的表达式，用到的中间矩阵有

$$\boldsymbol{G}_d = \begin{bmatrix} \boldsymbol{A}-\boldsymbol{B}_u\boldsymbol{K} & \boldsymbol{F}\boldsymbol{C}_f & \boldsymbol{0} & \boldsymbol{0} \\ \boldsymbol{0} & \boldsymbol{A}_f & \boldsymbol{0} & \boldsymbol{0} \\ \boldsymbol{C}_2 & \boldsymbol{F}_2\boldsymbol{C}_f & \boldsymbol{F}_1 & \boldsymbol{C}_1 \\ \boldsymbol{A}_2 & \boldsymbol{0} & \boldsymbol{F} & \boldsymbol{A}_1 \end{bmatrix}, \boldsymbol{S}_d = \begin{bmatrix} \boldsymbol{0} & \boldsymbol{0} & \boldsymbol{0} & \boldsymbol{0} \\ \boldsymbol{0} & \boldsymbol{C}_f^{\mathrm{T}}\boldsymbol{P}\boldsymbol{C}_f & -\boldsymbol{C}_f^{\mathrm{T}}\boldsymbol{P} & \boldsymbol{0} \\ \boldsymbol{0} & -\boldsymbol{P}\boldsymbol{C}_f & \boldsymbol{P} & \boldsymbol{0} \\ \boldsymbol{0} & \boldsymbol{0} & \boldsymbol{0} & \boldsymbol{0} \end{bmatrix}$$

则有

$$\begin{aligned}\tilde{\boldsymbol{J}}_d &= \int_{t_f}^{t_d} \left\{ \frac{\mathrm{d}}{\mathrm{d}t}[\boldsymbol{X}_d^{\mathrm{T}}(t)\boldsymbol{P}_d\boldsymbol{X}_d(t)] \right\} \mathrm{d}t \\ &= \boldsymbol{X}_d^{\mathrm{T}}(t_d)\boldsymbol{P}_d\boldsymbol{X}_d(t_d) - \boldsymbol{X}_d^{\mathrm{T}}(t_f)\boldsymbol{P}_d\boldsymbol{X}_d(t_f) \\ &= \boldsymbol{X}_d^{\mathrm{T}}(t_f)\,(\boldsymbol{e}^{\boldsymbol{G}_d^{\mathrm{T}}\Delta\tau_1}\boldsymbol{P}_d\boldsymbol{e}^{\boldsymbol{G}_d\Delta\tau} - \boldsymbol{P}_d)\boldsymbol{X}_d(t_f)\end{aligned} \tag{7-75}$$

式中，$\Delta\tau = t_d - t_f$ ，表示系统进行故障诊断的有效时长；$\boldsymbol{P}_d$ 为以下方程的唯一负定对称矩阵解

$$\boldsymbol{G}_d^{\mathrm{T}}\boldsymbol{P}_d+\boldsymbol{P}_d\boldsymbol{G}_d=\boldsymbol{S}_d \tag{7-76}$$

将式（7－71）、式（7－74）、式（7－75）代入式（7－68）可以得到

$$\begin{aligned}\boldsymbol{J}_s&=\boldsymbol{X}^{\mathrm{T}}(t_f)(\boldsymbol{e}^{\boldsymbol{G}_f^{\mathrm{T}}\Delta t_1}\boldsymbol{P}_f\boldsymbol{e}^{\boldsymbol{G}_f\Delta t_1}-\boldsymbol{P}_f)\boldsymbol{X}(t_f)+\boldsymbol{X}^{\mathrm{T}}(t_f)\boldsymbol{e}^{\boldsymbol{G}_f^{\mathrm{T}}\Delta t_1}(\boldsymbol{e}^{\boldsymbol{G}_r^{\mathrm{T}}\Delta t_2}\boldsymbol{P}_r\boldsymbol{e}^{\boldsymbol{G}_r\Delta t_2}-\boldsymbol{P}_r)\cdot\\&\quad\boldsymbol{e}^{\boldsymbol{G}_f\Delta t_1}\boldsymbol{X}(t_f)-\boldsymbol{X}_d^{\mathrm{T}}(t_f)(\boldsymbol{e}^{\boldsymbol{G}_d^{\mathrm{T}}\Delta\tau_1}\boldsymbol{P}_d\boldsymbol{e}^{\boldsymbol{G}_d\Delta\tau}-\boldsymbol{P}_d)\boldsymbol{X}_d(t_f)\\&=\boldsymbol{X}^{\mathrm{T}}(t_f)[\boldsymbol{\Phi}_1^{\mathrm{T}}(\boldsymbol{P}_f-\boldsymbol{P}_r)\boldsymbol{\Phi}_1+\boldsymbol{\Phi}_2^{\mathrm{T}}\boldsymbol{P}_r\boldsymbol{\Phi}_2-\boldsymbol{P}_f-\boldsymbol{\Phi}_3^{\mathrm{T}}\boldsymbol{P}_d\boldsymbol{\Phi}_3+\boldsymbol{E}_d^{\mathrm{T}}\boldsymbol{P}_d\boldsymbol{E}_d]\boldsymbol{X}(t_f)\\&=\boldsymbol{X}^{\mathrm{T}}(t_f)\boldsymbol{\Gamma}(t_f,t_d,t_r,t_{mis})\boldsymbol{X}(t_f)\end{aligned} \tag{7-77}$$

其中

$$\boldsymbol{\Gamma}(t_f,t_d,t_r,t_{mis})=[\boldsymbol{\Phi}_1^{\mathrm{T}}(\boldsymbol{P}_f-\boldsymbol{P}_r)\boldsymbol{\Phi}_1+\boldsymbol{\Phi}_2^{\mathrm{T}}\boldsymbol{P}_r\boldsymbol{\Phi}_2-\boldsymbol{P}_f-\boldsymbol{\Phi}_3^{\mathrm{T}}\boldsymbol{P}_d\boldsymbol{\Phi}_3+\boldsymbol{E}_d^{\mathrm{T}}\boldsymbol{P}_d\boldsymbol{E}_d]$$

$$\boldsymbol{\Phi}_1=\boldsymbol{e}^{\boldsymbol{G}_f^{\mathrm{T}}\Delta t_1}$$

$$\boldsymbol{\Phi}_2=\boldsymbol{e}^{\boldsymbol{G}_r\Delta t_2}\boldsymbol{e}^{\boldsymbol{G}_f\Delta t_1}$$

$$\boldsymbol{\Phi}_3=\boldsymbol{e}^{\boldsymbol{G}_d\Delta\tau}\boldsymbol{E}_d$$

$$\boldsymbol{E}_d=[\boldsymbol{0}_{(N-n)\times n}\quad I_{(N-n)\times(N-n)}]$$

由此，定理 7－2 得证。由此得到系统的综合性能下降指标 J_s 关于时间的具体表达式，为后续进行可重构性的时间特性研究提供了数学依据。

（3）时间优化描述

由上述分析可知，重构系统的性能指标 J_s 可以表示成关于四个关键时刻的函数表达式 $J_s(t_f,\ t_d,\ t_r,\ t_{mis})$ 。故障发生以后，在预定重构方案的作用下，对于既定的故障发生时刻 t_f 以及规定的任务完成时间 t_{mis} ，控制系统的重构性能 J_s 只与系统的故障状态 $\boldsymbol{x}(t_f)$ 、故障诊断时间 t_d 以及重构时刻 t_r 有关。因此，在已知 $\boldsymbol{x}(t_f)$ 的前提下，可以对 t_d，t_r 进行优化，使系统的性能下降程度 J_s 达到最小，此时称系统在预定重构方案作用下的重构性能达到 J_s 意义下的最优。

同样，考虑实际任务需求，应该使重构系统的性能下降程度保持在容许范围，即 $J_s\leqslant\eta$ 。当 $J_s>\eta$ 时，系统偏离标称轨迹的程度过大，资源浪费严重，重构代价超出了其可以承受的范围，导致系统不可重构。除此之外，受执行机构物理限制的影响，系统的控制输入也需要满足约束 $u_{\min}\leqslant\|\boldsymbol{u}(t)\|_\infty\leqslant u_{\max}$ 。因此，采用如下形式的优化问题来求解系统获取诊断结果，进行重构的最佳时机 t_d^* 、t_r^* ，以及系统性能下降指标的最小值 J_s^*

$$\begin{aligned}&\min_{t_d,t_r}(J_s)\\&s.t.\begin{cases}J_s-\eta\leqslant 0\\u_{\min}\leqslant\|\boldsymbol{u}(t)\|_\infty\leqslant u_{\max}\\t_f\leqslant t_d\leqslant t_r\leqslant t_{mis}\end{cases}\end{aligned} \tag{7-78}$$

定理 7－3　对于式（7－56）描述的重构控制系统，若式（7－78）所示的优化问题存在最优解，则称采用当前容错方案的控制系统在综合性能下降指标 J_s 的意义下实际可重构。另外，满足式（7－78）中所有不等式约束的 t_d，t_r 解，即为系统可重构需要满足的诊断与重构时间条件。

参考定理 7-3，可以得到系统容许的最晚重构时刻，即

$$\tau^* = \max\{J_s^{-1}(\eta)\} \tag{7-79}$$

其中，$J_s^{-1}(\eta)$ 为方程 $J_s(t_r)=\eta$ 的解。

7.4 基于功能目标模型的复杂系统可重构性设计

航天器控制系统是一个典型的复杂系统，其重构能力不仅取决于系统构型（如执行机构构型），还取决于系统的冗余配置（包括硬件冗余和解析冗余）、性能要求等。在航天器控制系统设计阶段，需要综合考虑性能需求、重构能力等指标，进行综合设计，从而在满足性能要求的基础上提升控制系统的可重构性[8-10]。

7.4.1 复杂系统设计问题描述

7.4.1.1 概述

本节将控制系统可重构性设计划分为总体设计、子系统设计和系统分析。总体设计通过求解优化问题得到子系统的部件类型、个数和约束条件等，为子系统设计提供依据。子系统设计在总体设计的基础上，完成构型和算法等优化设计。系统分析则用于分析设计结果的性能并作为调整设计的依据。

总体设计、子系统设计及系统分析之间的关系如图 7-8 所示。总体设计为每个子系统设计提供设计目标与设计指令（部件类型、配置数量、设计指标及约束条件等），由子系统完成设计。总体设计和子系统设计都需要转化为优化问题，总体设计与子系统设计共同完成系统设计。而系统分析对于系统设计也起到至关紧要的作用，设计出的系统是否合理，是否能够满足多目标设计的要求，需要通过系统分析进行检验。系统分析的结果是调整总体设计和子系统设计的重要参照。

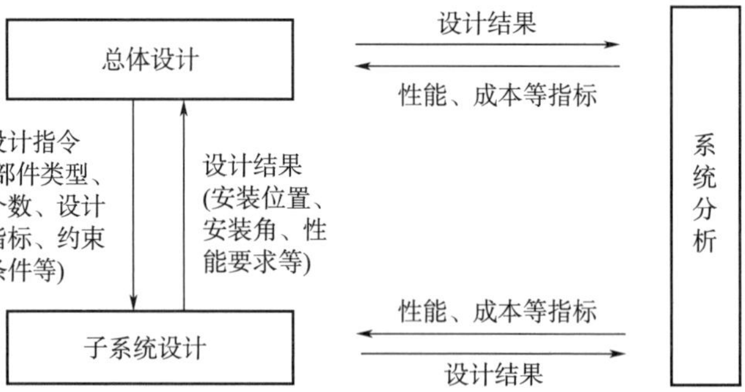

图 7-8 总体设计、子系统设计和系统分析关系图

本节将控制系统设计问题转化为数学优化问题，通过求解优化问题，得到设计方案。如设计一个控制系统，设计变量为 $\boldsymbol{\theta}=(x_1, x_2, \cdots, x_p)$ ，其可以转化为如下优化问题

$$\min y = f(\boldsymbol{\theta})$$
$$s.t.\begin{cases}\boldsymbol{\theta} \in [\boldsymbol{\theta}_{\min}, \boldsymbol{\theta}_{\max}] \\ g(\boldsymbol{\theta}) \leqslant \varepsilon\end{cases} \tag{7-80}$$

7.4.1.2　设计指标体系

系统设计中，设计指标可以分为成本指标和性能指标。成本指标包括质量、经济成本、能耗等，这种指标越小越有利；性能指标包括冗余度、可靠性等，这种指标越大越有利。度量和分析可重构性是一个复杂问题，其评价指标需要能够全面反映子系统上述各种因素对可重构性的影响。总体设计和子系统设计的性能指标的综合分析对设计过程非常重要。本节采用层次分析法定义了指标系统，如图 7-9 所示。

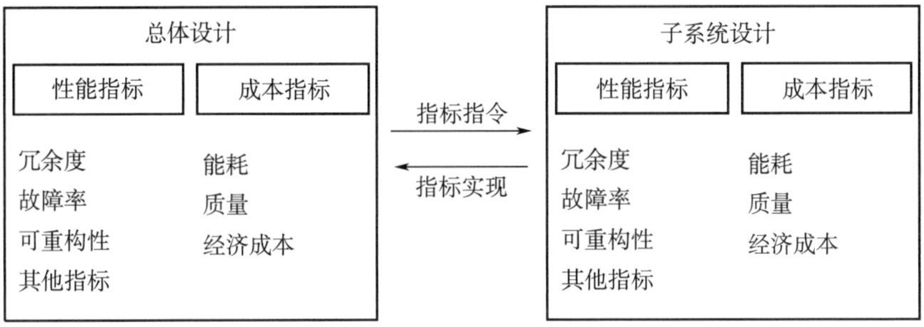

图 7-9　评价指标系统

总体设计为子系统设计提供了性能指标，最终通过子系统设计实现系统设计。下面给出了各个度量指标的含义及计算方法。

（1）能耗、质量和经济成本

由于运载能力的限制，航天器资源严重受限，因此航天产品对能耗和质量提出了严格的限制。此外，随着航天技术的飞速发展，航天器大量投入研制和使用，从经济效益的角度，对其经济成本也提出了限制。目前，能耗、质量和经济成本已成为航天器设计过程中必须考虑的指标。

（2）冗余度

冗余度描述系统的冗余程度。如果系统中所有独立 MRU 个数为 m ，去掉任意的 r_i 个最小重构单元，该配置仍然约束可行，则该子系统的冗余度为 r_i 。冗余度体现了系统的故障识别及容错处理能力，增加冗余度可以提高系统的可重构性。但冗余的增加必然会增加系统的成本，降低系统的可靠性；且受限于体积、质量、载荷等，冗余不可能无限增加。

增加冗余并不是简单地增加组件个数，其与安装位置、安装方式和组件状态相关。例如，推力器子系统能否实现预定目标很大程度上取决于推力器安装方式。

（3）故障率

故障率是可靠性指标，描述部件、子系统或者系统发生故障的可能性。根据可靠性理论可以将部件之间理解为串联关系（不考虑冗余）。n 个串联关系部件的失效率分别为 λ_1，

…，λ_n ，则系统的故障率为

$$\lambda = 1-(1-\lambda_1)(1-\lambda_2)\cdots(1-\lambda_n) = 1-\prod_{i=1}^{n}(1-\lambda_i) \tag{7-81}$$

若 n 个部件间为并联关系，则故障率为

$$\lambda = 1-\prod_{i=1}^{n}\lambda_i \tag{7-82}$$

（4）可重构性

可重构性指标用于度量系统发生故障时的重构能力，详见第 6 章。

（5）其他指标

在航天器控制系统设计时，还需考虑敏感器（陀螺、星敏感器等）、执行机构（动量轮、推力器）子系统的性能评价指标；子系统之间存在多学科性，对不同的子系统，评价指标和评价方法不同。

例如，对于以陀螺为组件的敏感器系统，设共配置 s 个陀螺，其测量方程为

$$\boldsymbol{\tau} = \boldsymbol{H}\boldsymbol{\omega} \tag{7-83}$$

其中

$$\boldsymbol{\tau} = [\tau_1, \tau_2, \cdots, \tau_s]^{\mathrm{T}}$$

$$\boldsymbol{\omega} = [\omega_x \quad \omega_y \quad \omega_z]^{\mathrm{T}}$$

式中 $\boldsymbol{\tau}$ ——陀螺的测量值；

$\boldsymbol{\omega}$ ——姿态角速度；

$\boldsymbol{H}_{s\times 3}$ ——测量矩阵。

所以可得

$$\boldsymbol{\omega} = (\boldsymbol{H}^{\mathrm{T}}\boldsymbol{H})^{-1}\boldsymbol{H}^{\mathrm{T}}\boldsymbol{\tau}$$

所有陀螺不共面的条件为

$$\mathrm{rank}(\boldsymbol{H}^{\mathrm{T}}\boldsymbol{H}) = 3 \tag{7-84}$$

因此可提出以 $f(\theta) = |\boldsymbol{H}^{\mathrm{T}}(\theta)\boldsymbol{H}(\theta)|$ 作为性能指标，$f(\theta)$ 越大，陀螺敏感器的性能指标越好。

对于执行机构，可采用 7.3.1.2 节提出的可达集的最小半径 r 、可达集的体积 V_{ams} 作为其性能指标。

值得注意的是，由于不同子系统的多学科特性导致指标的大小、单位、物理意义之间存在巨大差异，导致在优化设计中难以分析比较。有必要设计适当的无量纲化方法，将不同物理意义或数量级的指标去掉单位、缩放到统一的数量级。

7.4.1.3 子系统可行性判断

航天器控制系统各个子系统的差异较大，没有通用的可行性判定方法。本节介绍陀螺、动量轮和推力器的可行性判断方法。

对于陀螺而言，根据式（7-84），可知最少 3 个不共面陀螺可以量测出系统三轴角速度。对于共 N 个陀螺，冗余度要求为 r_g 的陀螺系统，其判断方法为任意去掉 r_g 个陀螺，

剩余陀螺构型满足式（7-84）。

对动量轮和推力器而言，在优化设计过程中，需判断其输出是否能够达到三维控制力矩要求。本节采用 7.3.1.2 节中的可行性判断方法，将可达集最小半径 r 、可达集体积 V_{ams} 作为执行机构的可行性指标。

7.4.1.4　功能目标设计

本节需要用到第 6 章中重构单元（RU）、最小功能（MF）、最小重构单元（MRU）、功能（F）、目标（O）、可行集（FS）等定义。首先给出功能目标关系和功能目标设计的定义。

功能目标关系：系统的功能与目标逻辑关系的 And-Or 关系图，称为系统的功能目标关系。它的每一层都由功能层、目标层组成。在功能目标关系中，F_0 称为总功能，$O_{F_0,i}$ 称为顶层目标，$O_{F_0,i}$ 的可行集 $FS_{O_{F_0,i}}$ 称为顶层可行集。

功能目标设计：根据用户需求明细，定义出系统总功能、子功能及不同功能及其目标，并建立设计对象的功能目标关系图的过程，称为功能目标设计。

对于待设计系统，可以按照功能→子功能→…→最小功能从顶向下的顺序设计系统的各级功能，然后定义出各级功能的目标，以实现功能目标设计。

本节的功能目标关系虽然形式上与第 6 章相同，但是设计过程并不相同。功能目标分析的对象是已知系统，对其分解得到功能目标关系；而对于未知系统，只有根据用户需求明细及工程经验，建立功能及目标，才能搭建出功能目标关系。因此提出功能目标关系的建立步骤如下：

1）功能分解：将系统总功能分为不同的子功能，必要时需进一步划分，直到最底层功能易于实现时可停止；

2）根据系统明细，定义各个功能的目标；

3）搭建功能目标关系，分析是否合理。

在航天器控制系统设计过程中，首先将系统按照功能分解为控制器、敏感器、故障诊断和执行机构四个部分。然后依次确定各个部分的子功能及每个功能的目标。图 7-10 为一个两层功能目标关系图。其中，$O_{F_0,1}$ 表示总功能的目标；$F_{1,1}$ 功能定义为执行机构驱动功能，$F_{1,2}$ 表示为敏感器量测功能，$F_{1,3}$ 表示控制器，$F_{1,4}$ 表示故障诊断。$O_{F_{1,1},1}$ 和 $O_{F_{1,1},2}$ 之间为或门（Or）逻辑关系，为执行机构驱动功能设计的两个不同的任务模式。$F_{1,1}$，$F_{1,2}$，$F_{1,3}$ 和 $F_{1,4}$ 为与门（And）逻辑关系。

7.4.1.5　最小实现分析

子系统的最小实现：满足约束可行的子系统的一个可行配置，且去掉任意组件，该配置不可行，称为子系统的最小实现。

本节介绍子系统的最小实现分析方法，步骤如下：

1）针对冗余度要求 r_i ，确定约束可行的最小组件数量 N ，判断过程如下：

a）无约束最少执行机构个数为 m_0，则约束可行的最少个数为 $N=m_0+r_i$；

b）设 $N-r_i$ 个执行机构组合的集合为 Γ ，根据 7.3.1.2 节依次判断 Γ 中的配置是否

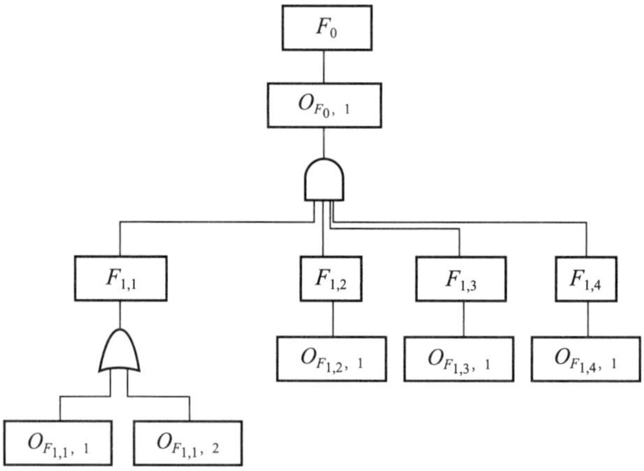

图 7-10　功能目标关系图

约束可行；

c）若都约束可行，则停止；否则令 $N=N+1$， 回到 b）。

2）用 N 个组件设计子系统，建立优化问题：

a）确定优化变量 $\boldsymbol{\theta}$ 及取值范围 $[\boldsymbol{\theta}_{\min}, \boldsymbol{\theta}_{\max}]$ ；

b）提出优化目标 $f(\boldsymbol{\theta})$ ；

c）建立约束条件 $g(\boldsymbol{\theta})$ ；

d）提出可行的判断条件；

e）求解优化问题。

3）判断设计出的系统冗余度是否为 r_i ，判断子系统是否满足其他设计要求。若不满足则增加组件数量，回到第 2） 步。

通过功能目标设计及最小实现分析，可以得到约束条件、自变量取值范围等子系统的性能要求。

7.4.2　航天器控制系统可重构性设计

系统设计的实现：是指通过功能目标设计和最小实现分析，建立总体设计优化方程，求解优化问题得到总体设计结果。通过功能目标分析，反馈调整系统设计，最终得到系统的可行配置，称为系统设计的实现，简称系统实现。在不同的顶层目标条件下，系统实现不同。相应的，通过功能目标分析，反馈调整子系统设计，最终得到子系统的可行配置，称为子系统设计的实现，简称为子系统实现。

系统最小实现是指满足所有顶层目标约束的最优可行配置，且减少任意的组件后，不能满足所有的设计目标。

系统实现的冗余度取决于各个子系统（子功能）的冗余度 r_i ，且满足 $r=\min\{r_i\}$ 。

7.4.2.1　设计流程

航天器控制系统可重构性设计流程如图 7-11 所示。图中的信号关系见表 7-1。

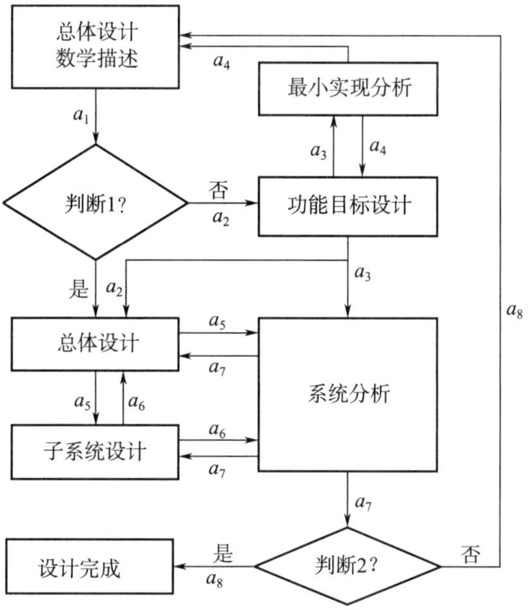

图 7-11　系统可重构性设计流程图

表 7-1　设计流程图介绍表

序号	信息
a_1	总体设计数学描述
a_2	描述的完整性与可解性判断结果
a_3	系统级功能目标设计结果
a_4	最小实现分析结果
a_5	系统级设计要求
a_6	子系统设计结果
a_7	功能目标满足情况分析结果
a_8	功能目标满足情况判断结果

具体实施步骤为：

1）建立总体设计数学描述。

2）判断描述是否完整，能否求解；如果不行则转入步骤 3)，否则转入步骤 6)。

3）功能目标设计。

4）最小实现分析。

5）将分析结果转入 1）中重新描述设计问题。

6）总体设计问题求解。

7）子系统设计。

8）对系统进行可重构性分析，并且将分析结果反馈给 6）和 7），有需要时调整设计。

9）判断分析结果是否满足系统全部设计要求，可以，则设计完成，否则，将分析结果反馈到 1）中，调整设计问题，并且回到步骤 1）。

以上的设计步骤可用流程图（图 7－11）表示。图 7－11 所示的设计流程中有以下几点需要说明：

（1）设计流程中的 2 个判断环节

判断 1 中包含 2 点：1）判断功能目标关系是否能包括系统设计所有目标；2）判断建立的系统优化方程（包括最优函数、自变量值域、约束条件等）是否完整。

判断 2 中包含判断实现的分析结果是否达到设计目标；分析按照目标并集设计的系统能否满足多目标设计需求。

（2）该设计流程包含 3 个反馈环节

图 7－11 中，a_1、a_2、a_3 和 a_4 组成第一个反馈回路，称为回路Ⅰ；a_5、a_6 和 a_7 组成第二个反馈回路，称为回路Ⅱ；回路Ⅰ、回路Ⅱ和 a_7、a_8 组成第三个反馈回路，称为回路Ⅲ。回路Ⅰ用于建立总体设计的数学模型，并在总体设计中加入子系统的性能要求，包括自变量、自变量取值范围、约束条件、性能要求等。回路Ⅱ用于完成系统设计，包括子系统设计、总体设计和系统分析三个部分，这三个部分相互反馈，承担着多目标设计问题。当回路Ⅱ无法得到满足要求的设计结果时，回路Ⅲ发挥作用，此时需要重新调整总体设计的数学描述。

（3）可行性分析问题

最小实现分析、子系统设计、总体设计中，都需要判断设计方案是否可行，包括是否能够满足可重构性判定条件、用户提出的多种控制目标和约束条件。鉴于敏感器、执行机构等涉及多个不同特性，需要为不同子系统分别建立可行性判断条件。本书仅给出了动量轮、推力器及陀螺子系统的可行性判断方法。

（4）优化函数问题

最小实现分析、子系统设计、总体设计中都将设计问题转化为优化问题，通过求解优化问题得到设计结果。对于同一个优化问题，采用不同的优化目标函数，也会得到不同的优化结果。此时，涉及优化目标函数选择问题。对不同设计要求的系统，可以建立不同的优化目标函数，该优化目标函数和用户需求及子系统性能有关。用户在提出设计问题时，一般会给出多种设计指标，以这些设计指标为基础，即可形成优化目标函数。同时，子系统设计的优化指标和总体设计的优化指标应具有一致性，以便于满足完成系统设计要求。

（5）最小实现的多解问题

最小实现分析可以帮助建立完整的总体设计问题，为其完善自变量及取值范围、优化目标、约束条件等提供参考。但是最小实现也可能存在多解。比如，敏感器子系统的解可能是 3 个陀螺加一个星敏感器（简称星敏定姿）或者 3 个陀螺加一个太阳敏感器、一个红外地球敏感器（简称双矢量定姿）。此时组件个数的取值范围是陀螺最少 3 个，星敏感器或（太阳敏感器＋红外地球敏感器）至少有一种，即在星敏感器和太阳敏感器、红外地球敏感器的取值上附加约束条件，来完成数学问题的转化。

（6）总体设计的多解问题

总体设计过程为：首先通过反馈回路 I 将设计问题转化为优化问题，然后求解该优化问题得到总体设计的结果。该环节出现多解时，优化目标不能区分不同配置。根据设计要求，可以采用新的指标，进一步区分不同配置，进而选择更合理的设计结果。在反馈回路Ⅱ中，通过功能目标分析、总体设计、子系统设计之间的相互反馈，可以完成多解的选择问题。

准则 4　通过功能目标设计和最小实现分析，可以调整总体设计中的优化目标、自变量及其取值范围、约束条件等，以使得在总体设计中能加入子系统的设计要求。

7.4.2.2　设计实例

设计航天器控制系统，执行机构为动量轮，敏感器由陀螺和光敏相互备份。性能要求：控制系统总重量小于 50 kg，执行机构任意方向的最小输出力矩为 0.2 N·m 和 0.7 N·m 两个级别，总造价低于 200 万元。每个组件的重量、性能以及价格见表 7-2。

表 7-2　组件表

组件	重量/kg	性能/N·m	价格/万元
动量轮	5	−0.5～0.5	10
光敏	10		50
单轴陀螺	2.5		15

航天器控制系统可重构性设计流程如下：

1）建立总体设计数学描述。设有 x_1 个动量轮，$x_2(x_2 \geqslant 1)$ 个光敏，$x_3(x_3 \geqslant 1)$ 个陀螺。自变量取值范围待定。

性能要求为：控制系统重量小于 50 kg，总造价低于 200 万元。定义动量轮任意方向上，动量轮可以提供的最小力矩为 $F_w \geqslant 0.2$ N·m 或 $F_w \geqslant 0.7$ N·m。

可达集最小半径的物理意义是执行机构输出的最小力矩，即最小力矩约束条件化为：$r \geqslant 0.2$ 或 $r \geqslant 0.7$。

根据性能要求得到的约束条件为

$$\begin{cases} 5x_1 + 10x_2 + 2.5x_3 \leqslant 50 \\ r \geqslant 0.2 \text{ 或 } r \geqslant 0.7 \\ 10x_1 + 50x_2 + 15x_3 \leqslant 200 \end{cases} \tag{7-85}$$

设各个子系统冗余度为 r_i，目标是使得系统总的冗余度最大，因此得到下式

$$\min y = -a_1 \sum r_i - (1 - a_1)\min\{r_i\} \tag{7-86}$$

其中，第一项为各个组件冗余度的和，用于表示总的冗余程度；第二项表示系统冗余度；a_1 用于调整两项在优化中占的比重。

2）数学问题描述还不完整，缺少各个自变量的取值范围，还不能求解。转入步骤 3）。

3）功能目标设计。系统总功能分为四个部分，分别为 $F_{1,1}$（驱动功能），$F_{1,2}$（量测功能），$F_{1,3}$（控制器）和 $F_{1,4}$（故障诊断），下面建立各个功能的目标。

顶层目标为

$$\begin{cases}5x_1+10x_2+2.5x_3\leqslant 50\\ r\geqslant 0.7\\ 10x_1+50x_2+15x_3\leqslant 200\end{cases} \tag{7-87}$$

每个子功能的目标见表 7-3。

表 7-3 目标分析表

符号	具体目标
$O_{F_{1,1},1}$	$r\geqslant 0.7$
$O_{F_{1,2},1}$	陀螺子系统满足式(7-84)
$O_{F_{1,3},1}$	具备控制和控制分配能力法
$O_{F_{1,4},1}$	具备故障检测和隔离能力

4）最小实现分析。按照 7.4.1.5 节给出的步骤，完成各个子系统的最小实现分析。在分析过程中，对于已有成熟结论的子系统，直接采用成熟结论，以简化分析过程。

a）$F_{1,1}$ 最小实现分析。

若在三维空间任意方向都能输出控制力矩，则至少需要在三个不同方向上安装动量轮。动量轮的输出能力受安装方式的影响，在分析可达集最小半径时应优化安装方式。

对于三个动量轮的情况，已有成熟结论表明三正装动量轮输出能力最强，但此时 $r(\theta)=0.5$，不能满足设计要求（$r\geqslant 0.7$）。

增加一个动量轮，重新设计最小实现。为了便于分析，直接采用式（7-88）所示的三正装一斜装构型。此时的最小半径是 0.707 1，满足要求。

$$\boldsymbol{B}_0=\begin{bmatrix}1 & 0 & 0 & 1/\sqrt{3}\\ 0 & 1 & 0 & 1/\sqrt{3}\\ 0 & 0 & 1 & 1/\sqrt{3}\end{bmatrix} \tag{7-88}$$

所以，若要执行机构约束可行，最少需要 4 个动量轮，即 $x_1\geqslant 4$。

b）$F_{1,2}$ 最小实现分析。

与动量轮分析过程类似，为了实现测量功能，采要三轴正装。通过分析可知，此功能实现需满足 $x_3\geqslant 3$。

由于陀螺组件和光敏组件相互冗余，因此无故障时，$F_{1,2}$ 的冗余度为陀螺和光敏的冗余度的最小值加 1。如果陀螺组件冗余度为 1，光敏为 0，$F_{1,2}$ 的冗余度为 1。

c）其他功能的最小实现。

$F_{1,3}$ 和 $F_{1,4}$ 为相应的控制算法和故障诊断方法，目前研究比较广泛。例如，$F_{1,3}$ 可以采用积分滑模控制方法和基于可达集的控制分配方法，$F_{1,4}$ 可以采用基于模型的故障诊断方法。

5）将分析结果转入1）中重新描述设计问题。

通过子系统的最小实现分析，得到了自变量取值范围

$$x_1 \geqslant 4, x_2 \geqslant 1, x_3 \geqslant 3 \tag{7-89}$$

根据优化目标［式（7-86）］，约束方程［式（7-87）］，自变量取值范围［式（7-89）］，构建下列优化问题

$$\min y = -a_1 \sum r_i - (1-a_1)\min\{r_i\}$$
$$s.t.\begin{cases} x_1 \geqslant 4, x_2 \geqslant 1, x_3 \geqslant 3 \\ r \geqslant 0.7 \\ 5x_1 + 10x_2 + 2.5x_3 \leqslant 50 \\ 10x_1 + 50x_2 + 15x_3 \leqslant 200 \end{cases} \tag{7-90}$$

6）总体设计优化问题求解。求解优化问题［式（7-90）］，解的结果不唯一，与参数 a_1 的选择有关。当 $a_1=1$ 时，该优化问题为线性规划问题，可以选择的结果为：

a）$x_1=4$，$x_2=2$，$x_3=4$。$F_{1,1}$ 的冗余度为0，$F_{1,2}$ 的冗余度为2，系统冗余度为0，优化目标为 $y=-(0+2)=-2$；

b）$x_1=5$，$x_2=1$，$x_3=4$。$F_{1,1}$ 的冗余度为1，$F_{1,2}$ 的冗余度为1，系统冗余度为1，优化目标为 $y=-(0+2)=-2$。

结果a）偏向于增加敏感器冗余，结果b）偏向于增加执行机构冗余。如果进一步增加可靠性指标或其他指标，可以得到具体的方案。这里选择结果a)，并且继续按照设计流程设计系统。

7）子系统设计。对于 $F_{1,1}$ 和 $O_{F_{1,1},1}$，按照第5）步设计的系统，这里需要优化设计四轮控子系统。为了简化设计过程，采用已有的三正一斜装方式［式（7-88）］。设计的结果可以实现目标 $O_{F_{1,1},1}$。对于 $F_{1,2}$ 和 $O_{F_{1,2},1}$，两套光敏设备各自安装，无须设计。对于4个陀螺组件，类似于7.3节所讲的方法，需求解优化设计问题。这里为了简化分析过程，采用三正装一斜装的安装方式，安装矩阵同式（7-88）。

8）对系统进行可重构性分析，并将分析结果反馈给6）和7)，必需时可调整设计结果。

首先，设计出的系统能够满足设计问题［式（7-90）］。下面介绍如何通过功能目标模型分析系统可重构性及故障后如何选择重构策略。

通过所有目标并集设计的实现能保证性能要求，在多目标分析中不一定存在较多的可行配置供选择。为了分析系统多目标下的性能，需要引入功能目标模型分析系统。首先建立最小重构单元表，见表7-4。

表7-4　最小重构单元表

功能	最小重构单元	配置
$F_{1,1}$	$w1, w2, w3, w4$	4个动量轮
$F_{1,2}$	$ss1, ss2, g1, g2, g3, g4$	2个星敏感器和4个陀螺

续表

功能	最小重构单元	配置
$F_{1,3}$	cc	控制律和控制分配算法
$F_{1,4}$	fdi	故障诊断隔离算法

a）建立功能目标关系。顶层目标根据不同的执行机构输出能力分为两种，$O_{F_0,1}$ 和 $O_{F_0,2}$（$r \geqslant 0.2$ 或 $r \geqslant 0.7$），此时的功能目标关系图如图 7－12 所示，具体目标见表 7－5。

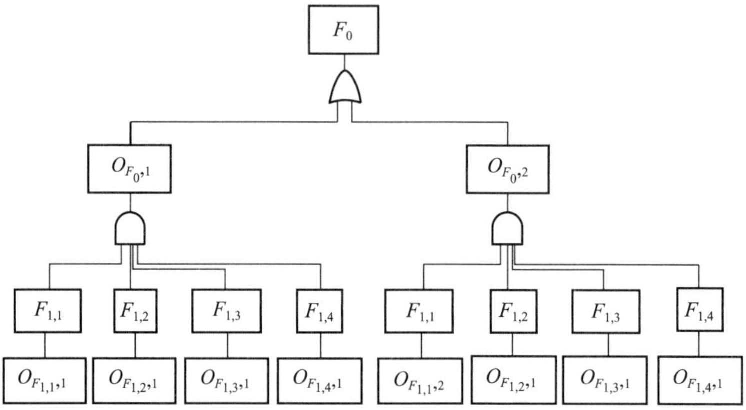

图 7－12　功能目标关系图

表 7－5　目标分析表

符号	具体目标
$O_{F_{1,1},1}$	$r \geqslant 0.2$
$O_{F_{1,1},2}$	$r \geqslant 0.7$
$O_{F_{1,2},1}$	陀螺组件满足式(7－84)
$O_{F_{1,3},1}$	控制律和控制分配算法
$O_{F_{1,4},1}$	故障检测和隔离算法

b）建立子系统可行集。子系统可行集表见表 7－6。

表 7－6　系统可行集表

可行集	配置	数量
$FS_{F_{1,1},1}$	$\{w1,w2,w3,0.5\},\{w1,w2,w4,0.2887\},\{w1,w3,w4,0.2887\},\{w2,w3,w4,0.2887\}$	4
$FS_{F_{1,2},1}$	$\{w1,w2,w3,w4,0.7071\}$	1
$FS_{F_{1,1},2}$	$\{\{ss1\},\{ss2\},\{ss1,ss2\}\}\cup\{\{g1,g2,g3,g4\},\{g1,g2,g3\},\{g1,g2,g4\},\{g1,g3,g4\},\{g2,g3,g4\}\}$	15
$FS_{F_{1,3},1}$	$\{cc\}$	1
$FS_{F_{1,4},1}$	$\{fdi\}$	1

注：$FS_{F_{1,1}1}$ 和 $FS_{F_{1,1}2}$ 中的最后一个参数为最小可达集半径。

顶层可行集是各个子系统可行集的并集，可用表 7-7 表示。

表 7-7　顶层可行集表

可行集	明细	数量
$FS_{F_0,2}$	$FS_{F_{1,1},2} \cup FS_{F_{1,2},1} \cup FS_{F_{1,3},1} \cup FS_{F_{1,4},1}$	15
$FS_{F_0,1}$	$FS_{F_{1,1}1} \cup FS_{F_{1,2},1} \cup FS_{F_{1,3},1} \cup FS_{F_{1,4},1} + FS_{F_0,2}$	75

假设这个航天器控制系统处于 $O_{F_0,2}$ ，当 $w1$ 故障，系统 $FS_{F_0,2}$ 中不再有可行配置，系统不可重构，但是 $FS_{F_0,1}$ 中仍有可行配置，系统可以实现目标 $O_{F_0,1}$ ，即系统能够降级重构。航天器控制系统处于 $O_{F_0,2}$ ，当 $ss1$ 故障时，系统 $FS_{F_0,2}$ 中仍然有可行配置，此时系统可重构，且能实现原有重构目标。

9）系统实现的分析结果达到全部设计要求，系统可重构性设计完成。

7.5　小结

可重构性设计是提升航天器在轨自主故障重构能力的重要手段。本章首先分别基于加权理论和优化理论提出了可重构性指标分配方法，在此基础上，从两个方面提出了可重构性设计方法：1）从构型优化和时间优化两个角度开展可重构性设计研究，从空间维度，综合考虑限制约束和最小实现等因素，深度设计系统配置与安装构型；从时间维度，优化诊断时长及重构时机，实现诊断过程与重构过程的协同设计。2）针对航天器控制系统这种典型的复杂系统，基于功能目标模型，综合考虑了系统的功能目标、可重构度、故障率等指标，从大系统设计的角度给出了复杂系统可重构性的设计思路与流程。上述研究突破了诊断过程与重构过程的一体化设计、正常模式与故障模式的一体化设计的关键技术，从时空双维度实现了星上有限资源的全面开发与利用，能够大幅提升航天器控制系统的自主重构能力。

参 考 文 献

[1] 项昌毅，杨浩，程月华，等．基于启发式算法的可重构性指标分配［J］．空间控制技术与应用，2013，39（5）：7－12.

[2] 项昌毅，杨浩，程月华，等．卫星姿态控制系统的可重构性指标分配［J］．航天控制，2014，32（2）：46－52.

[3] 段文杰，王大铁，刘成瑞．卫星控制系统可重构性优化设计方法［J］．航天控制，2016，34（6）：46－52.

[4] 王世新，邢琰，王大铁，等．基于能耗最优的卫星姿控系统推力器可重构性设计［J］．航天控制，2015，33（5）：46－53.

[5] CRAWFORD B S. Configuration Design and Efficient Operation of Redundant Multi－jetsystems//Proceedings of AIAA Guidance Control and Flight Mechanics Conference. Princeton：AIAA，1969.

[6] 屠园园，王大铁，李文博．考虑时间特性影响的控制系统可重构性定量评价方法研究［J］．自动化学报，2018，44（7）：1260－1270.

[7] 屠园园，王大铁，李文博．时间对控制系统可重构性影响的量化分析［C］．第 37 届中国控制会议，武汉，2018.

[8] WANG，D Y，DUAN W J ，LIU C R，et al. An Analysis Method for Control Reconfigurability of Linear Systems［J］. Advance in Space Research，2016，57（1）：329－339.

[9] WANG D Y ，LIU C R. Reconfiguration Analysis Method for Spacecraft Autonomous Control，Mathematical Problem in Engineering，Volume 2014，2014. 4.

[10] 胡宇桑，王大铁，刘成瑞．卫星混合执行机构的可重构性研究［J］．航天控制，2014，3：44－50.

第 8 章 自主诊断重构地面仿真验证技术

8.1 引言

在系统设计与研制阶段，地面仿真验证是保证航天器在实际飞行环境中正常运行、满足任务要求的主要技术手段之一。提出的可诊断性与可重构性评价设计方法，仅仅依靠理论分析和数学仿真是远远不够的，需要将理论研究和试验验证有机结合，实现航天器自主诊断重构技术的完整研究。

半物理仿真验证系统是一种常用的地面仿真验证系统，能够完整地模拟航天器在实际环境下的飞行状态。目前，针对航天器控制系统自主诊断重构技术，专门搭建半物理仿真验证系统的研究鲜有报道。鉴于此，本章将航天器典型部件的硬件设备（主要包括：陀螺、红外地球敏感器、星敏器等）、部件下位机软件、星务软件、姿控软件、故障注入软件、自主诊断重构软件等进行有机整合，搭建了航天器控制系统的自主诊断重构地面仿真验证系统，在地面实现了航天器运行状态的真实模拟，进而全面验证了可诊断性与可重构性评价设计方法、自主诊断重构技术的有效性与正确性，为航天器的安全可靠自主运行提供了必要的验证手段。

首先，本章从系统组成、验证内容、故障注入技术三个方面介绍了航天器控制系统的自主诊断重构地面仿真验证技术；然后，重点阐述了其中的重要组成部分——可诊断性评价工具软件和可重构性评价工具软件；最后，对仿真验证结果进行归纳统计。

8.2 地面仿真验证系统简介

8.2.1 系统组成

航天器控制系统的自主诊断重构地面仿真验证系统如图 8 - 1 所示，具体组成如图 8 - 2 所示。

航天器控制系统的自主诊断重构地面仿真验证系统主要包括：

1）动力学仿真设备：模拟航天器姿态运动。

2）陀螺故障模拟设备（主要包括：转台控制计算机、三轴转台、陀螺和接口箱）：给出陀螺输出，并实现故障注入。

3）红外地球敏感器故障模拟设备（主要包括：地模控制计算机、地球模拟信号源、红外地球敏感器和接口箱）：给出红外地球敏感器输出，并实现故障注入。

4）星敏感器故障模拟设备（主要包括：星模控制计算机气浮台、动态星模拟器和星

图 8-1 航天器控制系统的自主诊断重构地面仿真验证系统

1—陀螺故障模拟设备；2—星敏器故障模拟设备；3—红外地球敏感器故障模拟设备

敏感器)：给出星敏感器输出，并实现故障注入。

5）数据采集与故障模拟控制计算机：采集各类敏感器数据，并发送故障模拟指令。

6）模拟星载计算机：实现姿态控制，并发送控制指令。

7）执行机构模拟计算机：模拟各类执行机构，并向动力学仿真设备输出驱动力矩。

8）可诊断性与可重构性评价设计计算机（包括：可诊断性评价工具软件和可重构性评价工具软件)：分析航天器控制系统的可诊断性与可重构性，并给出改进的设计建议。

9）自主诊断重构设备（主要包括：诊断重构方法库及数据存储服务器、诊断重构计算机和视景仿真计算机)：实现故障的自主诊断重构算法的运行计算及结果显示。

8.2.2 验证内容

利用航天器控制系统的自主诊断重构地面仿真验证系统，主要实现以下内容的验证：

1）故障注入技术（包括故障建模技术)；

2）自主诊断技术；

3）自主重构技术；

4）可诊断性评价与设计方法；

5）可重构性评价与设计方法。

并实现以下主要技术指标的统计：

1）故障漏报率（自主诊断重构设备)；

2）故障误报率（自主诊断重构设备)；

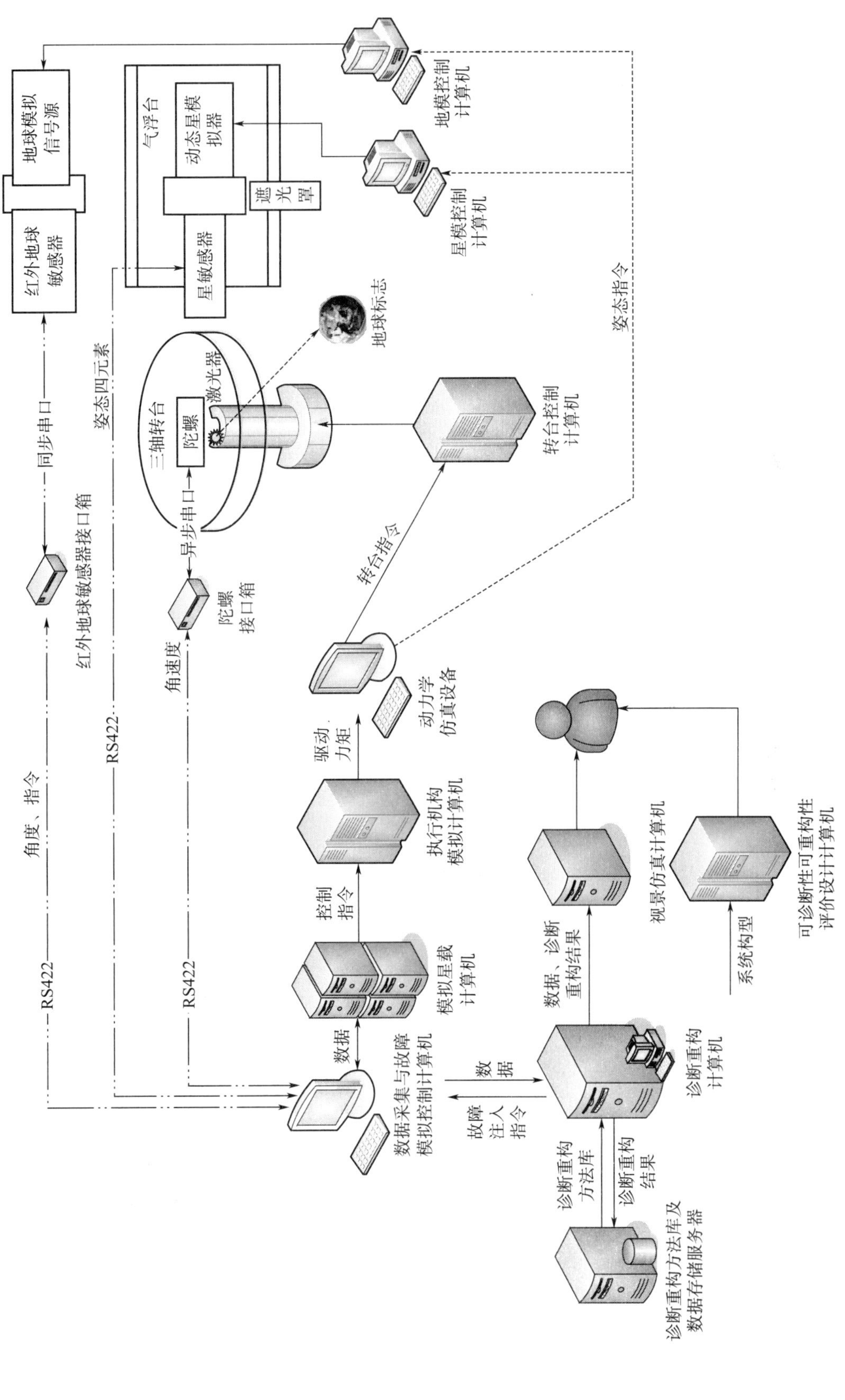

图 8－2　航天器控制系统的自主诊断重构地面仿真验证系统组成

3）诊断快速性（自主诊断重构设备）；

4）重构能耗（自主诊断重构设备）；

5）可检测率（可诊断性评价工具软件）；

6）可分离率（可诊断性评价工具软件）；

7）可重构率等（可重构性评价工具软件）。

8.2.3 故障注入技术

故障注入技术是实现可诊断性与可重构性评价设计方法、自主诊断重构技术验证的基本前提，从实现手段上主要分为三种：硬件故障注入、软件故障注入和仿真故障注入。

硬件故障注入：通过附加硬件作用于相应目标设备，使其正常工作环境发生改变从而产生故障。例如，将陀螺置于三轴转台上，通过三轴转台模拟陀螺的抖动，产生陀螺噪声增大或常值偏差增大故障。

软件故障注入：通过改变程序内存映像中的内容，利用程序变异方法产生故障。例如，通过在红外地球敏感器输出中附加一个常值偏差，使其产生常值偏差故障。

仿真故障注入：构造目标设备的数学模型，通过仿真模型或数据产生故障。例如，通过构建动量轮模型并修改摩擦力矩参数的方式，产生动量轮摩擦力矩增大故障。

以某型号航天器控制系统为验证对象，基于 74 次测试用例，得到的统计结果为：故障误报率为 4.1%、故障漏报率为 4.0%、诊断快速性为 4.24 s、重构能耗为 422 J，分别如图 8－3 和图 8－4 所示。

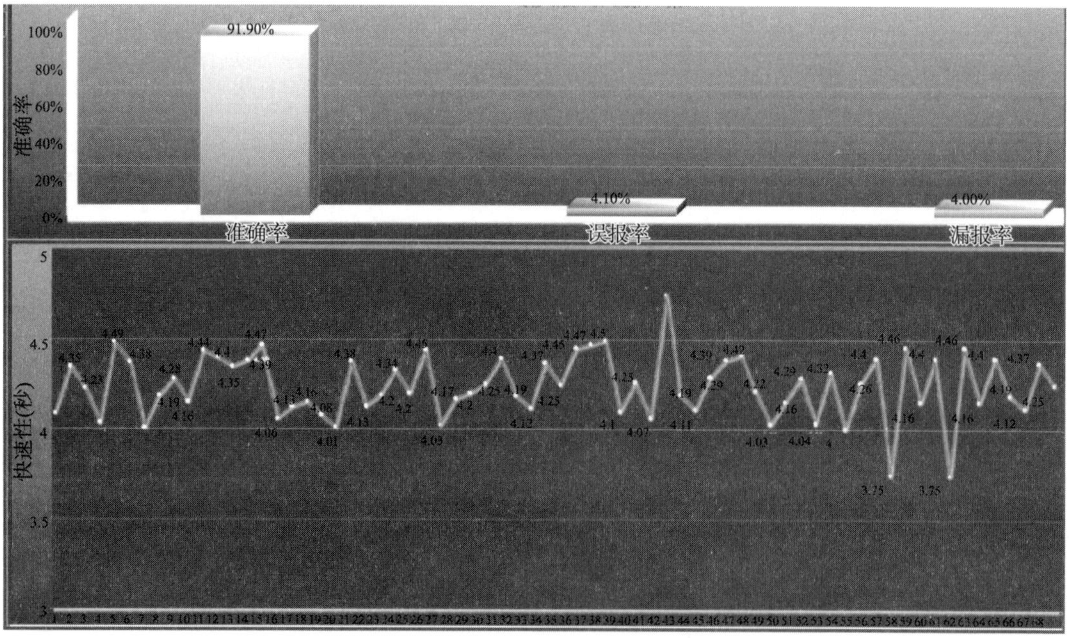

图 8－3 自主诊断技术的验证指标统计结果

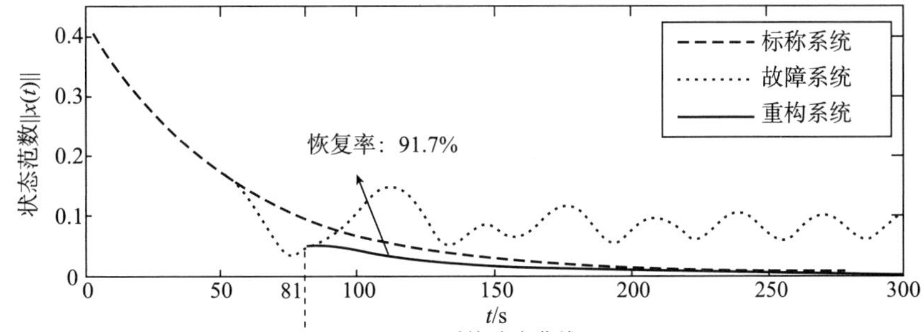

(a) 系统响应曲线

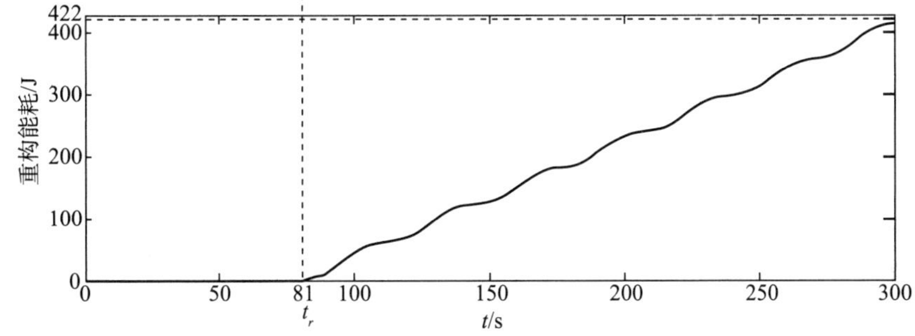

(b) 重构能耗曲线

图 8－4　自主重构技术的验证指标统计结果

8.3　可诊断性评价工具软件

可诊断性评价工具软件是基于相关性模型和解析冗余关系的可诊断性评价与设计方法研制而成的。当输入相关部件或控制系统信息之后，该软件会自动生成可诊断性评价结果，主要包括：可检测故障集合、不可检测故障集合、可分离故障集合、模糊组、可检测率和可分离率，并给出可诊断性设计建议。

本节首先给出了可诊断性评价工具软件的功能和体系结构；在此基础上，以红外地球敏感器为典型部件，以某型号航天器控制系统为典型系统，分别从部件和系统两个层面，给出了具体的评价和设计结果。

8.3.1　软件功能

可诊断性评价工具软件的主要功能包括：

1）部件信息录入功能；

2）系统信息录入功能；

3）部件库、系统库的存储与管理功能；

4）故障传播路径显示功能；

5）部件/系统可诊断性评价功能；

6）部件可诊断性薄弱环节分析与改进功能；

7）评价与设计结果查询功能；

8）用户权限管理及信息查询功能。

8.3.2　软件体系结构

可诊断性评价工具软件采用分布式结构，如图 8-5 所示，主要由客户端软件和服务器管理软件组成。

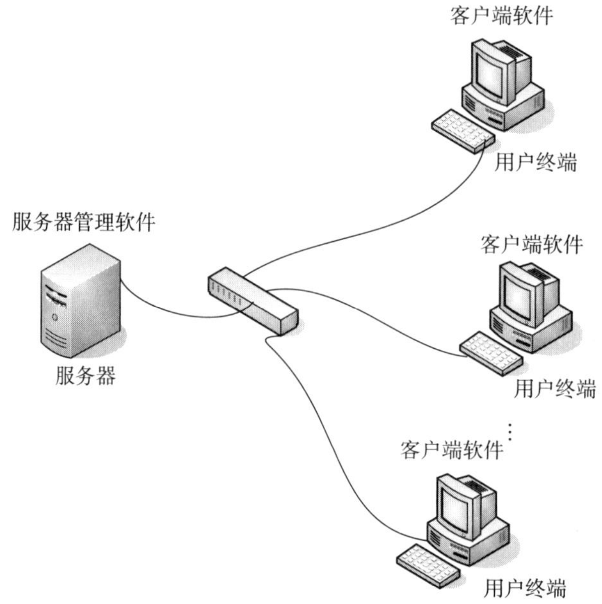

图 8-5　可诊断性评价工具软件的体系结构图

客户端框架软件实现用户管理、系统/部件信息录入、可诊断性评价、可诊断性设计、可诊断性评价与设计结果的输出等。主要包括：

1）用户管理模块；

2）图形化建模平台；

3）可诊断性评价模块；

4）可诊断性设计模块；

5）信息查询模块；

6）结果显示模块；

7）接口模块。

服务器管理软件为用户搭建可诊断性模型提供封装的部件模块，实现可诊断性模型、可诊断性评价与设计方法和结果的存储，并提供上述存储信息的调用和查询接口。主要包括：

1）部件库；

2）系统库；

3）可诊断性模型库；

4）可诊断性评价与设计方法库；

5）可诊断性评价与设计结果库；

6）用户信息库。

服务器管理软件与客户端软件各部分模块之间的关系如图 8－6 所示。

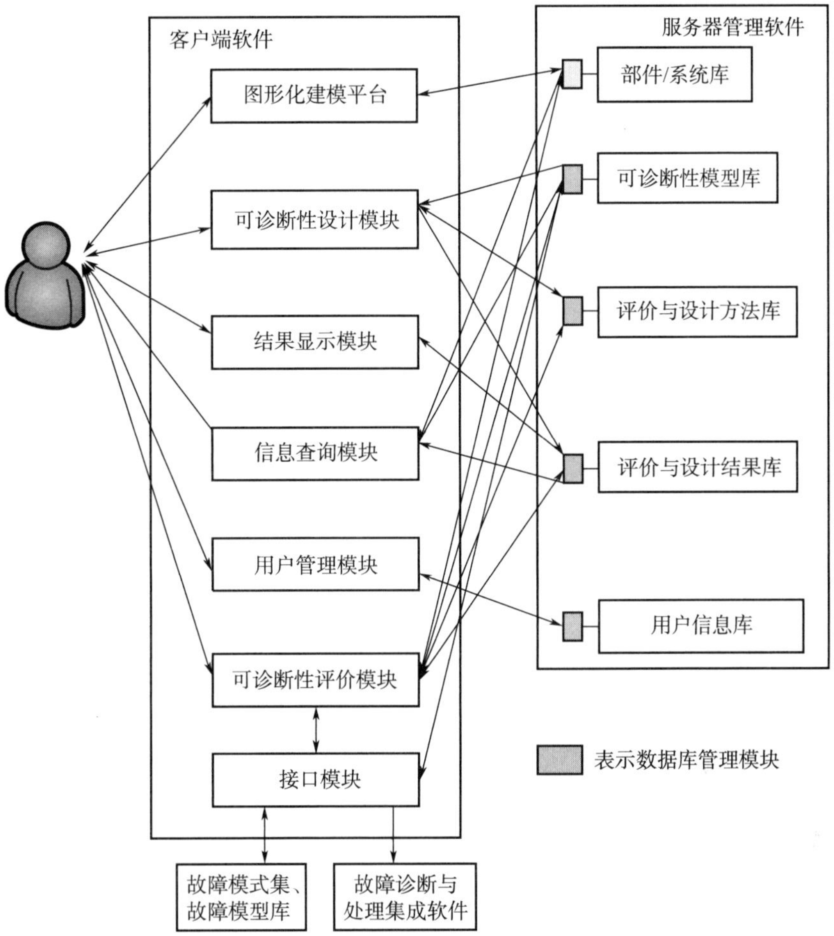

图 8－6　可诊断性评价工具软件的各功能模块关系图

8.3.3　典型部件的可诊断性评价

以红外地球敏感器为验证对象，完成该典型部件的可诊断性评价；找出现有部件测点配置情况下故障诊断的薄弱环节，在此基础上给出明确的优化设计建议。

（1）部件信息录入

录入的信息包括：功能模块内部输入与输出的影响关系、各功能模块之间的影响关系、故障对功能模块输出的影响关系，测点配置情况等，构建的红外地球敏感器可诊断性模型，如图 8－7 所示。

（2）故障影响分析

针对二次电源模块±15 V 无输出这一典型故障模式，动态显示该故障模式的传播路径，高亮显示该路径上的所有测点信息，具体如图 8－8 所示。

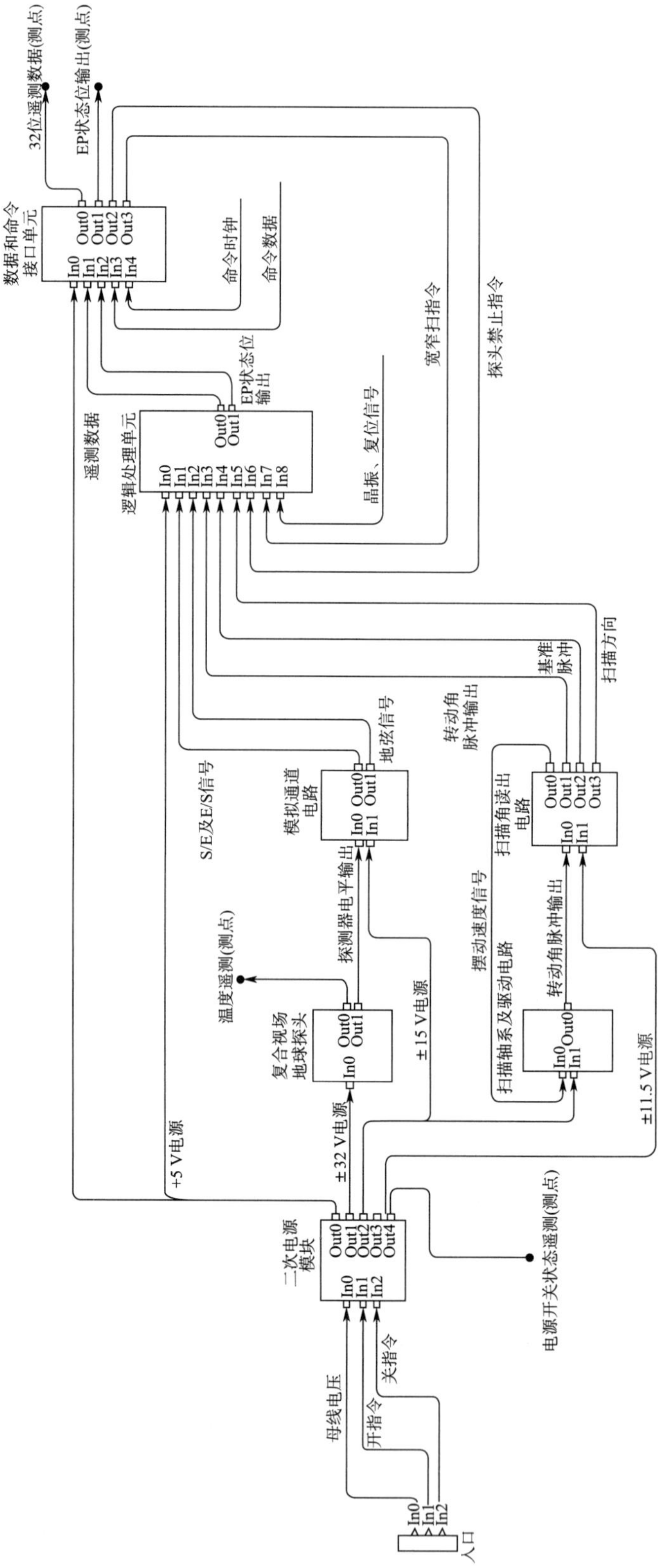

图 8-7　红外地球敏感器可诊断性模型

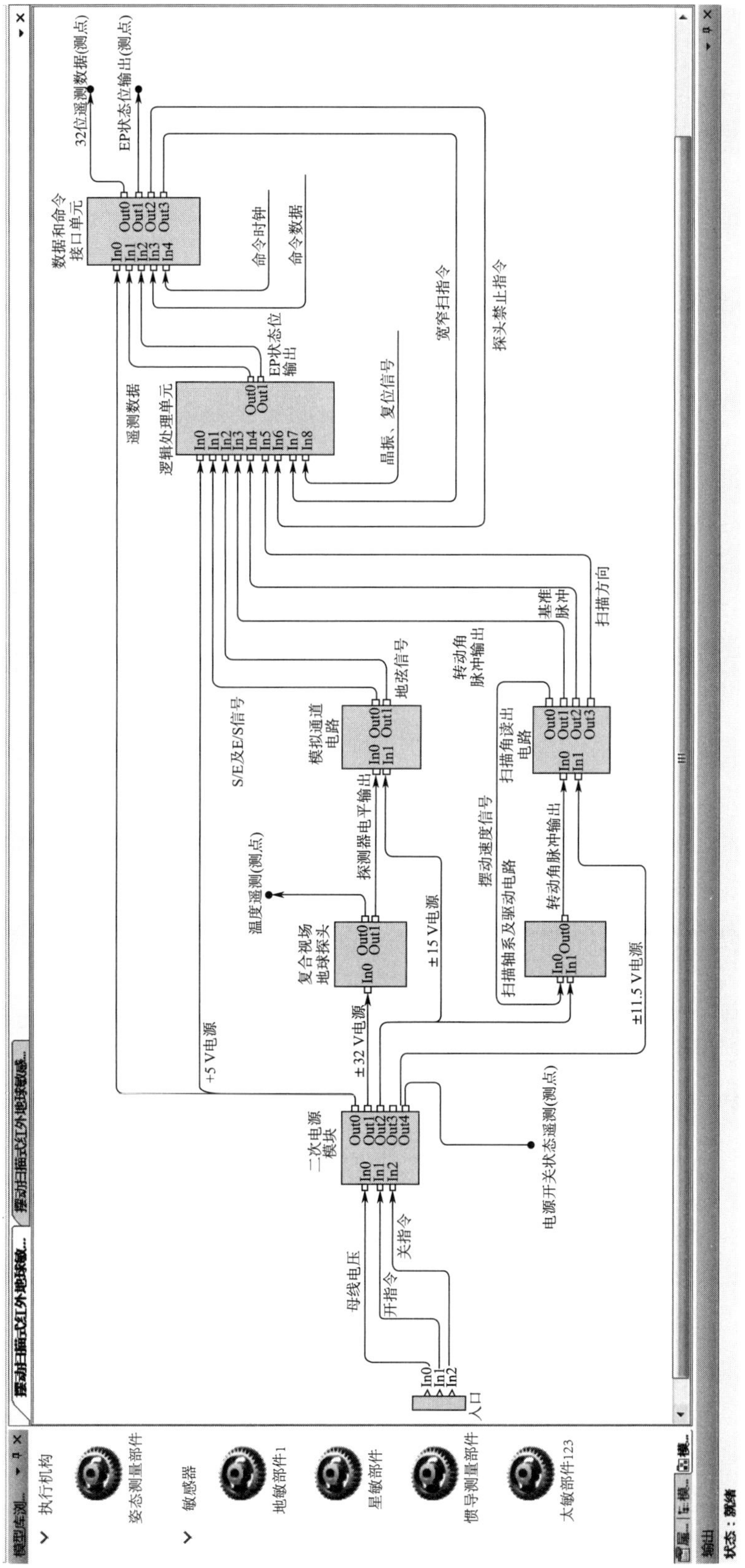

图 8-8　红外地球敏感器的一种故障模式传播路径（二次电源模块±15 V 无输出）

（3）可诊断性评价

得到的红外地球敏感器的可诊断性评价结果为：可检测率 100%、可分离率 21.74%，具体如图 8－9 所示。

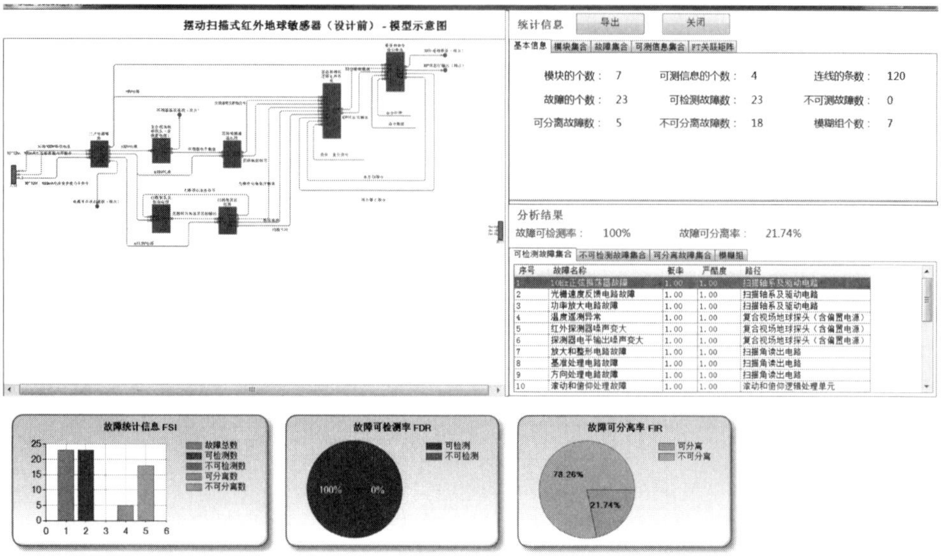

图 8－9　红外地球敏感器的可诊断性评价结果

（4）可诊断性设计

基于相关性模型的测点优化配置方法，对红外地球敏感器进行可诊断性优化设计，使得红外地球敏感器的故障可分离率由 21.74%提升到 39.13%，具体如图 8－10 所示。

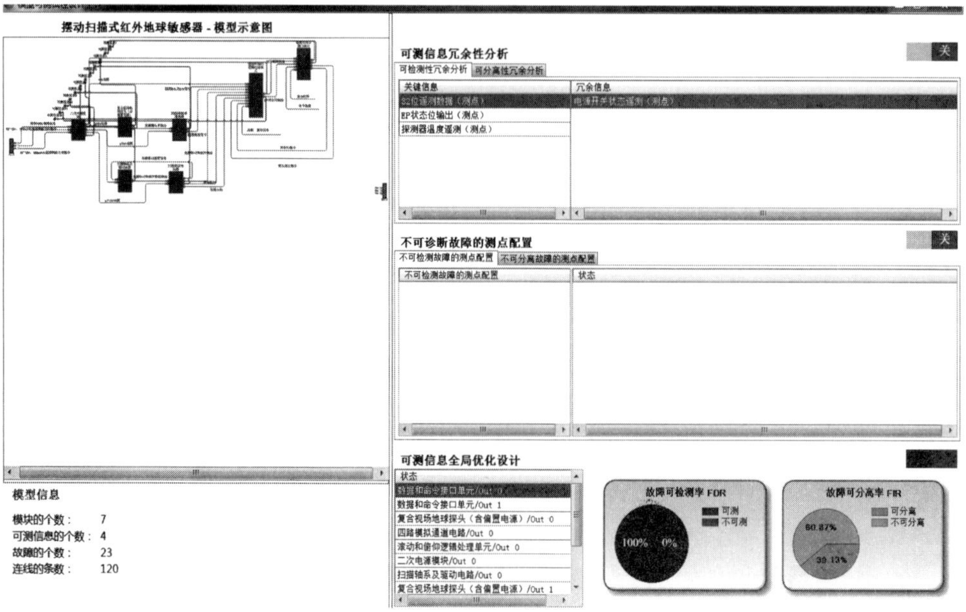

图 8－10　红外地球敏感器的可诊断性设计结果

8.3.4 典型系统的可诊断性评价

以某型号航天器控制系统为验证对象，给出典型系统的可诊断性评价与设计结果。

（1）系统信息录入

录入信息包括：敏感器和执行机构的类型、个数以及安装矩阵等，分别如图 8-11 和图 8-12 所示。

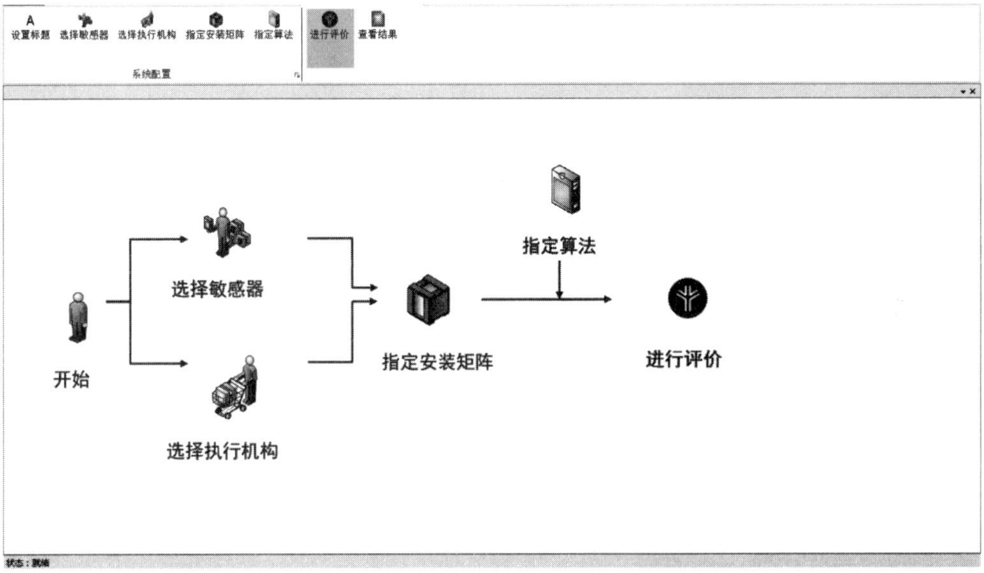

图 8-11 典型航天器控制系统的录入信息界面

图 8-12 执行机构配置界面

(2) 可诊断性评价

根据构建的典型航天器控制系统可诊断性模型，得到可诊断性评价结果为：可检测率100%、可分离率100%，具体如图8-13所示。

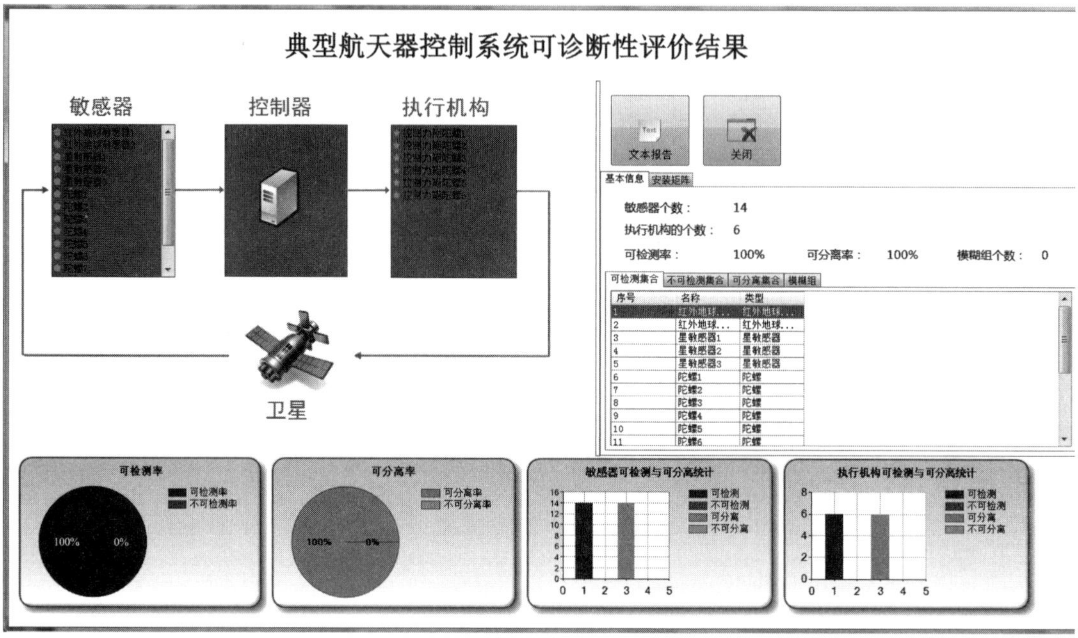

图8-13　典型航天器控制系统可诊断性评价结果

8.4　可重构性评价工具软件

当完成组件或系统信息输入之后，软件会自动生成可重构性评价结果，包括最小重构单元的重要度、故障容忍度、可重构度和可重构率等。

本节首先给出了可重构性评价工具软件的功能和体系结构；在此基础上，以某型号航天器控制系统为验证对象，给出了具体的评价和设计结果。

8.4.1　软件功能

可重构性评价工具软件的主要功能包括：

1) 部件信息录入；

2) 系统信息录入；

3) 部件库、系统库的存储与管理；

4) 系统/部件可靠性框图构建及可靠性分析；

5) 系统/部件可重构性模型构建；

6) 部件/模块故障模式的可重构性分析；

7) 系统/部件可重构性综合评价；

8）可重构性薄弱环节分析；

9）评价结果查询；

10）用户权限管理及信息查询。

8.4.2　软件体系结构

为了实现部件库、系统库的管理和满足多用户的需求，与可诊断性评价工具软件类似，可重构性评价工具软件同样采用分布式结构，由服务器管理软件和客户端软件两部分组成，分别如图 8－14 和图 8－15 所示。

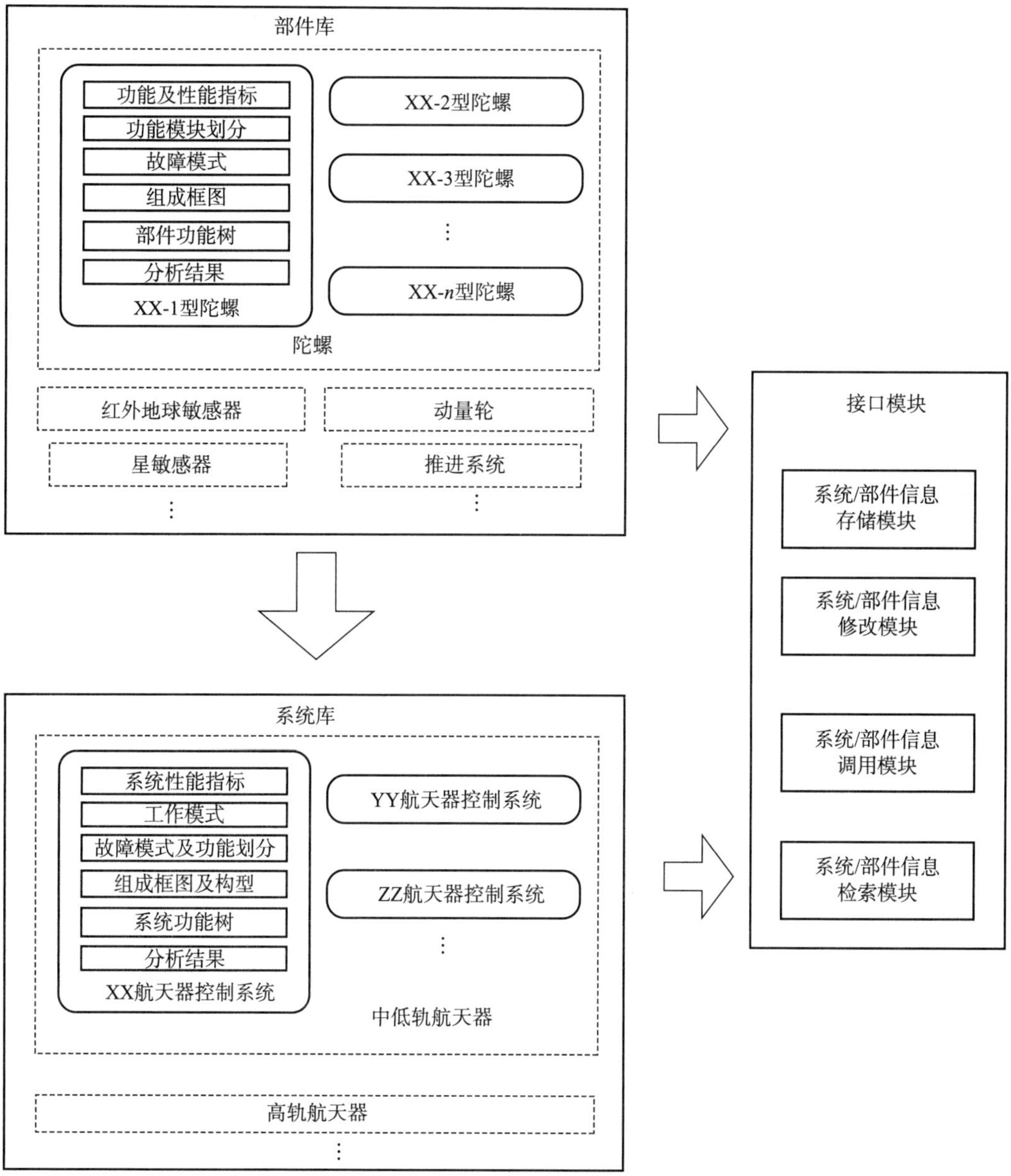

图 8－14　可重构性评价工具软件的组成结构

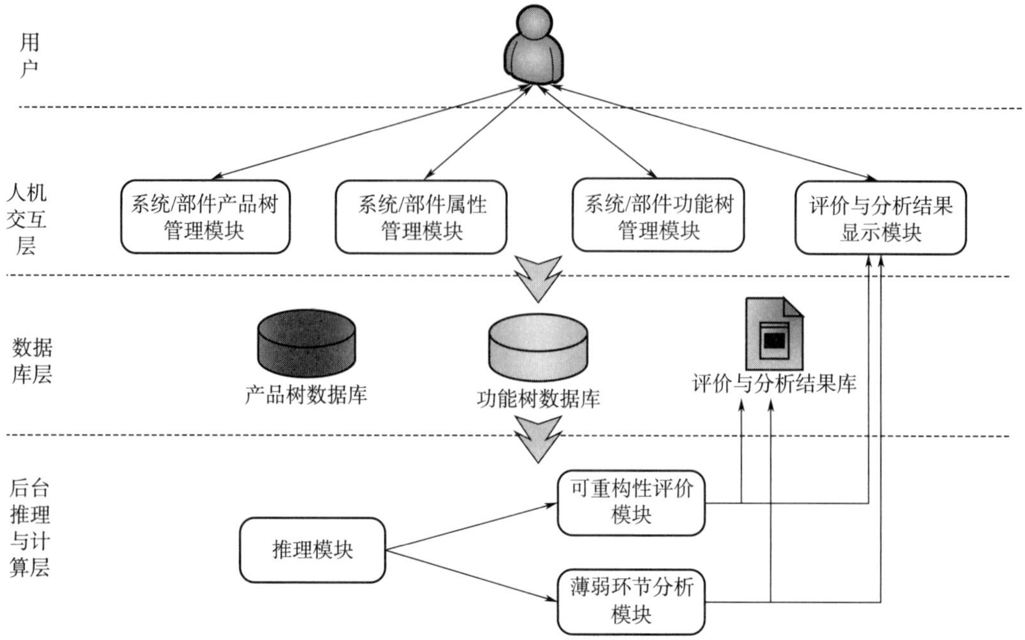

图 8-15　客户端软件组成结构图

录入的信息包括：部件功能模块划分和故障模式分析信息（具体包括：功能模块的故障模式、发生概率、严酷度、处理措施等），系统级故障模式分析信息（具体包括：部件的故障模式、发生概率、严酷度、处理措施等），系统级可重构性评价信息（具体包括：部件的安装构型、系统的工作模式、每个工作模式下的主要功能、各个功能所需的部件或部件组合、系统指标要求、干扰力矩、系统对测量精度、控制能力需求等信息）。

8.4.3　典型系统的可重构性评价

以某型号航天器控制系统为验证对象，建立了典型系统在正常工作模式下的可重构性模型，如图 8-16 所示；分别设置了红外地球敏感器、星敏感器、太阳敏感器、陀螺、控制器和 CMG 的故障模式、严酷度等级、故障频率和可重构性评价的加权系数，如图 8-17～图 8-20 所示。

在此基础上，利用可重构性模型的最小割集和最小路集（图 8-21），计算得到该典型系统最小重构单元的重要度、可重构度、故障容忍度和可重构率等指标，具体如图 8-22～图 8-25 所示。

由某型号航天器控制系统的可重构性评价结果可知：一重故障的可重构率为 100%，二重故障的可重构率为 94.9%。在保证可重构率指标基本不变的前提下，可以通过减少系统硬件冗余备份的方式，实现系统可重构性的优化设计。具体而言，针对重要度最低的陀螺和星敏感器，将设计前配置的 9 个陀螺和 3 个星敏感器通过优化设计减少为 6 个陀螺和 2 个星敏感器。

通过可重构性设计后，得到的某型号航天器控制系统的可重构性模型，如图 8-26 所示。

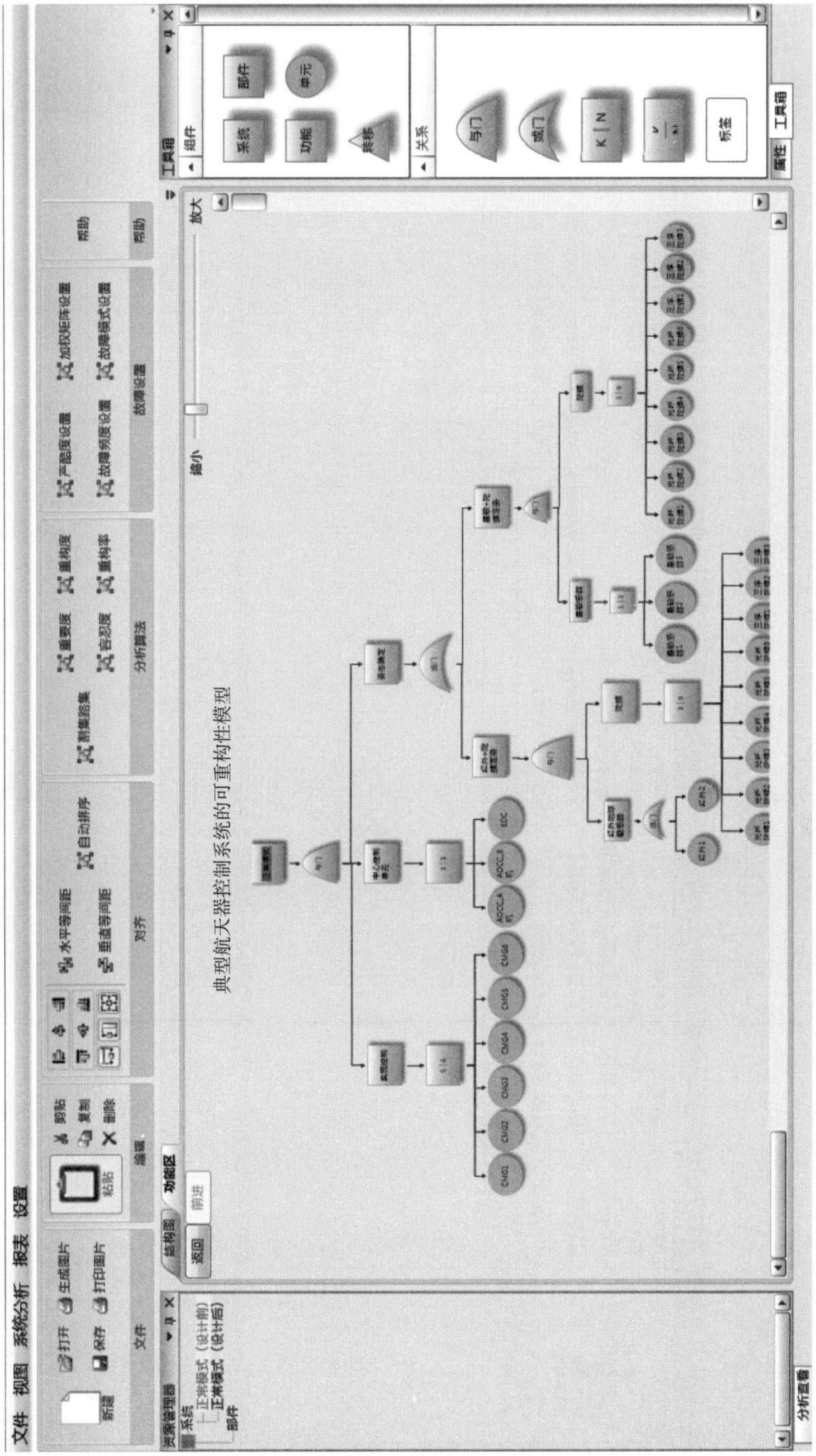

图 8-16　典型航天器控制系统的可重构性模型（设计前）

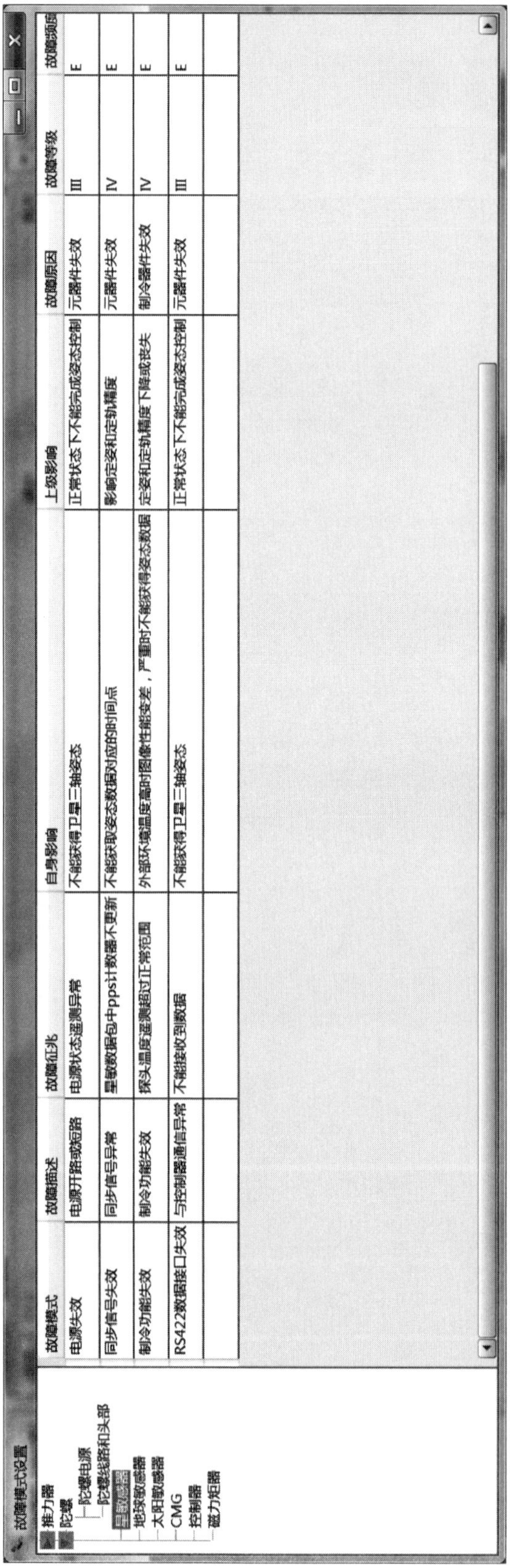

故障模式	故障描述	故障征兆	自身影响	上级影响	故障原因	故障等级	故障频度
电源失效	电源开路或短路	电源状态遥测异常	不能获得卫星三轴姿态	正常状态下不能完成姿态控制	元器件失效	Ⅲ	E
同步信号失效	同步信号异常	星敏数据包中pps计数器不更新	不能获取姿态数据对应的时间点	影响定姿和定轨精度	元器件失效	Ⅳ	E
制冷功能失效	制冷功能失效	探头温度遥测超过正常范围	外部环境温度高时图像性能变差，严重时不能获得姿态数据	定姿和定轨精度下降或丧失	制冷器件失效	Ⅳ	E
RS422数据接口失效	与控制器通信异常	不能接收到数据	不能获得卫星三轴姿态	正常状态下不能完成姿态控制	元器件失效	Ⅲ	E

图 8-17　典型航天器控制系统的故障模式

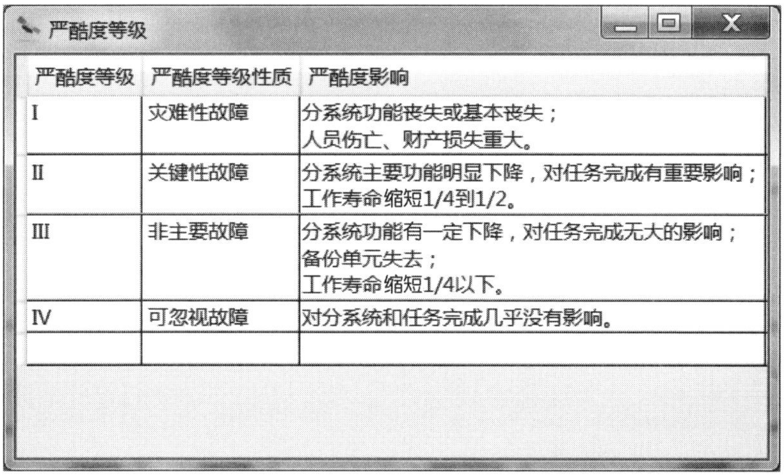
严酷度等级

严酷度等级	严酷度等级性质	严酷度影响
I	灾难性故障	分系统功能丧失或基本丧失； 人员伤亡、财产损失重大。
II	关键性故障	分系统主要功能明显下降，对任务完成有重要影响； 工作寿命缩短1/4到1/2。
III	非主要故障	分系统功能有一定下降，对任务完成无大的影响； 备份单元失去； 工作寿命缩短1/4以下。
IV	可忽视故障	对分系统和任务完成几乎没有影响。

图 8-18　典型航天器控制系统的故障严酷度等级设置

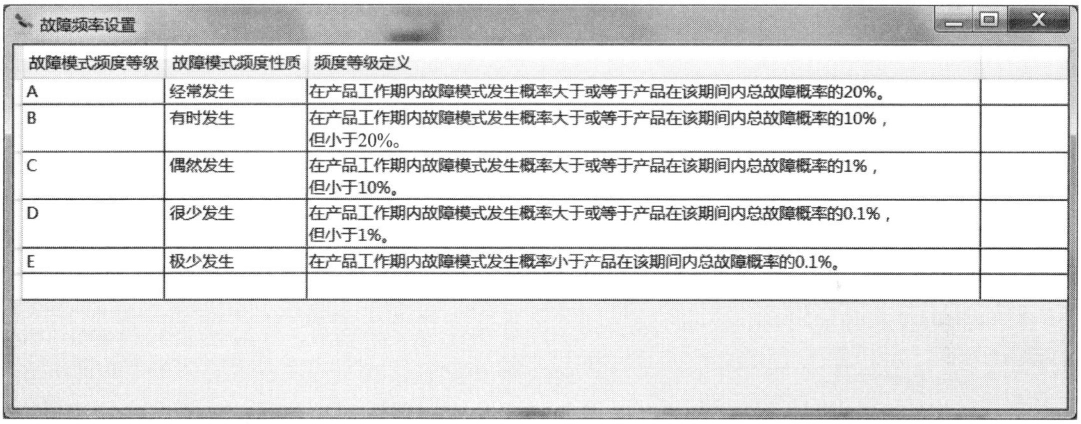
故障频率设置

故障模式频度等级	故障模式频度性质	频度等级定义
A	经常发生	在产品工作期内故障模式发生概率大于或等于产品在该期间内总故障概率的20%。
B	有时发生	在产品工作期内故障模式发生概率大于或等于产品在该期间内总故障概率的10%， 但小于20%。
C	偶然发生	在产品工作期内故障模式发生概率大于或等于产品在该期间内总故障概率的1%， 但小于10%。
D	很少发生	在产品工作期内故障模式发生概率大于或等于产品在该期间内总故障概率的0.1%， 但小于1%。
E	极少发生	在产品工作期内故障模式发生概率小于产品在该期间内总故障概率的0.1%。

图 8-19　典型航天器控制系统的故障频率设置

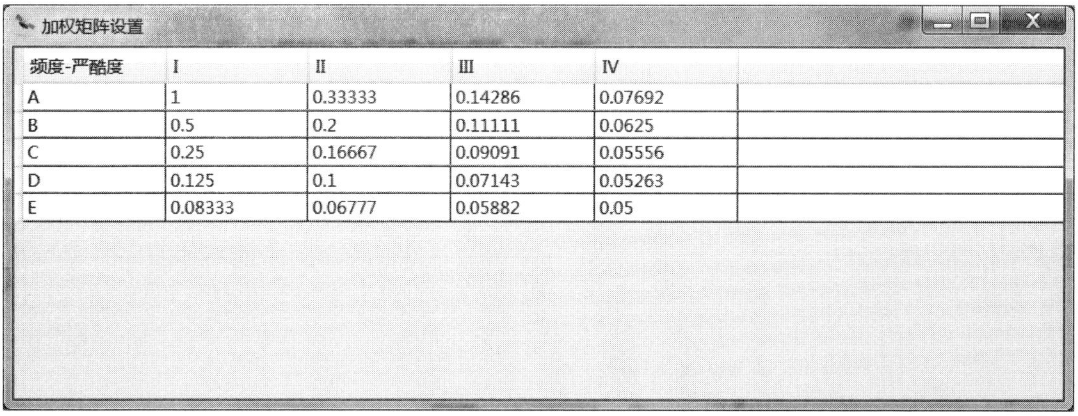
加权矩阵设置

频度-严酷度	I	II	III	IV
A	1	0.33333	0.14286	0.07692
B	0.5	0.2	0.11111	0.0625
C	0.25	0.16667	0.09091	0.05556
D	0.125	0.1	0.07143	0.05263
E	0.08333	0.06777	0.05882	0.05

图 8-20　典型航天器控制系统可重构性评价的加权矩阵设置

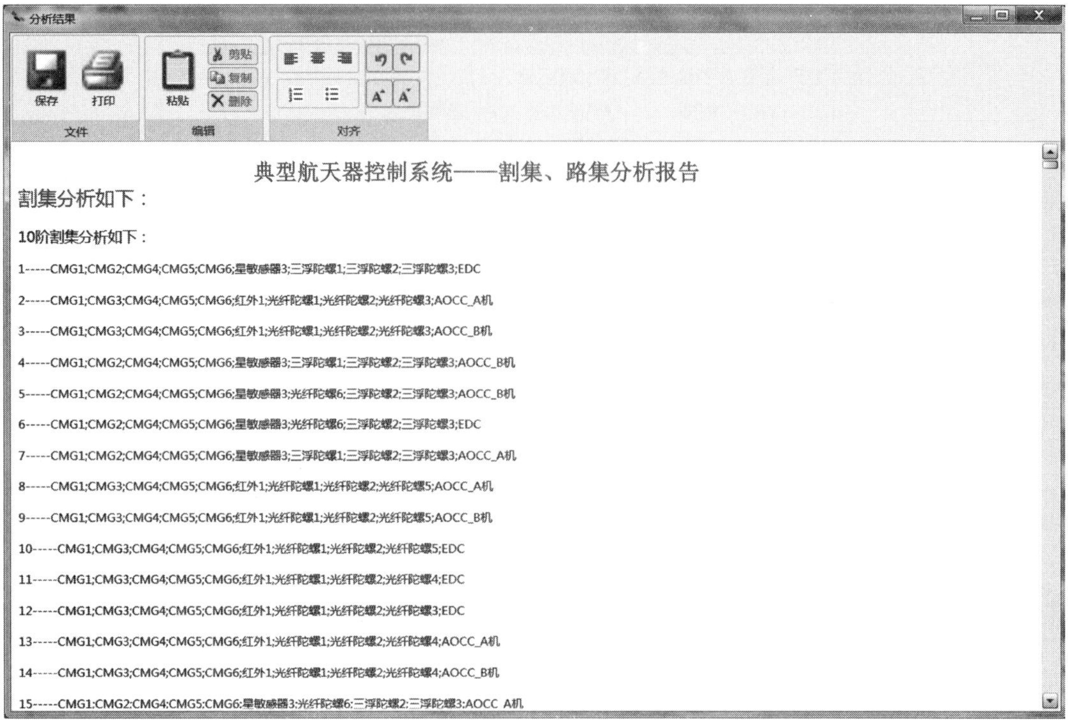

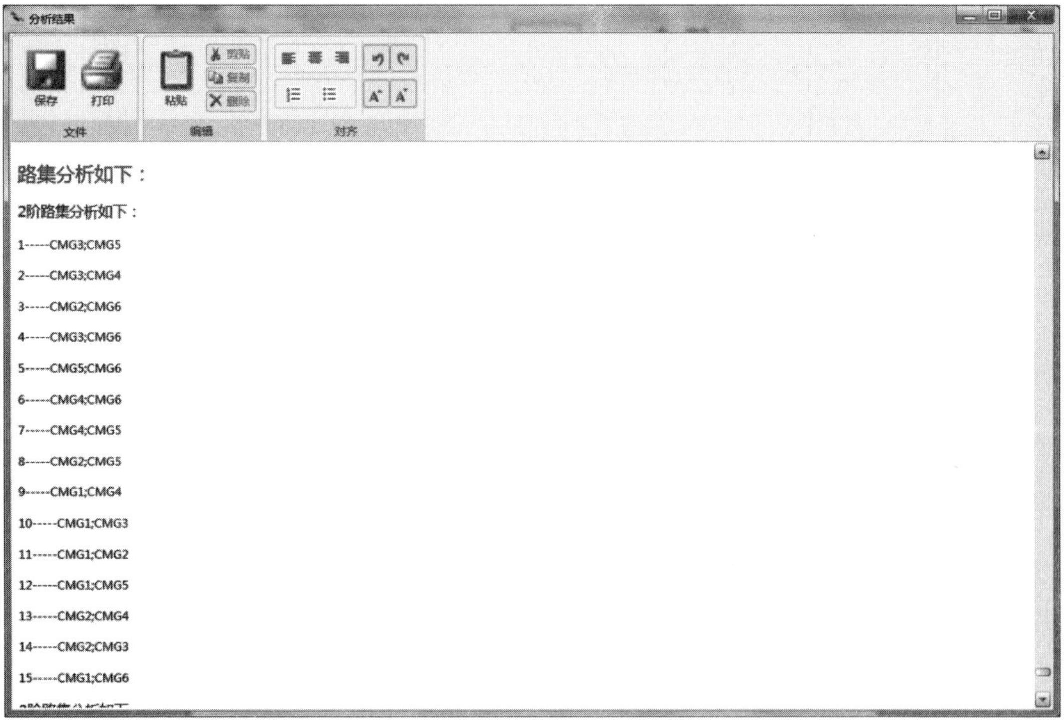

图 8-21 典型系统可重构性模型的最小割集和最小路集（设计前）

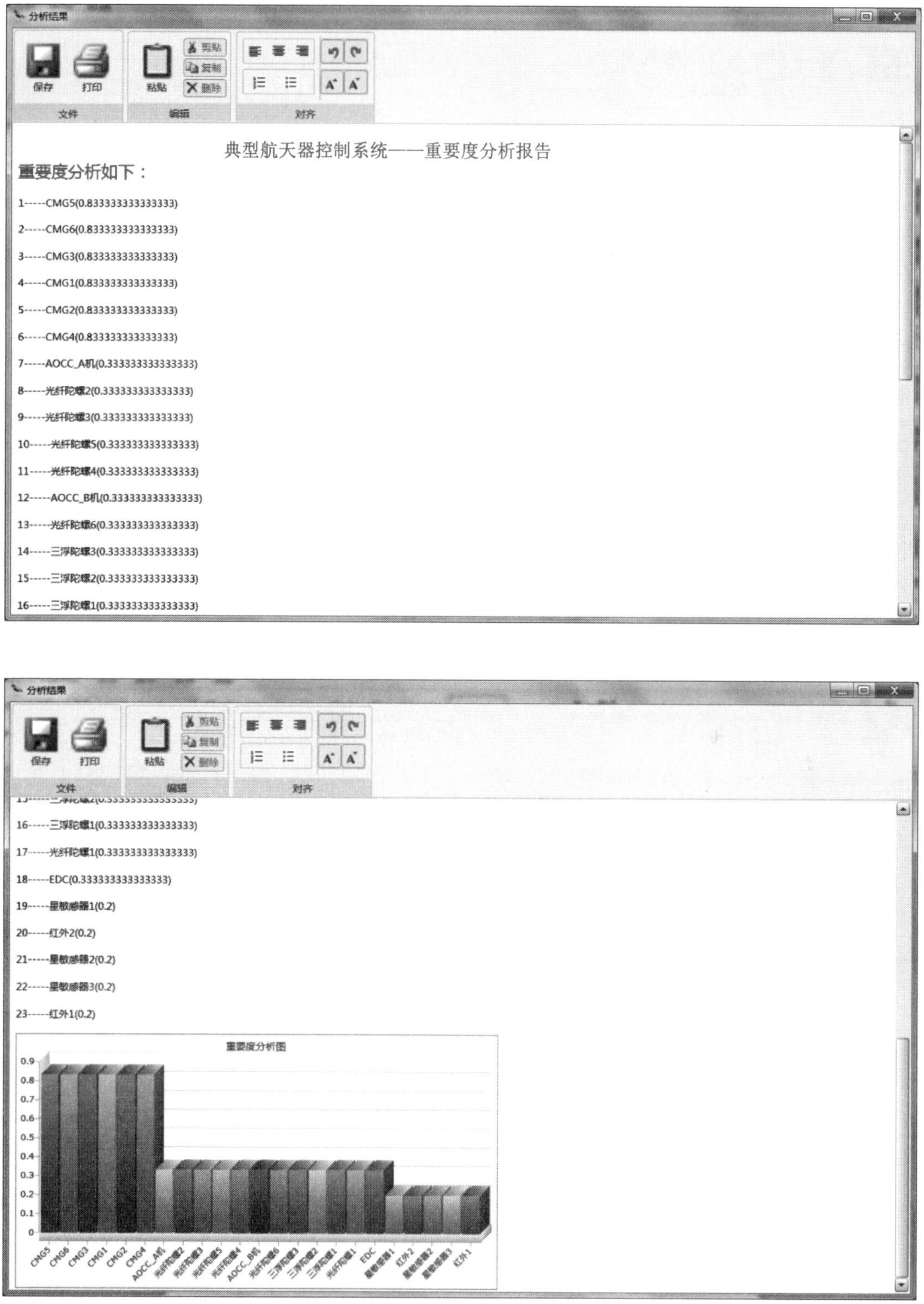

图 8－22　典型航天器控制系统的重要度分析结果（设计前）

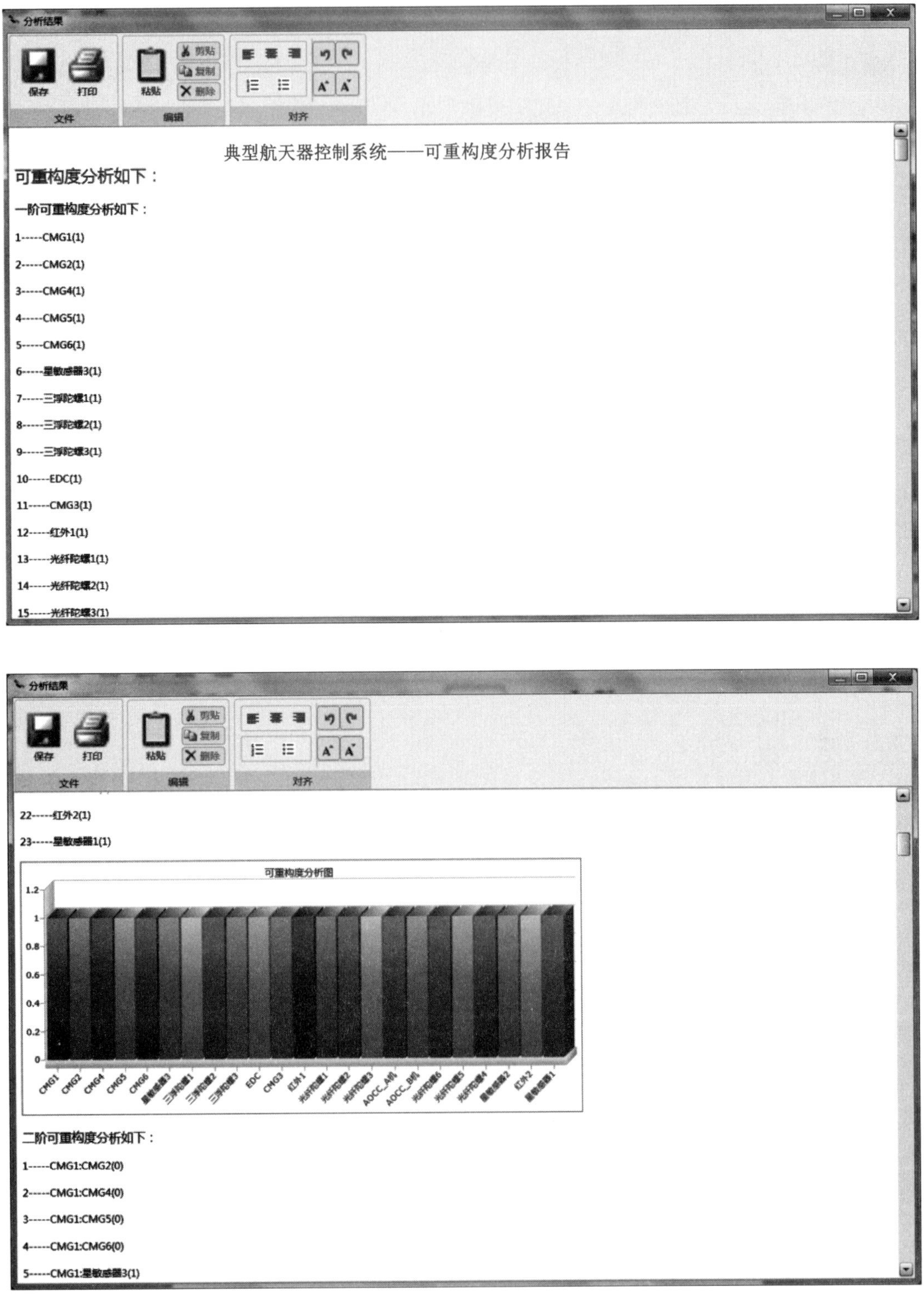

图 8－23　典型航天器控制系统最小重构单元的可重构度分析结果（设计前）

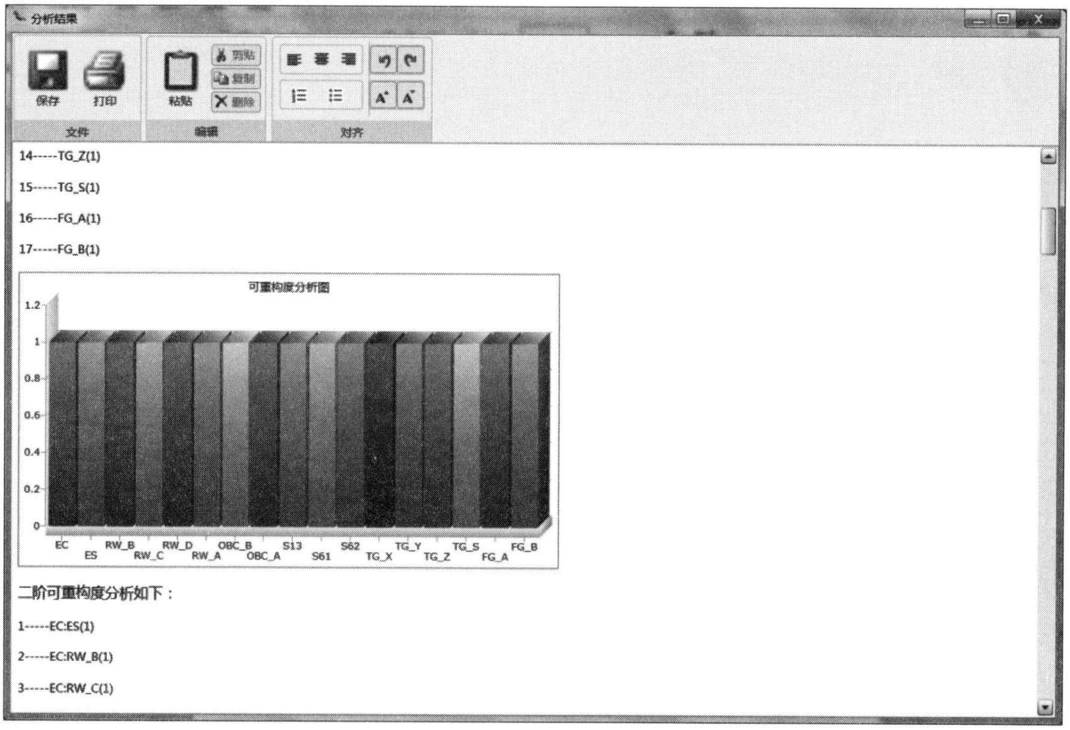

图 8－23　典型航天器控制系统最小重构单元的可重构度分析结果（设计前）（续）

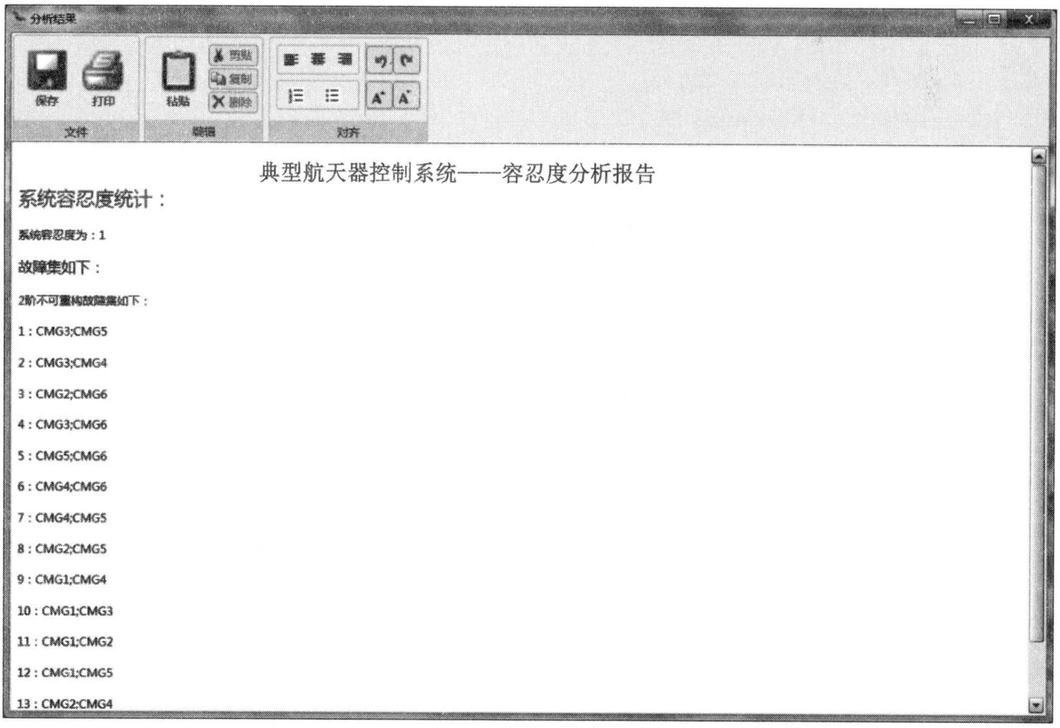

图 8－24　典型航天器控制系统的故障容忍度分析结果（设计前）

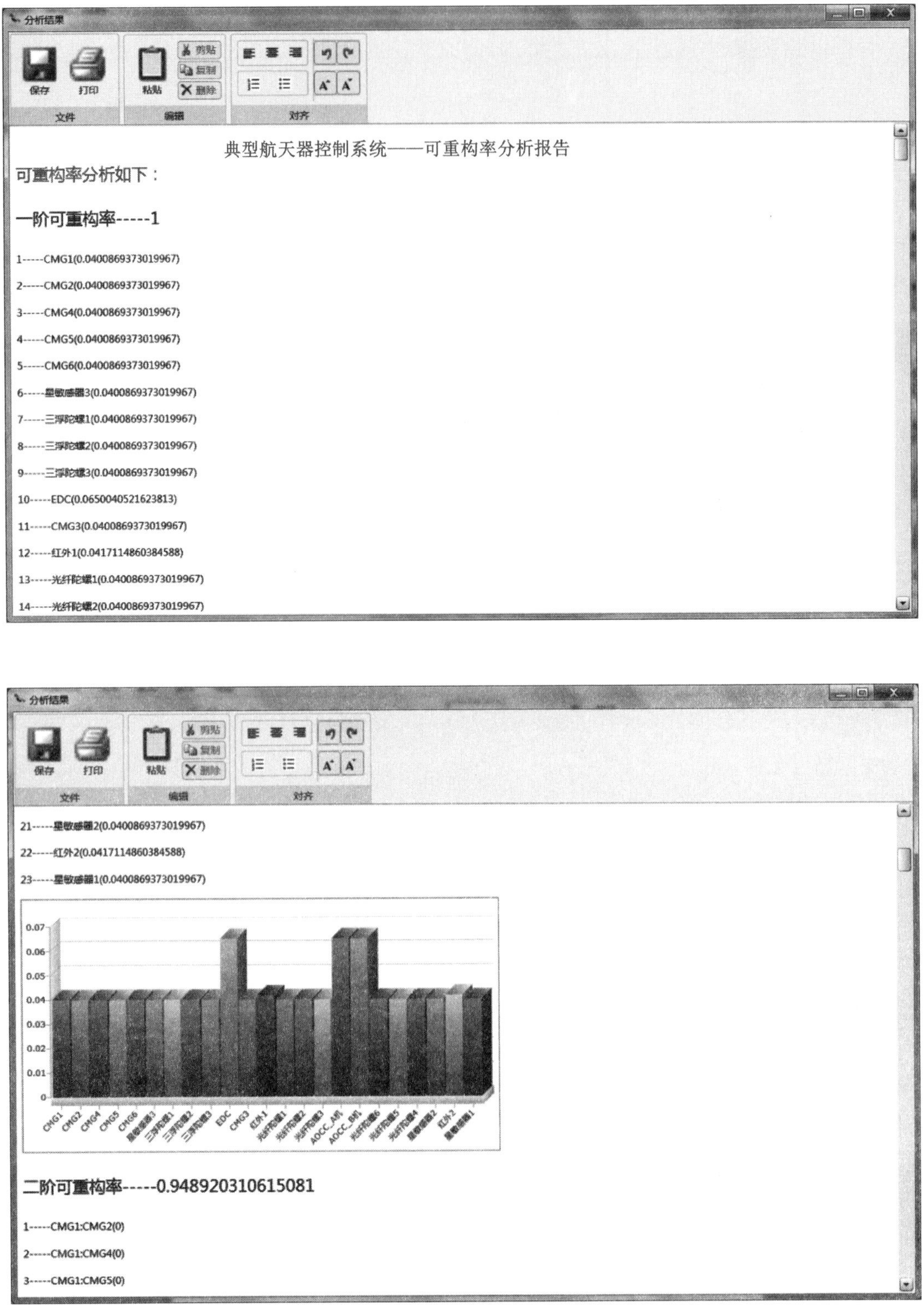

图 8-25　典型航天器控制系统的可重构率评价结果（设计前）

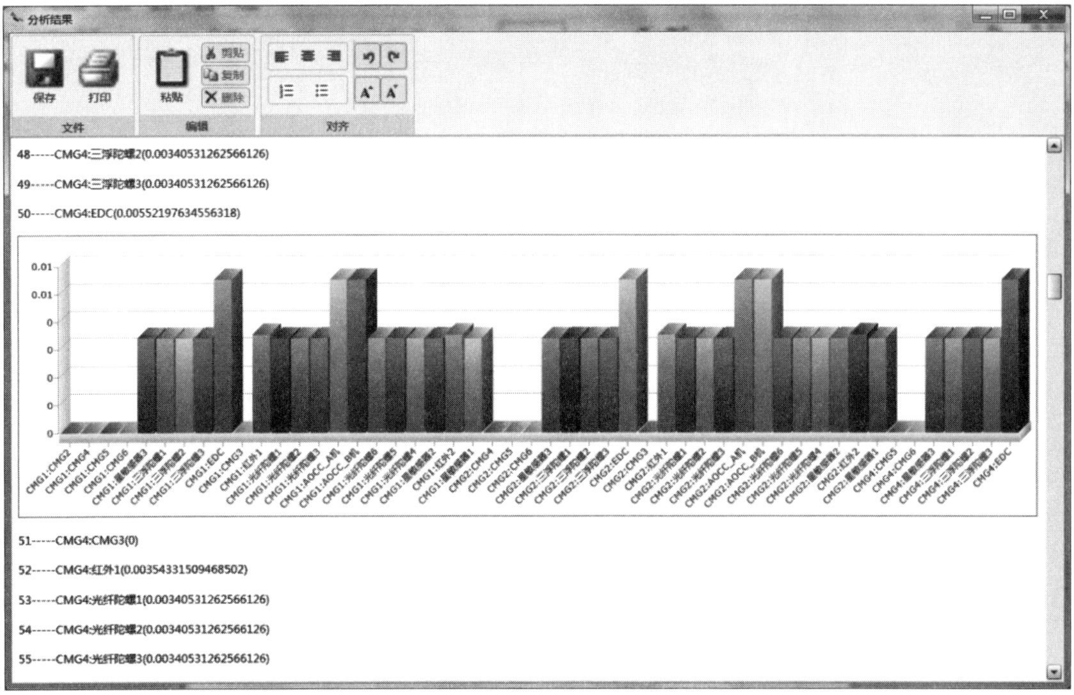

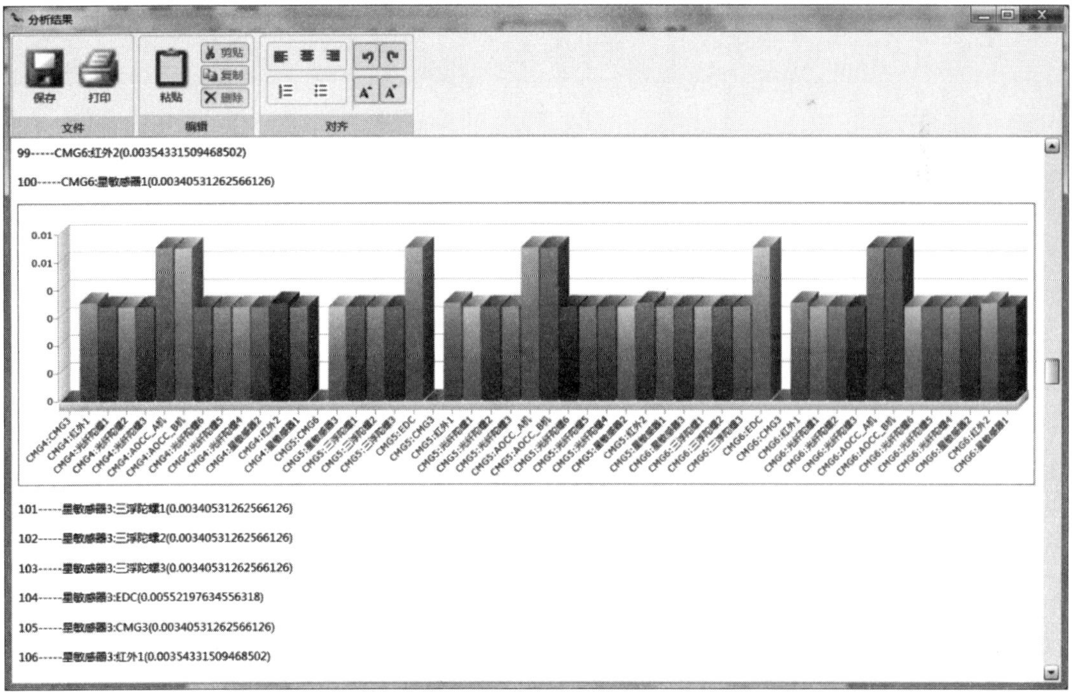

图 8-25　典型航天器控制系统的可重构率评价结果（设计前）（续）

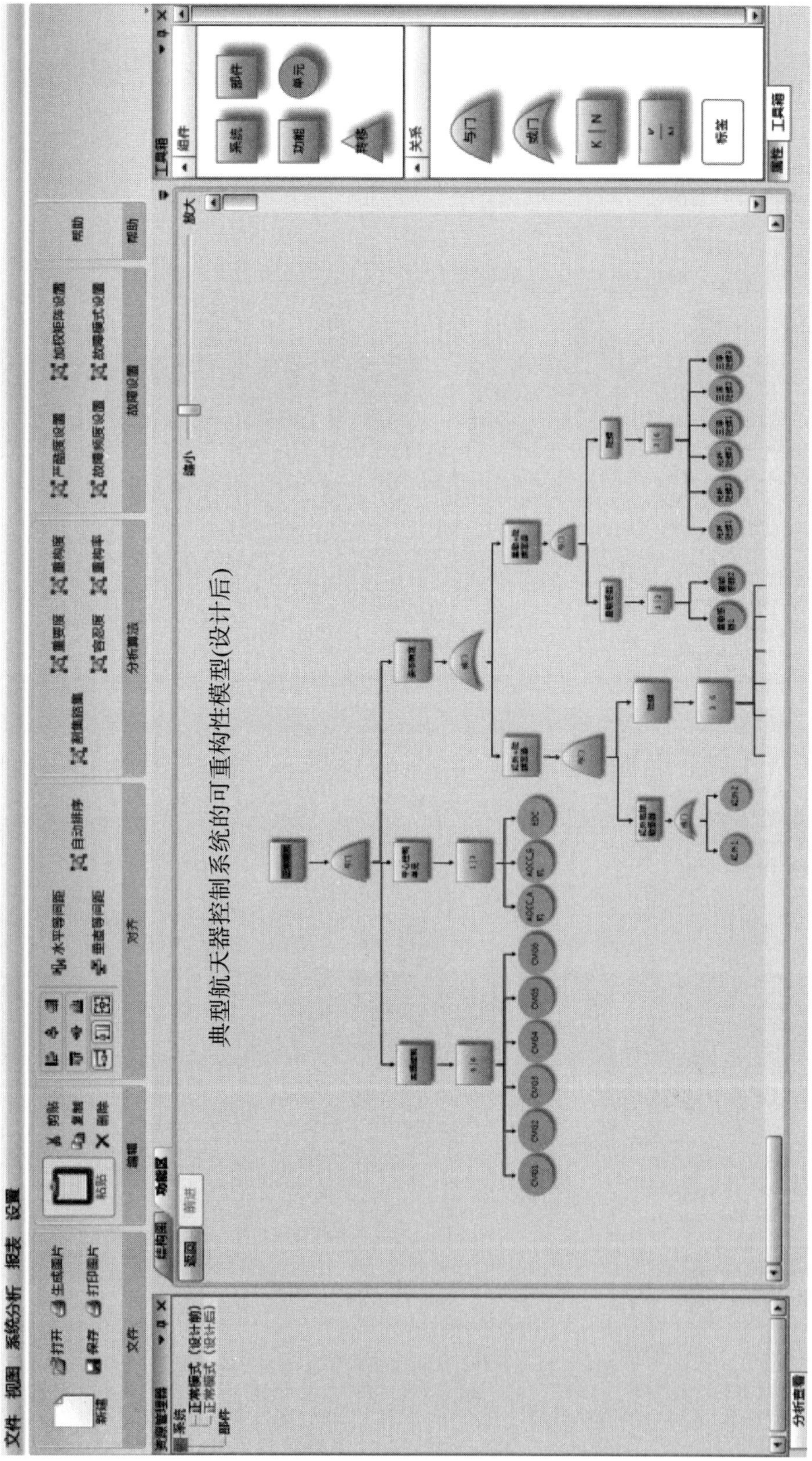

图 8-26 典型航天器控制系统的可重构性模型（设计后）

通过可重构性设计后，利用可重构性模型的最小割集和最小路集（图 8 - 27），计算得到该典型系统优化设计后最小重构单元的可重构度、故障容忍度和可重构率等指标，具体如图 8 - 28～图 8 - 30 所示。

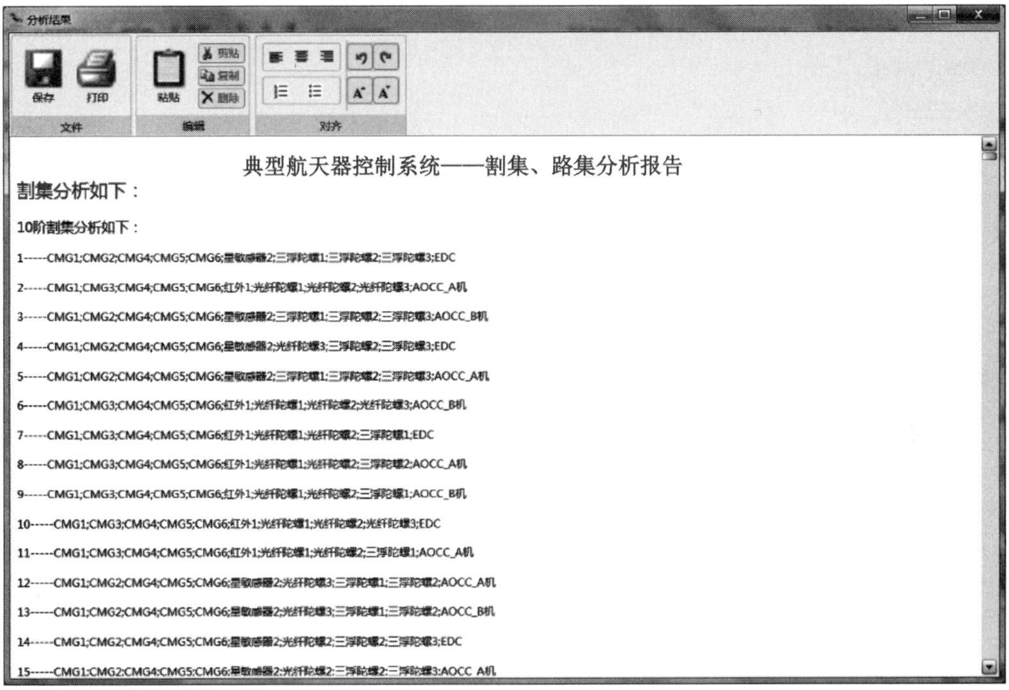

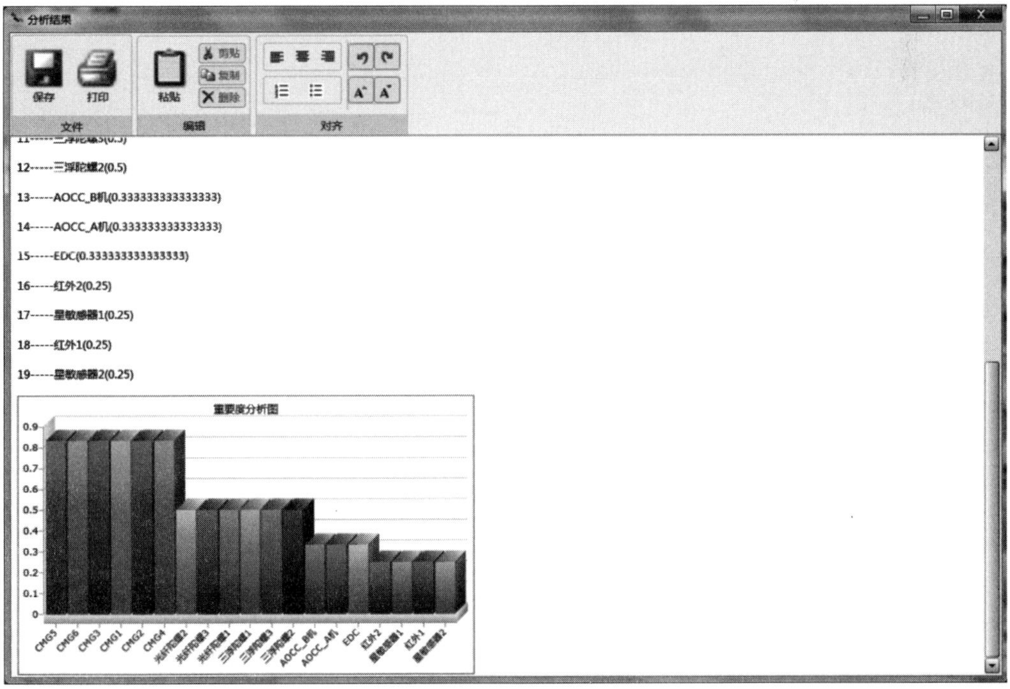

图 8 - 27　典型航天器控制系统可重构性模型的最小割集和最小路集（设计后）

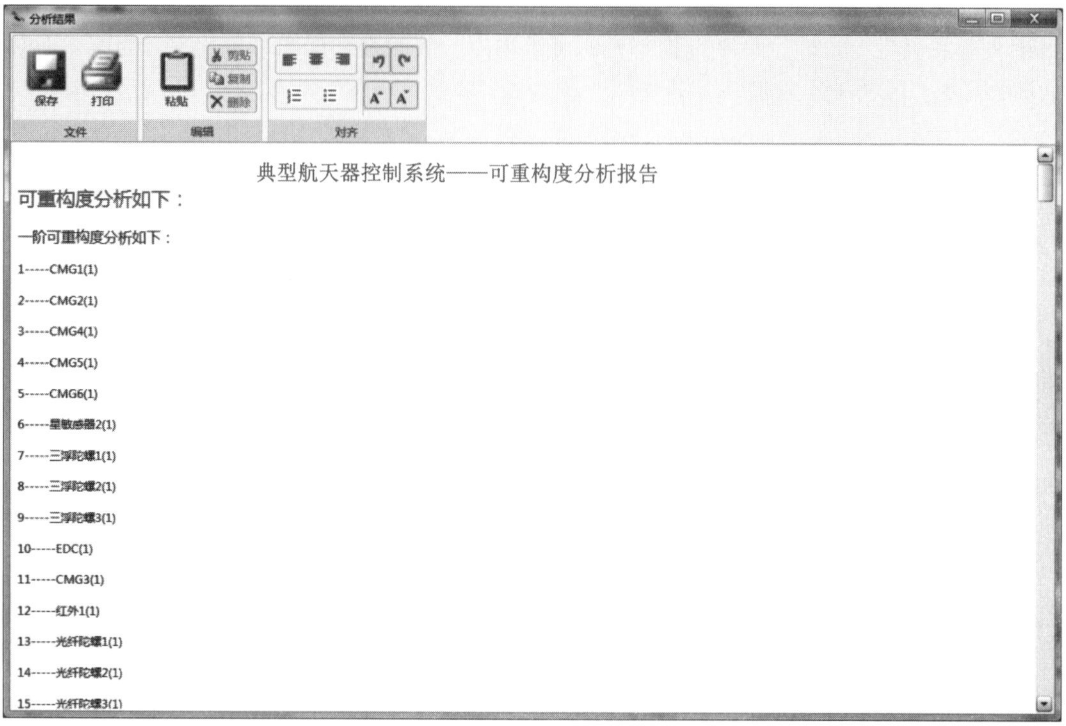

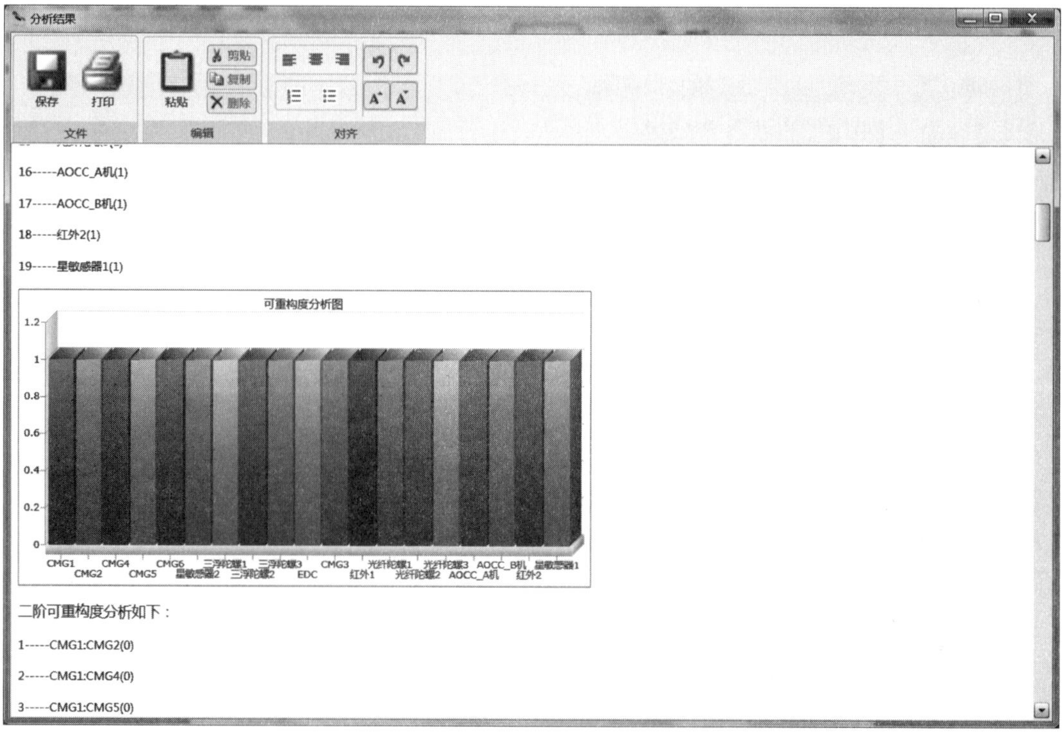

图 8-28　典型航天器控制系统最小重构单元的可重构度分析结果（设计后）

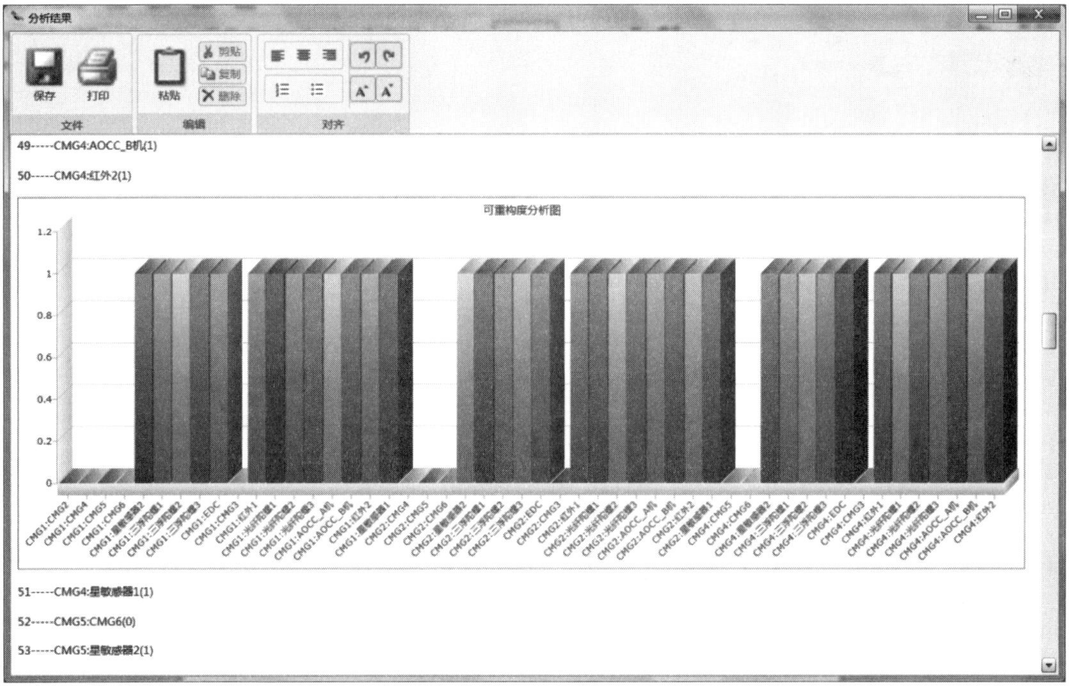

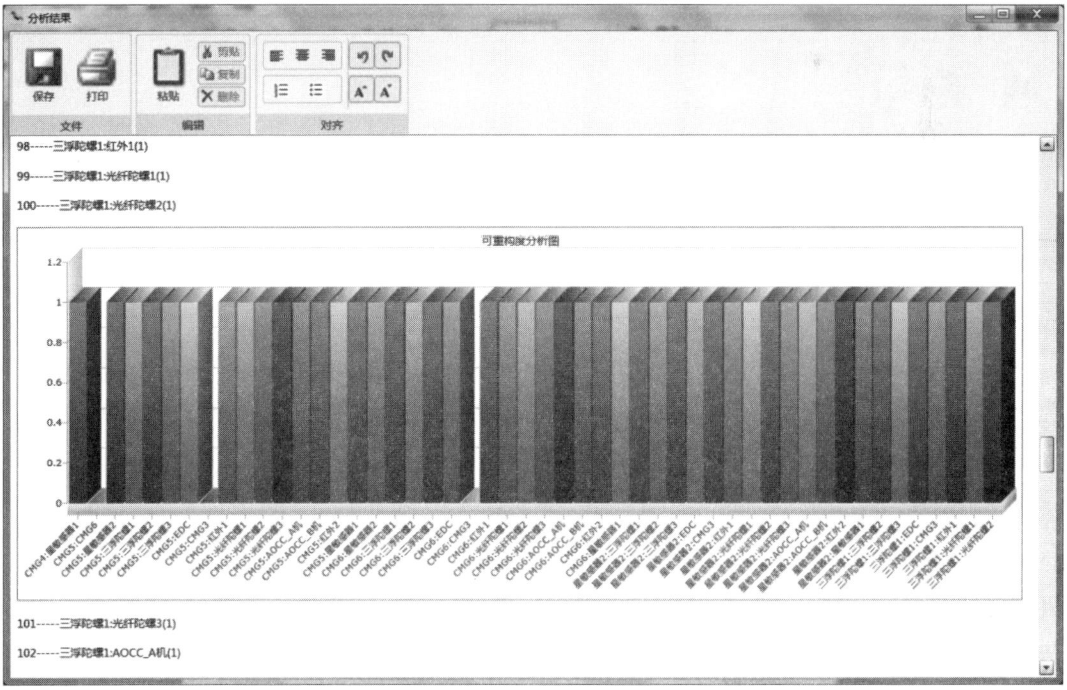

图 8 - 28　典型航天器控制系统最小重构单元的可重构度分析结果（设计后）（续）

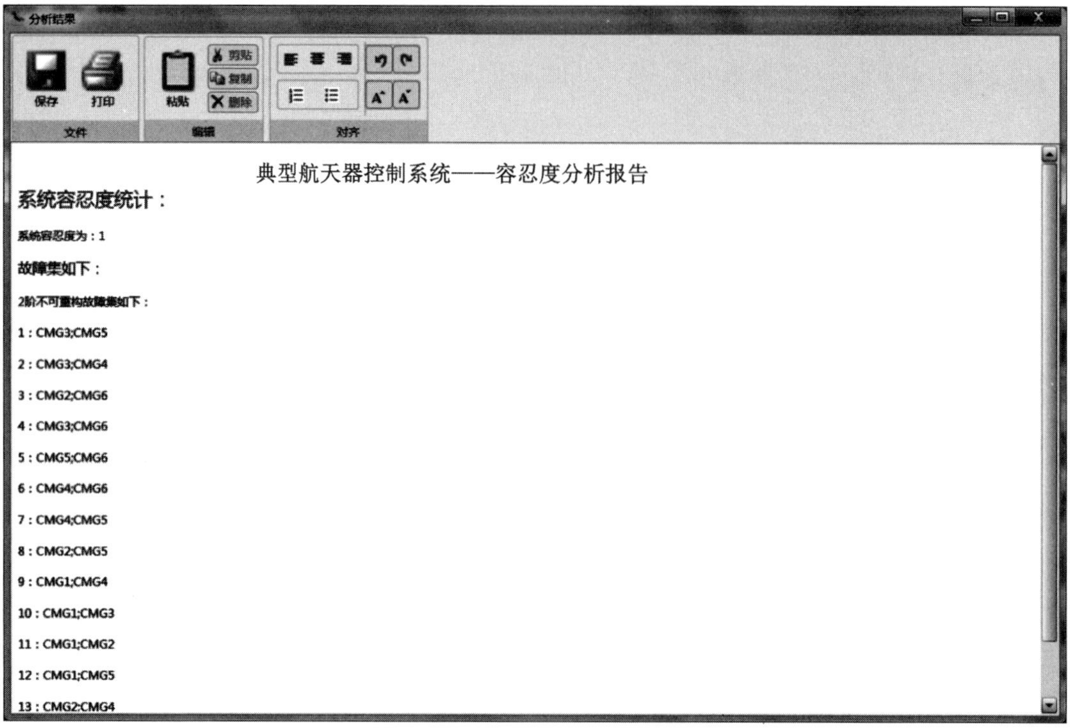

图 8-29　典型航天器控制系统的故障容忍度分析结果（设计后）

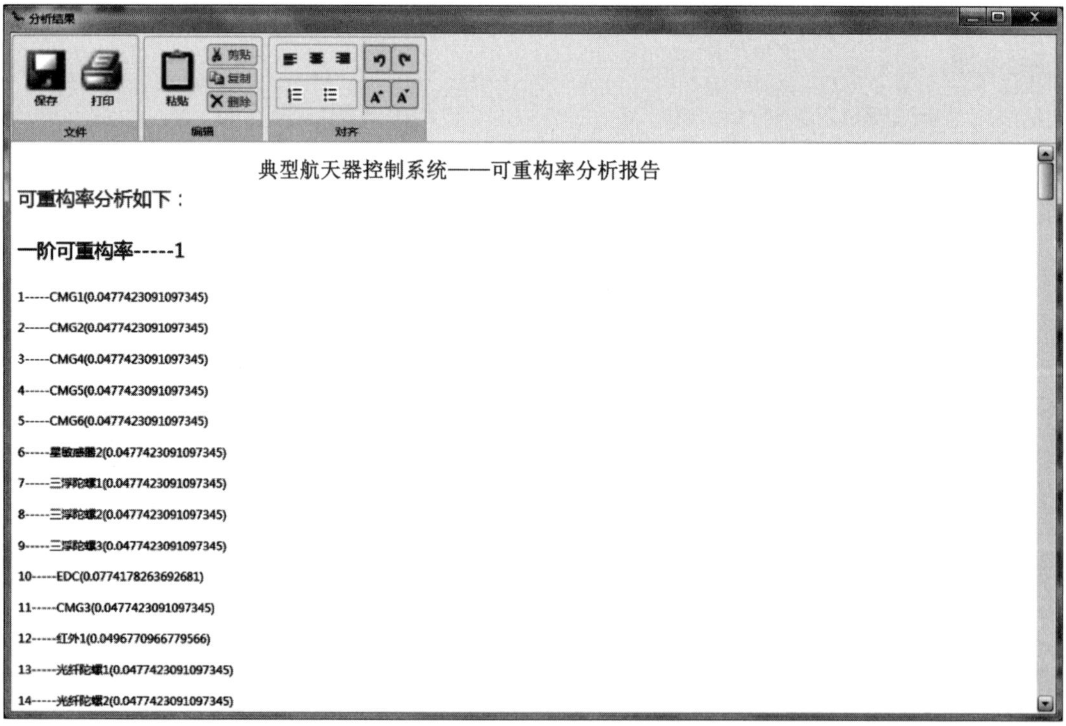

图 8-30　典型航天器控制系统的可重构率评价结果（设计后）

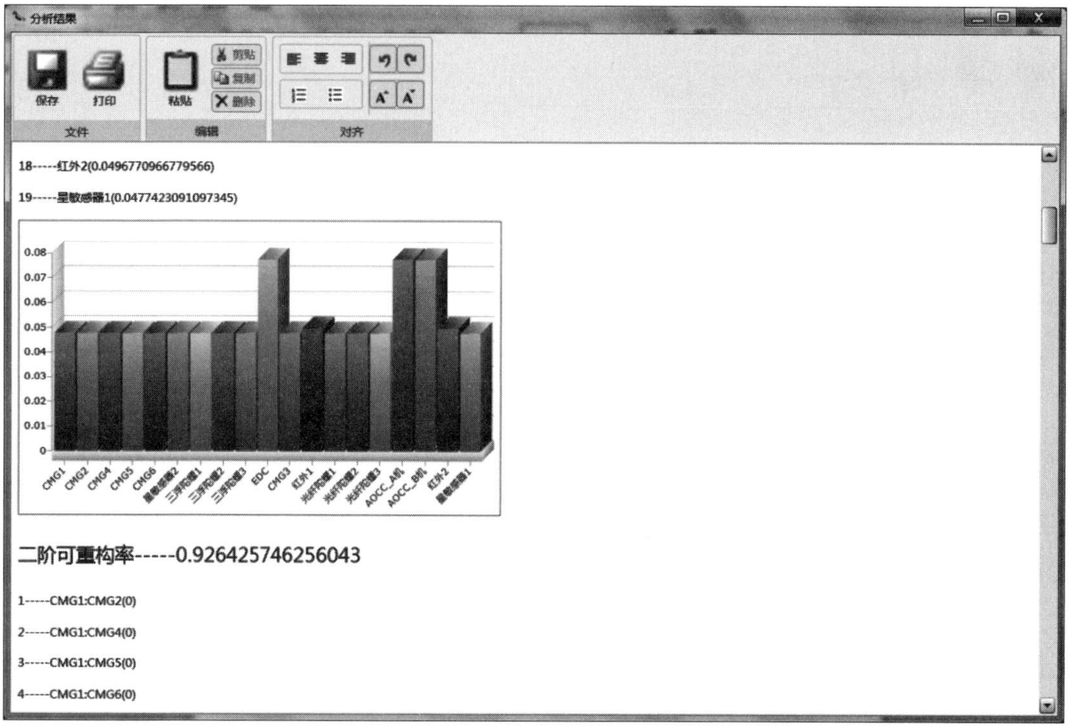

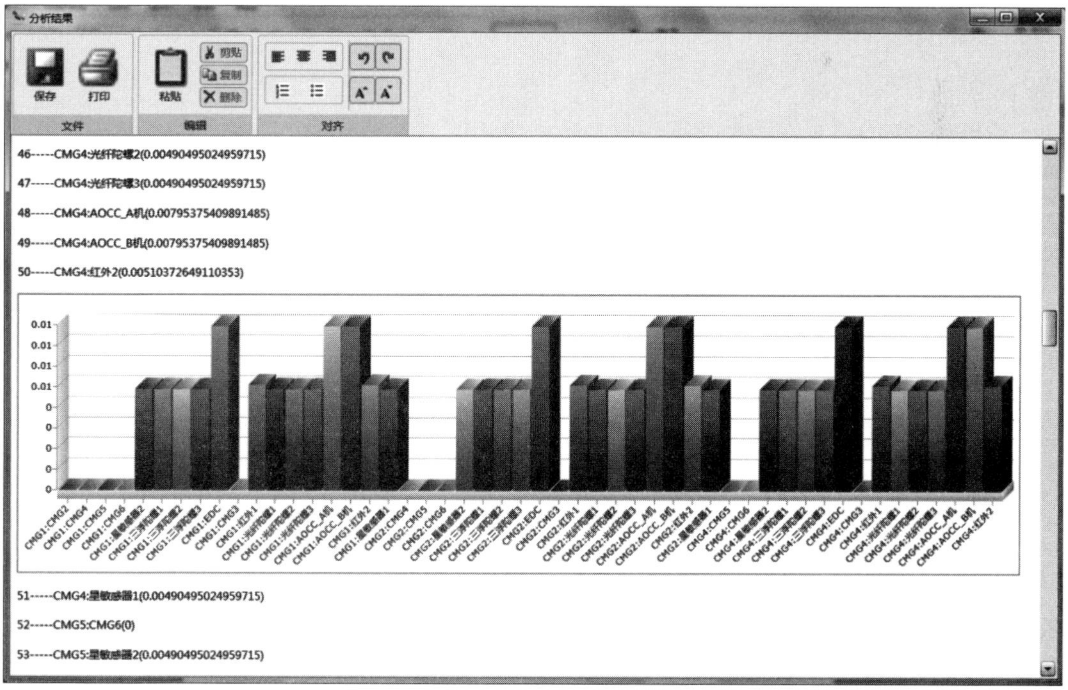

图 8-30　典型航天器控制系统的可重构率评价结果（设计后）（续 1）

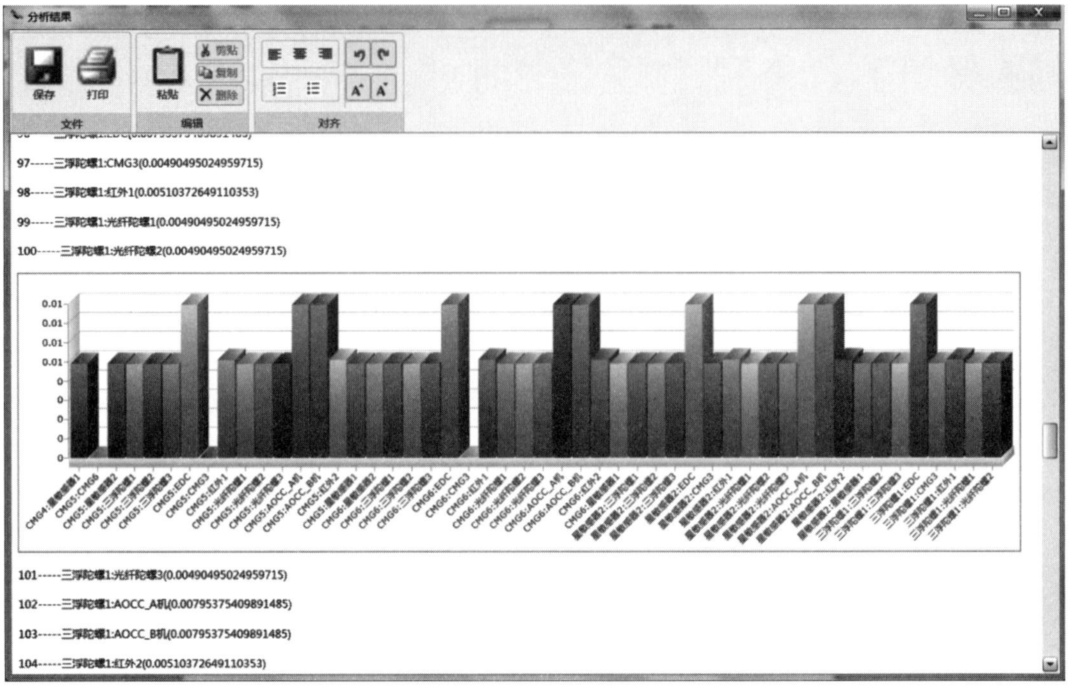

图 8-30　典型航天器控制系统的可重构率评价结果（设计后）（续 2）

8.5 小结

本章利用研制的航天器控制系统自主诊断重构地面半物理仿真验证系统，根据不同的故障产生机理，通过硬件注入、软件注入和仿真注入等技术手段，以某型号航天器控制系统为对象，对本书所提出的相关自主诊断重构技术、可诊断性评价设计方法、可重构性评价设计方法的有效性和正确性进行了真实完整的验证。

第 9 章　总结和展望

控制系统实现自主诊断重构是确保航天器安全可靠自主运行的关键，但国内外的大量在轨案例表明，现阶段航天器控制系统尚不具备较强的自主诊断重构能力，造成故障发生后往往还是依靠地面处理。究其原因：1）现有研究主要聚焦于诊断重构算法的设计与改进，但受航天器资源严重受限、不能在轨维护等实际因素约束，实施效果不佳；2）没有深入研究系统是否具有诊断重构能力，也未通过系统设计去实现诊断重构能力的最大化。针对以上问题，开展航天器控制系统的可诊断性与可重构性评价和设计研究，能够对系统具备的自主诊断重构能力进行量化，并通过优化设计实现有限资源下能力的最大化，是从根本上提升系统自主诊断重构能力的有效途径。

本书根据航天器控制系统的特点，首先创建了可诊断性与可重构性理论方法，实现了系统自主诊断重构能力的可表征、可判定及可量化。在此基础上，提出了可诊断性与可重构性的评价设计方法，针对不同诊断需求及重构目标，综合考虑解析冗余关系、外部环境干扰、内部不确定性、资源约束限制等复杂因素的耦合影响，实现了系统自主诊断重构能力的精准评价；突破了诊断过程与重构过程的一体化设计、正常模式与故障模式的一体化设计等关键技术，从时空双维度实现了星上有限资源的全面开发与利用，大幅提升了航天器控制系统的自主诊断重构能力。

上述研究牢牢抓住了提升航天器控制系统自主诊断重构能力这一问题的本源，将自主诊断重构技术的研究重点前移至系统设计阶段，做到了系统能力评价的清晰量化、系统资源配置的合理优化、系统内在潜力的充分发挥。相关研究成果已成功应用于我国导航、遥感、深空探测等多个型号任务，对航天器控制系统在轨发生的多次故障，均实现了自主精准诊断与有效重构，为我国二代导航二期、探月二期工程的顺利完成和遥感平台的安全可靠自主运行，做出了贡献。

现有关于系统可诊断性与可重构性的评价和设计研究尚处于起步阶段，未来仍然有非常大的发展空间。下面重点介绍一下未来航天领域可诊断性与可重构性研究的主要发展趋势。

（1）非线性系统可诊断性与可重构性的通用表征方法研究

系统结构的强耦合性和空间环境的高复杂性，使得航天器具有极强的非线性特性，这给可诊断性与可重构性的表征方法研究带来了极大的困难与挑战。现有研究主要包括两类：一类是针对某种特定形式的非线性系统，例如，仿射非线性系统、双线性系统、线性切换系统等，给出了部分工作模式下系统可诊断性与可重构性的特有表征形式，但是难以覆盖航天器的全部工作模式；另一类是将非线性模型在平衡点附近进行线性化处理，进而对线性化后的系统进行可诊断性与可重构性的表征，但该类方法只能得到反映系统局部特性的解，无法掌握系统的全局特性，并且会导致一些非线性因素引起的故障（如摩擦）被忽略。由此可见，由于非线性系统的特性复杂、形式多样，至今仍缺乏通用的数学工具对其可诊断性与可重构性进行统一的完整表征。

因此，针对航天器不同工作模式表现出的非线性特性，给出可诊断性与可重构性的通用表征形式，是开展后续评价和设计研究的基本前提，具有重要的理论研究意义和极大的工程应用价值。

（2）数据辅助下系统可诊断性与可重构性的评价和设计方法研究

目前，开展航天器控制系统可诊断性与可重构性研究的基础是建立包括系统对象、影响因素、故障模式等在内的数学模型。由于航天器结构复杂、光机电部件种类繁多，难以对所有影响因素都能建立完备的数学模型，这就不可避免地导致模型存在较大的不确定性，甚至影响系统可诊断性与可重构性评价和设计结果的正确性。

除了数学模型之外，航天领域经过几十年的积累，已经拥有了近 300 颗星船的在轨运行和地面测试数据，这些海量数据中蕴含了大量系统状态与故障模式之间的关联知识，而这些知识在以前的建模过程中往往是被忽略或难以被认知的。由此可见，通过深入挖掘现有航天器数据内的丰富信息，可直接获取系统状态与故障模式之间的关联关系，能够有效提升现有系统可诊断性与可重构性数学模型的精细程度，大幅降低模型不确定性带来的影响。

因此，如何充分发挥海量数据的优势，将数据驱动与数学模型这两者有机地结合起来，进一步提升系统可诊断性与可重构性评价的准确性，最终为系统硬件配置与诊断重构算法的优化设计提供依据与指导，仍是需要深入研究的重要方向。

（3）系统可诊断性与可重构性评价设计方法的推广应用

本书以航天器中故障发生频繁、危害后果严重的控制系统为切入点，创建了系统可诊断性与可重性的理论，以此为指导，提出了系统可诊断性与可重构性的评价和设计方法，实现了航天器控制系统自主诊断重构能力的大幅提升。

航天器的其他分系统，如电源系统、测控系统等，其对象模型、故障模式、影响因素等，均与控制分系统存在较大区别，这使得现有成果难以直接推广应用于其他分系统。由此可见，需要以点带面，逐步改进和完善可诊断性与可重构性的评价和设计方法，使其适用于整个航天器系统，最终还可推广应用于无人机、无人艇/船、无人车等其他智能自主系统，从而提高运行可靠性、延长使用寿命、提升自主生存能力。

由此可见，有必要针对不同系统表现出的特性差异，提升可诊断性与可重构性评价和设计方法的适用性，这也是未来需要重点关注的一个发展方向。

党的十九大报告提出“建设航天强国”的宏伟目标，为我国航天事业发展指明了前进方向。未来，我国将实施以深空探测、北斗导航等重大专项为代表的一系列高难度、高跨度的航天计划，这对航天器的安全可靠自主运行能力提出了极高要求。可诊断性与可重构性评价和设计方法，作为从根本上提升系统自主诊断重构能力的有效途径，对推动航天器自主诊断重构技术的发展意义重大，为实现航天器的安全可靠自主运行提供了坚实的理论基础与技术支撑，在我国航天强国建设中必将发挥重大的军事、社会效益及推广应用价值。